北大社·"十四五"普通高等教育本科规划教材
高等院校机械类专业"互联网+"创新规划教材
"十三五"江苏省高等学校重点教材（编号：2018-2-237）

机械制造技术

主　　编　　陈劲松　　杜玉玲
副主编　　于雪梅　　杨建明　　周建来
参　　编　　马殿春　　刘卫生
主　　审　　傅玉灿

内 容 简 介

本书从应用型本科教育的特点出发，结合江苏省"十三五"重点（培育）一级学科——机械设计制造及其自动化的建设，主动对标《制造业人才发展规划指南》，以立德树人为根本任务，根据"机械制造技术"课程教学改革的实际需要编写而成。

本书将机械制造专业原来的金属切削原理及刀具、金属切削机床、机械制造工艺学与机床夹具设计等制造类课程的相关内容有机地结合在一起，共7章，内容包括绪论、金属切削过程、机械制造中的加工方法及装备、机械加工质量及其控制、机床夹具设计、机械加工工艺规程的设计、机器装配工艺基础。本书配套录课视频，使用本书的读者扫描二维码即可学习。

本书课程专业内容很好地融入了课程思政内容，具有概念清楚、内容简明、叙述通俗、体系完整、便于学习的特点，可作为机械类、近机类专业的教学用书，也可作为工程技术人员的参考用书。

图书在版编目（CIP）数据

机械制造技术/陈劲松，杜玉玲主编．—北京：北京大学出版社，2024.2
高等院校机械类专业"互联网+"创新规划教材
ISBN 978-7-301-34740-9

Ⅰ．①机⋯　Ⅱ．①陈⋯②杜⋯　Ⅲ．①机械制造工艺—高等学校—教材　Ⅳ．①TH16

中国国家版本馆 CIP 数据核字（2024）第 005869 号

书　　　　名	机械制造技术 JIXIE ZHIZAO JISHU
著作责任者	陈劲松　杜玉玲　主编
策划编辑	童君鑫
责任编辑	关英
数字编辑	蒙俞材
标准书号	ISBN 978-7-301-34740-9
出版发行	北京大学出版社
地　　　　址	北京市海淀区成府路205号　100871
网　　　　址	http://www.pup.cn　新浪微博：@北京大学出版社
电子邮箱	编辑部 pup6@pup.cn　总编室 zpup@pup.cn
电　　　　话	邮购部 010-62752015　发行部 010-62750672　编辑部 010-62750667
印刷者	三河市北燕印装有限公司
经销者	新华书店
	787毫米×1092毫米　16开本　17.5印张　417千字 2024年2月第1版　2024年2月第1次印刷
定　　　　价	59.00元

未经许可，不得以任何方式复制或抄袭本书之部分或全部内容。
版权所有，侵权必究
举报电话：010-62752024　电子邮箱：fd@pup.cn
图书如有印装质量问题，请与出版部联系，电话：010-62756370

前　　言

党的二十大报告指出，到二〇三五年，实现高水平科技自立自强，进入创新型国家前列。科技自立自强不仅是发展问题更是生存问题，以高水平科技自立自强的"强劲筋骨"支撑民族复兴伟业，这是面向未来的必然选择。

"机械制造技术"是机械类专业教学指导委员会推荐设置的一门综合性的主干技术基础课。通过学习这门课程，学生可以掌握机械制造技术的基本知识和基本理论，了解机械制造技术的最新发展动态，为学习后续专业课程和做毕业设计或写毕业论文奠定基础，也为学生毕业后从事机械设计制造工作做好铺垫。

本书是"十三五"江苏省高等学校重点教材，以机械制造工艺和金属切削原理的基本知识为主线，将与之有关的机床、刀具、夹具等内容进行优化整合。本着立德树人的培养目标，本书在每章节恰当地融入了课程思政的相关内容。

学习本课程前，学生须经过认识实习、工程训练等环节的培训。为使学生全面掌握学习内容，巩固学习效果，培养学生从系统角度解决复杂工程问题的能力，学习本课程后，应安排学生做机械制造技术课程设计和生产实习等实践性环节。

为便于教师教学和学生自学，本书配套录课视频，扫描二维码即可在线学习。另外，本书还配有相应的多媒体课件和课后习题解答。

本书由陈劲松、杜玉玲担任主编，于雪梅、杨建明、周建来担任副主编。具体编写分工如下：绪论、第 7 章由陈劲松编写，第 2 章、第 3 章由周建来、刘卫生编写，第 4 章由杜玉玲、马殿春编写，第 5 章由于雪梅编写，第 6 章由杨建明编写。全书由杜玉玲统稿，南京航空航天大学傅玉灿教授主审。

在本书的编写过程中，编者得到了许多专家、同人的大力支持和帮助，在此表示衷心的感谢！在编写中，由于编者参阅了众多的教材、专著、学术论文及网络资料，可能存在部分参考资料没有列入参考文献的现象，在此一并向其作者表示诚挚的谢意！

由于编者水平有限，书中难免有疏漏和不妥之处，敬请同行和读者批评指止。

编　者

2023 年 11 月

资源索引

目 录

第1章 绪论 …………………… 1
  1.1 制造业在国民经济中的重要性 …………………… 1
  1.2 现代机械制造技术发展 …… 2
  1.3 课程的学习要求和学习方法 … 5
  习题 …………………………… 5

第2章 金属切削过程 …………… 6
  2.1 切削加工 …………………… 7
  2.2 金属切削刀具基础 ………… 9
  2.3 金属切削过程中的变形 …… 17
  2.4 切削力 ……………………… 26
  2.5 切削热与切削温度 ………… 31
  2.6 刀具磨损、刀具寿命和切削用量的选择 ………… 35
  2.7 刀具几何参数的合理选择 … 46
  2.8 磨削原理 …………………… 51
  习题 …………………………… 57

第3章 机械制造中的加工方法及装备 ………… 59
  3.1 金属切削机床 ……………… 60
  3.2 外圆表面加工 ……………… 68
  3.3 孔加工 ……………………… 77
  3.4 平面加工 …………………… 96
  3.5 齿轮加工 …………………… 103
  习题 …………………………… 113

第4章 机械加工质量及其控制 … 115
  4.1 机械加工精度 ……………… 116
  4.2 影响机械加工精度的因素 … 120
  4.3 加工误差的统计分析方法 … 146
  4.4 机械加工表面质量 ………… 155
  习题 …………………………… 161

第5章 机床夹具设计 …………… 164
  5.1 机床夹具 …………………… 165
  5.2 工件在机床夹具中的定位 … 167
  5.3 定位误差的分析与计算 …… 177
  5.4 工件在夹具中的夹紧 ……… 184
  5.5 典型机床夹具 ……………… 192
  5.6 机床夹具设计方法 ………… 200
  习题 …………………………… 204

第6章 机械加工工艺规程的设计 … 208
  6.1 概述 ………………………… 209
  6.2 工艺规程 …………………… 214
  6.3 零件的工艺分析与毛坯的选择 … 218
  6.4 工艺路线的拟订 …………… 223
  6.5 加工余量的确定 …………… 233
  6.6 工序尺寸及其偏差的确定 … 236
  6.7 工艺方案的经济分析 ……… 240
  6.8 工艺规程设计其他内容的确定 … 243
  6.9 工艺规程文件的编写 ……… 248
  习题 …………………………… 249

第7章 机械装配工艺基础 ……… 255
  7.1 概述 ………………………… 256
  7.2 保证装配精度的方法 ……… 260
  7.3 装配工艺规程的制订 ……… 270
  习题 …………………………… 271

参考文献 …………………………… 273

第1章 绪 论

本章教学要求

1. 了解制造业在国民经济中的重要性。
2. 了解我国改革开放以来制造业取得的主要成绩。
3. 了解现代机械制造技术的发展趋势。
4. 了解学习本课程的意义、学习要求、学习方法。

课程导入

制造业是国民经济的主体,是推动经济高质量发展的关键和支柱,也是科学技术发展的载体及其转化为规模生产力的工具和桥梁,是国家创造力、竞争力和综合国力的重要体现。它不仅为现代工业社会提供物质基础,也为信息与知识社会提供先进装备和技术平台,是实现具有中国特色军事变革和国防安全的基础。党的二十大报告指出:"实施产业基础再造工程和重大技术装备攻关工程,支持专精特新企业发展,推动制造业高端化、智能化、绿色化发展。"通过本课程的学习,培养学生分析和解决实际工程问题的能力及创新能力,从家国情怀、科技强国、科学精神、工匠精神等方面,将专业知识与思想政治教育相结合。

绪论

1.1 制造业在国民经济中的重要性

据统计,20世纪末,20个工业化国家的制造业所创造的财富占国内生产总值(GDP)的比例平均为22.15%。其中,美国68%的财富来源于制造业,日本国内生产总值的49%是由制造业提供的,中国的制造业在工业总产值中占40%。尤其是改革开放以来,我国制造业持续快速发展,到2010年,中国制造业占世界制造业产出的19.8%,超越美国

（19.4%），成为世界第一。到 2017 年，中国制造业总产值为 3.596 万亿美元，占全球比例约 30%，几乎等于美国、日本、德国三国占比之和。

机械制造业是制造业中最重要的组成部分之一。国民经济中任何行业的发展必须依靠机械制造业的支持，其生产水平和经济效益在很大程度上取决于机械制造业所提供装备的技术性能、质量和可靠性。纵观世界各国，任何一个经济强大的国家，无不具有强大的机械制造业。其中，日本最具有代表性。第二次世界大战后，日本对机械制造业的发展给予全面支持，并抓住机械制造的关键技术——精密工程和制造系统自动化，在战后短短的 30 年里，一跃成为世界经济大国。

机械制造业也是任何其他高新技术实现科学及工业价值的最佳结合点。例如，快速原型成型机、并联机床、智能结构与系统等已经远远超出了纯机械的范畴，是集机械、电子、控制、计算机、材料等众多技术于一体的现代机械设备。

1.2　现代机械制造技术发展

1.2.1　机械制造技术发展历史

近代工业体系是从手工业发展而来的，直到 18 世纪，机器取代了传统的手工劳动。19 世纪初，机械制造技术步入设备密集型阶段，在这一阶段，人们逐渐完善了机器制造业，使机械化的生产方式逐渐推广到工业发展的各个部门，并促进了工业原料、能源产业及国民经济其他部门的发展，彻底改变了传统工业与农业的面貌。20 世纪初，数控操作技术被研发，在这一阶段主要是新型机电一体化设备的加工生产技术发展。进入 20 世纪 80 年代后，随着计算机技术的发展，机械制造技术进入以计算机集成制造系统及柔性制造技术为主的加工技术发展阶段。步入 21 世纪以后，随着智能技术的发展，机械制造技术进入智能密集型阶段，这一阶段的技术主要包括敏捷制造技术、智能制造技术和绿色制造技术等。

1.2.2　我国现代机械制造技术的发展现状

自改革开放以来，我国制造业获得了空前的跨越式发展。我国已从一个制造业非常薄弱的国家发展成为世界第一大制造业国家，建成了门类齐全、独立完整的产业体系。制造业有力地推动了我国的工业化和现代化进程，显著增强了我国的综合国力。现在，我国已经能制造世界领先的多种科技产品和大型成套设备，在多个领域的核心技术方面取得了突破，拥有了具有自主知识产权的国际领先的机械制造技术。例如，世界上第一颗量子通信实验卫星"墨子号"成功发射，全球最大的 500m 口径射电天文望远镜［图 1.1（a）］在贵州建成并投入运行，采用自主设计研发芯片制造的"神威•太湖之光"超级计算机［图 1.1（b）］领衔全球，神舟十四号载人飞船［图 1.1（c）］进入太空并在空间站进行为期六个月的驻留任务，加工最大直径达 28m 的 CKX53280 超重型数控立式铣车床［图 1.1（d）］由武汉重工集团研制成功，大推力运载火箭"长征 5 号"成功发射，首创激光 3D 打印制造飞机大型钛合金承力构件，世界首条智能化磁浮轨排生产线在长沙实现量产，等等。

(a) 500m口径射电天文望远镜

(b) "神威·太湖之光"超级计算机

(c) 神舟十四号载人飞船

(d) CKX53280超重型数控立式铣车床

图1.1 我国制造的科技产品

当然，我们也应该认识到，同发达国家的先进制造业相比，现阶段我国制造业在许多方面都存在明显差距，总体水平还处在国际产业链的低端。最新统计显示，我国制造业产值里，以电子制造与加工、零部件生产、机械设备等为主的中低端制造业产值占82%，高端制造业不足20%。我国没有掌握这些产业的关键核心领域的内容，在关键核心领域长期受制于人的局面一直没有得到根本改变。这主要原因是工业"四基"瓶颈问题突出，即核心基础零部件（元器件）受制于人，关键基础材料依赖进口，先进基础工艺落后及产业技术基础薄弱。以"工业母机"机床为例，我国机床产量占世界机床产量的38%，但是高档数控机床基本要靠进口，国内产品市场占有率不足5%；80%的国产中档数控机床的核心部件和数控系统也要依赖进口。调研结果显示，在装备制造领域，高档装备仪器、运载火箭、大飞机、航空发动机、汽车等关键件精加工生产线超过95%的制造及检测设备依赖进口。

2015年5月，国务院正式印发了《中国制造2025》，部署全面推进实施制造强国战略。《中国制造2025》启动实施多年来，我国制造业形成了纵向联动、横向协同的工作机制，制造业创新中心、智能制造、工业强基、绿色制造、高端装备创新五大工程稳步推进。高档数控机床和机器人、航空航天装备、海洋工程装备及高技术船舶等重大科技专项正在加快推进，一批批大国重器相继问世。

1.2.3 现代机械制造技术的发展趋势

可持续发展是现代化的永恒主题，现代机械制造技术本着循环经济的可持续发展理念，其发展呈如下趋势。

（1）向绿色制造方向发展。绿色制造是综合考虑环境影响和资源效益的现代制造模式，是人类可持续发展战略在制造业中的体现，是落实科学发展观、建设生态文明的要求。习近平总书记指出："我们要建设的中国式现代化是人与自然和谐共生的现代化。"党的二十大报告指出："广泛形成绿色生产生活方式，碳排放达峰后稳中有降，生态环境根本好转，美丽中国目标基本实现。"当前国家正在大力推进绿色发展策略，颁布实施了 ISO 9000 系列国际质量标准和 ISO 14000 国际环保标准。在这样的背景下，机械制造产品从设计、材料选用、制造工艺、机电产品噪声控制技术、包装和使用、回收和处理等方面，都必须遵循绿色发展要求，进行绿色的生产过程与使用过程，在产品使用期满后，进行绿色的回收处理，从而避免对生态环境造成污染破坏，保证人与自然的和谐发展。因此，绿色制造是机械制造技术未来发展的主要趋势之一。

（2）向智能制造的方向发展。智能制造系统是一种由智能机器和人类专家共同组成的人机一体化智能系统，它在制造过程中能进行智能活动，如分析、推理、判断、构思和决策等。通过人与智能机器的合作共事，扩大、延伸和部分取代人类专家在制造过程中的脑力劳动，智能制造对制造自动化的概念进行了更新，扩展到柔性化、智能化和高度集成化。智能制造系统最终要从以人为主要决策核心的人机和谐系统向以机器为主体的自主运行转变。

进入 21 世纪以来，智能化制造技术由传统意义上的单纯机械加工技术转变为集机械、电子、材料、信息和管理等诸多技术于一体的先进制造技术，并加速用现代智能化制造技术改造和提升传统制造业，实现高技术制造业的发展。当前，国际智能化制造业采用或准备采用的先进制造技术主要体现在以下几方面。

① 新型（非常规）加工方法的发展，包括激光加工技术、电磁加工技术、超塑加工技术及两种以上加工方法复合应用等。

② 专业、学科间的交叉融合，冷热加工、加工过程、检测过程、物流过程、设计、材料应用、制造等方面的界限逐渐淡化。

③ 工艺研究由"经验"走向"定量分析"。

④ 高新技术与传统工艺的紧密结合，使传统工艺产生显著的、本质的变化，极大地提高了生产效率和产品质量。

⑤ 常规制造工艺的优化，以形成优质、高效、低耗、少污染的制造技术为主要目标。

⑥ 以计算机与网络技术为核心，未来的机械制造业将是由信息主导，并采用先进生产模式、先进制造系统、先进制造技术和先进组织管理方式的全新机械制造业。

（3）向高效、高速、高精度方向发展。高速、高精度加工是制造技术永无止境的追求，效率和质量是先进制造技术的主体。高速、高精度加工技术使数控系统能够进行高速插补、高实时运算，在高速运行中保持较高的定位精度，极大地提高生产效率和产品质量，缩短生产周期和提高市场竞争能力。近年来，世界各主要工业国家都在大力发展高速加工技术。生产实践表明，采用高速切削可以使特种合金制造的发动机零件的功效比采用传统加工工艺提高 10 倍以上，还可以延长刀具的使用寿命，改善零件的加工质量。

（4）向虚拟制造方向发展。随着信息技术的发展，基于信息技术兴起的虚拟现实技术和仿真技术也在不断地更新发展，将虚拟现实技术引入机械制造产业中，人们通过更合理地应用虚拟现实技术和仿真技术，借助计算机软件，对机械产品的设计、加工、装配、检验及使用进行虚拟化试验，能更快地找出其中存在的问题，从而对其进行优化，这样一来，就能提高机械产品制造的可靠性，提升其研发与应用的效率，同时也能有效减少资源浪费。

1.3　课程的学习要求和学习方法

"机械制造技术"课程是机械专业的一门专业必修课，课程设置的目的是让学生学习机械制造技术方面最基本的知识和技能，培养学生分析和解决实际工程问题的能力及创新能力，从家国情怀、科技强国、科学精神、工匠精神等方面将专业知识与思想政治教育相结合。本课程主要包括金属切削原理与刀具、机床、机械制造工艺和机床夹具等方面的内容。因此，学习本课程的主要要求如下。

（1）掌握金属切削的基本理论及规律，能根据加工条件合理选择刀具几何参数、刀具材料及切削用量。

（2）掌握机床的基本知识、典型零件表面的加工方法，能根据加工要求正确选择机械加工方法与机床、刀具及切削加工参数。

（3）掌握机械制造工艺的基本理论，具备制订机械加工工艺规程和装配工艺规程的能力。

（4）掌握机床夹具设计的基本原理和方法，能计算定位误差及判断定位方案的可行性。

（5）了解影响加工精度和表面质量的各项因素，掌握加工质量的基本理论，学会分析、研究保证加工质量的方法，能提出提高加工质量的工艺措施。

（6）了解当代先进制造技术和先进制造模式及其发展概况。

本课程教学内容具有涉及面广、综合性强、实践性强、灵活性大等特点，与生产实践联系密切，只有具备较多的实践知识，才能在学习时理解透彻。因此在学习本课程时，要重视实践环节知识的学习和积累，即通过认识实习、课程设计、课程实验及生产实习等多种教学环节来丰富和巩固所学内容，加强理论与实践的紧密结合，培养解决复杂工程问题的能力。

习　　题

1-1　什么是制造业？什么是制造技术？它们在国民经济中有何重要作用？

1-2　当前我国制造业与国际先进制造业相比存在的主要差距是什么？

1-3　简述先进制造技术的特点及主要发展趋势。

1-4　简述"机械制造技术"课程的学习要求。

第 2 章

金属切削过程

本章教学要求

1. 了解有关切削运动、切削用量和切削层参数的概念。
2. 掌握刀具角度的定义和刀具切削部分的构造,了解刀具工作角度的影响因素。
3. 掌握常用刀具材料的性能要求、种类及其应用。
4. 掌握切削变形、切削力、切削热、刀具磨损等现象,熟悉了解它们的内在联系,深入了解切削变形、切削力、切削温度、刀具寿命的影响因素和影响规律。
5. 了解切屑的类型及控制方法。
6. 掌握刀具磨损形式、刀具磨损过程及刀具磨损原因,熟悉磨钝标准和刀具寿命的概念。
7. 掌握合理选择切削用量的原则和步骤。
8. 了解合理选择刀具几何参数的要领。
9. 掌握砂轮特性、磨削运动和磨削过程。

课程导入

党的二十大报告指出,加快建设制造强国、质量强国、航天强国、交通强国、网络强国、数字中国。习近平总书记强调,要以智能制造为主攻方向推动产业技术变革和优化升级,推动制造业产业模式和企业形态根本性转变,以"鼎新"带动"革故",以增量带动存量,促进我国产业迈向全球价值链中高端。中国作为世界第二大经济体,已经连续多年成为全球制造业增加值最大的国家。坚持世界一流,在高水平科技自立自强中当先锋、打头阵,努力突破"卡脖子"的痛点、堵点。数控装备尤其是高档数控装备,我国与国际先进技术水平还有很大的差距,加上美国等西方发达国家对我国实施技术封锁,国产高档数控系统核心技术必须立足自主创新,实现自主可控。武汉华中数控股份有限公司董事长陈吉红带领其科研团队经过七年的努力探索、创新，在超精密加工控制系统的研发上取得了重大突破，可以实现表面粗糙度 0.01μm 的超精密金属镜面加工，完成了对世界一流技术的追赶，相信不久的将来我们的数控控制精度必将达到世界领先水平，推动制造业向高端化、智能化、绿色化方向发展。

金属切削过程是刀具和工件材料相互作用，刀具从工件表面切除多余材料而得到预期零件表面的过程。切削过程中会出现切削变形、切削力、切削热和刀具磨损等一系列现象。

本章在讲授有关切削刀具基本知识的基础上，对切削过程中会出现的上述现象进行研究，揭示它们的产生机理和相互之间的内在联系。学习并掌握这些基本理论和基本规律，对控制切削过程、保证加工质量、提高生产效率和降低生产成本具有重要意义。

2.1 切削加工

1. 切削运动与切削中的工件表面

用刀具切除工件材料，刀具和工件之间必须有一定的相对运动，该相对运动由主运动和进给运动组成。

主运动是使刀具和工件产生主要相对运动以进行切削的运动，其速度称为切削速度 v_c。主运动的特点是速度高，消耗功率多。切削加工中只有一个主运动，它可由工件完成，也可由刀具完成。例如，车削时工件的旋转运动、铣削和钻削时铣刀和钻头的旋转运动都是主运动。

切削加工的基本概念

进给运动是使切削能持续进行以形成所需工件表面的运动，其速度称为进给速度 v_f。进给运动的特点是速度低，消耗功率少。切削加工中进给运动可以是一个、两个或多个，可以是连续的运动（如车削外圆时车刀平行于工件轴线的纵向运动），也可以是间断的运动（如刨削时工件或刀具的横向运动）。

主运动和进给运动合成后的运动称为合成切削运动。刀具切削刃上选定点相对于工件的瞬时合成运动方向称为合成切削运动方向，其速度称为合成切削速度 v_e。合成切削速度 v_e 的大小和方向由下式确定

$$v_e = v_c + v_f \qquad (2-1)$$

在切削过程中，工件上有以下三个变化的表面。

（1）待加工表面。待加工表面是指工件上即将被切除的表面。

（2）已加工表面。已加工表面是指切除材料后形成的新的工件表面。

（3）过渡表面。过渡表面是指加工时主切削刃正在切削的表面，它处于已加工表面和待加工表面之间。

外圆车削的切削运动与加工表面如图 2.1 所示。

2. 切削用量

切削用量是指切削速度 v_c、进给量 f（或进给速度 v_f）和背吃刀量 a_p。三者又称切削

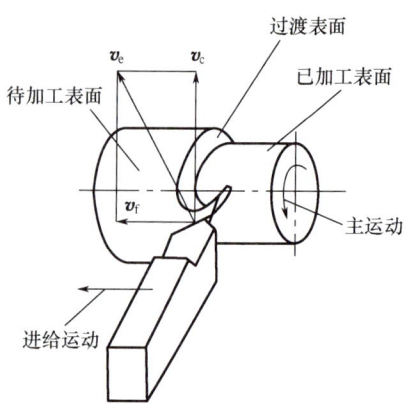

图 2.1 外圆车削的切削运动与加工表面

用量三要素。

(1) 切削速度 v_c。切削速度是指切削刃相对于工件的主运动速度,其单位是 m/s(或 m/min)。计算切削速度时,应选取刀刃上速度最高的点进行计算。当主运动为旋转运动时,切削速度为

$$v_c = \frac{\pi d n}{1000} \quad (2-2)$$

式中 d——工件(或刀具)的最大直径,mm;
n——工件(或刀具)的转速,r/s(或 r/min)。

(2) 进给量 f。进给量是指工件或刀具旋转一周(或每往复一次),两者在进给运动方向上的相对位移量,其单位是 mm/r(或毫米/双行程)。对于铣刀、铰刀、拉刀等多齿刀具,还规定每刀齿进给量 f_z,其单位是 mm/z。进给速度 v_f、进给量 f 和每齿进给量 f_z 之间的关系为

$$v_f = nf = nzf \quad (2-3)$$

式中 z——刀齿数。

(3) 背吃刀量 a_p。背吃刀量是指刀具切削刃与工件的接触长度在同时垂直于主运动和进给运动的方向上的投影值,其单位是 mm。外圆车削的背吃刀量就是工件已加工表面和待加工表面间的垂直距离(参见图 2.2)。

$$a_p = \frac{d_w - d_m}{2} \quad (2-4)$$

式中 d_w—— 工件上待加工表面的直径,mm;
d_m——工件上已加工表面的直径,mm。

3. 切削层参数

刀具的切削刃在一次走刀中从工件上切除的一层材料称为切削层。切削层的截面尺寸参数称为切削层参数,如图 2.2 所示。切削层参数通常在与主运动方向相垂直的平面内观察和度量。

(1) 切削层公称厚度 h_D。垂直于过渡表面度量的切削层尺寸称为切削层公称厚度 h_D,

简称切削厚度。车外圆时，当车刀主切削刃为直线时，其切削厚度 h_D(mm) 的计算公式为

$$h_D = f\sin\kappa_r \qquad (2-5)$$

式中 κ_r——车刀主偏角。

切削层厚度 h_D 影响切削刃的切削负荷。

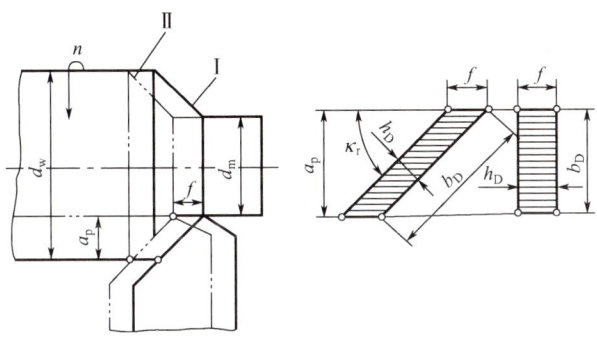

图 2.2 切削层参数

（2）切削层公称宽度 b_D。沿过渡表面度量的切削层尺寸称为切削层公称宽度 b_D，简称切削宽度。当车刀主切削刃为直线时，其切削宽度 b_D(mm) 的计算公式为

$$b_D = a_p/\sin\kappa_r \qquad (2-6)$$

切削宽度 b_D 反映了切削刃参加切削的工作长度。

（3）切削层公称面积 A_D。在切削层尺寸平面里度量的面积称为切削层公称面积 A_D，简称切削面积。对于车削加工，切削面积 A_D(mm^2) 的计算公式为

$$A_D = h_D b_D = f a_p \qquad (2-7)$$

2.2 金属切削刀具基础

金属切削刀具种类繁多、形状各异，但刀具切削部分的组成都有共同点，车刀的切削部分可看作各种刀具切削部分最基本的形态。描述车刀切削部分的一般术语也可用于其他金属切削刀具。

下面以最基本、最典型的刀具——外圆车刀为例，给出刀具几何参数方面的有关定义。

2.2.1 刀具角度

车刀由刀体和刀头组成。刀体又称刀柄，是刀具上的夹持部分；刀头是刀具上承担切削工作的部分。

1. 刀具切削部分的构造

外圆车刀的切削部分如图 2.3 所示，其构造可简单概括为"三面、二刃、一尖"。

金属切削刀具几何方面

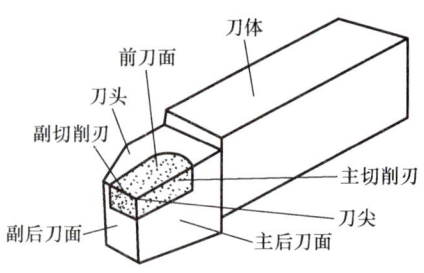

图 2.3　外圆车刀的切削部分

车刀构造及刃磨

(1) **前刀面**。前刀面是指切屑沿其流出的刀具表面。

(2) **主后刀面**。主后刀面是指与工件上过渡表面相对的刀具表面。

(3) **副后刀面**。副后刀面是指与工件上已加工表面相对的刀具表面。

(4) **主切削刃**。主切削刃是指前刀面与主后刀面的交线，它承担主要的切削工作，也称主刀刃。

(5) **副切削刃**。副切削刃是指前刀面与副后刀面的交线，它协同主切削刃完成切削工作，并最终形成已加工表面，也称副刀刃。

(6) **刀尖**。刀尖是指连接主切削刃和副切削刀的连接点，它可以是短圆弧或直线段。

不同类型的刀具，其刀面、切削刃的数量可能不同，但组成刀具切削部分最基本的单元是两个刀面（前刀面、主后刀面）和一条主切削刃。任何一把多刃复杂刀具都可以分解为一个个基本单元来进行分析。

2. 刀具的标注角度

(1) 刀具标注角度的参考系。刀具要从工件上切除材料，就必须具有一定的切削角度。切削角度决定了刀具切削部分各表面之间的相对位置。

为了确定和测量刀具的角度，必须引入一个由三个参考平面组成的空间坐标参考系。组成刀具标注角度参考系的各参考平面定义如下。

① **基面** P_r，指通过主切削刃上某一指定点，并与该点切削速度方向相垂直的平面。

② **切削平面** P_s，指通过主切削刃上某一指定点，与主切削刃相切并垂直于该点基面的平面。

③ **正交平面** P_o，指通过主切削刃上某一指定点，同时垂直于该点基面和切削平面的平面。

根据上述定义可知，三个参考平面是互相垂直的，由它们组成的刀具标注角度参考系称为正交平面参考系，如图 2.4 所示。同理，通过副切削刃上某一指定点建立的刀具标注角度参考系称为副正交平面参考系。

除正交平面参考系外，常用的标注刀具角度的参考系还有法平面参考系、假定工作平面、背平面参考系。

(2) 刀具的标注角度。在刀具标注角度参考系中测得的角度称为刀具的标注角度。标注角度应标注在刀具的设计图中，用于刀具的制造、刃磨和测量。在正交平面参考系中的刀具标注角度有六个（图 2.5），其定义如下。

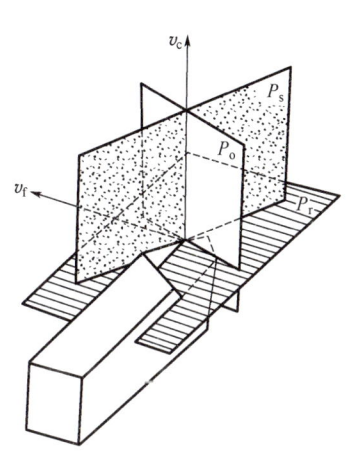
图 2.4 正交平面参考系

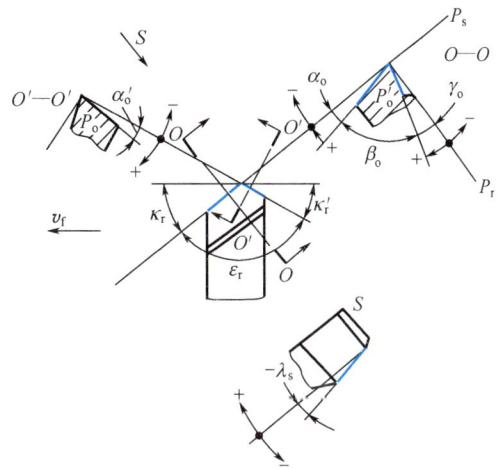
图 2.5 在正交平面参考系中的刀具标注角度

① 前角 γ_o，指在正交平面内测量的前刀面和基面间的夹角。前刀面在基面之下时前角为正值，前刀面在基面之上时前角为负值，前刀面与基面平行时前角为零。

② 后角 α_o，指在正交平面内测量的主后刀面与切削平面的夹角，一般为正值。

③ 副后角 α_o'，指在副切削刃的正交平面中测量的副切削平面和副后刀面之间的夹角，它表示副后刀面的倾斜程度，一般为正值。

④ 主偏角 κ_r，指在基面内测量的主切削刃在基面上的投影与进给运动方向的夹角。

⑤ 副偏角 κ_r'，指在基面内测量的副切削刃在基面上的投影与进给运动反方向的夹角。

⑥ 刃倾角 λ_s，指在切削平面内测量的主切削刃与基面之间的夹角。在主切削刃上，刀尖为最高点时刃倾角为正值，刀尖为最低点时刃倾角为负值。主切削刃与基面平行时，刃倾角为零。

3. 刀具的工作角度

外圆车刀的标注角度是在忽略进给运动的影响、假定刀杆中心线与纵向进给运动方向垂直及刀尖与工件中心等高的条件下确定的。如果考虑进给运动方向和刀具实际安装情况的影响，参考平面的空间位置应按合成切削运动方向来确定，这时的参考系称为刀具工作角度参考系，在刀具工作角度参考系中确定的刀具角度称为刀具的工作角度。一般不必进行刀具工作角度的计算，只有在进给运动和刀具安装对工作角度产生较大影响时，才需计算刀具工作角度，如以大进给量切断小直径工件、车螺纹或丝杠、刀具安装位置有较大变化时等。

（1）进给运动对刀具工作角度的影响。图 2.6 所示为横向进给运动对刀具工作角度的影响。当不考虑进给运动的影响时，按切削速度 v_c 的方向确定的基面和切削平面分别为 P_r 和 P_s。考虑进给运动的影响后，按合成切削速度 v_e 的方向确定的工作基面和工作切削平面分别为 P_{re} 和 P_{se}。刀具的工作前角 γ_{oe} 和工作后角 α_{oe} 为

$$\gamma_{oe} = \gamma_o + \eta$$
$$\alpha_{oe} = \alpha_o - \eta$$
$$\eta = \arctan(v_f/v_c) = \arctan(f/\pi d)$$

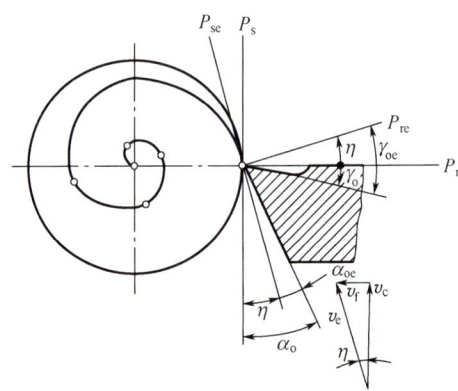

图 2.6 横向进给运动对刀具工作角度的影响

分析上式可知，进给量 f 越大，η 值越大；工件切削直径 d 越小，η 值越大。当切削刃接近中心时，d 急剧减小，过大的 η 值有可能使 α_{oe} 变为负值，使工件最后被挤断。

（2）刀具安装位置对其工作角度的影响。安装刀具时，如刀尖高于或低于工件中心，则会引起刀具工作角度的变化。以图 2.7 为例，若不考虑车刀横向进给运动的影响，安装刀具时，如果刀尖高于工件中心，基面由 P_r 变为 P_{re}，切削平面由 P_s 变为 P_{se}。刀具的工作前角 γ_{oe} 将大于标注前角 γ_o，工作后角 α_{oe} 将小于标注后角 α_o。如果刀尖低于工件中心，则刀具工作角度的变化情况相反。

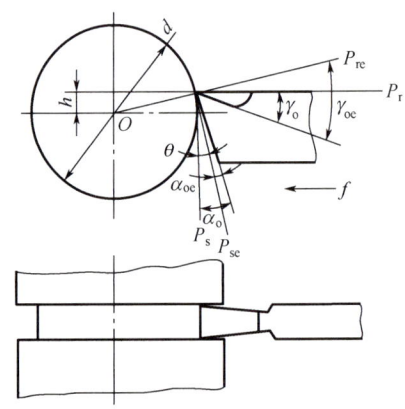

图 2.7 刀具安装位置对其工作角度的影响

（3）刀杆中心线与进给方向不垂直。当车刀刀杆中心线与进给方向不垂直时，对主偏角和副偏角的影响如图 2.8 所示。如刀杆右斜，则会引起工作主偏角 κ_{re} 增大，工作副偏角 κ'_{re} 减小。如刀杆左斜，则变化情况相反。

$$\kappa_{re}=\kappa_r \pm \theta_A$$
$$\kappa'_{re}=\kappa'_r \mp \theta_A$$

式中　θ_A——刀杆中心线的垂线与进给方向的夹角。

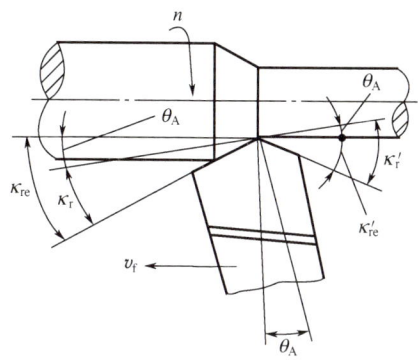

图 2.8 刀杆中心线与进给方向不垂直对主偏角和副偏角的影响

2.2.2 刀具材料

刀具材料指刀具切削部分的材料。刀具的切削性能取决于刀具材料、切削部分几何形状及刀具的结构。刀具材料的选择直接影响刀具寿命、加工质量、加工成本和生产效率。

刀具材料

1. 刀具材料的性能要求

切削时刀具要承受高温、高压、摩擦和冲击载荷的作用,刀具切削部分的材料须满足以下基本要求。

(1) 较高的硬度和耐磨性。刀具材料的硬度必须高于工件材料,否则无法切入工件。

(2) 足够的强度和韧性。刀具材料要能够承受冲击和振动的作用,不产生崩刃和断裂。

(3) 较高的耐热性。刀具材料要有在高切削温度作用下保持高硬度、高强度的性能。

(4) 良好的导热性和耐热冲击性能。刀具材料的导热性要好,有利于散热;耐热冲击性能也要好,不会因受到大的热冲击而产生裂纹。

(5) 良好的工艺性。刀具材料应具有良好的可加工性、热处理特性、刃磨性能等,便于刀具制造。

2. 常用刀具材料

刀具材料种类很多,有<u>工具钢、高速钢、硬质合金、陶瓷、立方氮化硼和金刚石</u>等。其中,碳素工具钢、合金工具钢耐热性差,仅用于制造手工刀具或切削速度较低的刀具。目前,在生产中常用的刀具材料主要是高速钢和硬质合金。

(1) 高速钢。高速钢是一种加入了较多的钨(W)、钼(Mo)、铬(Cr)、钒(V)等合金元素的高合金工具钢。热处理后具有较高的硬度(62~67HRC)和良好的耐热性,在切削温度高达 500~650℃ 时仍能进行切削。高速钢的抗弯强度高(抗弯强度是一般硬质合金的 2~3 倍,陶瓷的 5~6 倍),韧性好,可在有冲击、振动的场合应用。高速钢刀具可以加工有色金属、结构钢、铸铁、高温合金等。高速钢的制造工艺性好,容易磨出锋利的切削刃,适合制造各类切削刀具,尤其是麻花钻、铣刀、拉刀、成形刀具、齿轮刀具等形状复杂的刀具。

高速钢按切削性能可分为普通高速钢和高性能高速钢,按制造工艺方法可分为熔炼高速钢和粉末冶金高速钢。

普通高速钢是切削硬度在250～280HBS以下的大部分结构钢和铸铁的基本刀具材料，切削普通钢料时的切削速度一般不高于40～60m/min。

高性能高速钢是在普通高速钢的基础上增加含碳量、含钒量，并添加钴、铝等合金元素熔炼而成的。高性能高速钢的耐热性好，在630～650℃时仍能保持接近60HRC的硬度，用其制造的刀具适合加工高温合金、钛合金、奥氏体不锈钢、高强度钢等难加工材料。

粉末冶金高速钢是用高压惰性气体（氩气或氮气）把钢水雾化成粉末后，再经过热压锻轧而成的。这种钢有效解决了熔炼高速钢的碳化物共晶偏析问题，结晶组织细小均匀。与熔炼高速钢相比，粉末冶金高速钢材质均匀，韧性好，硬度高，热处理变形小，质量稳定，刃磨性能好，特别适合制造各种精密刀具和形状复杂的刀具，以及切削各种难加工材料，用其制成的刀具寿命较长。

几种常用高速钢的牌号及主要力学性能见表2.1。

表2.1 几种常用高速钢的牌号及主要力学性能

牌号	常温硬度 HRC	抗弯强度/GPa	冲击韧度 /(MJ·m⁻²)	高温硬度 HRC	
				500℃	600℃
W18Cr4V	63～66	3～3.4	0.18～0.32	56	48.5
W6Mo5Cr4V2	63～66	3.5～4	0.3～0.4	55～56	47～48
9W18Cr4V	66～68	3～3.4	0.17～0.22	57	51
W6Mo5Cr4V3	65～67	3.2	0.25	—	51.7
W6Mo5Cr4V2Co8	66～68	3.0	0.3	—	54
W2Mo9Cr4VCo8	67～69	2.7～3.8	0.23～0.3	～60	～55
W6Mo5Cr4V2Al	67～69	2.9～3.9	0.23～0.3	60	55
W10Mo4Cr4V3Al	67～69	3.1～3.5	0.2～0.28	59.5	54

（2）硬质合金。硬质合金是用高硬度、难熔的金属碳化物（如WC、TiC等）和金属黏结剂（如Co、Ni等）在高温条件下烧结而成的粉末冶金制品。硬质合金的常温硬度为89～93HRA，760℃时其硬度为77～85HRA，在800～1000℃时硬质合金刀具还能进行切削，刀具寿命比高速钢刀具长几倍到几十倍，可加工包括淬硬钢在内的多种材料，因此硬质合金得到了广泛的应用。但硬质合金的强度和韧性比高速钢的差，常温下的冲击韧性仅为高速钢的1/30～1/8，因此，硬质合金常用于制造各种形状的刀片，焊接或机械夹固在刀体上使用。尺寸较小和形状复杂的刀具可采用整体硬质合金制造，但整体硬质合金刀具成本高，其价格是高速钢刀具的8～10倍。

下面介绍几种常用的硬质合金。

（1）钨钴类硬质合金（YG）。它由碳化钨和钴构成，硬度为89～91.5HRA，耐热温度为800～900℃。常用牌号有YG3、YG6、YG8等，G后面的数字为钴的百分含量，含钴量越多，韧性越好。钨钴类硬质合金刀具主要用于加工铸铁、有色金属及非金属材料，不适合加工钢料，这是因为切削温度达640℃时，刀具与钢会产生黏结，使刀具发生黏着磨损。含钴量多的钨钴类硬质合金适用于粗加工,含钴量少的钨钴类硬质合金适用于精加工。

(2) 钨钛钴类硬质合金(YT)。它由碳化钨、碳化钛和钴构成,硬度为89.5~92.5 HRA,耐热温度为900~1000℃。常用牌号有YT5、YT14、YT15、YT30,T后面的数字代表TiC的百分含量,其余为WC和Co。当TiC的含量较多、Co的含量较少时,硬度和耐磨性提高,但抗弯强度有所下降。钨钛钴类硬质合金刀具主要用于加工塑性材料,不适合加工含Ti元素的不锈钢,因为两者的Ti元素亲和作用较强,加工过程中会发生严重的黏结,使刀具黏着磨损加剧。TiC含量多的钨钛钴类硬质合金适用于精加工,TiC含量少的钨钛钴类硬质合金则适用于粗加工。

(3) 钨钽(铌)钴类硬质合金(YA)。它由碳化钨、碳化钽(碳化铌)和钴构成,有较高的常温硬度、高温强度、抗氧化能力和较好的耐磨性。常用牌号为YA6。钨钽(铌)钴类硬质合金刀具适用于对冷硬铸铁、有色金属及其合金进行半精加工,也适用于对高锰钢、淬火钢等材料进行半精加工和精加工。

(4) 钨钛钽(铌)钴类硬质合金(YW)。它由碳化钨、碳化钛、碳化钽(碳化铌)和钴构成,抗弯强度、疲劳强度、耐热性、高温硬度和抗氧化能力较高,是通用性较好的刀具材料。常用牌号有YW1、YW2。钨钛钽(铌)钴类硬质合金刀具适用于加工钢材、铸铁、有色金属及其合金。

(5) 碳化钛基类硬质合金(YN)。它由碳化钛、钼和镍构成,抗氧化能力、耐磨性、耐热性较高。常用牌号有YN05、YN10。碳化钛基类硬质合金刀具适用于对碳钢、合金钢、工具钢、淬火钢、铸铁等进行精加工和半精加工。

国际标准化组织把切削加工用的硬质合金分为三类:P类硬质合金、K类硬质合金和M类硬质合金。

P类(相当于我国YT类)硬质合金刀具主要用于加工钢料。

K类(相当于我国YG类)硬质合金刀具主要用于加工铸铁、有色金属及其合金。

M类(相当于我国YW类)硬质合金刀具既可以加工铸铁和有色金属,又可以加工钢料,还可以加工高温合金和不锈钢等难加工材料。M类硬质合金有通用硬质合金之称。

几种常用硬质合金种类、牌号、化学成分及主要性能见表2.2。

表2.2 几种常用硬质合金种类、牌号、化学成分及主要性能

种类	牌号	化学成分(质量分数)/(%)				物理力学性能				使用性能				ISO牌号
		WC	TiC	TaC(NbC)	Co	相对密度	导热系数/[W·(m·K)$^{-1}$]	硬度 HRA (HRC)	抗弯强度/GPa	材料类别	耐磨性	韧性	切削速度	
钨钴类硬质合金	YG3	97	—	—	3	14.9~15.3	87.92	91 (78)	1.08	短切屑的黑色金属;有色金属;非金属材料	↑	↓	↑	K01
	YG6X	93.5	—	0.5	6	14.6~15.0	75.55	91 (78)	1.37					K05
	YG6	94	—	—	6	14.6~15.0	75.55	89.5 (75)	1.42					K10
	YG8	92	—	—	8	14.5~14.9	75.36	89 (74)	1.47					K20
	YG8C	92	—	—	8	14.5~14.9	75.36	88 (72)	1.72					K30

续表

种类	牌号	化学成分（质量分数）/(%)				物理力学性能				使用性能				ISO牌号
		WC	TiC	TaC(NbC)	Co	相对密度	导热系数/[W·(m·K)$^{-1}$]	硬度HRA(HRC)	抗弯强度/GPa	材料类别	耐磨性	韧性	切削速度	
钨钛钴类硬质合金	YT30	66	30	—	4	9.3～9.7	20.93	92.5（80.5）	0.88	长切屑的黑色金属	↑	↓	↑	P01
	YT15	79	15	—	6	11～11.7	33.49	91（78）	1.13					P10
	YT14	78	14	—	8	11.2～12.0	33.49	90.5（77）	1.17					P20
	YT5	85	5	—	10	12.5～13.2	62.80	89（74）	1.37					P30
添加钽或铌类硬质合金	YG6A（YA6）	91	—	5	6	14.6～15.0	—	91.5（79）	1.37	长切屑或短切屑的黑色金属和有色金属	较好	较好		K10
														K10
	YG8A	91	—	1	8	14.5～14.9	—	89.5（75）	1.47					M10
	YW1	84	6	4	6	12.8～13.0	—	91.5（79）	1.18					M20
	YW2	82	6	4	8	12.6～13.0	—	90.5（77）	1.32					

注：表中箭头指向性能提高的方向。

3. 新型刀具材料

目前，新型刀具材料可以分为以下三类。

（1）陶瓷。陶瓷是以氧化铝（Al_2O_3）或氮化硅（Si_3N_4）等为主要成分，经压制成形后烧结而成的刀具材料。陶瓷刀具材料硬度高、化学稳定性高、耐氧化，与金属的亲和力小，抗黏结和抗扩散的能力好。陶瓷刀具的切削速度是硬质合金的2～5倍，广泛用于高速切削加工，但因其强度低、韧性差，故长期以来主要用于精加工或半精加工。近年来，随着陶瓷刀具制造工艺的改进，其强度和韧性都有了很大提高，应用范围也日益扩大。

（2）立方氮化硼。立方氮化硼是由六方氮化硼经高温高压处理转化而成的，其硬度高达8000HV，仅次于金刚石。立方氮化硼是一种新型刀具材料，可耐1300～1500℃的高温，热稳定性好；它的化学稳定性也很好，即使温度高达1200～1300℃也不与铁产生化学反应。立方氮化硼刀具能以硬质合金刀具切削铸铁和普通钢的切削速度对冷硬铸铁、淬硬钢、高温合金等进行加工。

（3）金刚石。金刚石分为天然金刚石和人造金刚石两种，工业上多使用人造金刚石。人造金刚石又分为单晶金刚石和聚晶金刚石。聚晶金刚石的晶粒随机排列，属各向同性体，硬度均匀，人造金刚石主要用于制作磨具及磨料，用于刀具材料时主要对有色金属进行高速精细切削。天然金刚石的硬度高达6000～10000HV，是人们日常生活中最硬的物质。天然金刚石刀具可用于加工铝合金、铜合金、硬质合金、陶瓷等有色金属和高耐磨材料。金刚石不是碳的稳定状态，遇热易氧化和石墨化，用金刚石刀具进行切削时须对切削区进行强制冷却。金刚石刀具不宜加工铁族元素，因为金刚石中的碳原子和铁族元素的亲和力大，会使刀具寿命缩短。

我国知名的切削加工和刀具材料专家、教育家、中国工程院院士、山东大学教授艾兴，首创融合切削学与陶瓷学的陶瓷刀具研究和设计的理论新体系，先后成功开发了六种陶瓷刀具，其中三种属国际首创；创建了超声与断续磨——间隙脉冲放电复合加工理论和技术，开发了专用直流电源和砂轮，研制出专用数控机床；首创复杂表面分解重构理论，开发了相应软件系统。

艾兴

金属切削过程中的变形

2.3　金属切削过程中的变形

金属切削过程是指通过切削运动，刀具从工件上切除多余金属层，形成切屑和已加工表面的过程。这个过程会产生一系列现象，如形成切屑，产生切削力、切削热与切削温度，刀具发生磨损等。

2.3.1　切屑的形成过程

1. 变形区的划分

切削层金属形成切屑的过程就是在刀具的作用下发生变形的过程。在直角自由切削工件条件下观察并绘制得到的金属切削过程中的滑移线和流线示意图如图 2.9 所示。流线表明被切削金属中的某一点在切削过程中流动的轨迹。

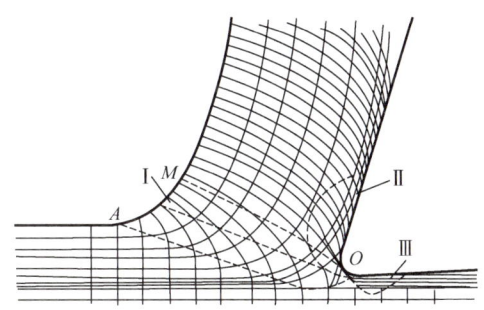

图 2.9　金属切削过程中的滑移线和流线示意图

切削过程中，切削层金属的变形区大致可划分为三个。

（1）第一变形区。从 OA 线开始发生塑性变形，到 OM 线金属晶粒的剪切滑移基本完成。OA 线和 OM 线之间的区域（图 2.9 中Ⅰ区）称为第一变形区。

（2）第二变形区。切屑沿前刀面排出时进一步受到前刀面的挤压和摩擦，使靠近前刀面处的金属纤维化，基本上和前刀面平行。这一区域（图 2.9 中Ⅱ区）称为第二变形区。

（3）第三变形区。已加工表面受到切削刃钝圆部分和后刀面的挤压和摩擦，造成表层金属纤维化与加工硬化。这一区域（图 2.9 中Ⅲ区）称为第三变形区。

从图 2.9 中可以看出，在第一变形区内，变形的主要特征是沿滑移线的剪切变形及随之产生的加工硬化。第一变形区金属的剪切滑移如图 2.10 所示，在切削过程中 P 点金属以速度 v_c 向刀具做相对运动，到达点 1 时，剪应力达到材料的屈服强度 τ_s。过点 1 后，金属在继续向前运动的同时沿滑移线 OA 剪切滑移,从点 1 运动到点 2,2′ 与 2 之间的距离就是滑移量。由于塑性变形中发生强化现象,继续滑移必须不断提高剪应力 τ。而金属继续向前运动时,它所受到的剪应力不断增加,乃至不断发生滑移,如 3′—3、4′—4。当到达点 4 后,被切材料的流向与前刀面平行,不再沿滑移线滑移。OA 称为始滑移线,OM 称为终滑移线。

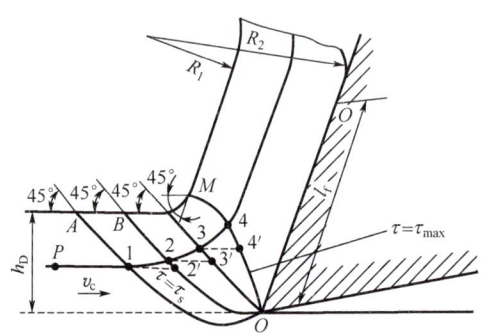

图 2.10 第一变形区金属的剪切滑移

当金属沿滑移线发生剪切变形时,晶粒会伸长(图 2.11)。晶粒伸长的方向与滑移方向(剪切面方向)是不重合的,它们成一夹角 ψ。在一般切削速度范围内,第一变形区的宽度仅为 0.02～0.2mm,切削速度越高,宽度越小,所以可以用一剪切面来表示。剪切面与切削速度方向的夹角称为剪切角,以 ϕ 表示。图 2.12 所示为塑性金属切屑形成过程示意图。被切削金属层好比一叠卡片(图中用平行四边形阴影暗区 1′、2′、3′、4′、5′、6′ 表示),刀具进行切削时,卡片之间发生滑移,阴影暗区 1′、2′、3′、4′、5′、6′ 的金属分别滑移到图中 1、2、3、4、5、6 的位置。卡片之间滑移的方向就是剪切面的方向。

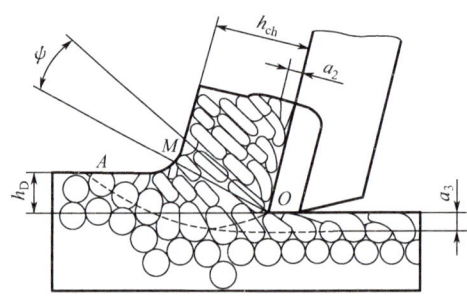

图 2.11 滑移与晶粒的伸长

切屑形成过程示意图

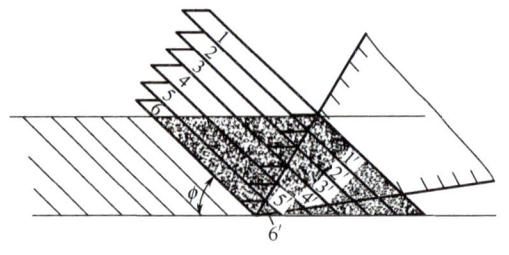

图 2.12 塑性金属切屑形成过程示意图

2. 切屑的受力分析

在直角自由切削的情况下，作用在切屑上的力有前刀面上的法向力 F_n、摩擦力 F_f、剪切面上的正压力 F_{ns} 和剪切力 F_s [图 2.13（a）]，这两对力的合力（F 与 F'）互相平衡 [图 2.13（b）]。

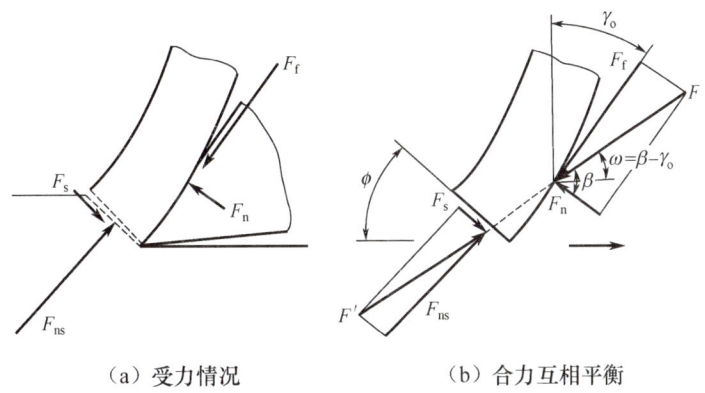

（a）受力情况　　　　　（b）合力互相平衡

图 2.13　作用在切屑上的力

如果将上述两对力都画在切削刃的前方，就可得到图 2.14 所示的作用力关系图。图中 F 是 F_f 和 F_n 的合力，称为切屑形成力；ϕ 是剪切角；β 是 F_n 和 F 的夹角（前刀面对切屑作用的摩擦角）；γ_o 是刀具前角；F_c 是切削运动方向的切削分力；F_p 是垂直于切削运动方向的切削分力；h_D 是切削厚度。

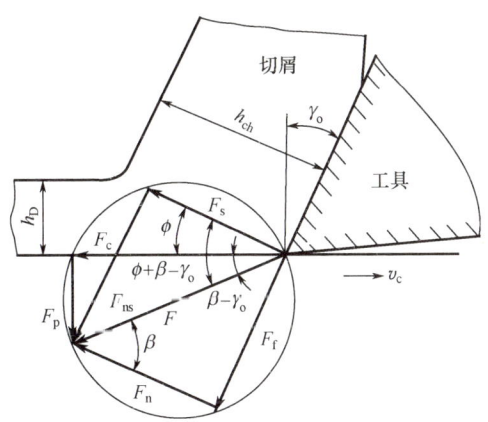

图 2.14　作用力关系图

b_D 为切削宽度，A_D 为切削层公称横截面面积，有 $A_D = h_D b_D$。A_s 表示剪切面的面积（$A_s = A_D / \sin\phi$），τ 表示剪切面上的剪应力，则

$$F_s = \tau A_s = \frac{\tau A_D}{\sin\phi}$$

由图 2.14 可知

$$F_s = F\cos(\phi + \beta - \gamma_o)$$

可得

$$F=\frac{F_s}{\cos(\phi+\beta-\gamma_o)}=\frac{\tau A_D}{\sin\phi\cos(\phi+\beta-\gamma_o)} \qquad (2-8)$$

$$F_c=F\cos(\beta-\gamma_o)=\frac{\tau A_D\cos(\beta-\gamma_o)}{\sin\phi\cos(\phi+\beta-\gamma_o)} \qquad (2-9)$$

$$F_p=F\sin(\beta-\gamma_o)=\frac{\tau A_D\sin(\beta-\gamma_o)}{\sin\phi\cos(\phi+\beta-\gamma_o)} \qquad (2-10)$$

如果用测力仪直接测得作用在刀具上的切削分力 F_c 和 F_p，在忽略被切材料对刀具后刀面作用力的条件下，可求得前刀面对切屑作用的摩擦角 β，进而可近似求得前刀面与切屑间的摩擦系数 μ。由式（2-10）除以式（2-9）可求得

$$\tan(\beta-\gamma_o)=\frac{F_p}{F_c}$$

$$\mu=\tan\beta$$

3. 切削变形程度的表示方法

（1）切屑变形系数 Λ_h。在切削过程中，刀具切除的切屑厚度 h_{ch} 通常都大于工件切削层厚度 h_D，而切屑长度 l_{ch} 却小于切削层长度 l_c。切屑厚度 h_{ch} 与切削层厚度 h_D 之比称为厚度变形系数 Λ_{ha}；而切削层长度与切屑长度之比称为长度变形系数 Λ_{hl}。

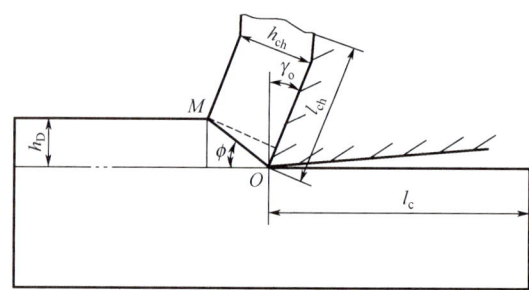

图 2.15 变形系数 Λ_h 的计算

由图 2.15 可知

$$\Lambda_{ha}=\frac{h_{ch}}{h_D}=\frac{OM\sin(90°-\phi+\gamma_o)}{OM\sin\phi}=\frac{\cos(\phi-\gamma_o)}{\sin\phi} \qquad (2-11)$$

$$\Lambda_{hl}=\frac{l_c}{l_{ch}}$$

由于切削层变成切屑后，宽度变化很小，根据体积不变原理，可求得

$$\Lambda_{ha}=\Lambda_{hl}$$

Λ_{ha} 和 Λ_{hl} 可统一用符号 Λ_h 表示，变形系数 Λ_h 的值是大于 1 的数，它直观地反映了切屑的变形程度，Λ_h 的值越大，切削变形越大，Λ_h 的值可通过实测求得。

由式（2-11）可知，变形系数 Λ_h 与剪切角 ϕ 有关，剪切角 ϕ 增大，变形系数 Λ_h 减小，即切削变形减小。

（2）相对滑移 ε。切削过程中金属变形的主要形式是剪切滑移，可以用相对滑移 ε 来衡量切削变形程度。在图 2.16 中，切削层单元平行四边形 OHNM 发生剪切变形后，变

为平行四边形 OGPM，其相对滑移

$$\varepsilon = \frac{\Delta s}{\Delta y} = \frac{NP}{MK} = \frac{NK+KP}{MK} \quad (2-12)$$
$$= \cot\phi + \tan(\phi - \gamma_o)$$

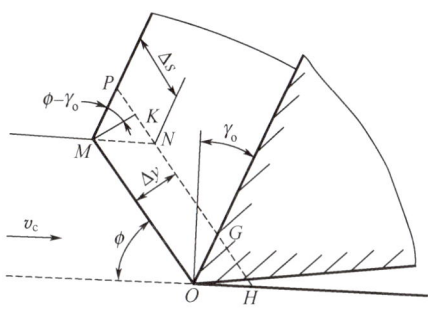

图 2.16 剪切变形示意图

由式（2-12）可知，剪切角 ϕ 越大，前角 γ_o 越大，则 ε 越小，即切削变形也越小。

（3）剪切角 ϕ。在剪切面上，金属产生了滑移变形，最大剪应力就在剪切面上。参见图 2.14，在垂直于切削合力 F 方向的平面内剪应力为零，切削合力 F 的方向就是主应力的方向。根据材料力学平面应力状态理论，主应力方向与最大剪应力方向的夹角应为 $45°$，即 F_s 与 F 的夹角应为 $45°$，故

$$\phi + \beta - \gamma_o = \frac{\pi}{4}$$

则

$$\phi = \frac{\pi}{4} - \beta + \gamma_o \quad (2-13)$$

由式（2-13）可知：

① 前角 γ_o 增大时，剪切角 ϕ 随之增大，切削变形减小。这表明增大刀具前角可减小切削变形，对改善切削过程有利。

② 摩擦角 β 增大时，剪切角 ϕ 随之减小，切削变形增大。这表明提高刀具刃磨质量、使用切削液可以减小前刀面上的摩擦，有利于改善切削过程。

4. 前刀面上的摩擦

经测定，切削钢材时，刀具前刀面对被切材料产生的正应力 σ 和剪应力 τ 沿前刀面的分布如图 2.17 所示，在切屑与刀具前刀面接触的 OB 长度内存在两种不同的接触状态。在靠近切削刃的 OA 区，由于正应力 σ 大，切屑在前刀面上形成黏结接触，在此区域内，各点的剪应力 τ 基本相同，它等于被切材料的剪切屈服强度 τ_s；在 AB 区，由于正应力 σ 小，切屑在前刀面上形成滑动接触，切屑相对于前刀面的摩擦特性服从摩擦定律，各点的摩擦系数 μ 相同，切应力 $\tau = \mu\sigma$。

黏结接触区上各点的摩擦系数

$$\mu_x = \frac{\tau_s}{\sigma(x)}$$

前刀面上的摩擦

式中 $\sigma(x)$——前刀面上距切削刃为 x 处的正应力。

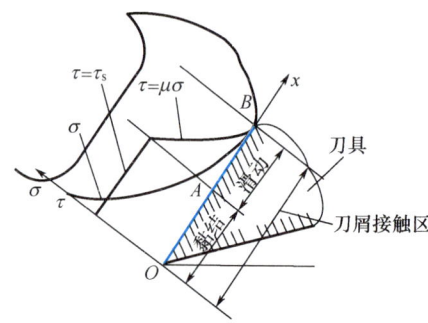

图 2.17 刀具前刀面对被切材料产生的正应力 σ 和剪应力 τ 沿前刀面的分布

由于 $\sigma(x)$ 随 x 变化,因此在黏结接触区切屑与前刀面的摩擦系数是一个变值,离切削刃越远,摩擦系数越大,其平均摩擦系数

$$\mu_{平均} = \frac{F_{f1}}{F_{n1}} = \frac{\tau_s b_D \overline{OA}}{b_D \int_0^A \sigma(x) dx} = \frac{\tau_s \overline{OA}}{\int_0^A \sigma(x) dx} = \frac{\tau_s}{\sigma_{av}} \qquad (2-14)$$

式中 F_{f1}、F_{n1}——黏结接触区摩擦力和正压力;

b_D——切削层公称宽度;

σ_{av}——黏结接触区平均正应力。

5. 积屑瘤的形成及其对切削过程的影响

(1) 积屑瘤的形成。在切削速度不高而又能形成带状切屑的情况下,加工一般钢料或铝合金等塑性材料时,常在刀具前刀面刃口处黏结(又称冷焊)一块剖面呈三角状的硬块,它的硬度很高,通常是工件材料硬度的 2~3 倍,这块黏结在前刀面上的金属称为积屑瘤(图 2.18)。

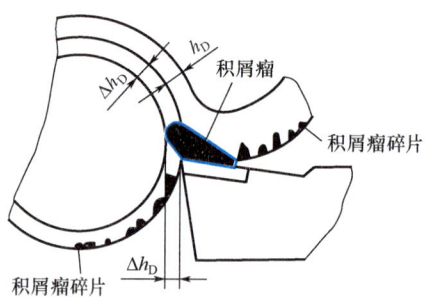

图 2.18 积屑瘤

切削时,切屑流经前刀面,与前刀面发生强烈摩擦,当接触面达到一定温度,而且存在较高压力时,切屑底层的部分材料会黏结在前刀面上。连续流动的切屑从黏结在前刀面上的金属层上流过时,如果温度与压力适当,切屑底层材料也会被阻滞在已经黏结在前刀面上的金属层上,黏结成一体,使黏结层逐步长大,形成积屑瘤。

积屑瘤的产生及其成长与工件材料的性质、切削区的温度分布和压力分布有关。塑性材料的加工硬化倾向越强,越易产生积屑瘤;切削区的温度和压力太低时,不会产生积屑瘤;温度太高时,由于材料变软,不易产生积屑瘤。对碳钢来说,切削区温度处于300～350℃时积屑瘤的高度最大,切削区温度超过500℃时积屑瘤便自行消失。在背吃刀量a_p和进给量f保持一定时,积屑瘤高度H_b与切削速度v_c有密切关系,因为切削过程中产生的热是随切削速度的提高而增加的。在图2.19中,Ⅰ区为低速区,不产生积屑瘤;Ⅱ区积屑瘤高度随切削速度的增大而增高;Ⅲ区积屑瘤高度随切削速度的增大而减小;Ⅳ区不产生积屑瘤。

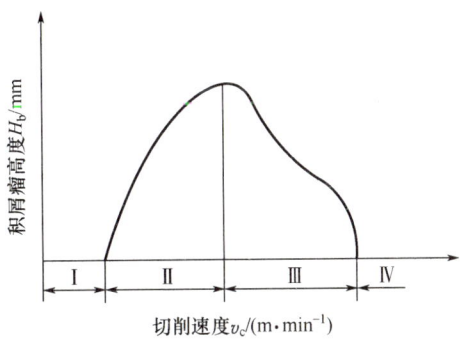

图2.19 积屑瘤高度与切削速度的关系

(2) 积屑瘤对切削过程的影响。积屑瘤对切削过程的影响有积极的一面,也有消极的一面。

① 增大刀具实际前角。积屑瘤黏结在刀具前刀面上时,刀具实际前角增大,切削变形减小,切削力减小。

② 增大切削厚度。积屑瘤前端超过了切削刃时,切削厚度增大,其增大量为Δh_D(参见图2.18)。Δh_D随积屑瘤的成长逐渐增大,一旦积屑瘤从前刀面上脱落或断裂,Δh_D就迅速减小。切削厚度的变化会引起切削力产生波动,因而有可能引起振动。

③ 增大加工表面粗糙度。积屑瘤伸出切削刃之外的部分高低不平,形状也不规则,这会使加工表面粗糙度增大;破裂脱落的积屑瘤也有可能嵌入加工表面,使加工表面质量下降。

④ 影响刀具寿命。积屑瘤相对稳定时,可代替切削刃参与切削,有减小刀具磨损、延长刀具寿命的作用。但在积屑瘤不稳定时,积屑瘤的破裂有可能导致刀具产生剥落磨损,影响刀具寿命。

在生产中,可根据加工的性质和要求判断积屑瘤的利弊。粗加工对表面质量要求不高,生成积屑瘤可减小切削力,还可保护刀具、减少磨损,这时积屑瘤是有利的。精加工时,积屑瘤会影响加工精度和表面质量,所以精加工时必须防止积屑瘤的产生,常用的控制措施如下。

① 正确选用切削速度,使切削速度避开产生积屑瘤的中速区域。

② 提高刀具刃磨质量,使用润滑性能好的切削液,以减小摩擦。

③ 增大刀具前角,减小刀具前刀面与切屑之间的压力。

④ 适当提高工件材料硬度,减小加工硬化倾向。

2.3.2 切屑的类型及控制方法

1. 切屑的类型

由于工件材料不同,切削条件不同,因此切削过程中产生的切屑形状是多种多样的。归纳起来,**切屑可分为带状切屑、节状切屑、粒状切屑和崩碎切屑四种**,如图 2.20 所示。

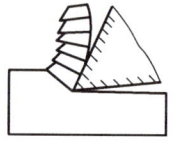

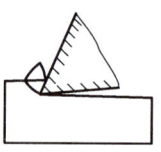

(a)带状切屑　　(b)节状切屑　　(c)粒状切屑　　(d)崩碎切屑

图 2.20　切屑的类型

(1)带状切屑。切屑连续不断呈带状,内表面光滑,外表面呈毛茸状。在切削厚度较小、切削速度较高、刀具前角较大时,常产生此类切屑。产生带状切屑时,切削过程平稳,切削力波动小,已加工表面粗糙度较小。

(2)节状切屑(又称挤裂切屑)。切屑的外表面呈锯齿形,内表面有时有裂纹。在切削速度较低、切削厚度较大、刀具前角较小时,常产生此类切屑。产生节状切屑时,切削过程不平稳,切削力有一定的波动,已加工表面粗糙度较大。

(3)粒状切屑(又称单元切屑)。在切屑形成过程中,如剪切面上的剪应力超过了材料的断裂强度,切屑则沿滑移面完全断开,从被切材料上脱落,产生粒状切屑。在切削速度低、切削厚度大时,常产生此类切屑。产生粒状切屑时,切削力波动大。

(4)崩碎切屑。切削脆性金属时,由于材料塑性很差、抗拉强度较低,刀具切削时,切削层金属在刀具前刀面的作用下,未经明显的塑性变形就在拉应力的作用下脆断,产生形状不规则的崩碎切屑。加工脆性材料时,切削厚度越大,越易产生崩碎切屑。

前三种切屑类型是加工塑性金属时常见的切屑类型,可以随切削条件变化而相互转化。例如,在产生节状切屑的条件下,减小前角、降低切削速度或加大切削厚度,就有可能得到粒状切屑;反之,加大前角、提高切削速度或减小切削厚度,就有可能得到带状切屑。

2. 切屑的控制方法

在生产实践中,我们会看到不同的排屑情况:有的切屑成螺卷状,有的切屑折断成 C 形或 6 字形,有的切屑呈发条状,有的切屑碎成针状或粒状,等等。这些切屑或拉伤工件的已加工表面,使表面质量恶化;或划伤机床,卡在机床运动副之间;或造成刀具的早期破损;有时甚至影响操作者的安全,造成事故。不良的排屑情况会影响生产的正常进行,因此控制切屑类型和流向具有重要意义,这在数控机床、自动生产线及柔性制造系统上加工时尤为重要。

在切削过程中，切屑经第Ⅰ变形区、第Ⅱ变形区的剧烈变形后，硬度增加，塑性下降，性能变脆。在切屑排出过程中，当碰到刀具后刀面、工件上过渡表面或待加工表面等障碍时，若某一部位的应变超过了切屑材料的断裂应变值，切屑就会折断。

研究表明，工件材料塑性越低、切屑厚度越大、切屑卷曲半径越小，切屑就越容易折断。因此可采用以下方法对切屑实施控制。

（1）采用断屑（卷屑）槽。通过设置断屑槽对流动中的切屑施加一定的约束力，使切屑应变增大，切屑卷曲半径减小，从而使切屑得到附加变形，撞到工件表面或刀具后刀面后折断。断屑槽的形状和尺寸参数应与工件材料性质、切削用量的大小相适应，否则会影响断屑效果。常用的断屑槽截面形状有折线形、直线圆弧形和全圆弧形三种，如图 2.21 所示。折线形断屑槽和直线圆弧形断屑槽适用于加工碳钢、合金钢、工具钢和不锈钢，一般前角为 5°～15°；全圆弧形断屑槽用于重型刀具，适用于加工塑性大的材料，前角可增大至 25°～30°。前角较大时，采用全圆弧形断屑槽刀具的强度较好。前刀面上的断屑槽形式有外斜式、内斜式、平行式三种，如图 2.22 所示。外斜式断屑槽常形成 C 形或 6 字形切屑，在较宽的切削用量范围内断屑；内斜式断屑槽常形成长紧螺卷形切屑，但断屑范围窄；平行式断屑槽的断屑范围介于上述两者之间。

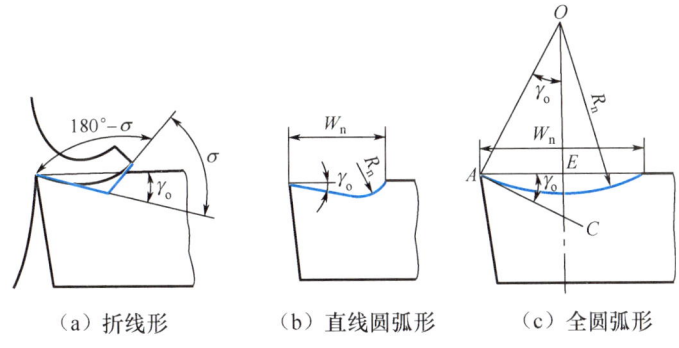

图 2.21 常用的断屑槽截面形状

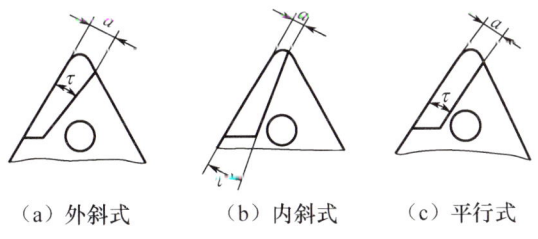

图 2.22 前刀面上的断屑槽形式

（2）改变刀具角度。增大刀具主偏角 κ_r，切削厚度变大，切屑的卷曲半径变小，弯曲应力变大，有利于断屑。减小刀具前角 γ_o 可使切屑变形加大，切屑易于折断。刃倾角 λ_s 可以控制切屑的流向，λ_s 为正值时，切屑常卷曲后流向待加工表面或背离工件后与刀具后刀面相碰折断，也可能呈带状螺旋屑而被甩断；λ_s 为负值时，切屑流向已加工表面或过渡表面，与工件相碰后折断成 C 形成 6 字形切屑。

（3）调整切削用量。提高进给量 f 使切削厚度增大，切屑卷曲时产生的弯曲应力增大，对断屑有利；但增大进给量 f 会增大加工表面粗糙度。适当降低切削速度使切削变形增大也有利于断屑，但这会降低材料切除效率。因此须根据实际条件合理选择切削用量。

2.3.3　影响切屑变形的因素

1. 工件材料

实验表明，工件材料强度越高，切屑和前刀面的接触长度越短，导致切屑和前刀面的接触面积减小，前刀面上的平均正应力 σ_{av} 增大，前刀面与切屑间的摩擦系数减小［参见式（2-14）］，摩擦角 β 减小，剪切角 ϕ 增大［参见式（2-13）］，切屑变形系数 Λ_h 将随之减小。

2. 刀具前角 γ_o

刀具前角 γ_o 越大，切削刃钝圆半径越小，切削刃就越锋利，切削力就越小，对切削层金属的挤压就越小，切屑变形也就越小。

3. 切削速度 v_c

在无积屑瘤产生的切削速度范围内，切削速度 v_c 越大，切屑变形系数 Λ_h 越小。主要原因有两个：一是因为塑性变形的传播速度较弹性变形慢，切削速度越高，切屑变形越小，导致切屑变形系数下降；二是提高切削速度，切削温度会增高，使切屑底层材料的剪切屈服强度 τ_s 因温度的增高而略有下降，导致前刀面摩擦系数减小，使切屑变形系数下降。在有积屑瘤产生的切削速度范围内，切屑变形会随积屑瘤的变化而不同。在积屑瘤增长阶段，实际前角增大，切削速度增加时切屑变形减小；在积屑瘤消退阶段，实际前角减小，切屑变形随之增大。

4. 切削厚度 h_D

在无积屑瘤的切削速度范围内，切削厚度越大，切屑变形系数越小。这是由于切削厚度增大时，前刀面上的法向压力 F_n 及平均正应力 σ_{av} 随之增大，前刀面摩擦系数会减小，剪切角 ϕ 随之增大，因此切屑变形系数随切削厚度增大而减小。

2.4　切削力

切削时使被加工材料发生变形成为切屑所需的力称为切削力。切削过程中作用在刀具与工件上的切削力大小相等、方向相反。切削力所做的功就是切削功。切削力是设计和使用机床、刀具、夹具的重要依据。

2.4.1　切削力、切削合力与分力、切削功率

1. 切削力的来源

切削力来源于以下两个方面，如图 2.23 所示。

(1) 克服切削层材料和工件表面层材料对弹性变形、塑性变形的抗力。
(2) 克服刀具与切屑、刀具与工件表面间摩擦力所需的力。

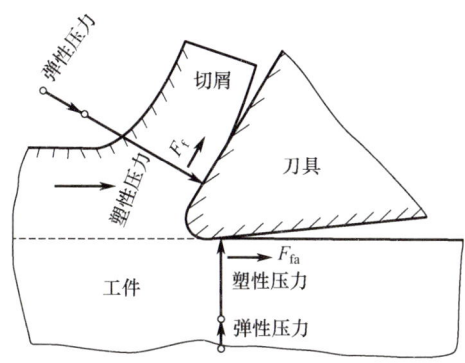

图 2.23 切削力的来源

2. 切削合力及分解

切削力是一个空间力,大小和方向都不易直接测定。为了适应设计和工艺分析的需要,一般把切削力进行分解,研究它在一定方向上的分力。

切削合力 F 可沿坐标轴分解为三个互相垂直的分力:F_c、F_p、F_f,如图 2.24 所示。

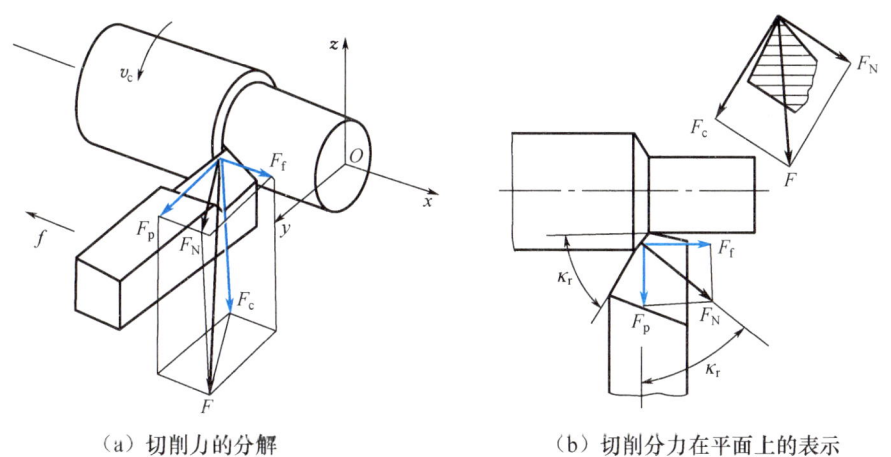

(a) 切削力的分解　　　　　　　(b) 切削分力在平面上的表示

图 2.24 切削合力和分力

切削力 F_c:切削合力 F 在主运动方向上的分力,也称主切削力或切向力。

背向力 F_p:切削合力 F 在垂直于假定工作平面方向上的分力。在车削内、外圆时又称径向力。

进给力 F_f:切削合力 F 在进给运动方向上的分力。在车削内、外圆时又称轴向力。

切削力合 F 可分解为 F_c 与 F_N,F_N 分解为 F_p 与 F_f。它们的关系是

$$F = \sqrt{F_c^2 + F_N^2} = \sqrt{F_c^2 + F_p^2 + F_f^2} \tag{2-15}$$

车削时各分力的实际意义如下。

切削力 F_c 是最大的一个分力,消耗切削总功率的 95% 左右,作用于主运动方向,是

计算机床主运动机构强度与刀杆、刀片强度及设计机床夹具、选择切削用量等的主要依据。

背向力 F_p 在车外圆时不消耗功率,是校验机床刚度的主要依据。它作用在工件与机床刚性最差的方向上,易使工件在水平面内变形,影响加工精度,并易引起振动。

进给力 F_f 作用在机床的进给运动机构上,消耗切削总功率的 5% 左右,是计算机床进给机构强度的主要依据。

3. 切削功率

消耗在切削过程中的功率称为切削功率,用 P_c 表示,单位是 kW。由于在背向力 F_p 方向的位移极小,可以近似认为 F_p 不做功,P_c 是切削力 F_c 与进给力 F_f 消耗功率之和,即

$$P_c = \left(F_c v_c + \frac{F_f n_w f}{1000} \right) \times 10^{-3} \tag{2-16}$$

式中　F_c——切削力,N;
　　　v_c——切削速度,m/s;
　　　F_f——进给力,N;
　　　n_w——工件转速,r/s;
　　　f——进给量,mm/r。

由于进给力 F_f 与进给量 f 的乘积很小,进给力 F_f 消耗功率所占比例很小,因此通常忽略不计。故当 F_c 与 v_c 已知时,切削功率 P_c 近似为

$$P_c = F_c v_c \times 10^{-3} \tag{2-17}$$

根据切削功率选择机床电动机时,还要考虑机床的传动效率。机床电动机的功率 P_E 应为

$$P_E = \frac{P_c}{\eta_m} \tag{2-18}$$

式中　η_m——机床传动效率,一般取 0.75~0.85。

式(2-18)为校验与选取机床电动机的主要依据。

4. 单位切削力的概念

单位切削面积上的切削力称为单位切削力,用 k_c 表示,单位为 N/mm。

$$k_c = \frac{F_c}{A_D} = \frac{F_c}{a_p f} = \frac{F_c}{h_D b_D} \tag{2-19}$$

式中　F_c——切削力,N;
　　　A_D——切削面积,mm²。

2.4.2　切削力的测量及切削力经验公式

先用测力仪测出切削力,再通过对实验数据的处理,可求得计算切削力的经验公式。在生产实际中,一般都用经验公式来计算切削力。

1. 切削力的测量

在切削实验和生产条件下,可以用测力仪测量切削力。测力仪有很多种,按工作原理

可分为机械式测力仪、液压式测力仪和电气式测力仪三类。其中,电气式测力仪应用较广泛,有电阻式测力仪、电容式测力仪、电感式测力仪、压电式测力仪和电磁式测力仪等。目前常用的测力仪有电阻式测力仪和压电式测力仪。图 2.25 所示为切削力测量系统。测力仪输出的模拟信号经 A/D 转换器转换为数字信号后输入计算机,计算机对测试数据进行处理后即可求得切削力。

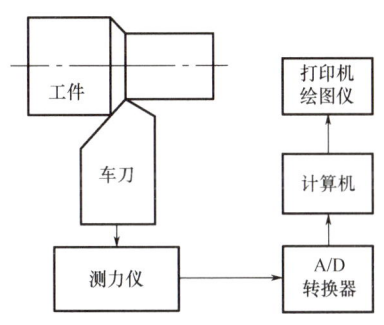

图 2.25 切削力测量系统

2. 切削力经验公式

实际应用比较广泛的切削力经验公式为

$$\left.\begin{aligned} F_c &= C_{F_c} a_p^{x_{F_c}} f^{y_{F_c}} v_c^{n_{F_c}} K_{F_c} \\ F_p &= C_{F_p} a_p^{x_{F_p}} f^{y_{F_p}} v_c^{n_{F_p}} K_{F_p} \\ F_f &= C_{F_f} a_p^{x_{F_f}} f^{y_{F_f}} v_c^{n_{F_f}} K_{F_f} \end{aligned}\right\} \qquad (2-20)$$

式中　　　　　　　　　　　F_c、F_p、F_f——各切削分力,N;
　　　　　　　　　　　　　C_{F_c}、C_{F_p}、C_{F_f}——与被加工材料和切削条件有关的系数,由实验确定;
x_{F_c}、y_{F_c}、n_{F_c};x_{F_p}、y_{F_p}、n_{F_p};x_{F_f}、y_{F_f}、n_{F_f}——三个切削分力公式中背吃刀量 a_p、进给量 f 和切削速度 v_c 的指数;
　　　　　　　　　　　　　K_{F_c}、K_{F_p}、K_{F_f}——不同加工条件对各切削分力的影响修正系数。

式(2-20)中的各系数可以查阅有关机械加工工艺手册。

2.4.3　影响切削力的因素

1. 工件材料的影响

工件材料的强度、硬度越高,切削力越大。切削脆性材料时,被切材料的塑性变形及它与前刀面的摩擦力都比较小,故其切削力相对较小。

2. 切削用量的影响

(1) 背吃刀量 a_p 和进给量 f。背吃刀量 a_p 和进给量 f 增大会使切削力增大,但两者的影响程度不同。a_p 增大时,切屑变形系数 Λ_h 不变,切削力成正比增大;f 增大时,切屑变形系数 Λ_h 有所下降,故切削力不成正比增大。因此,如果从减小切削力和切削功率角度考虑，则加大进给量比加大背吃刀量对切削更有利。

（2）切削速度 v_c。切削速度 v_c 对切削力的影响（图 2.26）主要通过 v_c 对积屑瘤的影响而产生。切削塑性材料时，在无积屑瘤产生的切削速度范围内，随着 v_c 的增大，切削力减小。这是因为 v_c 增大时，切削温度升高，摩擦系数减小，从而使 Λ_h 减小，切削力下降。在产生积屑瘤的情况下，刀具的实际前角是随积屑瘤的成长与脱落变化的。在积屑瘤增长期，v_c 增大，积屑瘤高度增大，实际前角增大，Λ_h 减小，切削力减小；在积屑瘤消退期，v_c 增大，积屑瘤高度减小，实际前角减小，Λ_h 增大，切削力增大。

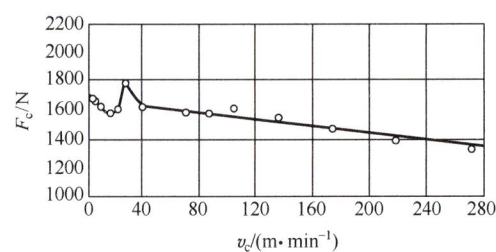

工件材料：45 钢（正火）；刀具：外圆车刀，材料为 YT15；刀具几何参数：
$\gamma_0=18°$，$\alpha_o=6°\sim8°$，$\alpha_o'=4°\sim6°$，$\kappa_r=75°$，$\kappa_r'=10°\sim12°$，$\lambda_s=0°$，
$b_{\gamma 1}=0$，$r_\varepsilon=0.2\text{mm}$；切削用量：$a_p=3\text{mm}$，$f=0.25\text{mm/r}$。

图 2.26　切削速度 v_c 对切削力的影响

切削铸铁等脆性材料时，被切材料的塑性变形及它与前刀面的摩擦力均比较小，v_c 对切削力没有显著影响。

3. 刀具几何参数对切削力的影响

（1）前角 γ_o。前角 γ_o 增大，Λ_h 减小，切削力减小。切削塑性材料时，γ_o 对切削力的影响较大；切削脆性材料时，由于切削变形很小，γ_o 对切削力的影响不显著。

（2）主偏角 κ_r。主偏角 κ_r 增大，背向力 F_p 减小，进给力 F_f 增大。

（3）刃倾角 λ_s。实验证实，刃倾角 λ_s 对 F_c 的影响不大，但对 F_p、F_f 的影响较大。因为刃倾角改变时将改变切削合力的方向，所以影响各分力。λ_s 增大，F_p 减小，F_f 增大。λ_s 在 $-45°\sim10°$ 变化时，F_c 基本不变。

（4）负倒棱 $b_{\gamma 1}$。如图 2.27 所示，为了提高刀尖部位强度、改善散热条件，常在主切削刃上磨出一个带有负前角 γ_{o1} 的棱台，其宽度为 $b_{\gamma 1}$。负倒棱对切削力的影响与负倒棱面在切屑形成过程中所起作用的大小有关。当负倒棱宽度 $b_{\gamma 1}$ 小于切屑与前刀面接触长度 l_f 时，切屑除与倒棱接触外，主要还与前刀面接触，切削力虽有所增大，但增大的幅度不大。当 $b_{\gamma 1}>l_f$ 时，切屑只与负倒棱面接触，相当于用负前角为 γ_{o1} 的车刀进行切削，与不设负倒棱相比，切削力显著增大。

4. 刀具磨损

刀具磨损后，刀刃变钝，后刀面上的法向力和摩擦力都增大，故切削力增大。

5. 切削液

使用以冷却作用为主的切削液（如水溶液）对切削力影响不大。使用以润滑作用为主

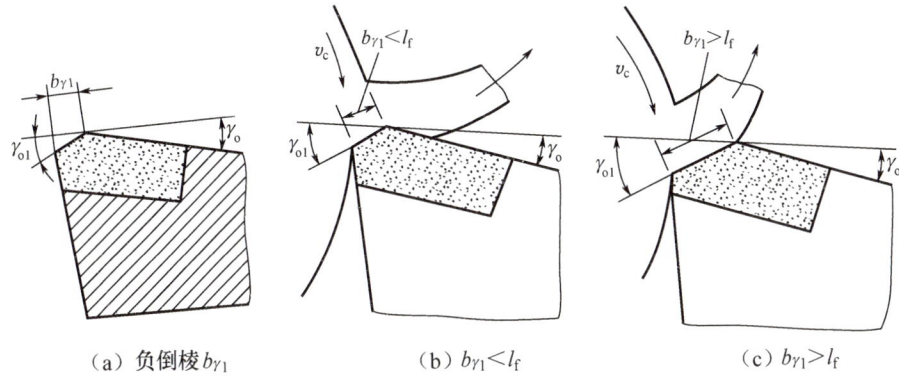

图 2.27 负倒棱对切削力的影响

的切削液不仅能减小刀具、切屑与工件表面间的摩擦,而且能减小加工中的塑性变形,故能显著降低切削力。

6. 刀具材料

刀具材料与工件材料间的摩擦系数影响摩擦力的大小,导致切削力变化。选择与工件材料亲和性差、靡擦系数小的刀具材料,切削力会不同程度地减小。一般按立方氮化硼刀具、陶瓷刀具、涂层刀具、硬质合金刀具、高速钢刀具的顺序,切削力依次增大。

2.5 切削热与切削温度

在切削过程中还会产生切削热与切削温度。由于切削热引起切削温度升高,工件和机床产生热变形,因此工件的加工精度和表面质量会受到影响。切削温度是影响刀具寿命的主要因素,研究切削热与切削温度具有重要的实际意义。

2.5.1 切削热的产生与传导

切削热来源于两个方面:一方面是切削层金属发生弹性变形和塑性变形所消耗的能量;另一方面是切屑与前刀面、工件与后刀面间产生的摩擦热。切削过程中的三个变形区就是三个发热区域。

三个变形区产生热量的比例与工件材料、切削条件等有关。加工塑性材料时,当切削厚度较大时,第Ⅰ变形区产生的热量最多;当切削厚度较小时,第Ⅲ变形区产生的热量占较大比例。加工脆性材料时,因形成崩碎切屑,故第Ⅱ变形区产生的热量比例下降,而第Ⅲ变形区产生的热量比例相应增加。

切削时所消耗的能量有98%~99%转化为切削热。**切削热将通过切屑、工件、刀具及周围介质(空气、切削液)等向外传导**。切削热的产生与传导如图2.28所示。

影响散热的主要因素有以下三个。

(1) 工件材料的导热系数。工件材料的导热系数越高,由切屑和工件传导出去的热量越多,切削区温度就越低;反之,切削区温度就越高,刀具磨损就越快。

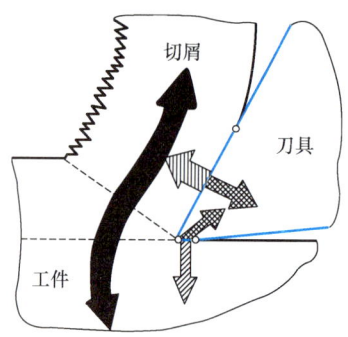

图 2.28 切削热的产生与传导

（2）刀具材料的导热系数。刀具材料的导热系数越高，切削区的热量向刀具内部传导越快，切削区温度就越低。

（3）周围介质。采用冷却性能好的切削液能有效降低切削区温度。

车削加工时产生的切削热有 50%～86% 被切屑带走，传入工件的热量占总热量的 10%～40%，传入刀具的热量占总热量的 3%～9%，切削速度越高，切削厚度越大，切屑带走的热量越多。钻削时，由于切屑不易从孔中排出，因此被切屑带走的热量相对较少，只有 30% 左右，约 50% 的热量传入工件。

2.5.2 切削温度

切削热主要是通过切削温度影响切削加工的。切削温度一般指切屑与刀具前刀面接触区域的平均温度，切削温度的高低取决于产生热量多少和散热快慢两个方面的因素。通过推算和测定可知，切屑中的平均温度最高。前刀面的最高温度不在刀尖和切削刃上，而在距离切削刃有一小段距离的地方。

测量切削温度常用的方法有自然热电偶法、人工热电偶法和红外线测温法。下面主要介绍前两种方法。

1. 自然热电偶法

自然热电偶法是利用工件材料和刀具材料化学成分不同组成热电偶的两极。图 2.29（a）所示为在车床上利用自然热电偶法测量切削温度的示意图。切削区温度升高后，形成热电偶的热端；刀具尾端及工件引出端保持室温，形成热电偶的冷端。在工件与刀具的回路中，热端和冷端间产生的热电动势可以由接于冷端的毫伏计（或电位差计）记录下来，再根据事先做好的相应刀具、工件材料所组成的热电偶的标定曲线，求得对应的温度值。测量时，刀具和工件应与机床绝缘。

用自然热电偶法测得的是切削区的平均温度，以此温度研究其变化规律简便可靠。但不足的是，变换一种刀具材料和工件材料就必须重新标定温度-毫伏值曲线，而且用此方法不能测出切削区指定点的温度。

2. 人工热电偶法

人工热电偶法是将两种预先经过标定的金属丝组成热电偶，热端固定于刀具或工件的被测温度点上，冷端通过导线与毫伏计、电位差计或其他记录仪器串接，根据毫伏值和标定曲线测定热端温度。用这种方法测得的是某一点的温度。图2.29（b）、图2.29（c）所示分别为用人工热电偶法测量刀具某点温度和工件某点温度的示意图。

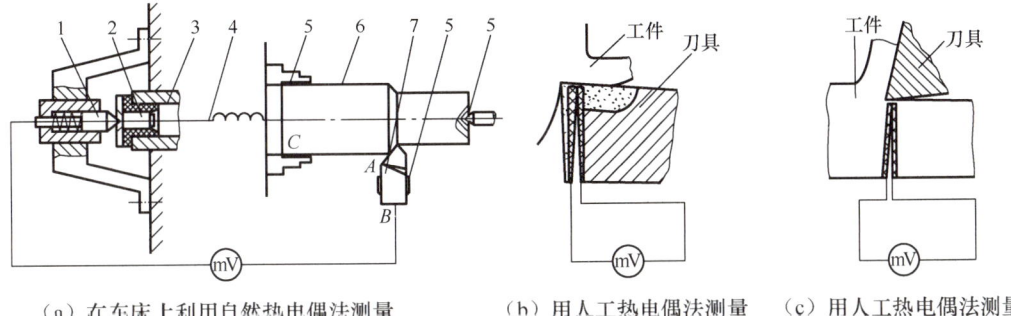

（a）在车床上利用自然热电偶法测量
切削温度的示意图

（b）用人工热电偶法测量
刀具某点温度的示意图

（c）用人工热电偶法测量
工件某点温度的示意图

1—顶尖；2—铜塞；3—主轴；4—切屑；5—绝缘层；6—工件；7—刀具。

图2.29 用热电偶法测量切削温度的示意图

测量时，为正确反映切削过程的真实温度变化，放置人工热电偶金属丝的小孔直径越小越好，并且金属丝应与刀具或工件绝缘。

图2.30所示为采用人工热电偶法测量并辅以传热学计算得到的刀具、切屑和工件的切削温度分布图。由图可以看出：

① 剪切面上各点温度几乎相同，说明剪切面上各点的应力、应变规律基本相同；

② 前刀面上温度最高点不在刀刃上，而是在离刀刃有一定距离的区域。

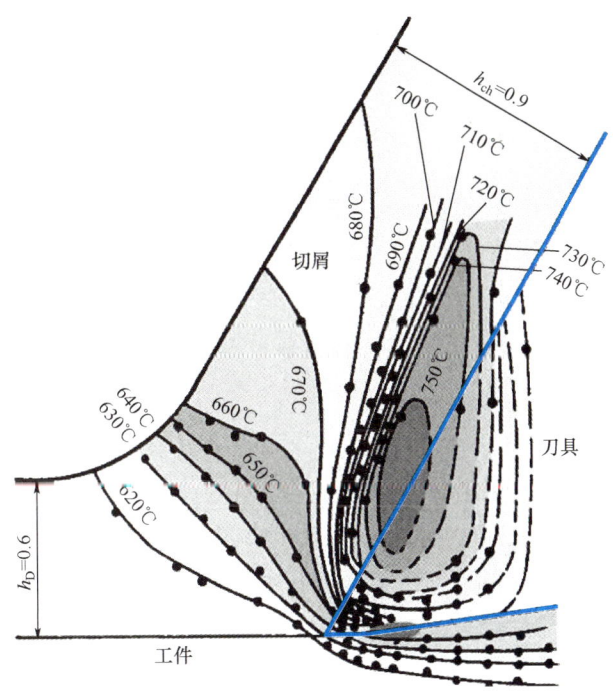

图2.30 刀具、切屑和工件的切削温度分布图

2.5.3 影响切削温度的主要因素

影响切削温度的因素有切削用量、刀具几何参数、工件材料、刀具磨损和切削液等。

1. 切削用量对切削温度的影响

切削用量是影响切削温度的主要因素。通过实验方法求得的刀具与切屑接触区平均切削温度的经验计算公式为

$$\theta = C_\theta v_c^{z_\theta} f^{y_\theta} a_p^{x_\theta} \quad (2-21)$$

式中　θ——刀具与切屑接触区平均切削温度，℃；

C_θ——与切削条件有关的切削温度系数；

z_θ、y_θ、x_θ——切削速度 v_c、进给量 f、背吃刀量 a_p 的指数。

当用高速钢和硬质合金刀具切削中碳钢时，切削温度系数和指数见表 2.3。

表 2.3 切削温度系数和指数

刀具材料	加工方法	C_θ	z_θ	y_θ	x_θ
高速钢	车削	140～170	0.35～0.45	0.2～0.3	0.08～0.10
	铣削	80			
	钻削	150			
硬质合金	车削	320	0.41（$f=0.1$mm/r）	0.15	0.05
			0.31（$f=0.2$mm/r）		
			0.26（$f=0.3$mm/r）		

分析式（2-21）及表 2.3 可知，v_c、f、a_p 增大，单位时间内材料的切除量增加，切削热增多，切削温度随之升高。但三者影响程度不同，**切削速度 v_c 对切削温度的影响最为显著，f 次之，a_p 最小**。原因是：v_c 增大，前刀面的摩擦热来不及向切屑和刀具内部传导，所以 v_c 对切削温度影响最大；f 增大，切屑变厚，切屑的热容量增大，由切屑带走的热量增多，所以 f 对切削温度的影响不如 v_c 显著；a_p 增大，刀刃工作长度增大，增大了散热面积，所以 a_p 对切削温度的影响相对较小。

从尽量降低切削温度考虑，在保持切削效率不变的条件下，选用较大的 a_p 和 f 比选用较大的 v_c 更有利。

2. 刀具几何参数对切削温度的影响

（1）前角 γ_o 对切削温度的影响。前角 γ_o 增大，切削变形和摩擦减小，切削力减小，切削温度下降。前角 γ_o 超过 18°～20°后，γ_o 对切削温度的影响减弱，这是因为刀具楔角（前、后刀面的夹角）减小，刀具散热体积减小，使切削温度升高。

（2）主偏角 κ_r 对切削温度的影响。减小主偏角 κ_r，切削刃工作长度和刀尖角增大，散热条件变好，使切削温度下降。

3. 工件材料对切削温度的影响

工件材料的强度和硬度越高，产生的切削热越多，切削温度就越高。工件材料的导热

系数越小,传出去的切削热越少,切削温度就越高。切削灰铸铁等脆性材料时,切削变形小,摩擦小,切削温度一般比切削钢时低。

4. 刀具磨损对切削温度的影响

刀具磨损使切削刃变钝,切削变形增大,摩擦加剧,切削温度上升。

5. 切削液对切削温度的影响

使用切削液可以从切削区带走大量热量,可以明显降低切削温度,提高刀具寿命。

2.6 刀具磨损、刀具寿命和切削用量的选择

切削过程中,刀具一方面从工件表面切除切屑,一方面被切屑、工件损坏。使用磨损后的刀具继续切削会使切削力增加,切削温度升高,加工质量和生产效率降低,生产成本提高。

2.6.1 刀具磨损形式

刀具磨损是指刀具与工件或切屑的接触面上,刀具材料的微粒被切屑或工件带走的现象,这种磨损为正常磨损。若由于冲击、振动、热效应等原因致使刀具崩刃、碎裂而损坏,则为非正常磨损。刀具的正常磨损形式有前刀面磨损、后刀面磨损、边界磨损,如图 2.31 所示。

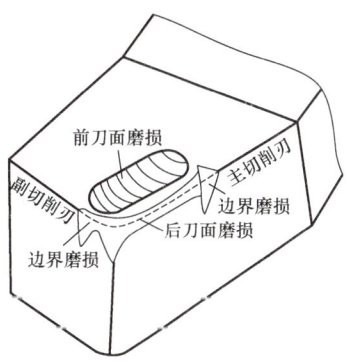

图 2.31 刀具的正常磨损形式

1. 前刀面磨损

切削塑性材料时,如果切削速度和切削厚度较大,则切屑在前刀面上经常会磨出一个月牙洼,即前刀面磨损[图 2.32 (a)]。出现月牙洼的部位是切削温度最高的部位。月牙洼和切削刃之间有一条小棱边,月牙洼随着刀具磨损不断变大,当月牙洼扩展到使棱边变得很窄时,切削刃强度降低,极易导致崩刃。前刀面磨损量以其深度 KT 表示[图 2.32 (b)]。

2. 后刀面磨损

由于后刀面和加工表面间的强烈摩擦,后刀面靠近切削刃部位会逐渐地被磨成后角为

零的小棱面，这种磨损形式称为后刀面磨损。切削铸铁和以较小的切削厚度、较低的切削速度切削塑性材料时，后刀面磨损是主要的刀具磨损形式。后刀面上的磨损棱带往往不均匀，如图2.32（c）所示，刀尖附近（C区）强度较差，散热条件不好，磨损较大；中间区域（B区）磨损较均匀，其平均磨损宽度以 VB 表示，最大磨损宽度以 VB_{max} 表示。由于刀具与工件接触外缘处（N区）存在应力突变，因此该区域的磨损也较大。

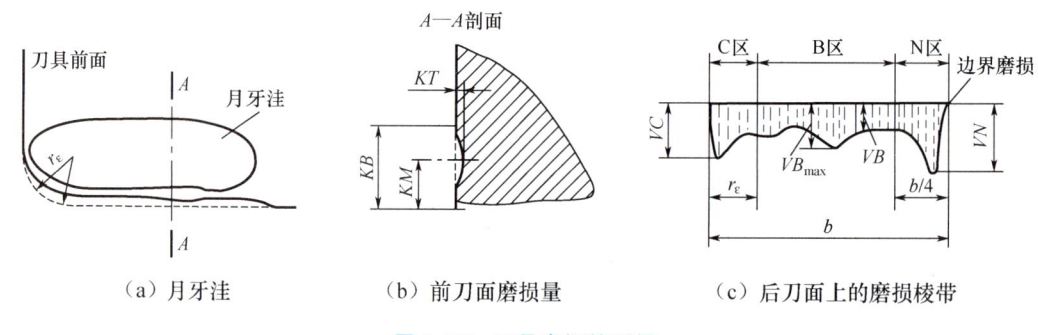

（a）月牙洼　　　　（b）前刀面磨损量　　　　（c）后刀面上的磨损棱带

图 2.32　刀具磨损的测量

3. 边界磨损

切削钢料时，常在主切削刃靠近工件外皮处和副切削刃靠近刀尖处的后刀面上磨出较深的沟纹，这种磨损形式称为边界磨损。沟纹的位置在主切削刃与工件待加工表面、副切削刃与已加工表面接触的部位。

2.6.2　刀具磨损过程及磨钝标准

1. 刀具磨损过程

切削过程中，刀具是在高温高压下工作的。因此，刀具一方面切除切屑，另一方面也被磨损。当刀具磨损达到一定程度时，工件的表面粗糙度增大，切屑的形状和颜色发生变化，切削过程中发出沉重的声音，并伴有振动。此时，必须对刀具进行修磨或更换新刀。

正常磨损情况下，刀具的磨损量随切削时间的增加而逐渐扩大。以后刀面为例，其典型磨损过程大致分为三个阶段，如图2.33所示。

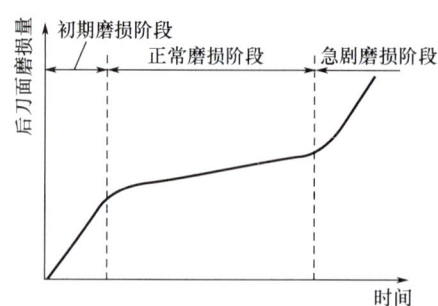

图 2.33　后刀面的典型磨损过程

（1）初期磨损阶段。新刃磨的刀具由于后刀面存在微观几何形状误差，刚开始使用时,后刀面与工件的实际接触面积很小,单位面积上的正压力较大,刀具磨损较快,此阶段称为初期磨损阶段,曲线的斜率较大。

(2) 正常磨损阶段。经过初期磨损后,刀具后刀面的表面质量变好,与工件的实际接触面积增大,单位面积上的压力减小,刀具磨损变慢,此阶段称为正常磨损阶段,曲线的斜率较小,它是刀具的有效工作阶段。

(3) 急剧磨损阶段。当刀具磨损量增加到一定限度时,切削刃变钝,切削力、切削温度急剧增高,刀具磨损加快,直至丧失切削能力,此阶段称为急剧磨损阶段。因此,生产中为了合理使用刀具,保证加工质量,在刀具进入急剧磨损阶段之前必须修磨刀具或更换新刀。

2. 刀具的磨钝标准

刀具磨损到一定限度就不能继续使用了,这个磨损限度称为刀具的磨钝标准,如图2.34所示。因为一般刀具的后刀面都会发生磨损,而且测量也较方便,所以国际标准统一规定,以1/2背吃刀量处后刀面上测量的平均磨损宽度 VB 作为衡量刀具的磨钝标准。自动化生产中使用的精加工刀具,从保证工件尺寸精度考虑,常以刀具的径向尺寸磨损量 NB 作为衡量刀具的磨钝标准。

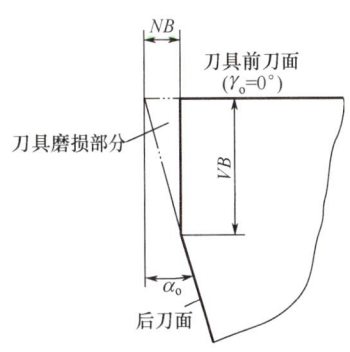

图 2.34 刀具的磨钝标准

制定刀具的磨钝标准时,既要考虑充分发挥刀具的切削能力,又要考虑保证工件的加工质量。精加工时磨钝标准取较小值,粗加工时取较大值;工艺系统刚性差时,磨钝标准取较小值;切削难加工材料时,磨钝标准取较小值。

国际标准推荐硬质合金车刀刀具寿命试验的磨钝标准有下列三种可供选择。

(1) $VB=0.3$mm。

(2) 如果主后刀面为无规则磨损,则取 $VB_{max}=0.6$mm。

(3) 前刀面磨损量 $KT=(0.06+0.3f)$mm。

2.6.3 刀具磨损原因

1. 刀具磨损机理

刀具在切削时有以下几种磨损机理。

(1) 磨粒磨损。磨粒磨损由工件材料中所含的碳化物、氧化物等硬质点及积屑瘤碎片等在刀具表面上划出沟纹而形成的机械磨损。磨粒磨损在各种切削速度下都存在,它是低速切削刀具(如拉刀、板牙等)产生磨损的主要原因。

(2) 黏着磨损(冷焊磨损)。切削时,切屑与前刀面之间由于高温高压的作用,切屑底面材料与前刀面发生黏结,在切屑相对于刀具前刀面的运动中,黏结点处刀具材料表面微粒会被切屑黏走,造成刀具的黏着磨损。上述黏着磨损现象在工件与刀具后刀面之间也同样存在。在中等偏低的切削速度条件下,黏着磨损是产生磨损的主要原因。

(3) 扩散磨损。在切削过程中,刀具后刀面与已加工表面、刀具前刀面与切屑底面相接触,由于高温高压的作用,刀具材料和工件材料中的化学元素相互扩散,两者的化学成分发生变化，这种变化削弱了刀具材料的性能，使刀具磨损加快。例如，用硬质合金刀具切削钢时，从 800℃ 开始，硬质合金中的 Co、C、W 等元素会扩散到切屑和工件中，硬质合金中 Co 元素的减少降低了硬质合金硬质相（WC、TiC）的黏结强度，导致刀具磨损加快。扩散磨损在高温下产生，并且随温度升高而加剧。

（4）化学磨损。在一定温度作用下，刀具材料与周围介质（如空气中的氧，切削液中的极压添加剂硫、氯等）发生化学作用，在刀具表面形成硬度较低的化合物，此化合物易被切屑和工件摩擦掉，造成刀具材料损失，由此产生的刀具磨损称为化学磨损。化学磨损主要发生在较高的切削速度条件下。

2. 刀具破损

在切削加工中，刀具有时没有经过正常磨损阶段，而在很短时间内突然损坏，这种情况称为刀具破损。破损也是刀具损坏的主要形式之一。

破损是相对于磨损而言的。从某种意义上讲，破损可认为是一种非正常的磨损，因为破损和磨损都是在切削力和切削热的作用下发生的。磨损是逐渐发生的，而破损是突然发生的。破损的突发性很容易在生产过程中造成较大的危害和经济损失。

刀具破损分为脆性破损和塑性破损。

（1）脆性破损。当用硬质合金刀具和陶瓷刀具切削时，在机械应力和热应力冲击作用下，经常发生以下几种形态的破损。

① 崩刃：切削刃产生小的缺口。在继续切削中，缺口会不断扩大，导致切削刃更大的破损。用陶瓷刀具切削及用硬质合金刀具断续切削时，常发生这种破损。

② 碎裂：切削刃发生小块碎裂或大块断裂，不能继续进行切削。用硬质合金刀具和陶瓷刀具断续切削时，常发生这种破损。

③ 剥落：在刀具的前、后刀面上出现剥落碎片，并且经常与切削刃一起剥落，有时也在离切削刃一小段的距离处剥落。用陶瓷刀具端铣时常发生这种破损。

④ 裂纹破损：长时间进行断续切削后，刀具在热冲击和机械冲击载荷作用下因疲劳而引起裂纹的一种破损，裂纹不断扩展合并就会引起切削刃的碎裂或断裂。

（2）塑性破损。在刀具前刀面与切屑、后刀面与工件接触面上，由于过高的温度和压力的作用，刀具表层材料因发生塑性流动（变形）而丧失切削能力，这就是刀具的塑性破损。塑性破损常发生在切削高硬度材料的刀具上，在这种条件下，如果切削用量、刀具角度等切削条件选择不合理，则会使切削温度过高。高温条件下切削时，刀具材料的硬度有可能低于工件材料，因而使刀具发生卷刃、烧刃（高速钢刀具）或塌陷（硬质合金刀具）。

可采取以下相应措施防止刀具破损。

（1）合理选择刀具材料。如果加工条件较差，刀具会受到冲击力的作用，选择刀具材料时应注意在保证一定的硬度和耐热性的前提下，使刀具有较高的韧性。

（2）合理选择刀具几何参数。选择合适的几何参数，使切削刃和刀尖有较好的强度。在切削刃上磨出负倒棱是防止崩刃的有效措施。

（3）保证刀具的刃磨质量。切削刃应平直、光滑，不得有缺口，刃口与刀尖部位不允许发生烧伤。

（4）合理选择切削用量。防止出现切削力过大和切削温度过高的情况。

(5) 工艺系统应有较好的刚性。防止因为产生强烈振动而损坏刀具。

(6) 对刀具状态进行实时监控。机械加工的自动化生产过程要求对刀具状态进行实时监控，以便及时发现刀具是否产生严重磨损或破损。监测刀具状态的方法有测力法、测主电动机电流法和声发射法等。

2.6.4 刀具寿命

1. 刀具寿命的定义

刃磨后的刀具自开始切削直到磨损量达到磨钝标准为止所经历的总切削时间，称为刀具寿命，用 T 表示。一把新刀往往要经过多次重磨才会报废，刀具寿命指的是两次刃磨之间所经历的切削时间。如果用刀具寿命乘以刃磨次数，得到的就是刀具总寿命。

2. 刀具寿命的经验公式

试验结果表明，切削速度是影响刀具磨损的主要因素。在正常的切削速度范围内，分别以不同的切削速度 v_{c1}，v_{c2}，v_{c3}，v_{c4}，…，进行刀具磨损试验，得到一组磨损曲线，再根据规定的磨钝标准，便可确定不同切削速度所对应的刀具寿命 T_1，T_2，T_3，T_4，…，在双对数坐标上定出 (v_{c1}, T_1)，(v_{c2}, T_2)，(v_{c3}, T_3)，(v_{c4}, T_4)，…各点。

在一定的切削速度范围内，上述各点基本在一条直线上。该直线方程可写为

$$\lg v_c = -m\lg T + \lg C_0$$

因此，切削速度与刀具寿命的关系式可表示为

$$v_c T^m = C_0 \qquad (2-22)$$

式中 v_c——切削速度，m/min。

T——刀具寿命，min。

m——表示 v_c 对 T 的影响程度的指数。它反映了刀具材料的切削性能，m 值越大，切削速度对刀具寿命的影响越小，刀具的耐热性越好。对高速钢刀具，$m=0.1\sim0.125$；对硬质合金刀具，$m=0.2\sim0.3$；陶瓷刀具，$m=0.4$。

C_0——与刀具材料、工件材料、切削条件有关的系数。

按上面求 v_c-T 关系式的方法，同样可以求得 f-T 和 a_p-T 关系式

$$fT^g = C_1 \qquad (2-23)$$

$$a_p T^h = C_2 \qquad (2-24)$$

综合式（2-22）、式（2-23）、式（2-24），得到切削用量与刀具寿命的一般关系式为

$$T = \frac{C_T}{v_c^{\frac{1}{m}} f^{\frac{1}{g}} a_p^{\frac{1}{h}}} \qquad (2-25)$$

式中 C_T——与工件材料、刀具材料及切削条件有关的系数。

式（2-25）就是刀具寿命的经验计算公式。式中有关指数和系数可通过刀具寿命试验求得。

若用硬质合金车刀切削 $R_m=0.75\text{GPa}$ 的碳钢工件，在 $f>0.75\text{mm/r}$ 条件下进行刀具寿命试验，通过数据处理后得到的刀具寿命公式为

$$T = \frac{C_T}{v_c^5 f^{2.25} a_p^{0.75}} \quad (2-26)$$

分析式（2-26）可知，**切削速度 v_c 对刀具寿命的影响最大，进给量 f 次之，背吃刀量 a_p 影响最小**。这与它们对切削温度的影响顺序完全一致，表明切削温度与刀具寿命之间有着紧密的内在联系。

由式（2-25）可知，切削用量与刀具寿命密切相关。刀具寿命 T 定得高，切削用量就要取得低，虽然换刀次数少，刀具消耗少，但切削效率下降，经济效益未必好；刀具寿命 T 定得低，切削用量可以取得高，切削效率有所提高，但换刀次数多，刀具消耗变多，调整刀具位置费工费时，经济效益也未必好。在生产中，确定刀具寿命有两种不同的原则，按单件时间最少的原则确定的刀具寿命称为最高生产效率刀具寿命，按单件工艺成本最低的原则确定的刀具寿命称为最小成本刀具寿命。

一般情况下，应采用最小成本刀具寿命。当市场需求激增、库存缺乏、生产任务紧迫或应对流水线生产中的薄弱环节时，为了在短时间内尽可能生产出更多产品，可选用最高生产效率刀具寿命。

规定刀具寿命时，还应具体考虑以下几点。

（1）刀具构造复杂、制造和磨刀费用高时，刀具寿命应规定得高些。

（2）多刀车床上的车刀，组合机床上的钻头、丝锥和铣刀，自动机及自动线上的刀具，因为调整复杂，刀具寿命应规定得高些。

（3）某工序的生产成为生产线上的瓶颈时，刀具寿命应定得低些，这样可以选用较大的切削用量，以加快该工序生产效率；某工序单位时间的生产成本较高时，刀具寿命应规定得低些，这样可以选用较大的切削用量，缩短加工时间。

（4）精加工大型工件时，刀具寿命应规定得高些，至少保证在一次走刀中不换刀。

2.6.5　切削用量的选择

1. 切削用量的选择原则

切削用量的选择对生产效率、加工成本和加工质量均有重要影响。合理的切削用量是指在保证加工质量的前提下，能取得较高的生产效率和较低加工成本的切削用量。约束切削用量选择的主要条件有：工件的加工要求，包括加工质量要求和加工生产效率要求；刀具材料的切削性能；机床性能，包括动力特性（功率、转矩）和运动特性；刀具寿命要求。

粗加工时选择切削用量的基本原则：首先应选择尽可能大的背吃刀量 a_p，其次根据机床动力和刚性限制条件等，选取尽可能大的进给量 f，最后根据合理的刀具寿命用计算法或查表法确定切削速度 v_c。这样使 v_c、f、a_p 的乘积最大，以获得最大的生产效率。

精加工时则主要按表面粗糙度要求和加工精度要求确定切削用量。

2. 切削用量选用的步骤

（1）背吃刀量 a_p 的选择。背吃刀量根据加工余量来确定。

粗加工时，背吃刀量 a_p 由加工余量和工艺系统的刚度决定，尽可能一次走刀切除全部加工余量。半精加工时，背吃刀量可取 0.5~2mm；精加工时，背吃刀量可取 0.1~

0.4mm。半精加工和精加工时一般也应一次切除全部余量。

在加工余量过大或工艺系统刚度不足的情况下，粗加工可分几次走刀。若分两次走刀，第一次走刀的背吃刀量取大些，可占全部余量的2/3～3/4，而第二次走刀的背吃刀量取小些，以使精加工工序具有较高的刀具寿命和加工质量。

切削有硬皮的铸件、锻件或不锈钢等加工硬化严重的材料时，应尽量使背吃刀量超过硬皮或冷硬层厚度，以免刀尖过早磨损。

（2）进给量 f 的选择。生产实际中常根据经验或查表法确定进给量 f。

粗加工时，对表面质量没有太高要求，合理的进给量应是工艺系统所能承受的最大进给量。进给量的大小主要受机床进给机构强度、刀具的强度与刚性、工件的装夹刚度等因素的限制。粗加工时进给量根据工件材料、车刀刀杆尺寸、工件直径及已确定的背吃刀量查《切削用量手册》获得。用硬质合金车刀粗车外圆及端面时的进给量参考值见表2.4。

表 2.4　用硬质合金车刀粗车外圆及端面时的进给量参考值

工件材料	工件直径 d_w/mm	背吃刀量 a_p/mm				
		≤3	>3～5	>5～8	>8～12	>12
		进给量 f/(mm·r^{-1})				
碳素结构钢、合金结构钢及耐热钢	20	0.3～0.4				
	40	0.35～0.5	0.3～0.4			
	60	0.4～0.6	0.35～0.5	0.3～0.4		
	100	0.45～0.7	0.4～0.6	0.35～0.5	0.3～0.4	
	400	0.5～0.8	0.45～0.7	0.4～0.6	0.3～0.4	
	600	0.55～0.9	0.5～0.8	0.45～0.7	0.4～0.6	0.3～0.5
	1000	0.55～0.9	0.5～0.8	0.45～0.7	0.4～0.6	0.3～0.5
铸铁及铜合金	40	0.35～0.5	0.3～0.4			
	60	0.4～0.6	0.35～0.5	0.3～0.4		
	100	0.45～0.7	0.4～0.6	0.35～0.5	0.3～0.4	
	400	0.5～0.8	0.45～0.7	0.4～0.6	0.35～0.5	
	600	0.6～1.0	0.55～0.8	0.5～0.8	0.45～0.7	0.4～0.6
	1000	0.6～1.0	0.55～0.9	0.5～0.8	0.45～0.7	0.4～0.6

注：1. 加工断续表面及有冲击的工件时，表内进给量应乘以系数 $k=0.65～0.75$。
2. 无外皮加工时，表内进给量应乘以系数 $k=1.1$。
3. 加工耐热钢及其合金时，进给量不大于 0.6mm/r。
4. 加工调质钢时，表内进给量应乘以系数 $k=0.8$。
5. 加工淬硬钢时，进给量应减小。当钢的硬度为 44～56HRC 时，表内进给量应乘以系数 $k=0.8$；当钢的硬度为 57～62HRC 时，表内进给量应乘以系数 $k=0.5$。
6. 可转位刀片的允许最大进给量不应超过其刀尖圆弧半径数值的80%。

半精加工和精加工时，进给量的大小主要受加工精度和表面粗糙度的限制。在半精加工和精加工时,进给量按加工表面粗糙度要求,根据工件材料、刀尖圆弧半径、切削速度查《切削用量手册》获得。用硬质合金外圆车刀精车的进给量参考值见表2.5。

表 2.5 用硬质合金外圆车刀精车的进给量参考值

工件材料	表面粗糙度 $Ra/\mu m$	切削速度范围 $v_c/(\mathrm{m \cdot min^{-1}})$	刀尖圆弧半径 r_ε/mm		
			0.5	1	2
			进给量 $f/(\mathrm{mm \cdot r^{-1}})$		
铸铁、青铜、铝合金	6.3	不限	0.25～0.4	0.4～0.5	0.5～0.6
	3.2		0.15～0.25	0.25～0.4	0.4～0.6
	1.6		0.10～0.15	0.15～0.2	0.2～0.35
碳钢及合金钢	6.3	<50	0.3～0.5	0.45～0.6	0.55～0.7
		>50	0.4～0.55	0.55～0.65	0.65～0.7
	3.2	<50	0.18～0.25	0.25～0.3	0.3～0.4
		>50	0.25～0.3	0.3～0.35	0.3～0.5
	1.6	<50	0.1	0.11～0.15	0.15～0.22
		50～100	0.11～0.16	0.16～0.25	0.25～0.35
		>100	0.16～0.20	0.20～0.25	0.25～0.35

(3)切削速度的确定。根据已经选定的背吃刀量 a_p、进给量 f 及刀具寿命 T,切削速度 v_c 可查《切削用量手册》获得,或按公式计算求得,即

$$v_c = \frac{C_v}{T^m a_p^{x_v} f^{y_v}} K_v \tag{2-27}$$

式中　C_v——切削速度系数;
　　　m、x_v、y_v——T、a_p、f 的指数;
　　　K_v——工件材料、毛坯表面状态、刀具材料、加工方式、主偏角 κ_r、副偏角 κ_r'、刀尖圆弧半径 r_ε 及导杆尺寸对切削速度的修正系数的乘积。

生产中选择切削速度 v_c 的一般原则如下。

① 粗车时,背吃刀量 a_p 和进给量 f 较大,故选择较低的切削速度 v_c;精车时,背吃刀量 a_p 和进给量 f 较小,故选择较高的切削速度 v_c。

② 工件材料强度、硬度高时,应选较低的切削速度 v_c;反之,选较高的切削速度 v_c。

③ 刀具材料性能越好,切削速度 v_c 选得越高。

④ 精加工时应尽量避免积屑瘤和鳞刺产生的速度区域。

⑤ 断续切削时为减小冲击和热应力,宜适当降低切削速度 v_c。

⑥ 在易发生振动的情况下,切削速度 v_c 应避开自激振动的临界速度。

⑦ 加工大件、细长件和薄壁件或加工带外皮的工件时,应适当降低切削速度 v_c。

车削加工时切削速度 v_c 的参考值见表2.6。

表 2.6 车削加工时切削速度 v_c 的参考值

加工材料		硬度 HBW	背吃刀量 a_p/mm	高速钢刀具		硬质合金刀具				陶瓷超硬材料刀具		说明
				v_c/(m·min^{-1})	f/(mm·r^{-1})	未涂层			涂层			
						v_c/(m·min^{-1})		f/(mm·r^{-1})	v_c/(m·min^{-1})	f/(mm·r^{-1})	v_c/(m·min^{-1})	f/(mm·r^{-1})
						焊接式	可转位		材料			
易切材料	低碳	100~200	1	55~90	0.18~0.20	185~240	220~275	0.18	YT15	320~410	0.18	550~700	0.13	切削条件较好时可用冷压 Al_2O_3 陶瓷，切削条件较差时宜用 Al_2O_3+TiC 热压混合陶瓷
			4	41~70	0.40	135~185	160~215	0.50	YT14	215~275	0.40	425~580	0.25	
			8	34~55	0.50	110~145	130~170	0.75	YT5	170~220	0.50	335~490	0.40	
	中碳	175~225	1	52	0.20	165	200	0.18	YT15	305	0.18	520	0.13	
			4	40	0.40	125	150	0.50	YT14	200	0.40	395	0.25	
			8	30	0.50	100	120	0.75	YT5	160	0.50	305	0.40	
碳钢	低碳	125~225	1	43~46	0.18	140~150	170~195	0.18	YT15	260~290	0.18	520~580	0.13	
			4	34~38	0.40	115~125	135~150	0.50	TY14	170~190	0.40	365~425	0.25	
			8	27~30	0.50	88~100	105~120	0.75	YT5	135~150	0.50	275~365	0.40	
	中碳	175~275	1	34~40	0.18	115~130	150~160	0.18	YT15	220~240	0.18	460~520	0.13	
			4	23~30	0.40	90~100	115~125	0.50	TY14	145~160	0.40	290~350	0.25	
			8	20~26	0.50	70~78	90~100	0.75	YT5	115~125	0.50	200~260	0.40	
	高碳	175~275	1	30~37	0.18	115~130	140~155	0.18	YT15	215~230	0.18	≤60~520	0.13	
			4	24~27	0.40	88~95	105~120	0.50	TY14	145~150	0.40	275~335	0.25	
			8	18~21	0.50	69~76	84~95	0.75	YT5	115~120	0.50	185~245	0.40	
合金钢	低碳	125~225	1	41~46	0.18	135~150	170~185	0.18	YT15	220~235	0.18	520~580	0.13	
			4	32~37	0.40	105~120	105~145	0.50	TY14	175~190	0.40	365~395	0.25	
			8	24~27	0.50	84~95	105~115	0.75	YT5	135~145	0.50	275~335	0.40	

续表

加工材料	硬度HBW	背吃刀量 a_p/mm	高速钢刀具 v_c/(m·min^{-1})	高速钢刀具 f/(mm·r^{-1})	硬质合金刀具 未涂层 v_c/(m·min^{-1}) 焊接式	硬质合金刀具 未涂层 v_c/(m·min^{-1}) 可转位	硬质合金刀具 未涂层 f/(mm·r^{-1})	硬质合金刀具 未涂层 材料	硬质合金刀具 涂层 v_c/(m·min^{-1})	硬质合金刀具 涂层 f/(mm·r^{-1})	陶瓷超硬材料刀具 v_c/(m·min^{-1})	陶瓷超硬材料刀具 f/(mm·r^{-1})	说明
合金钢 中碳	175~275	1	34~41	0.18	115~130	130~150	0.18	YT15	175~200	0.18	460~520	0.13	
		4	26~32	0.40	85~90	105~120	0.40~0.50	TY14	135~160	0.40	280~360	0.25	
		8	20~24	0.50	67~73	82~95	0.50~0.75	YT5	84~120	0.50	220~265	0.40	
合金钢 高碳	175~275	1	30~37	0.18	105~115	135~145	0.18	YT15	175~190	0.18	460~520	0.13	
		4	24~27	0.40	84~90	105~115	0.50	TY14	135~150	0.40	275~335	0.25	
		8	18~21	0.50	66~72	82~90	0.75	YT5	105~120	0.50	215~245	0.40	
高强度钢	225~350	1	20~26	0.18	90~105	115~135	0.18	YT15	150~185	0.18	380~440	0.13	硬度大于 300HBS 时，选用 W12Cr4V5Co5 或 W2Mo9Cr4VCo8
		4	15~20	0.40	69~84	90~105	0.50	TY14	120~135	0.40	205~265	0.25	
		8	12~15	0.50	53~66	69~84	0.75	YT5	90~105	0.50	145~205	0.40	
高速钢	200~275	1	15~24	0.18	76~105	95~125	0.18	YW1	115~160	0.18	420~460	0.13	加工 W12Cr4V5Co5 时用 W12Cr4VCo3 或 W2Mo9Cr4VCo3
		4	12~20	0.40	60~84	60~100	0.50	YW2	90~130	0.40	250~275	0.25	
		8	9~15	0.50	46~64	53~76	0.75	YW3	69~100	0.50	190~215	0.40	
灰铸铁	160~260	1	26~43	0.18	84~135	100~165	0.18~0.25	YG8, YW2	130~190	0.18	395~550	0.13~0.25	
		4	17~27	0.40	69~110	81~125	0.40~0.50		105~160	0.40	245~365	0.25~0.40	
		8	14~23	0.50	60~90	66~100	0.50~0.75		84~130	0.50	185~275	0.40~0.50	
不锈钢 奥氏体	135~275	1	18~34	0.18	58~105	67~120	0.18	YG3, YW1	84~160	0.18	275~425	0.13	硬度大于 250HB 时，选用 W12Cr4V5Co5 或 W2Mo9Cr4VCo8
		4	15~27	0.40	49~100	58~105	0.40	YG6, YW1	76~135	0.40	150~275	0.25	
		8	12~21	0.50	38~76	46~84	0.50	YG6, YW1	60~105	0.50	90~185	0.40	

续表

加工材料	硬度 HBW	背吃刀量 a_p/mm	高速钢刀具 v_c/(m·min⁻¹)	高速钢刀具 f/(mm·r⁻¹)	硬质合金刀具 未涂层 v_c/(m·min⁻¹) 焊接式	硬质合金刀具 未涂层 v_c/(m·min⁻¹) 可转位	硬质合金刀具 未涂层 f/(mm·r⁻¹)	硬质合金刀具 材料	硬质合金刀具 涂层 v_c/(m·min⁻¹)	硬质合金刀具 涂层 f/(mm·r⁻¹)	陶瓷超硬材料刀具 v_c/(m·min⁻¹)	陶瓷超硬材料刀具 f/(mm·r⁻¹)	说明
不锈钢 马氏体	175~325	1	20~44	0.18	87~140	95~175	0.18	YW1, YT16	120~260	0.18	350~490	0.13	
		4	15~35	0.40	69~115	75~135	0.40	YW1, YT15	100~170	0.40	185~335	0.25	
		8	12~27	0.50	55~90	58~105	0.50~0.75	YW2, YT14	76~135	0.50	120~245	0.40	
可锻铸铁	160~240	1	30~40	0.18	120~160	135~185	0.25	YT15, TW1	185~235	0.25	305~365	0.13~0.25	
		4	23~30	0.40	90~120	105~135	0.50	YT15, TW1	135~185	0.40	230~290	0.25~0.40	
		8	18~24	0.50	76~100	85~115	0.75	YT14, TW2	105~145	0.50	150~230	0.40~0.50	

(4) 机床功率检验。切削用量三要素选定之后，还应校核机床功率。

若选用的切削用量值过高或机床动力较小，需检验机床功率是否允许，检验的方法应使

$$P_c \leqslant P_E \eta_m \tag{2-28}$$

式中　P_c——切削功率，按式（2-17）计算，kW；

　　　P_E——机床主电动机功率，kW；

　　　η_m——机床传动效率，一般取 0.75～0.85。

2.7　刀具几何参数的合理选择

刀具是直接进行切削加工的工具，其结构与几何参数的合理程度对切削加工质量和生产效率起着非常重要的作用，只有刀具几何参数选择得合理，才能充分发挥其切削性能。

合理的刀具几何参数是指在保证加工质量的前提下，能够满足生产效率高、加工成本低的刀具几何参数。

刀具的切削性能主要是由刀具材料的性能和刀具几何参数两方面决定的。刀具几何参数的选择对切削力、切削温度及刀具磨损有显著影响。

刀具几何参数的基本内容包括：①切削刃的形状，如直线刃、折线刃、圆弧刃、波形刃等，它直接影响切削层的形状。选择合理的切削刃形状对于提高刀具寿命、改善工件加工表面质量、提高刀具的抗振性和改变切屑的形态等有直接影响。②切削刃区的剖面形式，如锋刃、负倒棱、消振棱、倒圆刃、刃带等。选择合理的切削刃区的剖面形式对于提高切削生产效率、工件加工表面质量和经济性有重要意义。③刀面形式，如卷屑槽、断屑台、后刀面的双重刃磨等，对切削力、切削温度、刀具磨损及刀具寿命、切屑的控制等有直接影响。④刀具角度，包括前角、后角、主偏角、刃倾角、副后角、副偏角等，对工件加工表面质量、刀具寿命等有直接影响。

刀具几何参数是一个有机的整体，各参数之间既有联系，又有制约，各个参数在切削过程中对切削性能的影响，既存在有利的一面，又存在不利的一面。因此，在选择刀具几何参数时，要综合考虑工件材料、刀具材料、刀具类型及其他加工条件（如切削用量、工艺系统刚性及机床功率）等的影响。应从具体的生产条件出发，抓住主要矛盾，即影响切削性能的主要参数，综合考虑和分析各个参数之间的相互关系，充分发挥各参数的有利作用。

2.7.1　前角、前刀面的功用和选择

1. 前角 γ_o

（1）前角 γ_o 的功用。前角是刀具上重要的几何参数之一。增大前角可以减小切削变形和摩擦，降低切削力和切削温度，减少刀具磨损，改善加工质量。但过大的前角会使刀具楔角减小，刀刃强度下降，刀头散热体积减小，使刀具温度上升，容易造成崩刃，刀具寿命缩短。针对某一具体加工条件，理论上有一个最合理的前角取值。工件材料不同时前角

的合理取值如图 2.35 所示。刀具材料不同时前角的合理取值如图 2.36 所示。

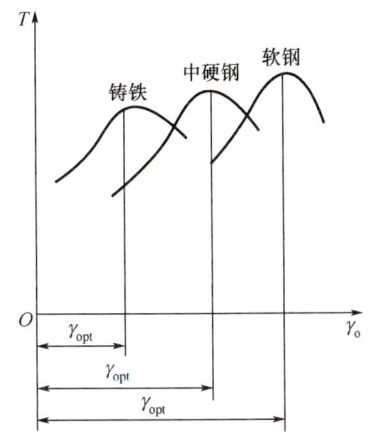

图 2.35 工件材料不同时前角的合理取值

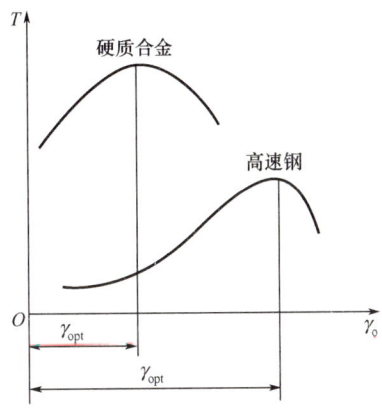

图 2.36 刀具材料不同时前角的合理取值

(2) 前角的选择原则。

① 根据工件材料的性质选择前角。由图 2.35 可知,加工材料的**塑性**越大,前角的数值应选得越大。因为增大前角可以减小切削变形,降低切削温度。加工脆性材料,一般易崩碎切屑,切削变形很小,切屑与前刀面的接触面积小,前角越大,刀刃强度越差,为避免崩刃,应选择较小的前角。工件材料的强度、硬度越高时,为使刀刃具有足够的强度和散热面积,以及防止崩刃和刀具磨损过快,前角应选得小些。

② 根据刀具材料的性质选择前角。由图 2.36 可知,使用强度和韧性较好的刀具材料(如高速钢),可采用较大的前角;使用强度和韧性差的刀具材料(如硬质合金),应采用较小的前角。

③ 根据加工性质选择前角。粗加工时,选择的背吃刀量和进给量比较大,为了减小切削变形,提高刀具寿命,本应选择较大的前角,但由于毛坯误差和表皮硬度不均匀等情况,为增强刀刃的强度,应选择较小的前角。精加工时,选择的背吃刀量和进给量较小,切削力较小,为了使刃口锋利,保证加工质量,可选择较大的前角。

用硬质合金刀具加工一般钢时,取 $\gamma_o = 10° \sim 20°$;加工灰铸铁时,取 $\gamma_o = 8° \sim 12°$。用硬质合金车刀前角的合理参考值见表 2.7。

表 2.7 用硬质合金车刀前角的合理参考值

工件材料	前角 $\gamma_o/(°)$		工件材料	前角 $\gamma_o/(°)$	
	粗车	精车		粗车	精车
低碳钢	20～25	25～30	灰铸铁	10～15	5～10
中碳钢	10～15	15～20	铜及铜合金	10～15	5～10
合金钢	10～15	15～20	铝及铝合金	30～35	35～40
淬火钢	−15～−5	−15～−5	钛合金($R_m \leq 1.17\text{GPa}$)	5～10	5～10
不锈钢(奥氏体)	15～20	20～25			

2. 前刀面形式

(1) 正前角平面型。如图 2.37 (a) 所示,正前角平面型的特点为:制造简单,能获得较锋利的刃口,但强度低,传热能力差。这种前刀面形式一般用于精加工刀具、成形刀具、铣刀和加工脆性材料的刀具。

(2) 正前角平面带倒棱型。如图 2.37 (b) 所示,倒棱是在主切削刃刃口处磨出一条很窄的棱边形成的。倒棱可以提高刀刃强度、增强散热能力,从而提高刀具寿命。倒棱的宽度很窄,在切削塑性材料时,可按 $b_{\gamma 1}=(0.5 \sim 1.0) f$,$\gamma_{o1}=-15° \sim -5°$ 选取。此时,切屑仍沿前刀面而不沿倒棱流出。这种前刀面形式一般用于粗切铸件、锻件或断续表面加工的刀具。

(3) 正前角曲面带倒棱型。如图 2.37 (c) 所示,它是在正前角平面带倒棱型的基础上,为了卷屑和增大前角,在前刀面上磨出一定的曲面而形成的。卷屑槽的参数为:$l_{Bn}=(6 \sim 8) f$,$r_{Bn}=(0.7 \sim 0.8) l_{Bn}$。这种前刀面形式一般用于粗加工或精加工塑性材料的刀具。

(4) 负前角单面型。当磨损主要发生在后刀面时,可将前刀面制成图 2.37 (d) 所示的负前角单面型。此时刀片承受压应力,具有较好的刀刃强度。因此,这种前刀面形式一般用于切削高硬度(高强度)材料和淬火钢材料的刀具,但负前角会增大切削力。

(5) 负前角双面型。如图 2.37 (e) 所示,当磨损同时发生在前、后两个刀面时,可将前刀面制成负前角双面型,使刀片的重磨次数增多。此时负前角的棱面应有足够的宽度,以保证切屑沿该棱面流出。

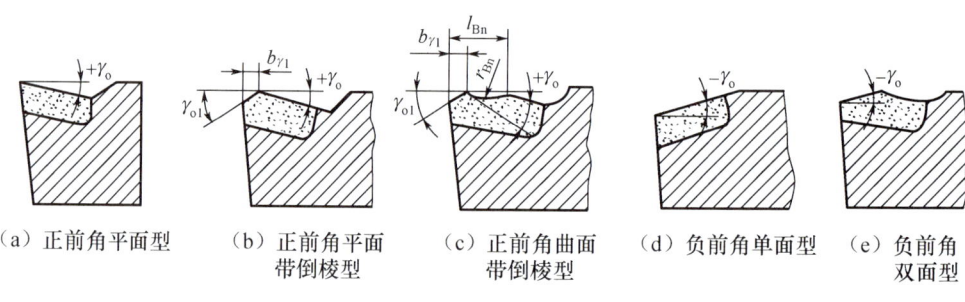

(a) 正前角平面型　　(b) 正前角平面带倒棱型　　(c) 正前角曲面带倒棱型　　(d) 负前角单面型　　(e) 负前角双面型

图 2.37　前刀面形式

2.7.2　后角、后刀面的功用和选择

1. 后角 α_o

(1) 后角 α_o 的功用。增大后角能减小后刀面与工件上过渡表面间的摩擦,减少刀具磨损,还可以减小切削刃钝圆半径,使刀刃锋利,易于切除切屑,并可减小工件表面粗糙度。但是,后角过大会降低刀刃强度和散热能力。如图 2.38 (a) 所示,在平均磨损宽度 VB 取值相同的条件下,后角较大的刀具,磨去的金属体积较大,即刀具寿命较长。但是过大的后角会使刀具楔角显著减小,削弱切削刃强度,减小刀头散热体积,导致刀具寿命缩短。

(2)后角的选择原则。后角主要根据切削厚度(或进给量)选择。切削厚度较小时,宜取较大的后角。粗加工时,进给量较大、切削厚度较大,后角应取小值。精加工时,进给量较小、切削厚度较小,后角应取大值。工件材料强度、硬度较高时,为提高刃口强度,后角应取小值。工件材料较软、塑性较大时,宜取较大后角。切削脆性材料时,后角应取小值。工艺系统刚性差且容易产生振动时,应适当减小后角。对加工精度要求高的刀具,宜取较小的后角,因为在径向尺寸磨损量 NB 取值相同的条件下[图 2.38(b)],后角较小时允许磨掉的金属体积大,刀具寿命长。定尺寸刀具(如圆孔拉刀、铰刀等)应选较小的后角,以增加重磨次数,延长刀具寿命。用硬质合金车刀后角的合理参考值见表 2.8。

车削一般钢和铸铁时,车刀后角通常取为 $6°\sim8°$。

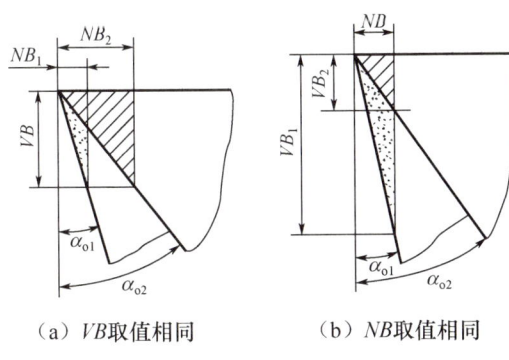

(a)VB取值相同　　(b)NB取值相同

图 2.38 后角与磨损体积的关系

表 2.8 用硬质合金车刀后角的合理参考值

工件材料	后角 $\alpha_o/(°)$		工件材料	后角 $\alpha_o/(°)$	
	粗车	精车		粗车	精车
低碳钢	8~10	10~12	灰铸铁	4~6	6~8
中碳钢	5~7	6~8	铜及铜合金(脆)	6~8	6~8
合金钢	5~7	6~8	铝及铝合金	8~10	10~12
淬火钢	8~10	8~10	钛合金($R_m \leq 1.17\text{GPa}$)	10~15	10~15
不锈钢(奥氏体)	6~8	8~10			

2. 副后角 α_o' 的选择

副后角的大小通常等于后角的大小。但一些特殊刀具(如切断刀)为了保证刀具强度,可选 $\alpha_o'=1°\sim2°$。

3. 后刀面形式

(1)双重后角。如图 2.39(a)所示,为了保证刃口强度,减小刃磨后刀面的工作量,常在车刀后刀面上磨出双重后角。

(2)消振棱。如图 2.39(b)所示,为了增加后刀面与工件上过渡表面间的接触面积,增加阻尼作用,消除振动,可在后刀面上刃磨出一条有负后角的棱面,此棱面称为消振棱。

（3）刃带。如图 2.39（a）所示，对一些定尺寸刀具（如拉刀、铰刀等），为便于控制外径尺寸，避免重磨后尺寸精度迅速变化，常在后刀面上刃磨出 $\alpha_o=0°$ 的小棱边，此棱边称为刃带。刀具上的刃带起着使刀具稳定、导向和消振的作用。刃带不宜太宽，否则会增大摩擦。

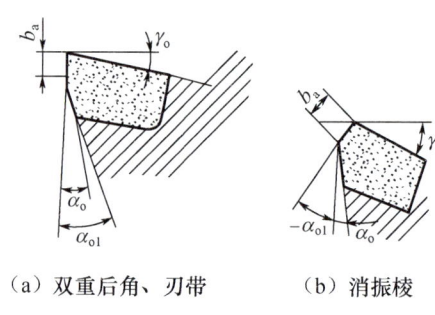

（a）双重后角、刃带　　（b）消振棱

图 2.39　后刀面形式

2.7.3　主偏角、副偏角的功用和选择

1. 主偏角 κ_r

主偏角 κ_r 主要影响刀具寿命、已加工表面的表面粗糙度及各切削分力的大小和比例分配。减小主偏角不仅可以减小已加工表面上残留面积的高度，使表面粗糙度减小，而且可以提高刀头强度，改善散热条件，提高刀具寿命；同时可以使切削厚度减小，切削宽度增加，切削刃单位长度上的负荷下降。另外，主偏角取值还影响各切削分力的大小和比例分配，例如，车外圆时，增大主偏角可使背向力 F_p 减小，进给力 F_f 增大。

通常，粗加工时主偏角选得大些，有利于减振，防止崩刃。精加工时，主偏角选得小些，以减小已加工表面的表面粗糙度。工件材料硬度、强度高时，主偏角选得小些，以改善散热条件，延长刀具寿命。工艺系统刚性较差时，主偏角选得大些，以延长刀具寿命。例如，车削细长轴时，常取 $\kappa_r \geqslant 90°$，以减小背向力。为增加通用性，车外圆、端面和倒角时，常取 $\kappa_r = 45°$。

2. 副偏角 κ_r'

副偏角 κ_r' 主要用以减小副切削刃与已加工表面间的摩擦。减小副偏角可减小已加工表面的表面粗糙度，提高刀具强度和改善散热条件。但是，这样会增加副后刀面与已加工表面间的摩擦，并且易引起振动。

通常，工艺系统刚度好时，常取 $\kappa_r' = 5°\sim 10°$，最大不超过 15°。精加工时刀具副偏角应选得更小，必要时可磨出 $\kappa_r' = 0°$ 的修光刃。切断刀、槽刀等，为保证刀头强度和刃磨后刀头宽度尺寸变化较小，常取 $\kappa_r' = 1°\sim 2°$。

2.7.4　刃倾角的功用和选择

刃倾角 λ_s 会影响切削刃受力状况、切屑流出方向和刀头强度。负刃倾角的车刀刀头强度好，散热条件也好。绝对值较大的刃倾角可使刀具的切削刃实际钝圆半径较小，切削刃锋利。刃倾角不为零时，刀刃是逐渐切入和切出工件的，这样可以减小刀具受到的冲击，提高切削的平稳性。

选择刃倾角时，应按刀具的具体工作条件进行具体分析，一般情况可按加工性质选择。精车时取 $\lambda_s=0°\sim 5°$，粗车时取 $\lambda_s=-5°\sim 0°$，有冲击负荷时取 $\lambda_s=-15°\sim -5°$，断续车削时取 $\lambda_s=-45°\sim -30°$，大刃倾角精刨刀时取 $\lambda_s=-80°\sim 75°$。

2.8 磨削原理

磨削是用磨料磨具（砂轮、砂带、油石或研磨料等）作为工具对工件表面进行加工的方法。磨削是常用的半精加工和精加工方法，加工精度可达 IT6～IT5，表面粗糙度可达 $Ra1.25\sim Ra0.01\mu m$。由于磨料硬度高、耐热性好，因此能磨削一般刀具难以加工的高硬度材料，如淬硬钢、硬质合金、工程陶瓷等。

2.8.1 砂轮特性和选择

砂轮是用结合剂把磨粒黏结起来，经压坯、干燥、焙烧及车整而成的。它的特性取决于磨料、粒度、结合剂、硬度、组织及形状等。

磨削加工

1. 磨料

磨料是砂轮的主要成分，常用磨料有氧化物系磨料、碳化物系磨料和超硬磨料，其特性及适用范围见表 2.9。

表 2.9 常用磨料的特性及适用范围

系列	磨料名称	代号	显微硬度 HV	特性	适用范围
氧化物系磨料	棕刚玉	A	2200～2280	棕褐色；硬度高，韧性大；价格便宜	磨削碳钢、合金钢、可锻铸铁
氧化物系磨料	白刚玉	WA	2200～2300	白色；硬度比棕刚玉高，韧性比棕刚玉低	磨削淬火钢、高速钢、高碳钢及薄壁零件
碳化物系磨料	黑碳化硅	C	2840～3320	黑色；有光泽；硬度比白刚玉高，性脆而锋利，导热性和导电性好	磨削铸铁、黄铜、铝、耐火材料及非金属材料
碳化物系磨料	绿碳化硅	GC	3280～3400	绿色；硬度和脆性比黑碳化硅高，具有良好的导热性和导电性	磨削硬质合金、宝石、陶瓷、玉石、玻璃等材料
超硬磨料	人造金刚石	D	6000～1000	无色透明或淡黄色、黄绿色、黑色；硬度高，比天然金刚石脆	磨削硬质合金、宝石、光学玻璃、半导体等材料
超硬磨料	立方氮化硼	CBN	6000～8500	黑色或淡白色；立方晶体；硬度仅次于金刚石，耐磨性高	磨削各种高温合金、高钼钢、高钒钢、高钴钢及不锈钢等材料

2. 粒度

粒度表示磨料颗粒的尺寸大小。当颗粒尺寸较大时，以筛选法分级，以其能通过的筛网上每英寸（1in＝2.54cm）长度上的孔数来表示粒度号。例如，F60表示磨粒刚好能通过每英寸60个孔眼的筛网。F后面的粒度号越大，磨粒越细。当颗粒尺寸较小时，根据GB/T 2481.2—2020《固结磨具用料 粒度组成的检测和标记 第2部分：微粉》，中值粒径 d_{s50}（或 d_{v50}）不大于 $64\mu m$ 的磨粒称为微粉，用沉降法或电阻法检验。微粉可分为一般工业用途的F系列微粉和精密研磨用的J系列微粉，粒度号前分别冠以字母F和J。F系列按沉降管法测量时分为11个粒度号，F230～F1200，F后的数字越大，微粉越细。

粗磨加工选用颗粒较粗的砂轮，以提高生产效率；精磨加工选用颗粒较细的砂轮，以减小加工表面粗糙度；当工件材料软、塑性大时，为避免砂轮堵塞，应选用颗粒较粗的砂轮；砂轮与工件接触面积大时，选用颗粒较粗的砂轮，防止烧伤工件。

3. 结合剂

结合剂的作用是将磨粒黏结在一起，形成具有一定形状和强度的砂轮。常用的结合剂种类有陶瓷结合剂、树脂结合剂、橡胶结合剂和金属结合剂（常用青铜结合剂），其性能及适用范围见表2.10。

表2.10 常用结合剂的性能及适用范围

结合剂	代号	性能	适用范围
陶瓷结合剂	V	耐热，耐腐蚀，气孔率大，易保持廓形，弹性差	适用于各类磨削加工
树脂结合剂	B	强度较陶瓷结合剂高，弹性好，耐热性差	适用于高速磨削、切断、开槽等
橡胶结合剂	R	强度较树脂结合剂高，弹性更好，气孔率小，耐热性差	适用于切断、开槽及无心磨导轮
金属结合剂	M	刚性好，强度高，耐磨性好，形状保持性好，使用寿命长；但自锐性差，易堵塞，修正困难	适用于金刚石砂轮，用于磨削玻璃、陶瓷、石材、混凝土、半导体材料和超硬材料等

4. 硬度

砂轮的硬度是指磨粒在磨削力作用下，从砂轮表面上脱落的难易程度。砂轮硬度高，磨粒不容易脱落；反之，磨粒容易脱落。砂轮的硬度可分为七个等级，见表2.11。

表2.11 砂轮的硬度等级

大级名称	超软	软			中软		中		中硬			硬		超硬
小级名称	超软	软1	软2	软3	中软1	中软2	中1	中2	中硬1	中硬2	中硬3	硬1	硬2	超硬
代号	D	E	F	G	H	J	K	L	M	N	P	Q	R	S	T	Y

磨削时，若砂轮硬度过高，则磨钝了的磨粒不能及时脱落，会使磨削温度升高而造成工件烧伤；若砂轮太软，则磨粒脱落过快，不能充分发挥磨粒的磨削效能，也不易保持砂轮的外形。

工件材料硬度较高时，应选用较软的砂轮；工件硬度较低时，应选用较硬的砂轮；砂轮与工件接触面较大时，应选用较软的砂轮；磨薄壁件及导热性差的工件时，应选用较软的砂轮；精磨和成形磨时，应选用较硬的砂轮；砂轮粒度号大时，应选用较软的砂轮。

5. 组织

砂轮的组织是指磨粒、结合剂、气孔三者之间的比例关系。磨粒在砂轮体积中所占的比例越大，则组织越紧密；反之，组织越疏松。组织号可用数字标记，通常为 0~14。组织号数字越大，表示组织越疏松，相应的磨粒率越低。

6. 形状

常用砂轮形状有平形（P）、杯形（B）、碗形（BW）、碟形（D）等，砂轮的端面上一般都有标志，用以表示砂轮的特性，常用砂轮的形状及主要用途见表 2.12。

表 2.12 常用砂轮的形状及主要用途

砂轮名称	型号	形状	主要用途
平形砂轮	1		用于外圆磨削、内圆磨削、平面磨削、无心磨削、工具磨削、螺纹磨削和砂轮机上
双斜边砂轮	4		用于磨削齿面和螺纹面
平形切割砂轮	41		用于切断和开槽
杯形砂轮	6		用于刃磨刀具，也可用于磨削平面及内孔
碗形砂轮	11		用于刃磨刀具，也可用于磨削机床导轨
碟形一号砂轮	12a		用于刃磨刀具，也可用于磨削机床导轨

从管理和选用方便的角度出发，砂轮参数的表示顺序是形状、尺寸、磨料、粒度号、硬度、组织号、结合剂、最高工作速度。例如，1-300×30×75-A60L5V-35m/s 中，"1"表示该砂轮为平形砂轮；"300×30×75"表示外径为 300mm，厚度为 30mm，内径为 75mm；"A"表示磨料为棕刚玉；"60"为粒度号；"L"表示砂轮的硬度为中软2；"5"表示砂轮的组织号；"V"表示砂轮的结合剂为陶瓷结合剂；"35m/s"表示砂轮允许的最高

工作速度。

2.8.2 磨削运动及磨削用量

生产中常用的外圆磨削、内孔磨削和平面磨削一般具有四个磨削运动，如图 2.40 所示。

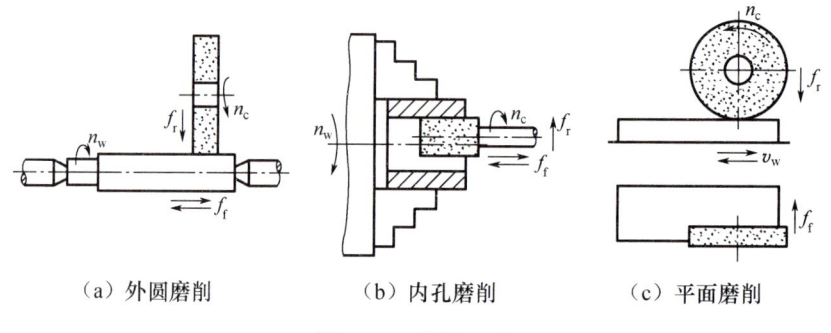

(a) 外圆磨削　　　(b) 内孔磨削　　　(c) 平面磨削

图 2.40 磨削运动

1. 主运动

砂轮的旋转运动 n_c 是磨削的主运动。砂轮旋转的线速度为磨削速度 v_c，磨削速度 v_c 一般比较大，为避免 v_c 产生过大的振动和过高的切削温度，通常取 $v_c=30\sim100\text{m/s}$。主运动速度按下式计算

$$v_c = \frac{\pi d_0 n_c}{1000} \tag{2-29}$$

式中　d_0——砂轮直径，mm；

　　　n_c——砂轮转速，r/min。

2. 进给运动

磨削的进给运动可分为以下三种。

(1) 径向进给运动。径向进给运动是砂轮切入工件的运动，其大小用径向进给量 f_r 表示。f_r 指工作台每单行程或双行程切入工件的深度，单位为毫米/单行程或毫米/双行程。

(2) 轴向进给运动。轴向进给运动是工件相对于砂轮的轴向运动，其大小用轴向进给量 f_f 表示。f_f 是指工件每转一转或工作台每一次行程，工件相对于砂轮的轴向移动距离，单位为毫米/单行程。

(3) 圆周（或直线）进给运动。圆周（或直线）进给运动是工件的旋转运动或工作台的往复直线运动，其大小用 v_w 表示。v_w 是指工件旋转线速度或工作台直线移动速度，单位为 m/min。

外圆磨削时，

$$v_w = \frac{\pi d_w n_w}{1000} \tag{2-30}$$

平面磨削时，

$$v_w = \frac{2Ln_r}{1000} \tag{2-31}$$

式中 d_w ——工件直径，mm；

n_w ——工件转速，r/min；

L ——工作台行程长度，mm；

n_r ——工作台每分钟的往复次数，双行程/分钟。

2.8.3 磨削过程

磨削时砂轮表面上有许多磨粒参与磨削工作，每个磨粒都可以看作一把微小的刀具。磨粒的形状很不规则，其尖点的顶锥角大多为 90°～120°。磨粒上刀尖的钝圆半径 r_n 在几微米至几十微米之间，磨粒磨损后 r_n 还将增大。由于磨粒以较大的负前角和钝圆半径对工件进行切削（图 2.41），磨粒接触工件的初期不会切下切屑，只有在磨粒的切削厚度增大到某一临界值后才开始切下切屑。**磨粒的切削过程包括滑擦阶段、耕犁阶段和形成切屑三个阶段**（图 2.42）。

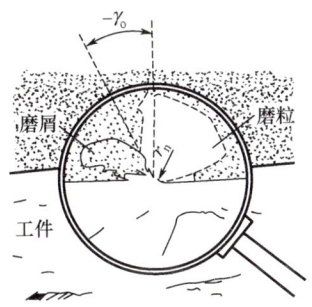

图 2.41 磨粒对工件的切削

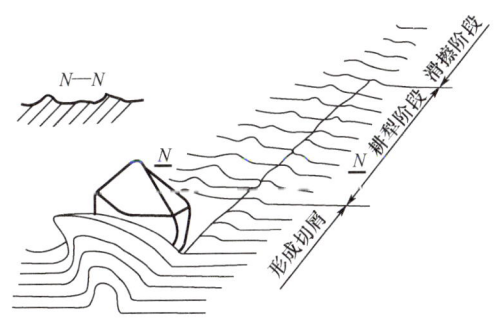

图 2.42 磨粒的切削过程

（1）滑擦阶段。磨粒刚开始与工件接触时，由于切削厚度非常小，磨粒只是在工件上滑擦，砂轮和工件接触面上只有弹性变形和由摩擦产生的热量。

（2）耕犁阶段。随着切削厚度逐渐加大，被磨工件表面开始产生塑性变形，表层材料被挤向磨粒的前方和两侧，工件表面出现沟痕，沟痕两侧隆起（参见图 2.42 中 N—N）。此阶段磨粒对工件的摩擦挤压作用剧烈，产生的热量大大增加。

（3）形成切屑。当磨粒的切削厚度增加到某一临界值时，磨粒前面的金属产生明显的剪切滑移，从而形成切屑。

磨削过程中产生的沟痕两侧隆起的现象对磨削表面粗糙度有较大影响。图 2.43 所示为隆起量与磨削速度的关系，随着磨削速度的增加，隆起量减小，这是因为在较高磨削速度条件下，工件材料塑性变形的传播速度远小于磨削速度，磨粒侧面的材料来不及变形。由图 2.43 可知，增加磨削速度对减小隆起量是有利的。

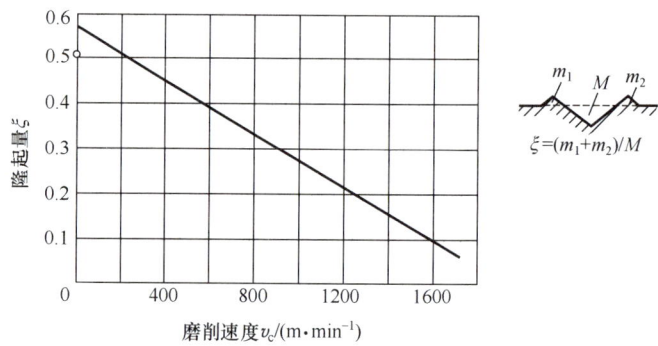

图 2.43 隆起量与磨削速度的关系

2.8.4 磨削力

磨削时产生的力称为磨削力。磨削力来源于两个方面，即工件材料产生弹性变形和塑性变形的抗力及磨粒与工件间的摩擦力。磨削时有若干磨粒同时工作，因此总的磨削力大。总磨削力可以分解为三个分力：主磨削力（切向磨削力）F_c，背向力（径向磨削力）F_p，进给力（轴向磨削力）F_f，如图 2.44 所示。三种不同类型磨削加工的三个方向的分力如图 2.45 所示。

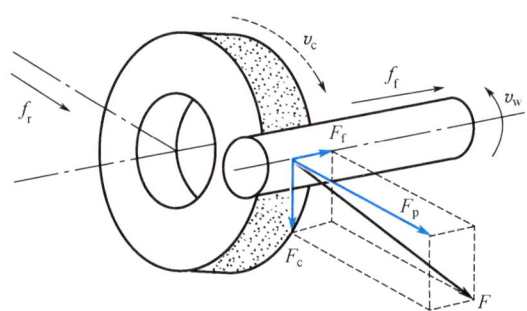

图 2.44 总磨削力及其分力

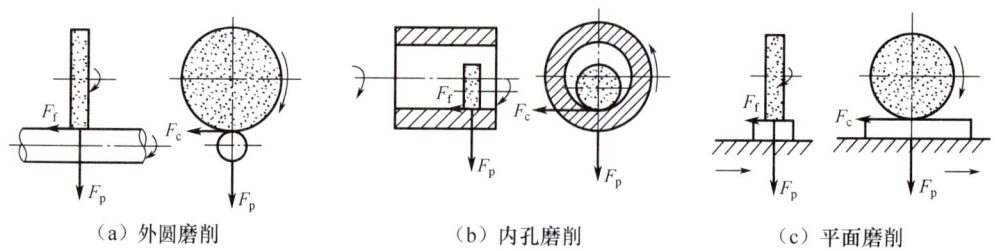

（a）外圆磨削　　　　（b）内孔磨削　　　　（c）平面磨削

图 2.45 三种不同类型磨削加工的三个方向的分力

与切削力相比，磨削力有如下主要特征。

(1) 单位磨削力 k_c 值大。原因是磨粒大多以较大的负前角进行切削。单位磨削力 k_c 值在 $70\text{kN}/\text{mm}^2$ 以上，而其他切削加工的 k_c 值均在 $7\text{kN}/\text{mm}^2$ 以下。

(2) 三个分力中背向力 F_p 最大。在正常磨削条件下，F_p 与 F_c 的比值为 2.0～2.5。被磨材料塑性越小、硬度越大，其比值越大。背向力 F_p 会使工件产生水平方向的弯曲变形，引起工件振动，进而降低加工精度及加工表面质量。

2.8.5 磨削温度

1. 磨削温度

由于磨削时单位磨削力 k_c 比车削时大得多，切除的金属体积相同时，磨削所消耗的能量远大于车削所消耗的能量，这些能量在磨削中将迅速转变为热量。在一般切削加工中，切屑可带走大部分的切削热；而对于磨削加工，由于磨屑非常细小，砂轮的导热性较差，加之切削液难以进入磨削区，因此大部分磨削热会传入工件，使工件温度升高，磨粒磨削点温度高达 1000～1400℃，砂轮磨削区温度也有几百摄氏度。磨削温度对加工表面质量影响很大，须设法控制。

2. 影响磨削温度的因素

(1) 砂轮速度 v_c。提高砂轮速度 v_c，单位时间通过工件表面的磨粒数增多，单颗磨粒切削厚度减小，挤压和摩擦作用加剧，单位时间内产生的热量增加，磨削温度升高。

(2) 工件速度 v_w。增大工件速度 v_w，单位时间内进入磨削区的工件材料增加，单颗磨粒的切削厚度增大，磨削力及能耗增加，磨削温度升高。但从热量传递的观点分析，提高工件速度 v_w，工件表面被磨削点与砂轮的接触时间缩短，工件上受热影响区的深度较浅，可以有效防止工件表面层产生磨削烧伤和磨削裂纹。

(3) 径向进给量 f_r。径向进给量 f_r 增大，单颗磨粒的切削厚度增大，产生的热量增多，磨削温度升高。

(4) 工件材料。磨削韧性大、强度高、导热性差的材料时，因为消耗在金属变形和摩擦的能量大，发热多，而散热性能又差，所以磨削温度较高。磨削脆性大、强度低、导热性好的材料时，磨削温度相对较低。

(5) 砂轮特性。砂轮硬度越高，自锐性越差，磨粒与工件的挤压、摩擦作用就越严重，磨削温度也越高。砂轮的粒度越细，砂轮工作面上的磨粒数就越多，磨削温度就越高。

习　题

2-1　切削加工由哪些运动组成？它们分别有什么作用？

2-2　切削用量的三要素分别是什么？在外圆车削中，它们与切削层参数有什么关系？

2-3　刀具标注角度参考系是由哪些参考平面构成的？如何定义这些参考平面？

2-4　确定一把单刃刀具切削部分的几何形状最少需要哪几个基本角度？

2-5　刀具切削部分的材料必须具备哪些基本性能？

2-6　常用刀具的材料有哪几类？它们分别适用于制造哪些刀具？

2-7　常用的硬质合金有哪几类？如何选用？

2-8　怎样划分切削变形区？第一变形区有哪些变形特点？

2-9　什么是积屑瘤？积屑瘤对切削过程有什么影响？防止积屑瘤产生的措施有哪些？

2-10　切削力的来源有哪些？影响切削力的主要因素有哪些？简要说明其影响规律。

2-11　常见的切屑形态有哪几种？它们一般在什么情况下生成？怎样对切屑形态进行控制？

2-12　影响切削温度的主要因素有哪些？试论述其影响规律。

2-13　什么是刀具寿命？试分析切削用量三要素对刀具寿命的影响规律。

2-14　试述刀具破损的形式及防止破损的措施。

2-15　什么是最高生产效率刀具寿命和最小成本刀具寿命？怎样合理选择刀具寿命？

2-16　说明前角和后角的大小对切削过程的影响。

2-17　切削用量的选用原则有哪些？

2-18　常用的切削液有哪几种？它们分别适用于什么场合？

第 3 章 机械制造中的加工方法及装备

本章教学要求

1. 了解材料去除加工、材料成形加工、材料累积加工的特点和应用范围。
2. 掌握零件表面成形原理、零件表面的形成方法及所需的成形运动。
3. 掌握机床的分类和金属切削机床型号的编制,了解各代号的含义。
4. 了解金属切削机床的基本结构和金属切削机床的传动。
5. 掌握外圆表面车削加工、磨削加工所用刀具的种类及特点,以及其加工方法、工艺特点及应用范围。
6. 掌握钻孔、扩孔、铰孔、镗孔、拉孔、磨孔、珩磨孔所用刀具的种类及特点,以及其加工方法、工艺特点及应用范围。
7. 了解倪志福钻头的由来及特点。
8. 掌握平面加工的加工方法,掌握铣平面的铣削方式、铣刀的种类及特点、铣削的工艺特点及应用范围,了解刨平面、车平面、拉平面和磨平面的工艺特点。
9. 了解齿轮加工机床的类型、齿轮的加工方法,掌握齿形加工方法及滚齿加工、插齿加工、剃齿加工和磨齿加工的加工方法、工艺特点及应用范围。

课程导入

金属切削机床是一个国家装备制造的根本,其技术水平代表着一个国家的综合竞争力。中国机床产业经过多年发展,取得了突出成就,但在关键核心技术和关键功能部件方面仍面临挑战,因此产业整体竞争力不强,尤其是在高端机床领域。高端机床是一个国家

的战略资源，是一个国家制造业升级发展的重要引擎，可以说，高端机床的水平代表着整个国家制造业的水平。20世纪80年代，以美国为首的西方发达国家成立了巴黎统筹委员会，其成立目的是限制成员国向社会主义国家出口战略物资和高技术。日本东芝机械公司背着巴黎统筹委员会向苏联出售高精密的加工船用螺旋桨的数控机床——九轴五联动大型数控螺旋桨铣床。该机床加工的高性能螺旋桨大幅降低了核潜艇噪声，打破了美国海军核潜艇对苏联海军核潜艇的绝对优势。从这里可以看到，高端装备对于国家安全至关重要。

机器种类繁多，构成机器的零件形状更是多种多样，但构成零件轮廓的表面都是由若干不同类型的基本表面（如外圆表面、内圆表面、平面等）构成的，零件的加工过程实际上就是获得这些表面的过程。本章主要介绍外圆表面加工、孔加工、平面加工和齿轮加工。

3.1　金属切削机床

金属切削机床是利用切削加工、特种加工等方法将毛坯加工成机器零件的机器。因为它是制造机器的机器，所以又称"工作母机"，习惯上简称机床。

金属切削加工的种类很多，可以分为钳工和机械加工两大类。其中钳工一般是由工人手持工具对工件进行切削加工，而机械加工是由工人操作机床对工件进行切削加工。本章主要讲述机械加工的内容。机械加工按其所用切削工具的类型，可分为刀具切削加工和磨料切削加工。刀具切削加工主要有车削、钻削、镗削、铣削、刨削、拉削及齿轮加工等，磨料切削加工主要有磨削、珩磨、研磨及超精加工等。

3.1.1　常用的切削加工方法

1. 机械制造中的加工方法

机械制造中的加工方法很多，根据在加工过程中质量的变化，可分为材料去除加工、材料成形加工、材料累积加工三种。

（1）材料去除加工。它是通过去除一部分材料而制成合格零件的加工方法。按材料去除方式不同可将其分为切削加工和特种加工。

① 切削加工。切削加工是利用切削刀具从工件上切除多余材料的加工方法。常用的切削加工方法有车削、铣削、刨削、拉削、磨削等。

② 特种加工。特种加工是指利用机械能以外的其他能量（如光能、电能、化学能、声能、热能等）直接去除材料的加工方法。特种加工过程中基本无机械力的作用。常见的特种加工方法有电火花加工、电子束加工、离子束加工、激光加工等。

（2）材料成形加工。它是一种在较高温度（或压力）下，使材料在模具中成形的加工方法，如铸造、锻造、挤压、粉末冶金等。

（3）材料累积加工。它是利用微体积材料逐点逐层叠加的方式使零件成形的加工方法。常见的材料累积加工方法有3D打印、热喷涂、静电喷涂等微粒沉积加工及电镀、化学镀等原子沉积加工。

2．零件表面成形原理

（1）零件表面的形状。

零件的结构形状尽管千差万别，但其轮廓都是由一些单一的几何表面（如平面、内外旋转表面等）按一定位置关系构成的。

零件表面可以看作一条线（称为母线）沿着另一条线（称为导线）运动的轨迹。母线和导线统称形成表面的发生线。常见的零件表面按其形状可以分为以下四类。

① 旋转表面。图 3.1（a）所示的圆柱表面由平行于轴线的直母线 A 沿着圆导线 B 转动形成；图 3.1（b）所示的圆锥表面由不平行于轴线，但与轴线相交的直母线 A 沿圆导线 B 转动形成；图 3.1（c）所示的球面由圆母线 A 沿圆导线 B 转动形成。

② 纵向表面。图 3.1（d）所示的平面由直母线 A 沿直导线 B 移动形成；图 3.1（e）所示的曲面由直母线 A 沿曲线导线 B 移动形成；图 3.1（f）所示的曲面由母线 A 沿直导线 B 移动形成。

③ 螺旋表面。图 3.1（g）所示的螺旋面由直母线 A 沿螺旋导线 B 运动（一边做旋转运动 v'，一边做轴向移动 v''）形成。

④ 复杂曲面。上述三种表面都是由固定形状的母线沿导线运动形成的，复杂曲面则是由形状不断变化的母线沿导线移动形成的，如螺旋桨的表面、涡轮叶片表面、复杂模具型腔面、飞机和汽车的外形表面等。

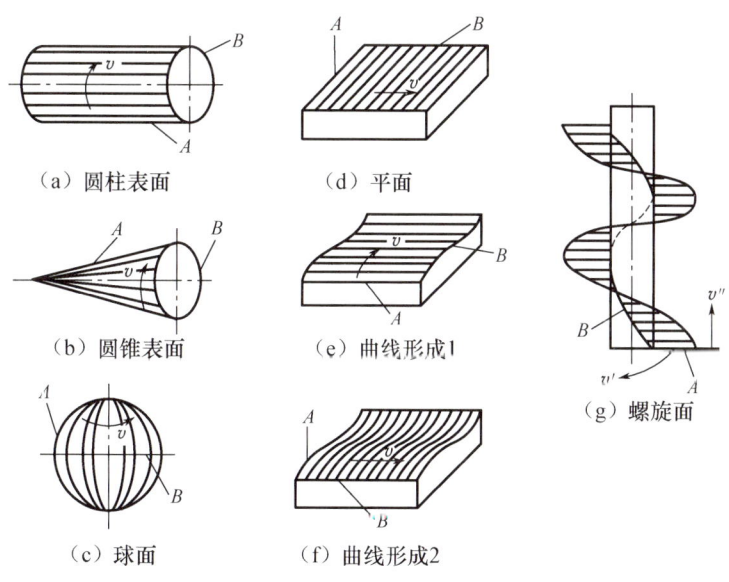

图 3.1 组成工件轮廓的各种几何表面

（2）零件表面的形成方法及所需的成形运动。

由于表面是由发生线的运动轨迹形成的，因此研究零件表面的形成方法应首先研究发生线的形成方法。表面发生线的形成方法可以归纳为以下四种。

① 轨迹法。如图 3.2（a）所示，刀具切削点 1 按一定的规律做轨迹运动，形成所需

的发生线 2。采用轨迹法形成发生线，刀具需要有一个独立的成形运动。

② 成形法。如图 3.2（b）所示，刀具刀刃就是切削线 1，它的形状及尺寸与需要成形的发生线 2 一致。采用成形法形成发生线，刀具不需要专门的成形运动。

③ 相切法。如图 3.2（c）所示，刀具中心按一定规律做轨迹（刀具轴线的运动轨迹 3）运动，旋转切削刀具上的切削点 1 的运动轨迹与工件相切就形成了发生线 2。采用相切法形成发生线，刀具需要有两个独立的成形运动，即刀具的旋转运动和刀具中心按一定规律做的轨迹运动。

④ 展成法。如图 3.2（d）所示，在形成发生线的过程中，切削线与发生线做纯滚动运动（展成运动），切削线与发生线逐点相切，发生线是切削线的包络线。采用展成法形成发生线，刀具和工件需要有一个独立的复合成形运动（展成运动）。

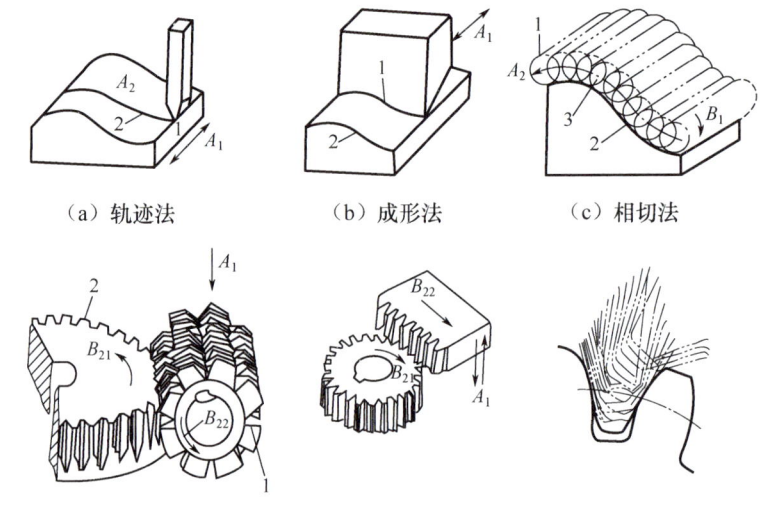

（a）轨迹法　　　（b）成形法　　　（c）相切法

（d）展成法

1—刀尖（切削点）或刀刃（切削线）；2—发生线；3—刀具轴线的运动轨迹

图 3.2　形成表面发生线的四种方法

上述用来形成被加工表面形状的运动称为表面成形运动，表面成形运动由机床的主运动和进给运动组成。

① 主运动。主运动是机床上形成切削速度并消耗大部分切削动力的运动，是必不可少的表面成形运动。主运动可由工件或刀具来实现，如车床主轴带动工件的旋转运动、龙门刨床工作台带动工件的直线运动等。

② 进给运动。进给运动是根据工件的形状配合主运动使切削加工得以连续不断进行的运动。根据刀具相对于工件被加工表面运动方向的不同，进给运动可以分为纵向进给运动、横向进给运动、圆周进给运动、径向进给运动和切向进给运动等。

除上述表面成形运动外，为完成工件加工，机床还必须具备与形成表面发生线不直接相关的一些辅助运动，以实现加工中的各种辅助动作，如切入运动、分度运动、操纵运动和控制运动等。

3.1.2 机床的分类和型号编制

1. 机床的分类

机床的分类方法很多，根据我国制定的机床型号编制方法，按其工作原理可划分为车床、钻床、镗床、磨床、齿轮加工机床、螺纹加工机床、铣床、刨插床、拉床、锯床和其他机床等，共11类。在每类机床中，又按工艺范围、布局形式和结构性能等，分为10个组，每组又分为若干系。

同类机床按应用范围（通用性程度）又可分为通用机床、专门化机床和专用机床。通用机床的工艺范围较广，可以加工一定尺寸范围内的各类零件，结构复杂，如卧式车床、万能升降台铣床、摇臂钻床、外圆磨床等，适用于单件、小批量生产场合。专门化机床的工艺范围较窄，用于形状相似而尺寸不同的同类型工件某一加工部位的机床，如精密丝杠车床、凸轮轴凸轮车床、凸轮轴凸轮磨床、曲轴轴颈车床等，适用于成批、大量生产场合。专用机床的工艺范围最窄，通常只能完成某一特定零件的特定工序，其结构较通用机床简单，但生产效率高，机床自动化程度也比较高，如加工机床主轴箱的专用镗床、加工机床床身导轨的专用导轨磨床等，适用于成批、大量生产场合。组合机床属于专用机床。

同类机床按工作精度又可分为普通精度机床、精密机床和高精度机床。普通精度机床主要包括普通车床、钻床、镗床、铣床、刨插床等。精密机床主要包括磨床、齿轮加工机床、螺纹加工机床和其他各种精密机床。高精度机床主要包括坐标镗床、齿轮磨床、螺纹磨床、高精度滚齿机、高精度刻线机和其他高精度机床。

机床还可按质量、尺寸、自动化程度、主要工作部件（如主轴等）的数目等进行分类。随着机床（特别是数控机床）的不断发展，机床的分类方法将不断变化。

金属切削机床

2. 金属切削机床型号的编制

机床型号是机床产品的代号，用以简明地表示机床的类型、性能和结构特点、主要技术参数等。我国金属切削机床型号编制方法是由GB/T 15375—2008《金属切削机床 型号编制方法》规定的。机床型号由一组汉语拼音字母和阿拉伯数字按一定规律组合而成。

（1）机床通用型号。机床通用型号由基本部分和辅助部分组成，中间用"/"隔开，读作"之"。前者需统一管理，后者纳入型号与否由企业自定。机床通用型号的构成为

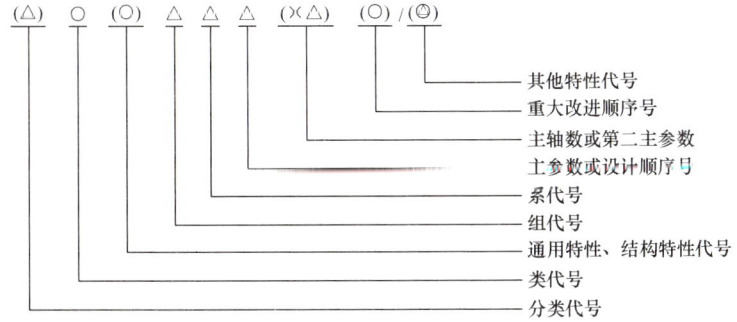

注：1. 有"( )"的代号或数字，当无内容时，则不表示；当有内容时，则不带括号。

2. 有"○"符号的，为大写的汉语拼音字母。

3. 有"△"符号的，为阿拉伯数字。

4. 有"◎"符号的，为大写的汉语拼音字母或阿拉伯数字，或两者兼之有。

① 机床类、组、系的划分及其代号。机床的类代号，用大写的汉语拼音字母表示。必要时，每类可分为若干分类，分类代号在类代号之前，作为型号的首位，并用阿拉伯数字表示。第一分类代号的"1"省略，第"2""3"分类代号则应予以表示。机床的分类和代号见表3.1。

表 3.1 机床的分类和代号

类别	车床	钻床	镗床	磨床			齿轮加工机床	螺纹加工机床	铣床	刨插床	拉床	锯床	其他机床
代号	C	Z	T	M	2M	3M	Y	S	X	B	L	G	Q
读音	车	钻	镗	磨	二磨	三磨	牙	丝	铣	刨	拉	割	其

对于具有两类特性的机床编制，主要特性应放在后面，次要特性应放在前面。例如，铣镗床是以镗为主、铣为辅。

将每类机床划分为10个组，每组又划分为10个系。组、系划分的原则如下。

a. 在同类机床中，主要布局或使用范围基本相同的机床为同一组。

b. 在同组机床中，其主参数相同、主要结构及布局形式相同的机床为同一系。

机床的组代号，用一位阿拉伯数字表示，位于类代号或通用特性代号、结构特性代号之后。机床的系代号，用一位阿拉伯数字表示，位于组代号之后。金属切削机床的类、组划分及其代号见表3.2。

表 3.2 金属切削机床的类、组划分及其代号

类别		组别									
		0	1	2	3	4	5	6	7	8	9
车床类（C）		仪表小型车床	单轴自动车床	多轴自动、半自动车床	回转、转塔车床	曲轴及凸轮轴车床	立式车床	落地及卧式车床	仿形及多刀车床	轮、轴、辊、锭及铲齿车床	其他车床
钻床类（Z）			坐标镗钻床	深孔钻床	摇臂钻床	台式钻床	立式钻床	卧式钻床	铣钻床	中心孔钻床	其他钻床
镗床类（T）				深孔镗床		坐标镗床	立式镗床	卧式铣镗床	精镗床	汽车、拖拉机修理用镗床	其他镗床
磨床类	M	仪表磨床	外圆磨床	内圆磨床	砂轮机	坐标磨床	导轨磨床	刀具刃磨床	平面及端面磨床	曲轴、凸轮轴、花键轴及轧辊磨床	工具磨床
	2M		超精机	内圆珩磨机	外圆及其他珩磨机	抛光机	砂带抛光及磨削机床	刀具刃磨及研磨机床	可转位刀片磨削机床	研磨机	其他磨床
	3M		球轴承套圈沟磨床	滚子轴承套圈滚道磨床	轴承套圈超精机		叶片磨削机床	滚子加工机床	钢球加工机床	气门、活塞及活塞环磨削机床	汽车、拖拉机修理机床

续表

类别	组别									
	0	1	2	3	4	5	6	7	8	9
齿轮加工机床类（Y）	仪表齿轮加工机床		锥齿轮加工机	滚齿及铣齿机	剃齿及珩齿机	插齿机	花键轴铣床	齿轮磨齿机	其他齿轮加工机	齿轮倒角及检查机
螺纹加工机床类（S）				套螺纹机	攻螺纹机		螺纹铣床	螺纹磨床	螺纹车床	
铣床类（X）	仪表铣床	悬臂及滑枕铣床	龙门铣床		平面铣床	仿形铣床	立式升降台铣床	卧式升降台铣床	床身铣床	工具铣床	其他铣床
刨插床类（B）		悬臂刨床	龙门刨床			插床	牛头刨床		边缘及模具刨床	其他刨床
拉床类（L）			侧拉床	卧式外拉床	连续拉床	立式内拉床	卧式内拉床	立式外拉床	键槽、轴瓦及螺纹拉床	其他拉床
锯床类（G）			砂轮片锯床		卧式带锯床	立式带锯床	圆锯床	弓锯床	锉锯床	
其他机床类（Q）	其他仪表机床	管子加工机床	木螺钉加工机		刻线机	切断机	多功能机床			

② 通用特性代号、结构特性代号。这两种特性代号用大写的汉语拼音字母表示，位于类代号之后。

通用特性代号有统一的规定含义，它在各类机床的型号中，表示的意义相同。当某类型机床，除有普通型外，还有某种通用特性时，则在类代号之后加通用特性代号以区分（表 3.3）。例如，最大磨削直径为 400mm 的外圆磨床型号 MKG1340 中的"MKG"表示高精度数控磨床。如果某类型机床仅有某种通用特性，而无普通型，则通用特性不予表示。例如，C1107 型单轴纵切车床，由于这类自动车床没有"非自动型"，因此不必用"Z"表示通用特性。通用特性代号按其相应的汉字字意读音。

表 3.3 通用特性代号

通用特性	高精度	精密	自动	半自动	数控	加工中心（自动换刀）	仿形	轻型	加重型	柔性加工单元	数显	高速
代号	G	M	Z	B	K	H	F	Q	C	R	X	S
读音	高	密	自	半	控	换	仿	轻	重	柔	显	速

对主参数值相同而结构、性能不同的机床，在型号中加结构特性代号予以区分。结构特性代号与通用特性代号不同，它在型号中没有统一的含义，只在同类机床中起区分机床

结构、性能的作用。当型号中有通用特性代号时，结构特性代号应排在通用特性代号之后。例如，最大磨削直径为320mm的半自动万能外圆磨床型号MBE1432中的"E"就是结构特性代号，表示此型号磨床在结构上不同于MB1432型磨床。

③ 机床主参数和设计顺序号。机床主参数代表机床规格的大小，用折算值（主参数乘以折算系数，如1/10等）表示，位于系代号之后。当折算值大于1时，则取整数，前面不加"0"；当折算小于1时，则取小数点后第一位数，并在前面加"0"。某些通用机床，当无法用一个主参数表示时，则在型号中用设计顺序号表示，设计顺序号由1起始。

④ 主轴数和第二主参数的表示方法。对于多轴车床、多轴钻床、排式钻床等机床，其主轴数以实际值列入型号，置于主参数之后，用"×"分开，读作"乘"。单轴可省略，不予表示。第二主参数（多轴机床的主轴数除外）一般不予表示，如有特殊情况，需在型号中表示。在型号中表示的第二主参数，一般以折算成两位数为宜，最多不超过三位数。第二主参数一般是指最大转矩、最大工件长度、工作台工作面长度等。

⑤ 机床的重大改进顺序号。当机床的结构、性能有更高的要求，并需按新产品重新设计、试制和鉴定时，按改进的先后顺序选用A、B、C等汉语拼音字母（"I""O"两个字母不得选用）加在型号基本部分的尾部，以区别于原机床型号。

⑥ 其他特征代号及其表示方法。其他特征代号置于辅助部分之首，其他特性代号主要用以反映各类机床的特性。例如，工作台最大宽度为400mm的5轴联动卧式加工中心，其型号为TH6340/5L。

通用机床型号编制以MG1432A型高精度万能外圆磨床为例，其表示方法为

（2）专用机床的型号编制。专用机床型号由设计单位代号和设计顺序号组成。专用机床型号的表示方法为

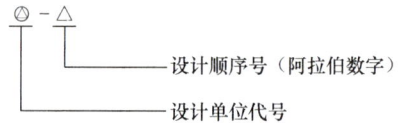

① 设计单位代号。设计单位代号包括机床生产厂和机床研究单位代号，位于型号之首。

② 设计顺序号。按该单位的设计顺序（由"001"起始）排列，位于设计单位代号之后，并用"-"号隔开，读作"至"。

（3）机床自动线代号。由通用机床或专用机床组成的机床自动线，其代号为"ZX"（读作"自线"），位于设计单位代号之后，并用"-"号分开。机床自动线设计顺序号的排列与专用机床的设计顺序号相同，位于机床自动线代号之后。机床自动线型号的表示方法为

```
○-ZX△
     │  │  └── 设计顺序号（阿拉伯数字）
     │  └───── 机床自动线代号（大写的汉语拼音字母）
     └──────── 设计单位代号
```

如某单位以通用机床为某企业设计的第一条机床自动线，其型号为×××-ZX001。

3.1.3 机床的传动联系和传动原理图

1. 金属切削机床的基本结构

机床的基本结构包括如下部分。

（1）动力源。动力源是机床执行机构的运动提供动力的装置。机床的动力源一般采用交流异步电动机、步进电动机、直流伺服电动机、交流伺服电动机及液压驱动装置等。机床可以是多个运动共用一个动力源，也可以是一个运动单独使用一个动力源。

（2）运动执行机构。运动执行机构是机床执行运动的部件，如主轴、刀架和工作台等，它们带动工件或刀具旋转或移动。

（3）传动机构。传动机构是将动力源的运动和动力传递给运动执行机构或将运动由一个执行机构传递到另一个执行机构的机构。传动机构可以改变运动的方向、速度及类别（如将旋转运动变为直线运动）。

（4）控制系统。控制系统是对机床运动进行控制，实现各运动之间的准确协调的系统，一般指数控机床上由计算机及相应的软硬件构成的控制系统。

（5）支承系统。支承系统是机床的机械本体，包括床身、框架及相关机械联接在内的支承结构，属于机床的基础部分。

根据机床功能和应用范围的不同，上述组成部分可繁可简，实现功能要求的具体方式也不同。由于计算机数控技术的发展，机床结构发生了很大变化，但上述组成部分是必不可少的，因此当分析一台机床时，一定要从认识这台机床的基本结构入手。

2. 金属切削机床的传动

机床为了获得所需的运动，需要通过传动机构把执行机构和动力源，或者把执行机构和执行机构（如车床主轴和刀架）联接起来。**构成机床传动联系的一系列传动件称为传动链**。根据传动联系的性质，传动链可分为外联系传动链和内联系传动链两类。

（1）外联系传动链。**机床动力源和运动执行机构之间的传动联系称为外联系传动链**。外联系传动链的作用是使执行机构按预定的速度运动，并传递一定的动力。外联系传动链传动比的变化只影响执行机构的运动速度，不影响表面发生线的性质，因此，外联系传动链不要求动力源与执行机构间有严格的传动比关系。例如，在车床上车削外圆柱面时，主轴的旋转和刀架的移动是电动机分别经由两条外传动链传动的，两者之间不要求有严格的传动比关系。

（2）内联系传动链。**执行件与执行件之间的传动联系称为内联系传动链**。内联系传动链的作用是将两个或两个以上的单独运动组成复合的成形运动。内联系传动链所联系执行件之间的相对速度及相对位移量有严格的要求，例如，在车床上用螺纹车刀车螺纹时，为了保证所加工螺纹的导程,主轴(工件)每转一转,车刀必须移动一个导程。联系主轴与刀架之间的传动链是一条有严格传动比要求的内联系传动链。

数控机床各执行件之间的运动关系是由数控系统协调的,在数控机床上一般无内联系传动链。

3. 机床传动原理图

机床传动原理图是用一些简单的图形符号表示动力源与执行件、不同执行件之间的运动和传动关系的图形,用于研究表面成形运动及传动联系。图 3.3 所示为传动原理图的主要图形符号及传动原理图示例。

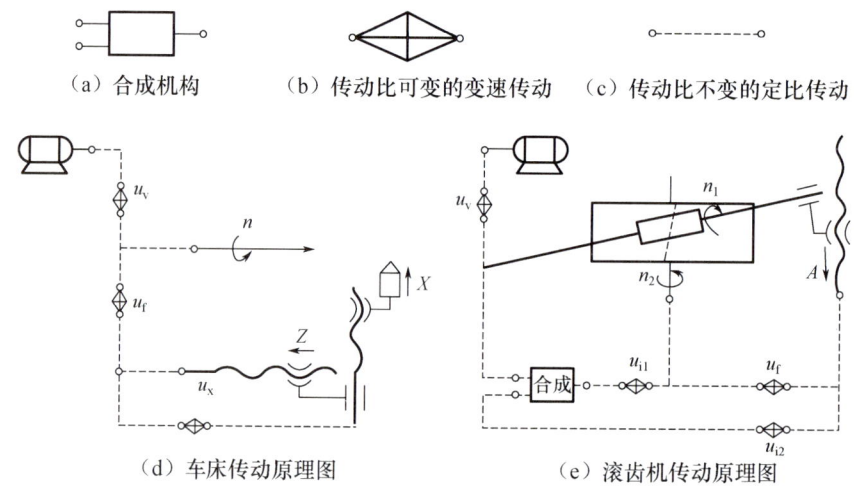

图 3.3　传动原理图的主要图形符号及传动原理图示例

由图 3.3 可知,对机械传动的机床,u_v 表示主运动变速传动机构的传动比,u_f 表示进给运动变速传动机构的传动比,u_i 表示内联系传动系的传动比。在图 3.3(e)所示的滚齿机传动原理图中,内联系 u_{i1} 实现刀具回转 n_1 与工件回转 n_2 组成的展成运动。加工斜齿轮时,内联系 u_{i2} 使刀架垂直移动一个斜齿轮导程,工件附加转动一周。

数控机床通常不设变速机构 u_v 和 u_f,分别由主电动机(可采用变频电动机或交流伺服主电动机)和进给电动机(可采用步进电动机或交流伺服电动机)进行变速。有严格运动关系的内联系传动系统则通过各运动轴之间的联动来实现。因此,数控机床的机械传动比较简单,可以不采用传动原理图描述。

3.2　外圆表面加工

3.2.1　外圆表面的车削加工

1. 加工方法

(1)粗车。车削加工是外圆粗加工最经济有效的方法。粗车的目的是尽快切除多余的材料，使其接近工件的形状和尺寸，因此，提高生产效率是其主要任务。粗车的特点是采用大的背吃刀量、较大的进给量及中等或较低的切削速度，以求提高生产效率。粗车时，车刀应选取较大的主偏角，以减小背向力，防止工件的弯曲变形和振动；还应选取较小的前角、后角和负值的刃倾角，以增强车刀切削部分的强度。粗车后，应留有半精车或精车的加工余量。粗车的尺寸精度可达 IT12～IT11，表面粗糙度可达 $Ra50～Ra12.5\mu m$。对于要求不高的非功能性表面，粗车可作为终加工工序；而对于要求高的表面，粗车可作为后续工序的预加工工序。

（2）半精车。半精车是在粗车的基础上进行的。其背吃刀量和进给量均比粗车时的背吃刀量小，因此可进一步提高外圆表面的尺寸精度、形状精度、位置精度及表面质量。半精车可作为中等精度表面的终加工工序，也可作为高精度外圆表面磨削或其他精加工工序的预加工工序。半精车尺寸精度可达 IT10～IT9，表面粗糙度可达 $Ra10～Ra2.5\mu m$。

（3）精车。精车的主要任务是保证零件所要求的加工精度和加工表面质量。精车外圆表面一般采用较小的背吃刀量与进给量和较高的切削速度（$v_c \geqslant 100m/min$）。在加工大型轴类零件外圆时，则常采用宽刃车刀低速精车。精车时车刀应选用较大的前角、后角和正值的刃倾角，以提高加工表面质量。精车可作为较高精度外圆的终加工工序，也可作为精细加工的预加工工序。精车的加工精度可达 IT8～IT6，表面粗糙度可达 $Ra1.6～Ra0.8\mu m$。

（4）精细车。精细车的特点是背吃刀量和进给量取值极小（$a_p=0.03～0.05mm$，$f=0.02～0.2mm/r$），切削速度 v_c 高（$v_c=150～2000m/min$）。精细车一般采用立方氮化硼、金刚石等超硬材料刀具进行加工。精细车的加工精度及表面粗糙度与普通外圆磨削的大体相同，加工精度可达 IT6 以上，表面粗糙度可达 $Ra1.25～Ra0.02\mu m$。精细车多用于磨削加工性能不好的有色金属工件的精密加工，对于容易堵塞砂轮气孔的铝及铝合金等工件，精细车更为有效。加工大型精密外圆表面时，精细车可以代替磨削加工。

2. 提高外圆表面车削生产效率的途径

车削是轴类、套类和盘类零件外圆表面加工的主要工序，也是这些零件加工耗费工时最多的工序。提高外圆表面车削生产效率的途径主要有以下三种。

（1）采用高速切削。高速切削是通过提高切削速度来提高加工生产效率的。切削速度的提高除要求车床具有高转速，还对刀具材料有要求。硬质合金、立方氮化硼等优质刀具材料的应用为推广高速切削创造了条件。硬质金车刀的切削速度可达 200～250m/min，陶瓷车刀的切削速度可达 500m/min，而人造金刚石和立方氮化硼车刀切削普通钢时的切削速度可达 600～1200m/min。高速切削不但可以提高生产效率，而且可以降低表面粗糙度（可达 $Ra1.25～Ra0.63\mu m$）。

（2）采用强力切削。强力切削是通过增大切削面积来提高生产效率的。其特点是对车刀切削刃进行改革，在刀尖处磨出一段副偏角 $\kappa'_r=0°$、长度为 $(1.2～1.5)f$ 的修光刃，在进给量提高几倍甚至十几倍的条件下进行切削时，表面粗糙度仍能达到 $Ra5～Ra2.5\mu m$。强力切削比高速切削的生产效率高，适用于刚度比较好的轴类零件的粗加工。采用强力切削时，车床加工系统必须具有足够的刚性及功率。

（3）采用多刀加工。多刀加工是通过减少刀架行程长度来提高生产效率的。

3. 车刀的种类和用途

车刀按用途可分为外圆车刀、端面车刀、内孔车刀、切断刀、切槽刀等。常用的车刀如图 3.4 所示。外圆车刀用于加工外圆柱面和外圆锥面,它分为直头外圆车刀和弯头外圆车刀两种。其中弯头外圆车刀通用性较好,可以车削外圆、端面和倒棱。外圆车刀又可分为粗车刀、精车刀和宽刃光刀。与粗车刀相比,精车刀刀尖圆弧半径较大,可获得较小的残留面积,以减小表面粗糙度;宽刃光刀用于低速精车,当外圆车刀的主偏角为 $\kappa_r = 90°$ 时,可用于车削阶梯轴、凸肩、端面及刚度较低的细长轴。外圆车刀按进给方向不同又分为左偏刀和右偏刀。

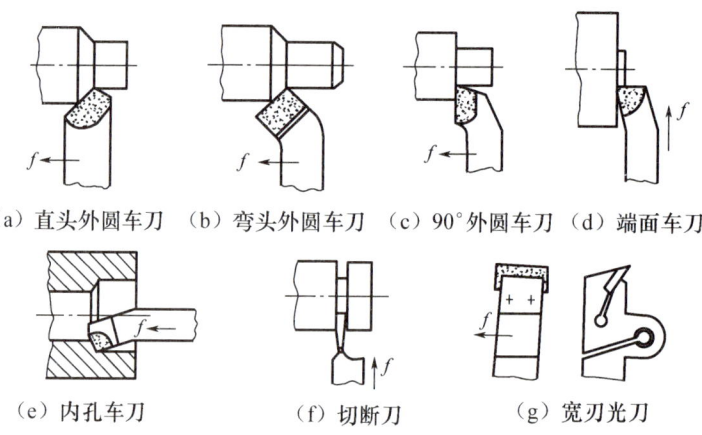

(a)直头外圆车刀　(b)弯头外圆车刀　(c)90°外圆车刀　(d)端面车刀

(e)内孔车刀　　(f)切断刀　　(g)宽刃光刀

图 3.4 常用的车刀

车刀在结构上可分为整体车刀、焊接车刀和机械夹固车刀。

(1)整体车刀[图 3.5(a)]。只有高速钢才能做整体车刀,整体车刀耗用刀具材料较多,一般只用作切槽刀、切断刀使用。

(2)焊接车刀[图 3.5(b)]。焊接车刀是将硬质合金刀片用焊接的方法固定在刀体上,如外圆车刀、内孔车刀、螺纹车刀等。它的优点是结构简单紧凑,刚性和抗振性好、使用灵活、制造方便;缺点是受焊接应力的影响,刀具材料的使用性能有所降低,有的甚至会产生裂纹。焊接车刀刀杆常用中碳钢制造,截面有矩形、方形和圆形三种,普通车床车刀多采用矩形截面,当切削力较大时(尤其是进给抗力较大时),可采用方形截面,圆形截面多用于内孔车刀。

(3)机械夹固车刀。机械夹固车刀简称机夹车刀,根据使用情况不同又可将其分为机夹重磨车刀[图 3.5(c)]和机夹不重磨车刀[图 3.5(d)]。机夹重磨车刀是采用普通硬质合金刀片,用机械夹固的方法将其夹持在刀柄上使用的车刀,切削刃用钝后可以重磨,经适当调整后仍可继续使用。机夹不重磨车刀又称机夹可转位车刀,是采用机械夹固的方法将可转位刀片固定在刀体上。刀片上有多个刀刃,当一个刀刃用钝后无须重磨,只要将刀片转过一个角度即可用新的刀刃继续切削,生产效率高。机夹不重磨车刀的刀片夹固机构应满足夹紧可靠、装卸方便、定位精确等要求。

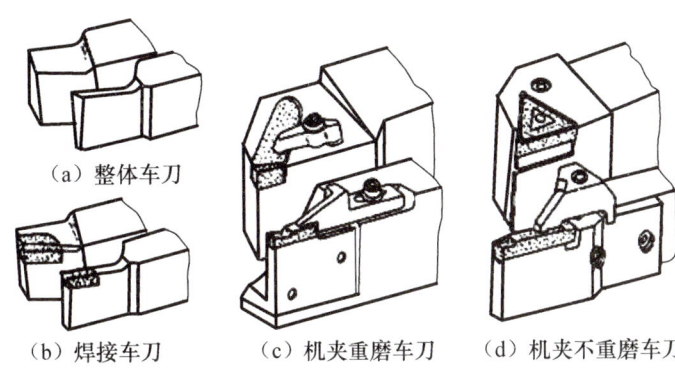

图 3.5　车刀的类型

4. 车床

车床的应用很广泛，**车床主要用于加工各种回转表面、回转体的端面及螺纹面等**，通常由工件旋转完成主运动，由刀具沿平行或垂直于工件旋转轴线移动完成进给运动。与工件旋转轴线平行的进给运动称为纵向进给运动，与工作旋转轴垂直的进给运动称为横向进给运动。车床的种类很多，按用途和结构的不同，主要分为以下几类。

（1）卧式车床。卧式车床的万能性好，加工范围广，是最基本的、应用最广的车床之一。

（2）立式车床。立式车床的主轴竖直安置，工作台面处于水平位置。立式车床主要用于加工径向尺寸大、轴向尺寸较小的大型、重型盘套类及壳体类工件。

（3）转塔车床。转塔车床有一个可装多把刀具的转塔刀架，根据工件的加工要求，预先将所用刀具安装在转塔刀架上并调整好。加工时，通过刀架转位，这些刀具依次工作，转塔刀架的工作行程由可调行程挡块控制。转塔车床主要用于在成批生产中加工内外圆有同轴度要求的较复杂的工件。

（4）自动车床和半自动车床。自动车床调整好后能自动完成预定的工作循环，并能自动重复。半自动车床虽具有自动工作循环，但装卸工件和重新开动机床仍需人工操作。自动车床和半自动车床主要用于在大批量生产中加工形状不太复杂的小型零件。

（5）仿形车床。仿形车床能按样板或样件的轮廓自动车削出形状和尺寸相同的工件。仿形车床主要用于在大批量生产中加工圆锥形、阶梯形及成形回转面的工件。

（6）专门化车床。专门化车床是为某类特定零件的加工而专门设计制造的，如凸轮轴车床、曲轴车床等。

下面以 CA6140 型卧式车床（图 3.6）为例介绍车床的主要部件和传动系统。

CA6140型卧式车床

（1）CA6140 型卧式车床的主要部件及功能。

① 主轴箱。主轴箱安装在床身的左上部，内有主轴部件和主运动变速机构。主轴箱的功能是支承主轴，并将动力经变速机构、传动机构传给主轴，主轴的前端可以安装卡盘或顶尖等以装夹工件，实现主运动。

② 床鞍和刀架。床鞍安装在床身的中部，可沿床身上床鞍导轨做纵向移动。刀架由多层组成，它的功能是装夹刀具，使刀具做纵向进给运动、横向进给运动或斜向进给运动。

③ 尾座。尾座安装在床身右端的尾座导轨上，并可沿此导轨纵向调整位置。尾座的

1—主轴箱；2—刀架；3—尾座；4—床身；5—右床腿；6—溜板箱；7—左床腿；8—进给箱。

图 3.6　CA6140 型卧式车床

功能是安装作定位支撑用的后顶尖，也可安装钻头、铰刀等孔加工刀具进行孔加工。

④ 进给箱。进给箱安装在床身的左前侧，内有进给运动变速装置，用于改变进给量。主轴箱的运动通过挂轮变速机构将运动传给进给箱，进给箱通过光杠或丝杠将运动传给溜板箱和刀架。

⑤ 溜板箱。溜板箱安装在刀架部件底部，并通过光杠或丝杠接受进给箱传来的运动，再将运动传给刀架部件，实现纵向进给运动、横向进给运动或车螺纹运动。溜板箱上装有各种操纵手柄和按钮。

⑥ 床身。床身固定在床腿上。床身上安装着车床的各个主要部件，使它们在工作时保持准确的相对位置。

（2）CA6140 型卧式车床的传动系统。

图 3.7 所示为 CA6140 型卧式车床的传动系统原理框图，它概要地表示了由电动机带动主轴和刀架运动所经过的传动机构和重要元件。

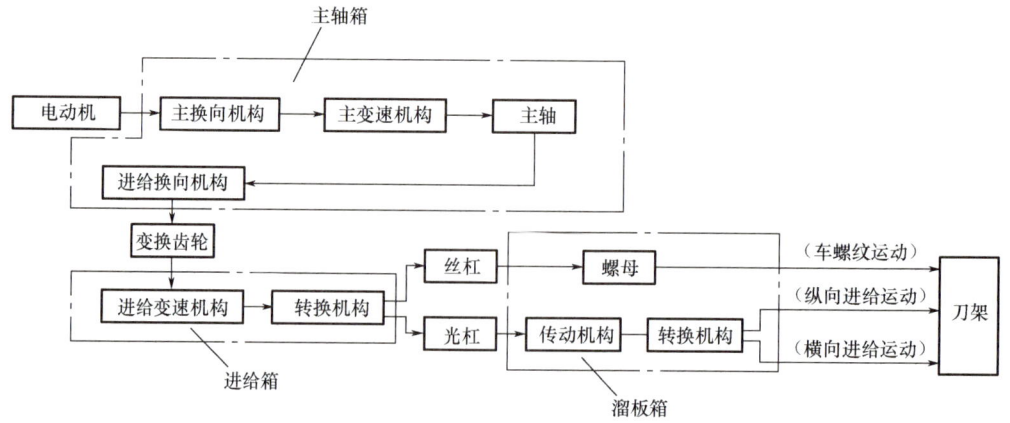

图 3.7　CA6140 型卧式车床的传动系统原理框图

电动机经主换向机构、主变速机构带动主轴转动；进给传动从主轴开始，经进给换向机构、变换齿轮和进给箱内的进给变速机构和转换机构,以及溜板箱中的传动机构和转换机构传至刀架。溜板箱中的转换机构起改变进给方向的作用,使刀架做纵向进给运动、横向进给运动或车螺纹运动。

3.2.2 外圆表面的磨削加工

磨削加工是工件外圆表面精加工的主要方法,某些精密坯料(如精密铸件、精密锻件和精密冷轧件等)可不经车削加工直接进行磨削。

1. 加工方法

(1) 纵向进给外圆磨削。

如图 3.8 所示,砂轮的旋转 n_c 是主运动,工件的低速旋转 n_w 是进给运动,同时工件随工作台沿工件轴向做纵向进给运动 f_f,工件每往复运动一次(或每单行程),砂轮做周期性的横向进给运动 f_r,从而逐渐磨去工件径向的全部磨削余量。在磨削的最后阶段,要做几次无横向进给的光磨行程,以消除由于径向磨削力的作用在机床加工系统中产生的弹性变形,直到磨削火花消失为止。采用纵向进给磨削每次的横向进给量小,磨削力小,散热条件好,磨削精度较高,表面粗糙度较小;但由于工作行程次数多,生产效率较低。这种加工方法适用于在单件、小批量生产中磨削较长的外圆表面。

纵向进给外圆磨削

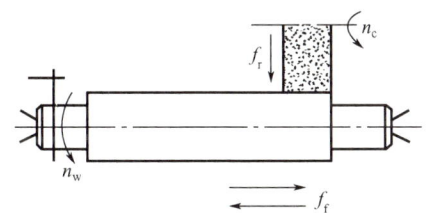

图 3.8 纵向进给外圆磨削

(2) 横向进给外圆磨削。

如图 3.9 所示,外圆磨削时,砂轮宽度要比工件的磨削宽度大,工件无须做纵向进给运动,砂轮的旋转 n_c 是主运动,工件做圆周进给运动 n_w,砂轮相对工件做连续或断续的横向进给运动 f_r,直到磨去全部磨削余量。横向进给外圆磨削的生产效率高,但加工精度低,表面粗糙度较大。这是因为横向进给外圆磨削时工件与砂轮接触面积大,磨削力大,所以必须使用功率大、刚性好的磨床。另外,横向进给外圆磨削发热量大,磨削温度高,工件易发生变形和烧伤。这种加工方法适用于在大批量生产中加工刚性较好、精度较低、长度较短的工件外圆表面。如将砂轮修整成一定形状,还可以磨削成形表面。

在端面外圆磨床上,倾斜安装的砂轮做斜向进给运动 f,在一次安装中可同时磨出工件的端面和外圆,如图 3.10 所示。这种加工方法生产效率高,适用于在大批量生产中磨削轴颈对相邻轴肩有垂直度要求的轴、套类工件。

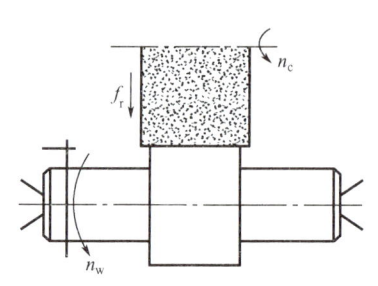 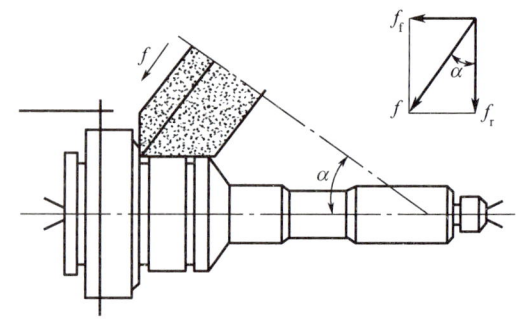

图 3.9 横向进给外圆磨削　　　　图 3.10 同时磨削端面和外圆

（3）无心外圆磨削。

无心外圆磨削时，工件放在砂轮与导轮之间的托板上，不用中心孔支承，如图 3.11 所示。导轮是用摩擦系数较大的橡胶结合剂制作的磨粒较粗的砂轮，其转速很低（20～80m/min），一般为砂轮转速的 1/80～1/70，靠摩擦力带动工件旋转。无心外圆磨削时，砂轮和工件的轴线总是水平放置的，而导轮的轴线通常要在垂直平面内倾斜一个角度 α（$\alpha=1°\sim6°$），其目的是使工件获得一定的轴向进给速度 v_f。

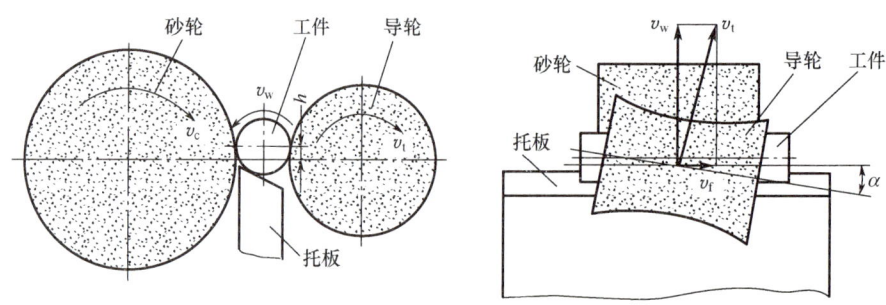

图 3.11 无心外圆磨削

无心外圆磨削的生产效率高，容易实现工艺过程的自动化；但其所能加工的零件具有一定的局限性，不能磨削带长键槽和平面的圆柱表面，也不能用于磨削同轴度要求较高的阶梯轴外圆表面。

（4）砂带磨削。

根据工件形状和加工要求以相应的接触方式利用砂带对工件进行加工的方法称为砂带磨削，如图 3.12 所示。它是近年来发展起来的一种新型高效的加工方法。

砂带所用的磨料大多是精选出来的针状磨粒，应用静电植砂工艺，使磨粒均直立于砂带基体且锋刃向上，定向整齐均匀排列，因而磨粒具有良好的等高性，磨粒间容屑空间大，磨粒与工件接触面积小，可使全部磨粒参加切削。

砂带磨削生产效率高，磨削热少，散热条件好。砂带磨削的工件，其表面加工硬化程度和残余应力均大大低于砂轮磨削。砂带磨削多在砂带磨床上进行，也可在卧式车床、立式车床上利用砂带磨头或砂带轮磨头进行，适用于加工大、中型尺寸的外圆、内圆和平面。

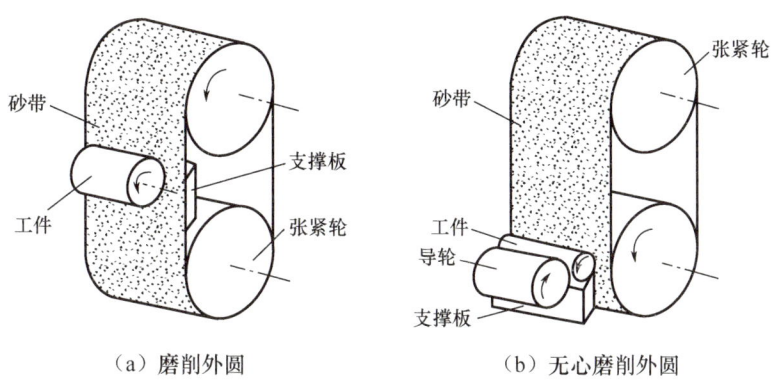

(a)磨削外圆　　　　　　(b)无心磨削外圆

图 3.12　砂带磨削

2. 外圆磨削的尺寸控制

外圆磨削的主要特点之一是砂轮具有自锐作用。当磨粒的锋刃磨钝后，作用在磨粒上的力增大，磨粒被压碎，形成新的锋刃，或者整颗磨粒脱落而露出新的磨粒锋刃来工作。砂轮的自锐作用可以使磨粒始终保持锋利状态，但它会使砂轮的径向磨损加剧，以至于外圆磨削一般不能用预先确定砂轮径向进给量的方法来保证工件的直径尺寸。为保证外圆磨削的尺寸精度，需要根据工件在磨削过程中的实际尺寸变化来控制砂轮的径向进给量。在实际生产中通常采用在外圆磨削过程中对工件进行主动测量的方法来控制工件的尺寸。

3. 外圆磨削的工艺特点及应用范围

（1）磨粒硬度高。外圆磨削能加工一般金属切削刀具所不能加工的工件表面，如带有不均匀铸、锻硬皮的工件表面及淬硬表面等。

（2）外圆磨削能切除极薄极细的切屑，修正误差的能力强，加工精度高（IT6～IT5），表面粗糙度小（可达 $Ra0.1\mu m$）。其原因有如下两点。

① 磨粒的刃口圆角半径 r_n 小。切削刃锋利，磨粒能从工件表面上切除极薄的切屑。

② 磨粒在砂轮上随机分布，同时参加磨削的磨粒数多，磨痕轨迹纵横交错，容易磨出表面粗糙度小的光洁表面。

（3）由于磨粒切除金属材料为大负前角切削，而且磨削速度高（可达 30～90m/s），因此磨削区的瞬时温度极高，有时甚至高达使表面金属熔化的程度。

（4）由于大负前角磨粒在切除金属过程中消耗的摩擦功大，而且磨屑细小，因此外圆磨削切除单位体积金属所消耗的能量要比车削消耗的能量大得多。

综上分析可知，外圆磨削适用于磨削淬火钢、工具钢及硬质合金等硬度很高的材料，也适用于磨削带有不均匀铸、锻硬皮的工件。但它不适用于加工塑性较大的有色金属材料（如铜、铝及其合金），因为这类材料在磨削过程中容易堵塞砂轮，使其失去切削作用。外圆磨削既广泛用于单件、小批量生产，也广泛用于大批量生产。

4. 外圆表面的光整加工

外圆表面的光整加工是精加工后，从工件表面上不切除或切除极薄金属层，用以提高加工表面的尺寸精度和形状精度、减小表面粗糙度或用以强化表面的加工方法。

（1）研磨。研磨是在研具与工件之间加入研磨剂来对工件表面进行光整加工的方法。研磨时，工件和研具之间的相对运动较复杂，研磨剂中的每颗磨粒一般不会在工件表面上重复自己的运动轨迹。**研磨具有较强的对误差与缺陷的修正能力，能提高加工表面的尺寸精度、形状精度和减小表面粗糙度。**

研具是用于涂敷或嵌入磨料并使磨粒发挥切削作用的工具。研具材料硬度一般比工件硬度低，而且硬度一致性好，组织均匀，无杂质、异物、裂纹和缺陷。其结构合理，具有较高的几何精度，并且耐磨性和散热性好。最常用的研具材料是硬度为 120～160HBW 的铸铁，它适用于加工各种工件材料，而且制造容易，成本低；也可用低碳钢、黄铜、青铜、巴氏合金等材料制造研具。

研磨剂由磨料、研磨液和表面活性物质等混合而成。磨料主要起切削作用，具有较高的硬度，常用的磨料有刚玉、碳化硅、金刚石、软磨料（如氧化铁、氧化铬）等。研磨液主要起润滑和冷却作用，并使磨料均匀分布在研具表面上，常用的研磨液有煤油、汽油、机油、植物油等。表面活性物质附着在工件表面，使其生成一层相当薄的、易于切除的软化膜，常用的表面活性物质有油酸、硬脂酸等。

研磨分手工研磨和机械研磨两种。手工研磨是手持研具进行研磨。研磨外圆时，可将工件装夹在车床卡盘上或顶尖上，使其做低速旋转运动，研具套在工件上，用手推动研具做往复运动。机械研磨在研磨机上进行。图 3.13（a）所示为在研磨机上研磨外圆的装置简图，上、下两个研磨盘之间有工件隔离盘，工件放在工件隔离盘的槽中。研磨时上研磨盘不动，下研磨盘转动。工件隔离盘由偏心轴带动，与下研磨盘同向转动。偏心距 e 可根据需要调节。研磨时，工件一面滚动，一面在工件隔离盘槽中轴向滑动，磨粒在工件表面磨出复杂的痕迹。上研磨盘的位置可轴向调整，使工件获得所要求的研磨压力。工件轴线与工件隔离盘半径方向偏斜一角度 $\gamma(\gamma=6°\sim15°)$，使工件产生轴向运动，如图 3.13（b）所示。

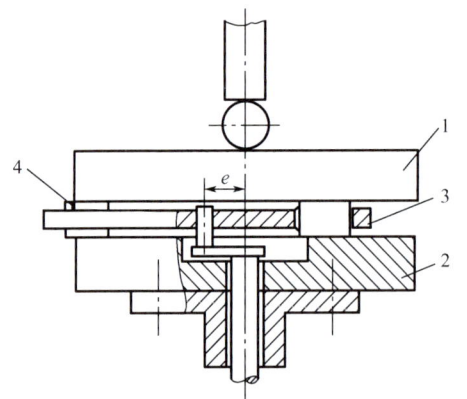
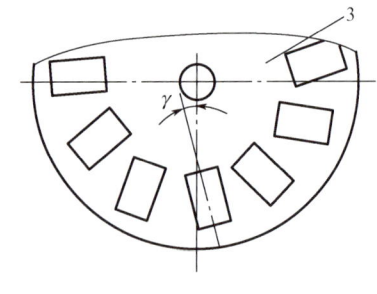

（a）在研磨机上研磨外圆的装置简图　　（b）工件轴线与工件研磨盘偏斜的角度

1—上研磨盘；2—下研磨盘；3—工件隔离盘；4—工件。

图 3.13　机械研磨外圆

研磨前工件加工表面要进行良好的精加工，研磨余量一般为 0.1～0.03mm。

研磨的设备比较简单、成本低、容易保证加工质量。研磨可加工钢、铸铁、硬质合金、光学玻璃、陶瓷等多种材料。如果加工条件控制得好，研磨外圆可获得很高的尺寸精度（IT6～IT4）、极小的表面粗糙度（$Ra0.1$～$Ra0.008\mu m$）和较高的形状精度（圆度误差为 0.003～0.001mm）。但研磨不能提高位置精度，生产效率较低。

（2）超精加工。超精加工是用细粒度的磨条或砂带进行微量磨削的一种光整加工方法，其加工原理如图 3.14 所示。超精加工时，工件做低速旋转（0.03～0.33m/s），磨具以恒定压力（0.05～0.3MPa）压向工件表面，在磨具沿工件轴向进给的同时，磨具做轴向低频振动（振动频率为 8～30Hz，振幅为 1～6mm）。超精加工是在加注大量冷却润滑液的条件下进行的，磨具与工件表面接触时，最初仅仅碰到前面工序留下的凸峰，这时单位压力大，切削能力强，凸峰很快被磨掉。冷却润滑液的作用主要是冲洗切屑和脱落的磨粒，使切削能正常进行。当被加工表面逐渐呈光滑状态时，磨具与工件表面之间的接触面不断增大，压强不断下降，切削作用减弱。最后，冷却润滑液在工件表面与磨具间形成连续的油膜，切削作用自动停止。超精加工的加工余量很小（一般为 5～8μm），适用于加工发动机曲轴、轧辊、滚动轴承套圈等。

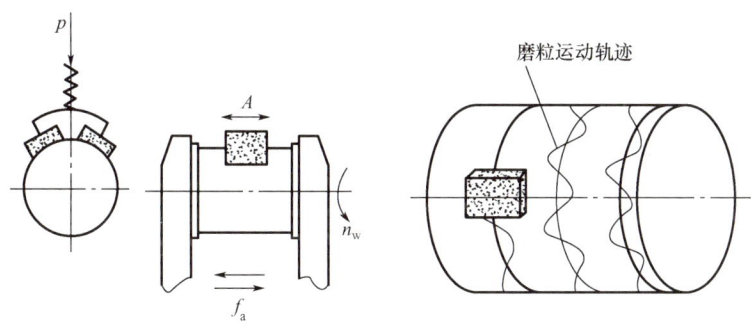

图 3.14 超精加工的加工原理

超精加工的工艺特点是：设备简单，自动化程度较高，操作简便，生产效率高。超精加工能减小工件的表面粗糙度（$Ra0.1$～$Ra0.012\mu m$），但不能提高尺寸精度、形状精度和位置精度，工件精度由前面工序保证。

3.3 孔 加 工

切削加工中，孔的加工量约占整个金属切削加工总量的 40%，与外圆表面加工相比，孔加工的条件要差得多，加工孔要比加工外圆困难，原因如下。

（1）孔加工所用刀具的尺寸受被加工孔尺寸的限制，刚性差，容易产生弯曲变形和振动。

（2）用定尺寸刀具加工孔时，孔加工的尺寸直接取决于刀具的相应尺寸，刀具的制造误差和磨损将直接影响孔的加工精度。

（3）加工孔时，切削区在工件内部，排屑及散热条件差，加工精度和表面质量都不易控制。

孔的加工方法较多，常见的有钻孔、扩孔、铰孔、镗孔、拉孔、磨孔、珩磨孔等。下面分别讨论常见的孔的加工方法。

3.3.1 钻孔、扩孔与铰孔

钻削加工

钻孔及钻头

1. 钻孔

钻孔是在实心材料上加工孔的工艺方法，钻孔属于粗加工。钻孔的加工精度为 IT13～IT11，表面粗糙度为 $Ra50\sim Ra12.5\mu m$，多用于扩孔、铰孔前的预加工，或加工螺纹底孔和油孔，也可用于精度要求不高的孔的终加工。钻孔直径一般小于 80mm。钻孔加工有两种方式：一种是钻头旋转并进给，如在钻床、镗床上钻孔 [图 3.15（a）]；另一种是工件旋转，钻头进给，如在车床上钻孔 [图 3.15（b）]。上述两种钻孔方式产生的误差是不同的。在钻头旋转的钻孔方式中，由于切削刃不对称和钻头刚性不足，钻头引偏时被加工孔的中心线会发生偏斜或不直，但孔径尺寸基本不变；而在工件旋转的钻孔方式中，结果则相反，钻头引偏会引起孔径尺寸变化，而孔的中心线仍是直的。

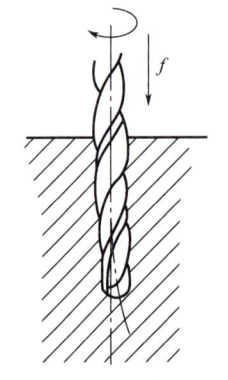
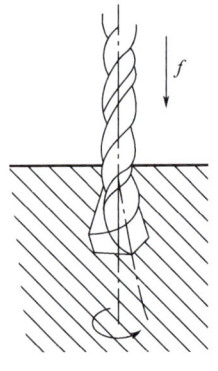

（a）在钻床、镗床上钻孔　　（b）在车床上钻孔

图 3.15　两种钻孔方式

常用的钻孔刀具有麻花钻、中心钻、深孔钻等。其中最常用的是麻花钻，其直径规格为 $\phi 0.1\sim\phi 80$mm。中心钻用于轴类零件两端钻中心孔。深孔钻专门用于加工深孔，深孔是指孔深与孔径之比大于 6 的孔。

标准麻花钻的结构如图 3.16 所示。柄部是钻头的夹持部分，并用来传递转矩；钻头柄部有锥柄与直柄两种。锥柄用于大直径钻头，直柄用于小直径钻头。颈部在制造钻头时作为磨削柄部的砂轮越程槽，也是钻头打标记的地方。为制造方便，直柄麻花钻一般不设颈部。麻花钻的工作部分包括切削部分和导向部分，切削部分担负着主要的切削工作。标准麻花钻的切削部分有两条主切削刃、两条副切削刃和一条横刃，如图 3.17 所示。螺旋槽表面为钻头的前刀面，主切削刃切下来的切屑沿着螺旋槽表面向外排出。切削部分顶端的螺旋面为主后刀面,刃带为副后刀面,横刃是两主后刀面的交线,呈对称分布的两条主切削刃和两条副切削刃可以视为一正一反安装的两把外圆车刀,如图 3.17 中虚线部分所示。导向部分在钻削过程中起保持钻削方向、修光孔壁的作用。导向部分有两条对称的螺旋槽和刃带。螺旋槽用来形成切削刃和前角,并起排屑和输送切削液的作用。刃带起导向和修光孔壁的作用,刃带有很小的倒锥。由切削部分到柄部每 100mm 长度上直径减小 0.03~0.12mm,这样可以减小钻头与孔壁的摩擦。

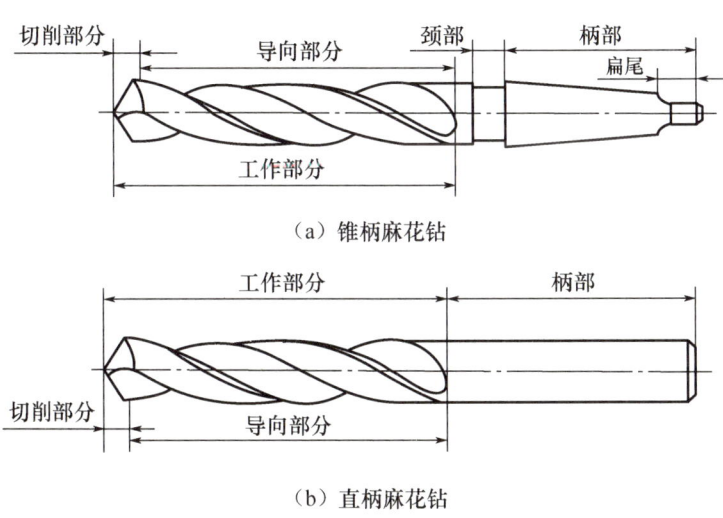

图 3.16 标准麻花钻的结构

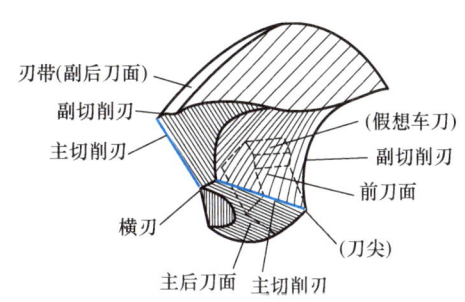

图 3.17 标准麻花钻的切削部分

麻花钻的主要几何角度有顶角 2ϕ、前角 γ_o、后角 α_f、主偏角 κ_r、横刃斜角 ψ 和螺旋角 β,如图 3.18 所示。

(1) 顶角 2ϕ 是两条主切削刃在与其平行的平面 $M-M$ 上投影的夹角。加工钢料和铸铁的钻头顶角通常取 $118°±2°$。

(2) 前角 γ_o 是在 $O-O$ 断面(正交断面 P_o)内测量的。由于麻花钻的前刀面是螺旋面,因此沿主切削刃上各点的前角是不同的(在 $-30°$~$30°$ 之间)。从钻头外缘到钻心,前角逐渐减小。

(3) 后角 α_f 是在轴向断面 $F-F$ 内测量的。后角 α_f 沿主切削刃也是变化的,从钻头外缘到

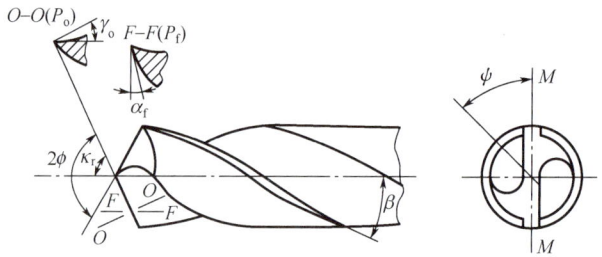

图 3.18 麻花钻的主要几何角度

钻心,后角 α_f 逐渐增大。麻花钻外缘处的后角通常取 $8°\sim10°$,横刃处的后角通常取 $20°\sim25°$。

(4) 主偏角 κ_r 是主切削刃选定点的切线在基面投影与进给方向的夹角。麻花钻的基面是通过主切削刃选定点包含钻头轴线的平面。由于钻头主切削刃不通过轴心线,因此主切削刃上各点基面不同,各点的主偏角也不同。当磨出顶角后,各点主偏角也随之确定(主偏角和顶角是两个不同的概念)。

(5) 横刃斜角 ψ 是主切削刃与横刃在垂直于钻头轴线的平面上投影的夹角。横刃斜角是刃磨后角时自然形成的,一般为 $50°\sim55°$。后角越大,横刃斜角越小,横刃越长,钻削时轴向抗力越大。

(6) 螺旋角 β 是钻头螺旋槽上最外缘的螺旋线展开成直线后与钻头轴线的夹角。螺旋角越大,钻削越容易;但螺旋角过大会削弱切削刃的强度,使散热条件变差。标准麻花钻的螺旋角通常取 $25°\sim32°$。

为提高钻孔的精度和生产效率,可以将标准麻花钻按特定方式修磨成群钻,图 3.19 所示为基本型群钻。群钻是我国倪志福在生产实践中创造的一种钻头。倪志福 17 岁时当

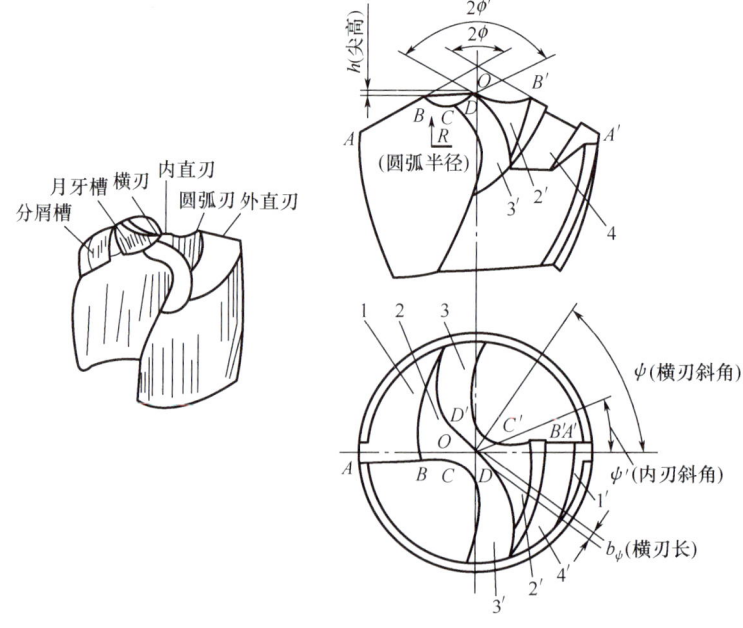

图 3.19 基本型群钻

学徒工，20 岁时在国营 618 厂（北京永定机械厂）当钳工，其间发明了三尖七刃麻花钻，后来被大家称为"倪志福钻头"，这种钻头具有生产效率高、寿命长、加工精度高的特点。2001 年 12 月，经倪志福再次改进创新，多尖多刃群钻获得了国家实用新型专利。

倪志福

2. 扩孔

扩孔是用扩孔钻对已经钻出、铸出或锻出的孔做进一步加工，以扩大孔径并提高孔的加工质量，如图 3.20（a）所示。扩孔加工既可以作为铰孔等精加工孔前的预加工，也可以作为要求不高的孔的终加工。扩孔钻与麻花钻相似，但刀齿数较多，没有横刃，扩孔钻的结构及切削部分如图 3.20（b）和图 3.20（c）所示。

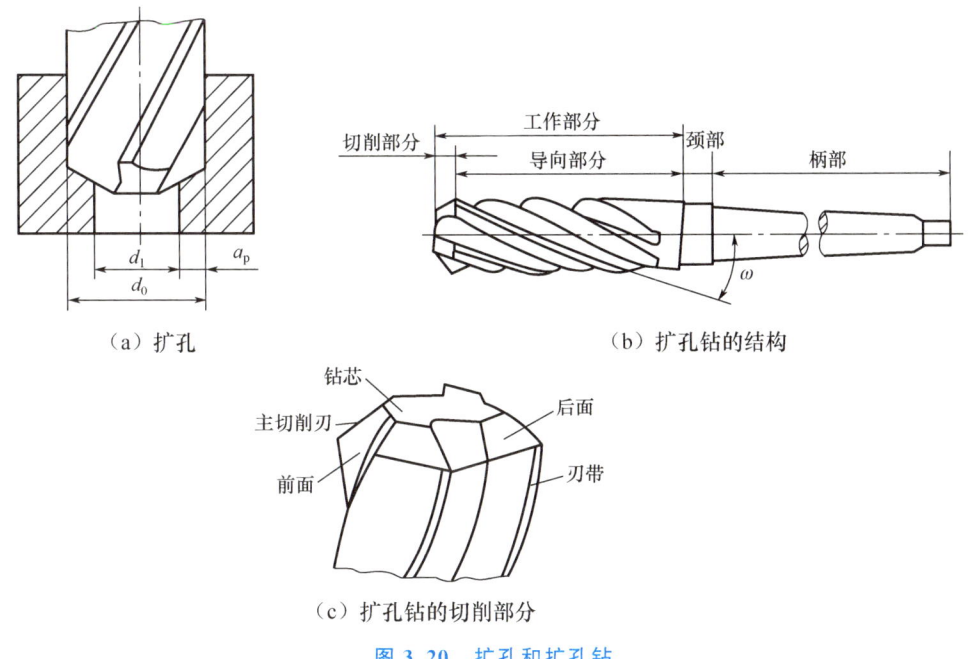

图 3.20 扩孔和扩孔钻

与钻孔相比，扩孔具有如下特点。

（1）扩孔钻容屑槽较小，刀齿数多（3～8 个），加工时导向性好，切削比较平稳。

（2）扩孔钻没有横刃，避免了由于横刃引起的一些不良影响，切削条件比麻花钻好。

（3）扩孔时切削宽度较小，加工余量小，容屑槽可以做得浅些，钻芯可以做得粗些，工作部分（刀体）强度和刚性较好。

扩孔的加工精度一般为 IT11～IT10，表面粗糙度为 $Ra12.5$～$Ra6.3\mu m$。扩孔常用于直径小于 $\phi100mm$ 孔的加工。在钻直径较大的孔时（$D \geqslant \phi30mm$），常先用小钻头（直径为孔径的 0.5～0.7）预钻孔，然后用相应尺寸的扩孔钻扩孔，这样可以提高孔的加工质量和生产效率。

扩孔除了可以加工圆柱孔，还可以用各种特殊形状的扩孔钻（通常称锪钻）来加工各种沉头座孔、锥面和锪平端面，如图 3.21 所示。锪钻的前端常带有导向柱，起定心和导向作用。

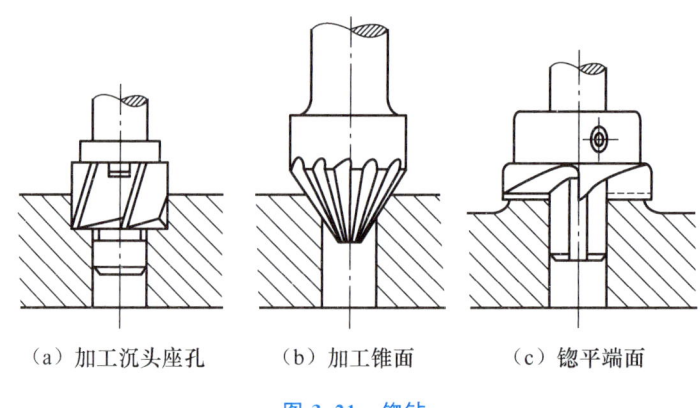

(a)加工沉头座孔　　(b)加工锥面　　(c)锪平端面

图 3.21　锪钻

3. 铰孔

铰孔是使用铰刀从工件孔壁切除微量金属层以提高工件尺寸精度和降低表面粗糙度的方法。铰孔是孔的精加工方法之一，在生产中应用很广。对于直径较小的孔，相对于内圆磨削及精镗而言，铰孔是一种较为经济实用的加工方法。铰孔有手铰和机铰两种方式：用手工进行的铰削称为手铰，在机床上进行的铰削称为机铰。

(1)铰刀。铰刀分为手用铰刀和机用铰刀两种。手用铰刀的柄部多为直柄，铰削直径范围为 $\phi1\sim\phi50\mathrm{mm}$。手用铰刀的工作部分较长，导向作用较好，可以防止手工铰孔时铰刀歪斜。手用铰刀又分为整体式手用铰刀［图 3.22（a）］和外径可调整式手用铰刀［图 3.22（b）］两种。机用铰刀又分为带柄机用铰刀［图 3.22（c）］和套式机用铰刀［图 3.22（d）］。铰刀不仅可加工圆形孔，也可用锥度机用铰刀［图 3.20（e）］加工锥孔。机用铰刀多为锥柄，铰削直径范围为 $\phi10\sim\phi80\mathrm{mm}$。机用铰刀可安装在钻床、车床、铣床和镗床上铰孔。

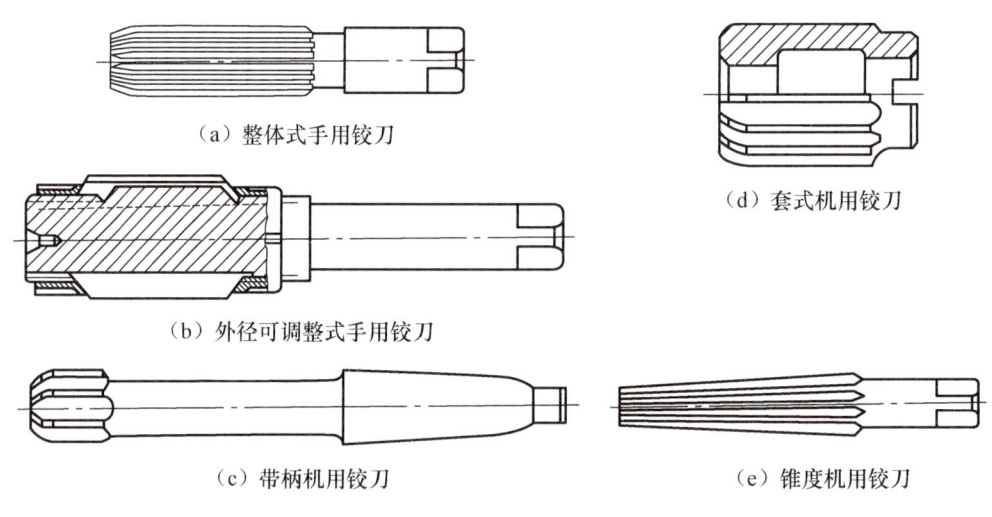

(a)整体式手用铰刀

(d)套式机用铰刀

(b)外径可调整式手用铰刀

(c)带柄机用铰刀　　(e)锥度机用铰刀

图 3.22　铰刀

铰刀由工作部分、颈部及柄部组成，如图 3.23 所示。工作部分又分为引导锥、切削部分与校准部分。引导锥是铰刀工作部分最前端的 45°倒角部分，在铰削开始时将铰刀引导入孔，并起保护切削刃的作用。切削部分呈锥形，担负主要的切削工作。铰刀切削部分的切削锥角 $2\kappa_r$ 决定切屑形状及各切削分力的比值，并影响铰刀寿命和孔的表面粗糙度。κ_r 值过大，切削部分短，铰刀的定心精度低，还会增大轴向力；κ_r 值过小，切削宽度增宽，不利于排屑。对于机用铰刀，切入时的导向由机床和夹具保证，切削锥角 κ_r 可取大些。加工钢材和其他塑性材料时取 $\kappa_r=15°$；加工铸铁等脆性材料时取 $\kappa_r=3°\sim5°$；粗铰（因切削厚度较大）和铰盲孔时（为了增加孔的有效长度）取 $\kappa_r=45°$。对于手用铰刀，取 $\kappa_r=0.5°\sim1.5°$（为了减小轴向力和减轻劳动强度）；对于硬质合金铰刀取 $\kappa_r=30°\sim45°$。铰刀校准（修光）部分用于矫正孔径、修光孔壁和导向，其后部具有很小的倒锥，用来减少与孔壁之间的摩擦和防止铰削后孔径扩大。

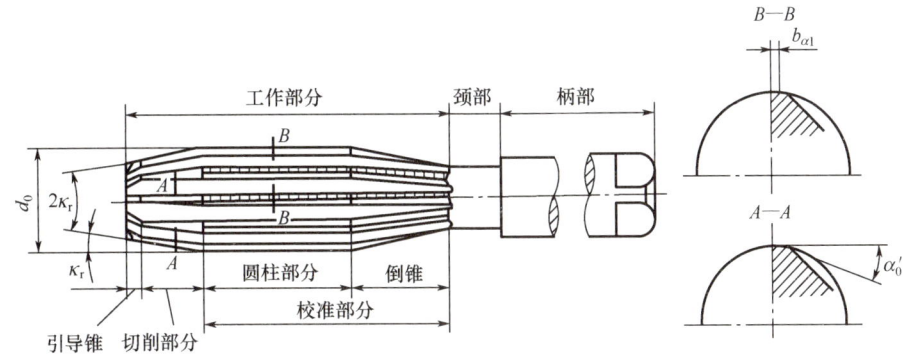

图 3.23 铰刀的结构

铰刀有 6～12 个刀齿，刃带与刀齿数相同，切削槽浅，刀芯粗壮。因此，铰刀的刚度和导向性比扩孔钻要好得多。

（2）铰孔的工艺特点及应用范围。铰孔余量对铰孔质量的影响很大。余量太大，铰刀的负荷大，切削刃很快磨钝，不易获得光洁的加工表面，尺寸公差也不易保证；余量太小，前面工序留下的刀痕不能去掉，也就不能达到改善孔加工质量的目的。一般粗铰余量取 0.15～0.35mm，精铰余量取 0.05～0.15mm。

铰孔的切削速度较低，产生的切削热较少，工件的受力变形和受热变形较小，低速切削还可以避免产生积屑瘤，所以铰孔质量比较高。

铰孔时必须用适当的切削液进行冷却、润滑和清洗，以减少切屑在铰刀和孔壁上的黏附。

与磨孔和镗孔相比，铰孔生产效率高，容易保证孔的加工精度；但铰孔不能校正孔轴线的位置误差，孔的位置精度应由前面工序保证。铰孔也不宜加工阶梯孔和盲孔。

铰孔尺寸精度一般为 IT9～IT7（手铰时可达 IT6），表面粗糙度为 $Ra3.2\sim Ra0.8\mu m$。对于中等尺寸、精度要求较高的孔（如 IT7 级精度孔），钻—扩—铰工艺是生产中常用的典型加工方案。

3.3.2 镗孔

镗孔是在预制孔上用镗刀使之扩大，镗孔是最常见的孔加工的方式之一。对于直径较大、尺寸精度和位置精度要求较高的孔和孔系，镗削几乎是唯一合适的加工方法。镗孔既可以在镗床上进行，也可以在车床上进行。

1. 镗孔方式

镗孔有三种不同的加工方式，具体如下。

（1）工件旋转、刀具进给的镗孔方式（图 3.24）。在车床上镗孔一般采用这种镗孔方式。车床镗孔是工件旋转、镗刀移动，孔径大小由镗刀的背吃刀量和走刀次数予以控制。这种镗孔方式的工艺特点是：加工后孔的轴心线与工件的回转轴线一致，孔的圆度主要取决于机床主轴的回转精度，孔的轴向几何形状误差主要取决于刀具进给方向相对于工件回转轴线的位置精度。这种镗孔方式适用于加工与外圆表面有同轴度要求的孔。

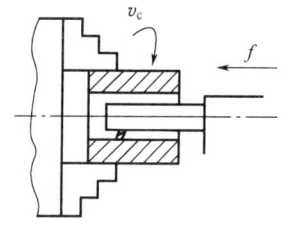 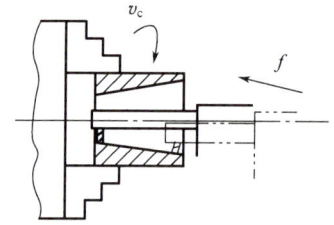

（a）刀具进给方向与工件回转轴线平行　　（b）刀具进给方向与工件回转轴线不平行

图 3.24　工件旋转、刀具进给的镗孔方式

（2）刀具既旋转又进给的镗孔方式（图 3.25）。这种镗孔方式在镗床上进行，镗床主轴带动镗杆旋转，并做纵向进给运动，镗杆的悬伸长度是变化的，镗杆的受力变形也是变化的，镗杆的变形会使工件孔产生纵向形状误差，靠近主轴箱处的孔径大，远离主轴箱处的孔径小。此外，镗杆的悬伸长度由 L 增大到 L'，主轴因自重引起的弯曲变形也增大，被加工孔轴线将产生相应的弯曲。这种镗孔方式一般用来镗削短孔。

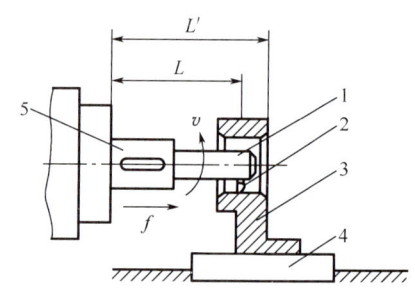

1—镗杆；2—镗刀；3—工件；4—工件台；5—主轴。
图 3.25　刀具既旋转又进给的镗孔方式

（3）刀具旋转、工件进给的镗孔方式（图 3.26）。图 3.26（a）所示为在镗床上镗孔，镗床主轴带动镗刀旋转，工作台带动工件做进给运动。镗杆的悬伸长度 L 是不变的，镗杆变形对孔的轴向形状精度无影响；但工作台进给方向的偏斜会使孔中心线产生位置误差。镗深孔或镗离主轴端面较远的孔时，为提高镗杆刚度和镗孔质量，镗杆由主轴前端锥孔和镗床后立柱上的尾架孔支承。图 3.26（b）所示为用专用镗模镗孔，镗杆与机床主轴采用浮动联接，镗杆支承在镗模的两个导向套中，刚性较好。当工件随同镗模一起向右做进给运动时，镗刀离左支承套的距离由 L 变为 L'；若用普通镗刀来镗孔，则镗杆的变形会使工件孔产生纵向形状误差；若改用双刃浮动镗刀镗孔，因两切削刃的背向力可以相互抵消，故可以避免产生上述纵向形状误差。采用这种镗孔方式，进给方向相对主轴轴线的平行度误差对所加工孔的位置精度无影响，此项精度由镗模精度直接保证。

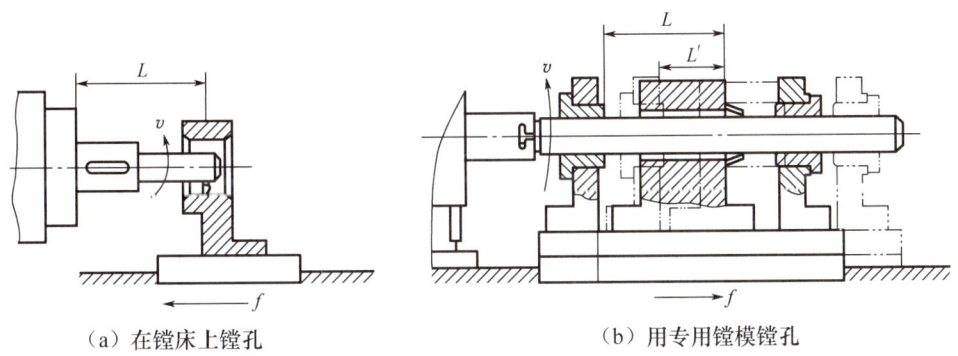

(a) 在镗床上镗孔　　　　　(b) 用专用镗模镗孔

图 3.26　刀具旋转、工件进给的镗孔方式

2. 金刚镗

金刚镗的特点是背吃刀量小、进给量小、切削速度高，可以获得很高的加工精度（IT7～IT6）和很光洁的表面（$Ra0.4～Ra0.05\mu m$）。金刚镗最初用金刚石镗刀加工，现在普遍采用硬质合金镗刀、立方氮化硼镗刀或人造金刚石镗刀加工。金刚镗主要用于加工有色金属工件，也可用于加工铸铁件和钢件。金刚镗生产效率高，在大批量生产中被广泛用于精密孔的终加工，如发动机气缸孔、活塞销孔、机床主轴箱上的主轴孔等。但须注意的是，用金刚镗加工钢铁材料制品时，只能使用硬质合金或立方氮化硼制作的镗刀，不能使用金刚石制作的镗刀，这是因为金刚石中的碳原子与铁族元素的亲和力大，会降低刀具寿命。

3. 镗刀

镗刀是指在镗床上用以镗孔的刀具。按结构不同，镗刀可分为单刃镗刀、双刃镗刀和多刃镗刀。

(1) 单刃镗刀。单刃镗刀只有一个主切削刃在单方向进行切削，结构简单，制造方便，通用性大，用一把镗刀可以加工不同直径的孔。图 3.27(a)所示为镗不通孔用的单刃镗刀，图 3.27(b)所示为镗通孔用的单刃镗刀。大多数单刃镗刀均制成图中所示的可调结构，调节螺钉用于调整尺寸，紧固螺钉起锁紧作用。车床上用的单刃镗刀常把镗刀头和镗杆制成一体。镗杆的截面（圆形或方形）尺寸和长度取决于孔的直径和长度，可参考有关工具书或技术标准选取。

(2) 双刃镗刀。双刃镗刀的两个刀刃在两个对称方向同时切削，故可消除由径向力对镗杆的作用而造成的加工误差。用双刃镗刀切削时，工件孔径的尺寸精度是由镗刀尺寸来保证的。双刃镗刀的结构比单刃镗刀复杂，镗刀片和镗杆制造较困难，但生产效率较高，

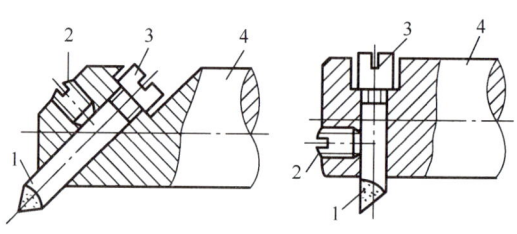

(a) 镗不通孔用的单刃镗刀　　(b) 镗通孔用的单刃镗刀

1—刀头；2—紧固螺钉；3—调节螺钉；4—镗杆。

图 3.27　单刃镗刀

所以它适用于加工精度要求较高、生产批量大的场合。

双刃镗刀分为固定式镗刀和浮动式镗刀两种。固定式镗刀及其安装如图 3.28 所示。镗刀块可镶焊硬质合金刀片或由高速钢整体制造。这种镗刀受镗刀块安装精度和结构尺寸的限制，只适用于粗镗、半精镗直径大于 40mm 的孔。

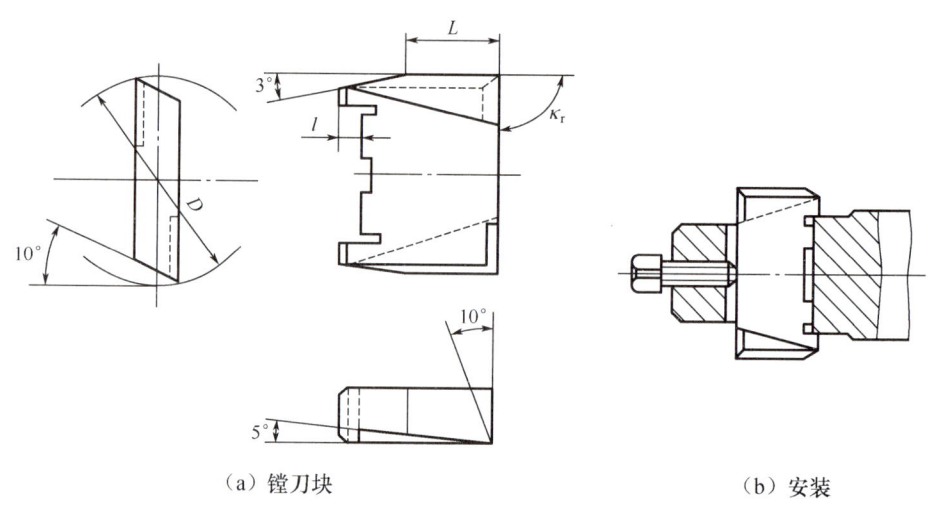

(a) 镗刀块　　　　　　　　　　　(b) 安装

图 3.28　固定式镗刀及其安装

目前双刃镗刀大多采用浮动结构，图 3.29 所示为装配式浮动镗刀及其使用。其镗刀块以间隙配合装入镗杆的方孔中，无须夹紧，而是靠切削时作用于两侧切削刃上的切削力来保持平衡定位，因而能自动补偿由于镗刀块安装误差和镗杆径向圆跳动所产生的加工误差。用该镗刀加工出的孔径公差等级可达 IT7～IT6，表面粗糙度可达 $Ra1.6$～$Ra0.4\mu m$。镗刀块在镗杆中浮动所带来的缺点是无法纠正孔的直线度误差和相互位置误差。

（3）多刃镗刀。在大批量生产中，尤其是加工刀具磨耗量较小的有色金属时，常采用多刃镗刀，即在一个镗杆和一个刀头上安排多个径向尺寸和轴向尺寸加工的镗刀片。尽管多刃镗刀制造和重磨比较麻烦，但从总的加工效益来说，还是有优越性的。

为了提高镗孔的加工精度和生产效率，以及避免上述多刃镗刀重磨时的麻烦，可在镗孔时采用多刃组合镗刀，即在一个刀体或刀杆上设置两个或两个以上的刀头，每个刀头都可单独调整。两个以上切削刃同时工作的镗刀即为多刃组合镗刀。图 3.30(a) 所示为用于

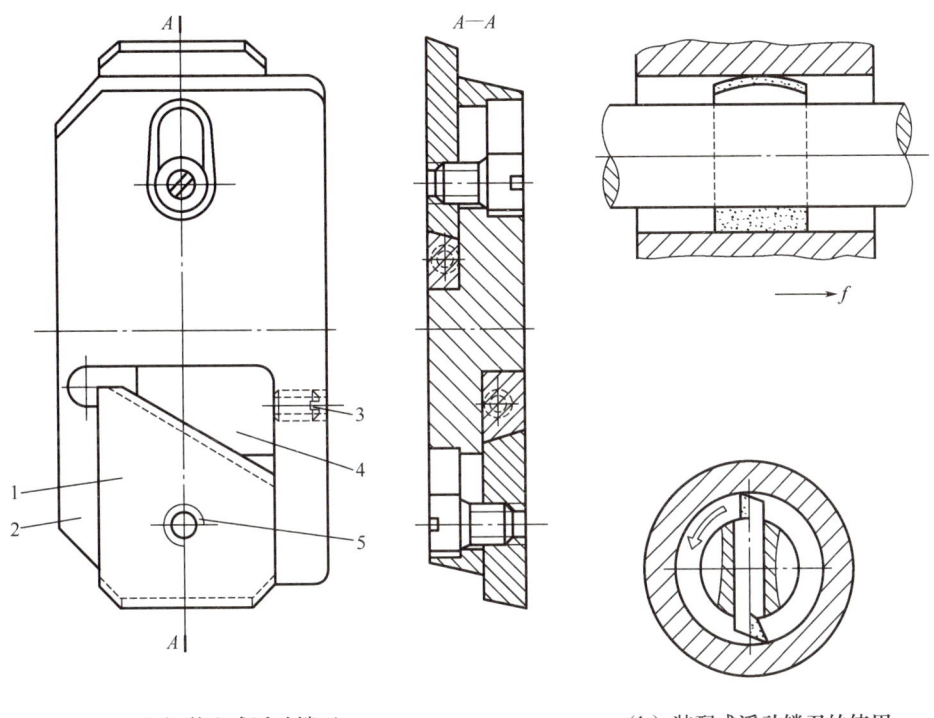

(a) 装配式浮动镗刀　　　　　　　(b) 装配式浮动镗刀的使用

1—镗刀片；2—刀体；3—调整螺钉；4—斜面垫板；5—紧固螺钉。

图 3.29　装配式浮动镗刀及其使用

镗通孔和止口的双刃组合镗刀，图 3.30(b)所示为用于双孔粗镗、精镗的多刃组合镗刀。

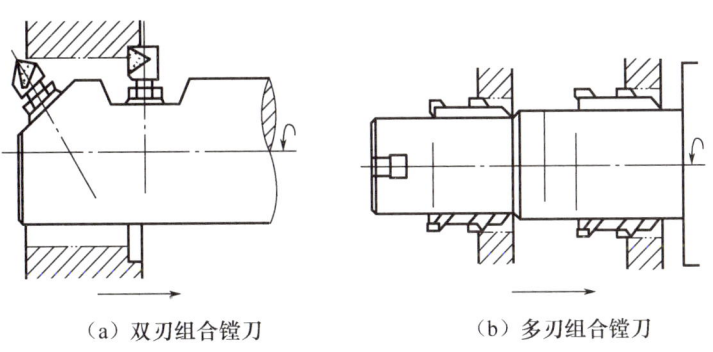

(a) 双刃组合镗刀　　　　　　　(b) 多刃组合镗刀

图 3.30　多刃组合镗刀

4. 镗孔的工艺特点及应用范围

镗孔的孔径尺寸不受刀具尺寸的限制，一把镗刀可以加工不同直径的孔。镗孔具有较强的误差修正能力，镗削时可通过调整刀具和工件的相对位置校正底孔的轴线位置，以保证孔的位置精度。

镗孔和车外圆相比，由于镗杆系统的刚性差、变形大、散热排屑条件不好，工件和刀具的热变形比较大，因此，镗孔的加工质量和生产效率都不如车外圆的高。

综上分析可知，镗孔的加工范围广，可加工各种不同尺寸和不同精度等级的孔。镗孔的加工精度为 IT7～IT6，表面粗糙度值为 $Ra1.6～Ra0.8\mu m$。镗孔可以在镗床、车床、铣床等机床上进行，具有机动灵活的优点，生产中应用十分广泛。在大批量生产中，为提高镗孔生产效率，常使用镗模。

5. 镗床

镗床的主要工作是用镗刀进行镗孔。镗床适合加工大、中型工件上已有的孔，特别适合加工分布在同一表面或不同表面上，孔距和位置精度要求较严格的孔系。加工时刀具旋转为主运动，进给运动则根据机床类型和加工条件不同，由刀具或工件完成。

镗床可分为卧式镗床、坐标镗床和金刚镗床等。

(1) 卧式镗床。卧式镗床由主轴箱、工作台、平旋盘、床身、前立柱、后立柱等组成，如图 3.31 所示。主轴箱安装在前立柱垂向导轨上，可沿导轨上下移动。主轴箱装有主轴部件、平旋盘、主运动和进给运动的变速机构及操纵机构等。机床的主运动为主轴或平旋盘的旋转运动。根据加工要求，镗轴可做轴向进给运动，或平旋盘上径向刀具溜板在随平旋盘旋转的同时做径向进给运动。工作台装置由下滑座、上滑座和工作台组成。工作台可随下滑座沿床身导轨做纵向移动，也可随上滑座沿下滑座顶部导轨做横向移动。工作台还可沿上滑座的环形导轨绕铅垂轴线转位，以便加工分布在不同面上的孔。后立柱垂向导轨上有支承架用以支承较长的镗杆，以增加镗杆的刚性。支承架可沿后立柱导轨上下移动，以保持与镗轴同轴。后立柱可根据镗杆长度做纵向位置调整。

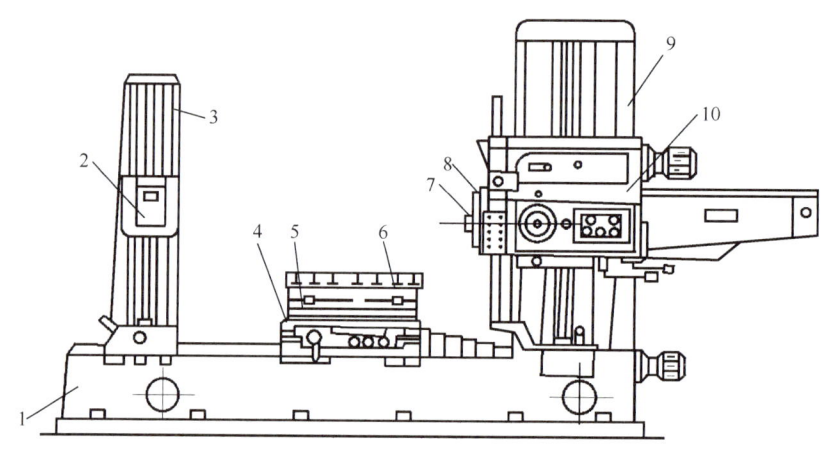

1—床身；2—支承架；3—后立柱；4—下滑座；5—上滑座；6—工作台；
7—主轴；8—平旋盘；9—前立柱；10—主轴箱。

图 3.31 卧式镗床

卧式镗床的工艺范围非常广泛，其典型加工方法如图 3.32 所示。其中，图 3.32（a）所示为用镗轴上的悬伸刀杆镗孔，由镗轴移动完成纵向进给运动；图 3.32（b）所示为利用后立柱支承长刀杆镗刀镗削同一轴线上的孔，由工作台完成纵向进给运动；图 3.32（c）所示为用装在平旋盘上的悬伸刀杆镗削大直径孔，由工作台完成纵向进给运动；图 3.32（d）所示为用装在镗轴上的面铣刀铣平面，由主轴箱完成垂向进给运动；图 3.32（e）和图 3.32（f）所示分别为用装在平旋盘刀具溜板上的车刀车内沟槽和端面，由刀具溜板完成径向进给运动。

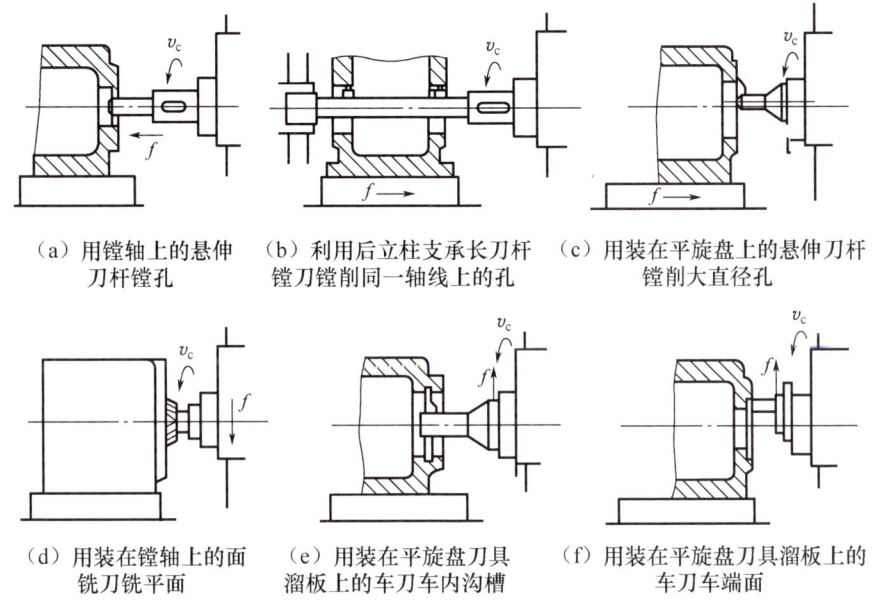

图 3.32 卧式镗床的典型加工方法

（2）坐标镗床。坐标镗床是一种高精度镗床，刚性和抗振性好，还具有工作台、主轴箱等运动部件的精密坐标测量装置，能实现工件和刀具的精密定位。所以，坐标镗床加工的尺寸精度和形位精度都很高。它主要用于单件、小批量生产条件下对夹具的精密孔、孔系和模具零件的加工，也可用于成批生产时对各类箱体、缸体和机体的精密孔系的加工。坐标镗床按其结构可分为单柱坐标镗床、双柱坐标镗床和卧式坐标镗床三种。

① 单柱坐标镗床（图 3.33）。其主轴箱装在立柱的垂向导轨上，可上下调整位置，以适应不同高度的工件。镗孔坐标位置由工作台沿床鞍导轨的纵向移动和床鞍沿床身导轨的横向移动来确定。进行铣削时，由工作台纵向或横向移动来完成进给运动。工作台三面敞开，操作方便，主轴箱悬臂安装在立柱上。工作台尺寸越大，主轴中心线离立柱越远，就会影响机床刚度和加工精度。所以，单柱坐标镗床一般为中、小型机床（工作台台面宽度小于 630mm）。

② 双柱坐标镗床（图 3.34）。双柱坐标镗床由两个立柱、顶梁和床身构成龙门框架，主轴箱装在可沿立柱导轨上下调整位置的横梁上，镗孔坐标位置由主轴箱沿横梁导轨移动和工作台沿床身导轨移动来确定。双柱式坐标镗床一般为大、中型机床。

③ 卧式坐标镗床（图 3.35）。卧式坐标镗床的结构特点是主轴水平布置。工作台由下滑座、上滑座及可作精密分度的回转工作台组成，镗孔坐标由下滑座沿床身导轨的纵向移动和主轴箱沿立柱导轨的垂直方向移动来确定。进行孔加工时，可由主轴轴向移动完成进给运动，也可由上滑座移动完成进给运动。卧式坐标镗床具有较好的工艺性能，工件高度一般不受限制，并且装夹方便，利用工作台的分度运动可在工件一次装夹中完成多方向的孔和平面加工。

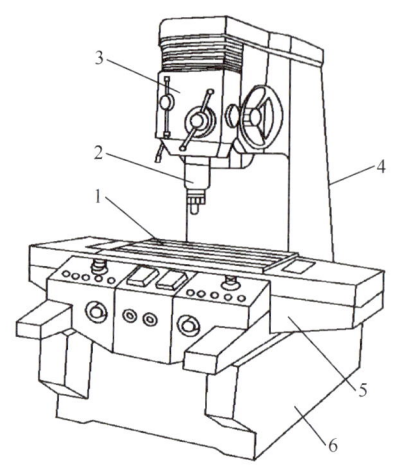

1—工作台；2—主轴；3—主轴箱；4—立柱；
5—床鞍；6—床身。

图 3.33　单柱坐标镗床

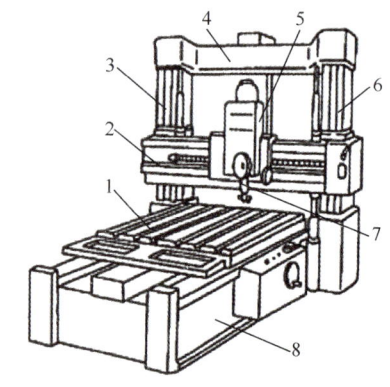

1—工作台；2—横梁；3,6—立柱；4—顶梁；
5—主轴箱；7—主轴；8—床身。

图 3.34　双柱坐标镗床

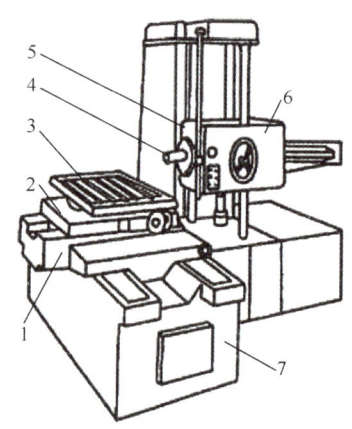

1—下滑座；2—上滑座；3—回转工作台；4—主轴；5—立柱；6—主轴箱；7—床身。

图 3.35　卧式坐标镗床

（3）金刚镗床。金刚镗床是一种高速精密镗床，因初期采用金刚石镗刀而得名，后已广泛使用硬质合金刀具。金刚镗床的主轴短而粗，刚度较高，传动平稳，能加工出表面粗糙度小和加工精度高的孔，主要用于成批或大量生产中加工中小型精密孔。例如，在汽车、拖拉机等领域，金刚镗床主要用于加工连杆轴瓦、活塞、油泵壳体等零件上的精密孔；在航空航天领域，金刚镗床主要用于铝镁合金工件的加工。

3.3.3　拉孔

1. 拉削与拉刀

拉削是用拉刀加工工件内外表面的加工方法，拉刀的直线运动为主运动。拉削是利用多齿的拉刀逐齿从工件上切除很薄的金属层，使表面达到高的加工精度和较小的表面粗糙度。图 3.36 所示为拉刀逐齿切除金属层的过程。图中 a_f 是相邻两刀齿半径上的高度差，即齿升量。齿升量一般根据被加工材料、拉刀类型、拉刀及工件刚性等因素选取,用普通拉刀拉削钢件圆孔时,粗切刀齿的齿升量为每齿 0.015~0.03mm,精切刀齿的齿升量为每齿 0.005~0.015mm。刀齿切除的切屑落在两齿间的空间内,此空间称为容屑槽。拉刀同时工作的齿数一般应不少于 3 个,否则拉刀工作不平稳,容易在工件表面产生环状波纹。为了避免产生过大的拉削力而使拉刀断裂,拉刀工作时,同时工作刀齿数一般不应超过 6~8 个。

拉刀切削部分的几何参数有齿升量 a_f、齿距 P、刃带宽度 b_{a1}、前角 γ_o、后角 α_o。

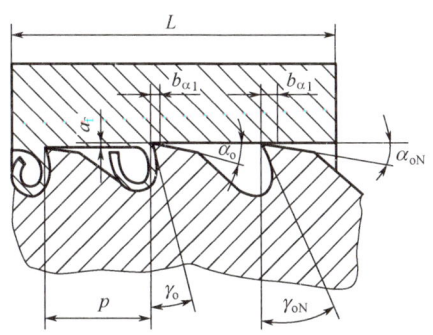

图 3.36 拉刀逐齿切除金属层的过程

拉削所用的机床称为拉床。拉床按加工表面所处位置可分为内表面拉床和外表面拉床。按拉床的结构和布局形式,拉床又可分为立式拉床和卧式拉床两种。图 3.37 所示为在卧式拉床上拉削圆孔。在床身的内部有水平安装的液压缸,通过活塞杆带动拉刀做水平低速直线移动,实现拉削的主运动。拉床拉削时,工件先直接以其端面在球面支承垫圈上轴向定位,如图 3.37(b)所示;然后由机床主轴上的夹头将拉刀的头部夹住,并强制拉刀从工件孔中通过,使拉刀上尺寸逐齿增大的刀齿顺序通过工件内孔,从孔壁上逐层切除余量;最后加工出满足要求的孔。

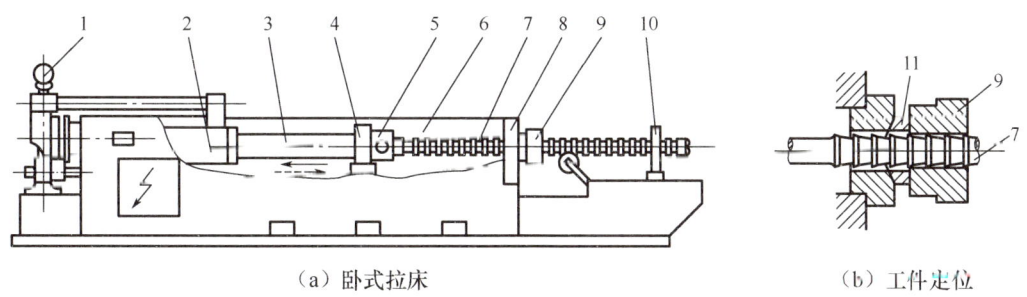

(a)卧式拉床　　　　　　　　　　(b)工件定位

1—压力表;2—液压缸;3—活塞拉杆;4—随动支架;5—夹头;6—床身;7—拉刀;
8—靠板;9—工件;10—滑动托架;11—球面支承垫圈。

图 3.37 在卧式拉床上拉削圆孔

拉削主要分为分层式拉削、分块式拉削和综合式拉削三种。

(1)分层式拉削。如图 3.38 所示,分层式拉削是将加工余量逐层按顺序切除的一种拉削方式。拉刀参与切削的刀刃一般较长,切削宽度较大,齿数较多,拉刀较长。为便于断屑，刀齿上磨有相互交错的分屑槽。分层式拉削的生产效率较低，不适用于拉削带硬皮的工件。

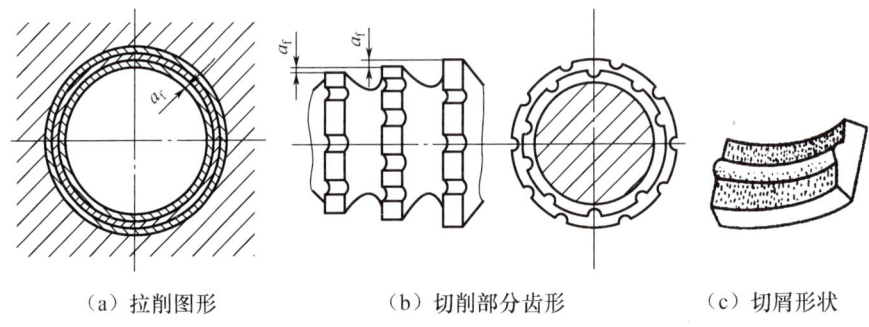

（a）拉削图形　　　（b）切削部分齿形　　　（c）切屑形状

图 3.38　分层式拉削

分层式拉削又可分为同廓式拉削和渐成式拉削。

① 同廓式拉削。按同廓式拉削设计的拉刀，其刀齿廓形与被拉削表面的最终形状相似。工件表面的形状与尺寸由最后一个精切齿和校准齿形成，因此工件表面加工质量较好。

② 渐成式拉削。按渐成式拉削设计的拉刀，其刀齿廓形与被拉削表面的最终形状不相似，工件表面的形状与尺寸由各刀齿的副切削刃形成。这对于加工复杂成形表面的工件，拉刀的制造更简单，但在工件已加工表面上可能出现副切削刃交接的痕迹，因此工件表面加工质量较差。

（2）分块式拉削。如图 3.39 所示，分块式拉削是指工件上每层加工余量由一组尺寸相同的或基本相同的刀齿切除，每个刀齿仅切除部分加工余量，前后刀齿的切削位置相互错开，全部余量由几组刀齿顺序切完的一种拉削方式。图 3.39 所示的拉刀三个刀齿一组，第一齿与第二齿的截形相同，但切削位置相互错开，分别切除圆周上的几段金属，剩下的未切除部分则由一组中的第三齿切除。第三齿不开分屑槽，为使第三齿不切整圈材料，其外径应较同组其他齿的直径小 0.02～0.05mm。按分块式拉削方式设计的拉刀称为轮切式拉刀。

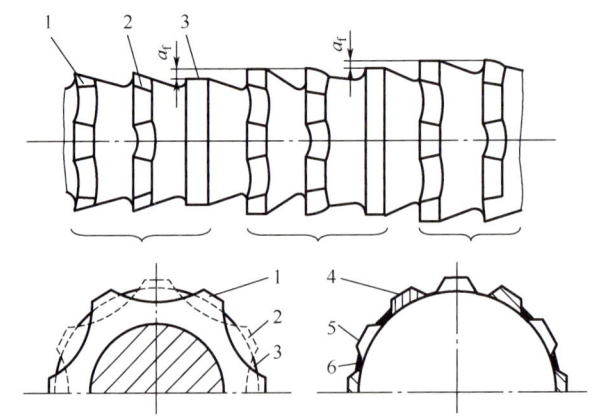

1—第一齿；2—第二齿；3—第三齿；4—被第一齿切除的金属层；
5—被第二齿切除的金属层；6—被第三齿切除的金属层。

图 3.39　分块式拉削

分块式拉削的优点是：切削刃的长度（切削宽度）较短，允许的切削厚度较大，这样既可以使拉刀缩短，生产效率提高，又可以直接拉削带硬皮的工件。但是，轮切式拉刀的结构复杂，制造麻烦，拉削后工件的加工表面质量较差。

（3）综合式拉削。它是分层式拉削和分块式拉削综合在一起的一种拉削方式。综合式拉削用拉刀集中了同廓式拉刀和轮切式拉刀的优点，即粗切齿和过渡齿制成轮切式拉刀结构，精切齿则采用同廓式拉刀结构，这样既可以使拉刀缩短，生产效率提高，又能获得较好的工件加工表面质量。我国生产的圆孔拉刀多采用这种结构。

圆孔拉刀的结构如图 3.40 所示，它由下列部分组成。

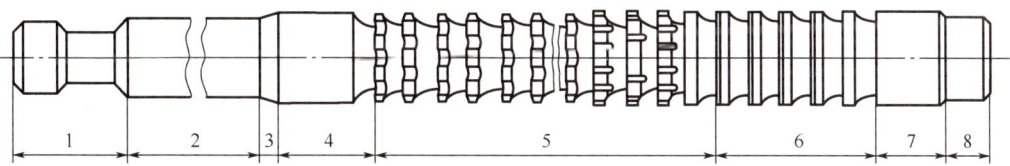

1—头部；2—颈部；3—过渡锥部；4—前导部；5—切削部；6—校准部；7—后导部；8—支承部。

图 3.40　圆孔拉刀的结构

① 头部。头部用于夹持刀具、传递动力。

② 颈部。颈部是连接头部与其后各部分，也是打标记的部分。

③ 过渡锥部。过渡锥部使拉刀前导部易于进入工件孔中，起对准中心的作用。

④ 前导部。工件以前导部定位进行切削。

⑤ 切削部。切削部担负切削工作，包括粗切齿、过渡齿与精切齿三部分。

⑥ 校准部。校准部用于校准和刮光已加工表面。

⑦ 后导部。在拉刀工作即将结束时，由后导部继续支承工件，防止因工件下垂而损坏刀齿和碰伤已加工表面。

⑧ 支承部。当拉刀又长又重时，为防止拉刀因自重下垂，故增设支承部，由它将拉刀支承在滑动托架上，托架与拉刀一起移动。

2. 拉孔的工艺特点及应用范围

（1）拉刀是多刃刀具，同时参与工作的刀齿数较多，参与切削的切削刃较长，并且在拉刀的一次工作行程中能够完成孔的粗加工、半精加工和精加工工作，大大缩短了基本切削时间和辅助时间，生产效率高。

（2）拉孔精度主要取决于拉刀的精度，在通常条件下，拉孔的加工精度为 IT8～IT7，表面粗糙度为 $Ra0.63 \sim Ra0.16 \mu m$。

（3）拉孔时，工件以被加工孔自身定位（拉刀前导部是工件的定位元件），不易保证孔与其他表面的相互位置精度；对于内外圆表面具有同轴度要求的回转体零件的加工，都是先拉孔，后以孔为定位基准加工其他表面。

（4）拉削加工范围较广，可以加工各种形状的通孔，如圆孔、方孔、花键孔、内齿轮、成形孔等。

（5）拉刀是定尺寸刀具，形状复杂，价格昂贵，不适用于加工大孔。

拉孔常用在大批量生产中加工孔径为 $\phi 10 \sim \phi 80 mm$、孔深不超过孔径 5 倍的中、小型零件上的通孔。

3.3.4 其他加工方法

1. 磨孔

用砂轮磨削工件内孔的磨削方式称为内圆磨削,是提高孔加工精度的主要方法之一。一般情况下,磨削时的背吃刀量较小,在一次行程中所能切除的金属层较薄。磨削的加工精度为 IT7～IT5,表面粗糙度为 $Ra0.8 \sim Ra0.2 \mu m$。采用高精度内圆磨削,加工精度可控制在 0.005mm 以内,表面粗糙度可达 $Ra0.1 \sim Ra0.025 \mu m$。

内圆磨削可以在专用的内圆磨床上进行,也能在具备内圆磨头的万能外圆磨床上实现。内圆磨削可以分为普通内圆磨削、无心内圆磨削和行星内圆磨削。根据工件形状和尺寸的不同,可采用纵磨法或切入法磨削内孔。磨削对象主要是各种圆柱孔、圆锥孔、圆柱孔或圆锥孔的端面及成形内表面等。

在普通内圆磨床上磨削工件内孔(图 3.41),砂轮高速旋转做主运动 n,工件旋转做圆周进给运动 n_w,同时砂轮或工件沿其轴线往复移动做纵向进给运动 f_f,砂轮还做径向进给运动 f_r。

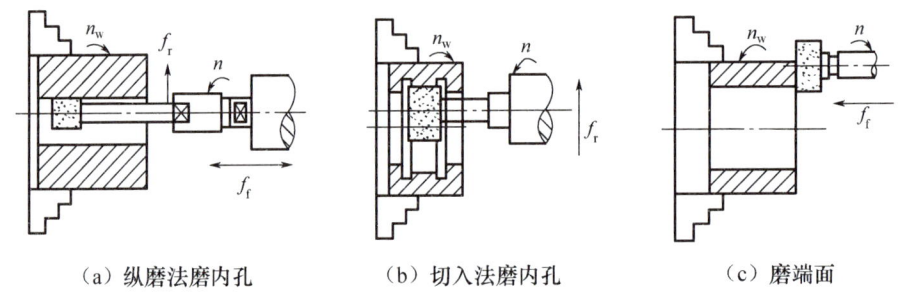

（a）纵磨法磨内孔　　（b）切入法磨内孔　　（c）磨端面

图 3.41　在普通内圆磨床上磨削工件内孔

与外圆磨削相比,内圆磨削所用的砂轮和砂轮轴的直径都比较小。为了获得所要求的砂轮线速度,就必须提高砂轮主轴的转速,但这样容易发生振动,影响工件的加工表面质量。此外,由于内圆磨削时砂轮与工件的接触面积大,发热量集中,冷却条件差,工件热变形大,特别是砂轮主轴刚性差,易弯曲变形,因此内圆磨削不如外圆磨削的加工精度高。

2. 珩磨孔

（1）珩磨原理及珩磨头。

珩磨是利用带有磨条(油石)的珩磨头对孔进行光整加工的方法。珩磨原理如图 3.42 所示,珩磨时,工件固定,珩磨头由机床主轴带动旋转并做往复直线运动。在相对运动过程中,磨条以一定压力作用于工件表面,从工件表面上切除一层极薄的材料,其切削轨迹是交叉的网纹。为使磨条磨粒的运动轨迹不重复,珩磨头回转运动的每分钟转数与珩磨头每分钟往复行程数应互成质数。

珩磨轨迹的交叉角 θ 与珩磨头的往复速度 v_a 及圆周速度 v_c 有关，由图 3.42（c）可知，$\tan(\theta/2)=v_a/v_c$，θ 角的大小影响珩磨的加工精度及生产效率，一般粗珩时取 $\theta=40°\sim 60°$，精珩时取 $\theta=15°\sim 45°$。为了便于排出破碎的磨粒和切屑，降低切削温度，提高加工质量，珩磨时应使用充足的切削液。

为使被加工孔壁都能得到均匀的加工，磨条的行程在孔的两端都要超出一段越程量，如图 3.42（b）所示的 Δ_1 和 Δ_2。越程量过小，会造成两端孔径比中间偏小；越程量过大，则使两端孔径偏大；越程量一般取磨条长度的 30%～50%。为保证磨余量均匀，减少机床主轴回转误差对加工精度的影响，珩磨头和机床主轴之间一般采用浮动联接。

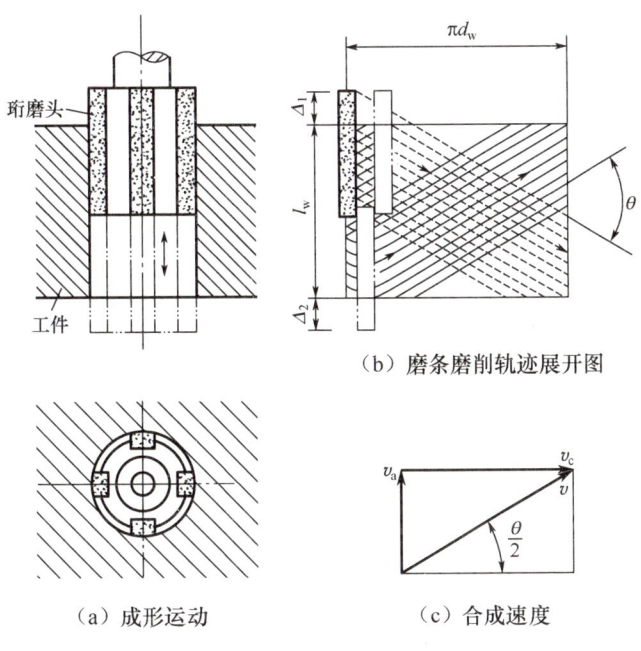

图 3.42 珩磨原理

珩磨头的磨条径向伸缩有手动调整结构、气动调整结构、液压调整结构等。图 3.43 所示为手动调整结构的珩磨头。磨条用结合剂与磨条座固结在一起，装在本体槽中，磨条座的两端用弹簧卡箍箍住。向下旋转螺母时，推动调整锥下移，调整锥上的锥面推动顶销使磨条胀开，以调整珩磨头的工作尺寸及磨条对工件孔壁的工作压力。珩磨过程中，由于孔径扩大、磨条磨损等，磨条对孔壁的工作压力逐渐减小，因此需随时调整。手动调整工作压力不但操作费时，生产效率低，而且不容易将工作压力调整得合适，因此手动调整结构的珩磨头只适用于单件、小批量生产。在大批量生产中则广泛采用气动调整结构或液动调整结构的珩磨头。

（2）珩磨的工艺特点及应用范围。

① 珩磨能获得较高的尺寸精度和形状精度，加工精度为 IT7～IT6，孔的圆度和圆柱度误差可控制在 3～5μm 的范围之内；但珩磨不能提高被加工孔的位置精度。

② 珩磨能获得较高的加工表面质量，表面粗糙度为 $Ra0.2\sim Ra0.025\mu m$，表层金属的缺陷层深度极微（2.5～25μm）。

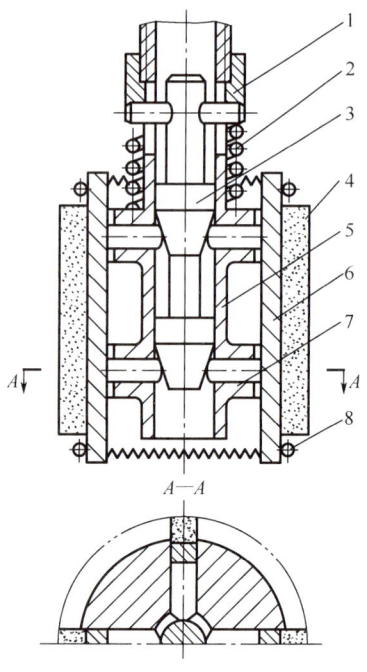

1—螺母；2—弹簧；3—调整锥；4—磨条；5—本体；
6—磨条座；7—顶销；8—弹簧卡箍。

图 3.43　手动调整结构的珩磨头

③ 与磨削速度相比，珩磨头的圆周速度虽不高（$v_c=16\sim60\text{m}/\text{min}$），但由于磨条与工件的接触面积大，往复速度相对较高（$v_a=8\sim20\text{m}/\text{min}$），因此珩磨仍有较高的生产效率。

珩磨主要用于加工各种圆柱形通孔、径向间断的表面孔、盲孔和多台阶孔，还可加工摆线孔、外圆、平面、球面和齿面等。加工圆柱孔径范围为 1～2000mm 或更大，几乎可以加工所有金属材料。珩磨在大批量生产中广泛用于发动机气缸孔及各种液压装置中精密孔的加工。

3.4　平面加工

3.4.1　概述

平面是箱体类零件、盘类零件的主要表面之一。平面加工的技术要求包括平面的尺寸精度、形状精度（如直线度、平面度）、平面相对于其他表面的位置精度（如平行度、垂直度）和其表面粗糙度。

加工平面的方法很多，常用的有铣平面、刨平面、车平面、拉平面、磨平面等。其中铣平面是平面加工应用最广泛的方法。

刨平面通常在牛头刨床及龙门刨床上进行，可以作为工件表面的终加工，也可以作为加工精度及加工表面质量要求更高的平面的预加工。对于牛头刨床，刨刀的直线运动为主运动，进给运动通常由工件完成；对于龙门刨床，工件随工作台的往复直线运动为主运动，进给运动通常由刀具完成。刨削加工机床结构较为简单，调整方便，多采用单刃刨刀，通用性好。经粗刨—精刨后，两平面间的尺寸精度可达 IT9～IT7，表面粗糙度可达 $Ra6.3$～$Ra1.6\mu m$，直线度可达 0.04～0.08mm/m。在精度高、刚性好的龙门刨床上也可以用宽刃刨刀细刨代替刮研。但由于刨削加工主运动为往复直线运动，换向时惯性冲击大，因此，刨削速度比其他切削方式低得多。另外，刨平面还有空行程损失，故刨平面的生产效率低。刨平面主要适用于单件、小批量生产中，尤其适用于加工狭长平面，如床身导轨等。

平面加工中的车平面、拉平面、磨平面等加工方法，其工艺特点与前面在外圆表面及孔加工中的论述基本相同。车平面主要用于加工轴、套、盘等回转体零件的端面。端面直径较大时，一般在立式车床上加工。在车床上加工端面容易保证端面与轴线的垂直度要求。拉平面是一种加工精度高、生产效率高的先进加工方法，用于在大批量生产中加工质量要求较高但面积不大的平面。磨平面用于精加工，能加工淬硬工件。

3.4.2 铣平面

铣平面时，铣刀的旋转运动是主运动。图 3.44（a）所示为在卧式铣床上铣平面，图 3.44（b）和图 3.44（c）所示均为在立式铣床上铣平面。图中 a_p 为背吃刀量（铣削深度），是平行于铣刀轴线方向测量的切削层尺寸；a_e 为侧吃刀量（铣削宽度），是垂直于铣刀轴线方向测量的切削层尺寸；v_f 为进给速度，是单位时间内工件与铣刀沿进给方向的相对位移量。

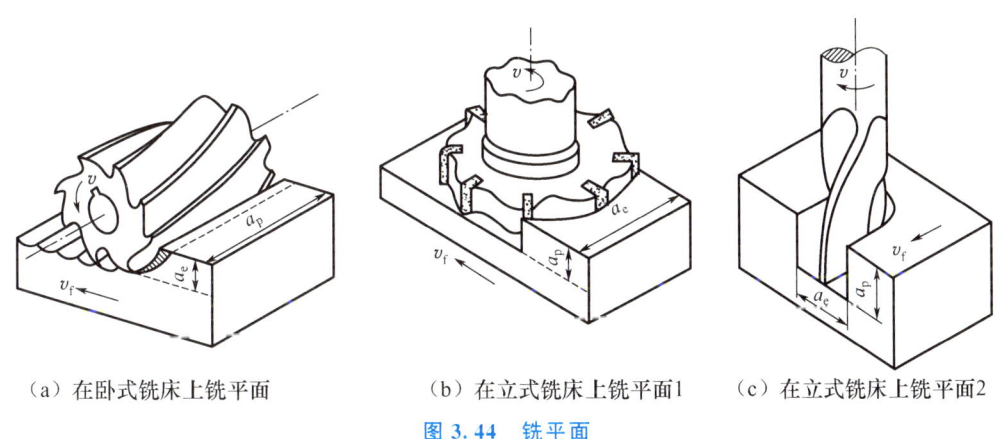

（a）在卧式铣床上铣平面　　（b）在立式铣床上铣平面1　　（c）在立式铣床上铣平面2

图 3.44　铣平面

1. 铣削方式

铣平面有周铣和端铣两种铣削方式。

（1）周铣。

周铣是指分布在铣刀圆柱面上的刀齿进行铣削的方式。周铣可使用多种形式的铣刀，刀具刚度较低，适用于在中、小批量生产中铣削狭长的平面、键槽及成形面，并可在同一刀杆上安装多把刀具同时加工多个表面，适用性好，在生产中用得比较多。

按铣平面时主运动方向与进给运动方向的相对关系,周铣有逆铣和顺铣两种方式。逆铣和顺铣各有特点,应根据加工的具体条件合理选择。

逆铣

① 逆铣。**铣削时,工件的进给运动方向与铣刀的旋转方向相反称为逆铣**[图 3.45(a)]。逆铣时,刀齿的切削厚度由零逐渐增加,刀齿切入工件时切削厚度为零,由于切削刃钝圆半径的影响,刀齿在工件表面上要挤压和滑行一段距离后才能切入工件,因此刀齿磨损快,加工表面质量较差。另外,由图 3.45(a)可以看出,逆铣时尽管刀齿在不同位置作用于其上的切削力不同,但切削力的水平分力 F_f 始终与进给速度方向 v_f 相反,铣床工作台丝杠始终与螺母接触,进给平稳。在生产中铣床没有间隙调整机构时,一般采用逆铣。逆铣刀齿切出时,作用于工件的垂直进给力 F_v 朝上,有抬起工件的趋势,容易使工件装夹松动,故需要增大夹紧力才能使工件装夹牢固。

顺铣

② 顺铣。**铣削时,工件的进给运动方向与铣刀的旋转方向相同称为顺铣**[图 3.45(b)]。顺铣时,刀齿的切削厚度从最大逐渐递减至零,没有逆铣时刀齿的滑行现象,加工表面粗糙度小,铣刀磨损也小。实践证明,顺铣时铣刀寿命比逆铣时高 2~3 倍,加工表面质量也比较好;但顺铣不宜铣带硬皮的工件。垂直进给力 F_v 向下作用,将工件压紧在工作台上,加工比较平稳。切削力的水平分力 F_f 与进给速度方向 v_f 一致,由于铣床工作台进给机构丝杠-螺母副间存在间隙,当切削力的水平分力 F_f 超过工作台下面的丝杠-螺母副中的摩擦力时,铣刀会使工作台带动丝杠一起窜动,使铣削进给量突然增大,容易打刀,影响刀具耐用度。因此,采用顺铣加工时,必须采取措施消除丝杠-螺母副间的间隙。

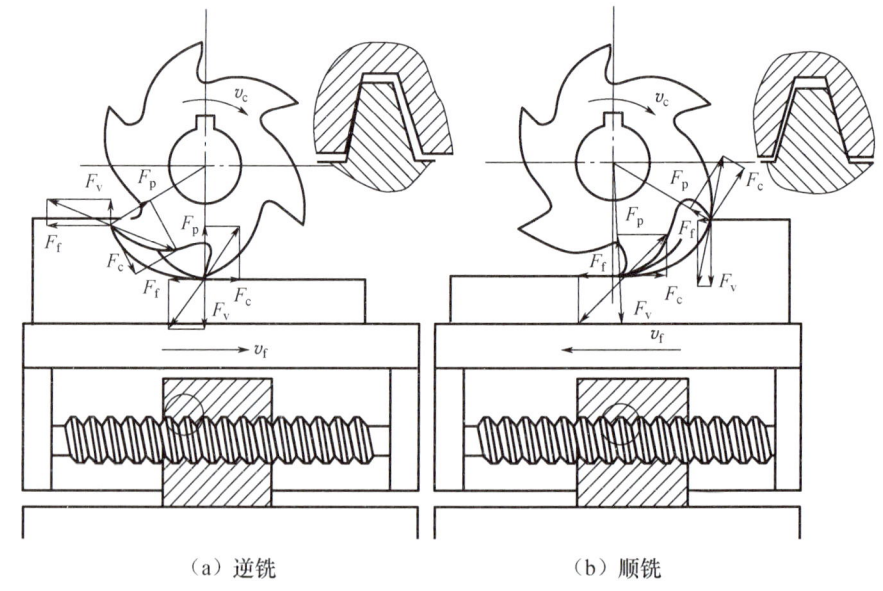

(a)逆铣   (b)顺铣

图 3.45 逆铣与顺铣

(2) 端铣。

端铣是指用分布在铣刀端面上的刀齿进行铣削的方式。由于端铣时参加铣削的刀齿数较多，加工过程中切削力变化较小，铣削比较平稳。此外，端铣时主轴刚性好，并且面铣刀宜于采用硬质合金可转位刀片，因而切削用量较大，生产效率高，切削振动较小，加工表面粗糙度较小。高速精铣的加工精度为 IT7～IT6，表面粗糙度为 $Ra0.8$～$Ra0.4\mu m$，故在大批量生产中端铣比周铣用得多。

端铣时，根据铣刀与工件相对位置的不同，可分为对称铣和不对称铣两种方式，如图 3.46 所示。

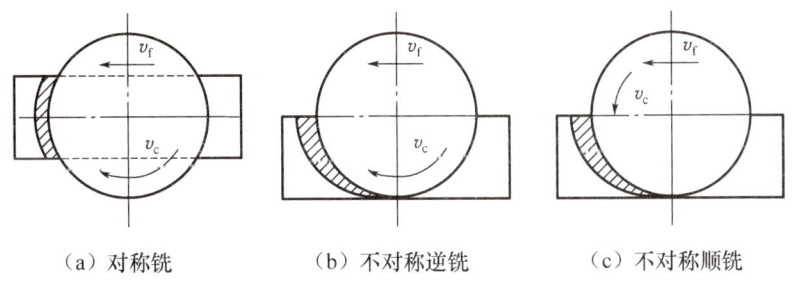

（a）对称铣　　　　（b）不对称逆铣　　　　（c）不对称顺铣

图 3.46 对称铣和不对称铣

① 对称铣。铣削过程中，面铣刀轴线始终位于铣削弧长的对称中心位置，此种铣削方式称为对称铣，如图 3.46（a）所示。对称铣切入、切出的切削层厚度相同，平均切削厚度较大，可使刀齿在加工表面冷硬层下铣削。因此，对称铣常用于铣削淬硬钢，能获得较高的加工表面质量，刀具寿命较长。

② 不对称铣。铣刀轴线与工件铣削宽度对称中心线不重合的铣削称为不对称铣。根据铣刀偏移位置不同，不对称铣又可分为不对称逆铣和不对称顺铣，分别如图 3.46（b）和图 3.46（c）所示。

不对称逆铣刀齿切入时的切削厚度较小，切出时的切削厚度较大，切削平稳，冲击减少，刀具寿命延长，加工表面质量提高。不对称逆铣常用于碳钢和低碳合金钢的加工。

不对称顺铣刀齿切出工件时，切削厚度较小，常用于切削强度低、塑性大的材料。

2. 铣刀及其几何角度

铣刀的种类很多，按用途可分为圆柱形铣刀、面铣刀、三面刃铣刀、锯片铣刀、立铣刀、键槽铣刀、模具铣刀、角度铣刀、成形铣刀等，如图 3.47 所示。

（1）圆柱形铣刀。刀齿排列在刀体圆周上的铣刀称为圆柱形铣刀 [图 3.47（a）]。按结构形式可将其分为由高速钢制造的整体圆柱形铣刀和镶焊硬质合金刀片的镶齿圆柱形铣刀。圆柱形铣刀采用螺旋形刀齿，切削时是逐渐切入和切出工件的，所以切削过程较平稳，适用于加工宽度小于铣刀长度的狭长平面，主要用于卧式铣床上铣平面。

（2）面铣刀。面铣刀 [图 3.47（b）] 的刀齿排列在刀体端面上，主切削刃位于圆柱或圆锥表面上，副切削刃位于圆柱或圆锥的端面上。面铣刀的轴线垂直于被加工表面，主要用在立式铣床上和卧式铣床上加工台阶面和平面，特别适用于较大平面的加工。小直径面铣刀用高速钢做成整体式 [图 3.48（a）]，大直径面铣刀在刀体上镶焊接式硬质合金刀片 [图 3.48（b）]，或采用机械夹固式可转位硬质合金刀片 [图 3.46（c）]。硬质合金面铣刀适用于高速铣削平面，由于它刚性好，生产效率高，加工质量好，因此应用广泛。

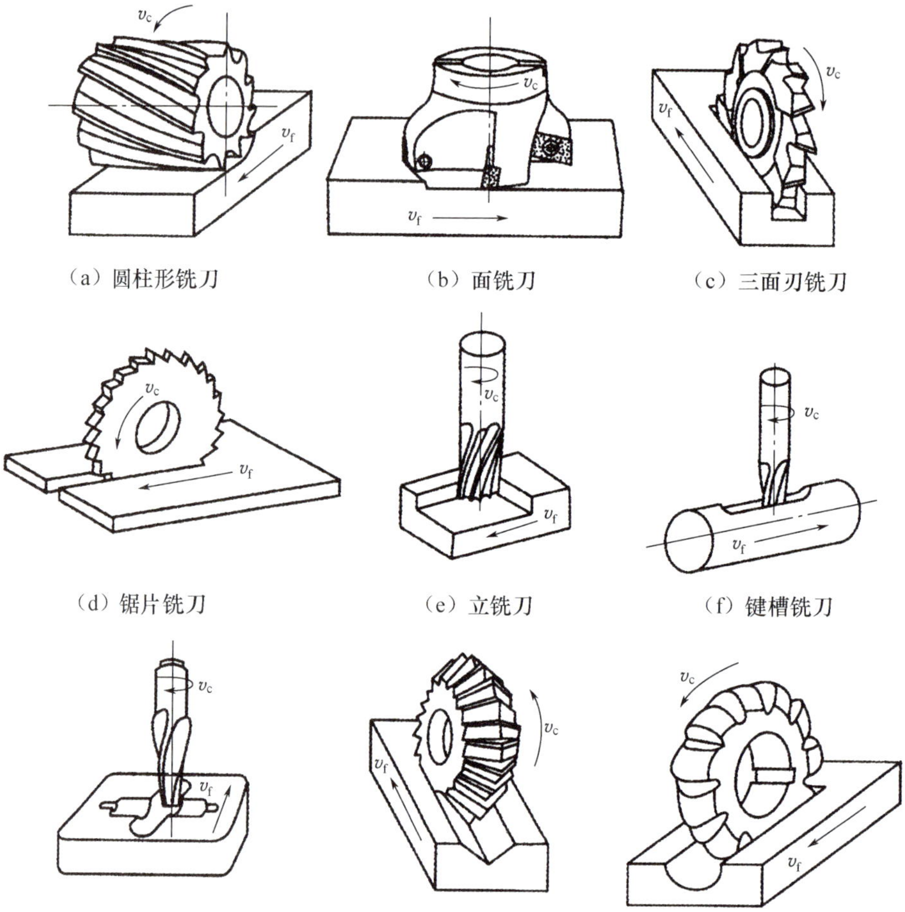

(a) 圆柱形铣刀　　　　(b) 面铣刀　　　　(c) 三面刃铣刀

(d) 锯片铣刀　　　　(e) 立铣刀　　　　(f) 键槽铣刀

(g) 模具铣刀　　　　(h) 角度铣刀　　　　(i) 成形铣刀

图 3.47　铣刀的类型

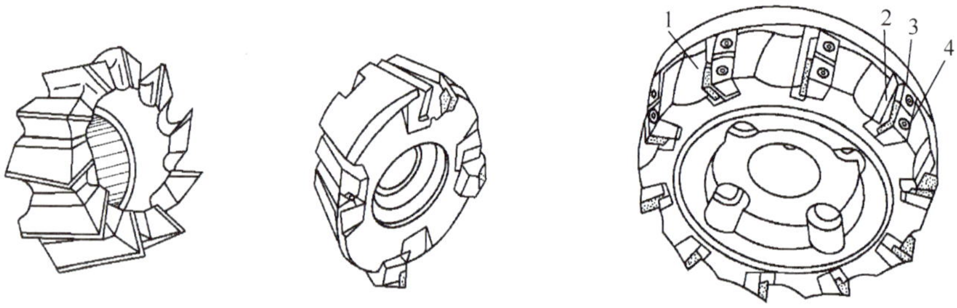

(a) 整体式　　　(b) 镶焊接式硬质合金刀片　　　(c) 机械夹固式可转位硬质合金刀片

1—刀体；2—定位座；3—定位座夹板；4—刀片夹板。

图 3.48　面铣刀的类型

(3) 加工沟槽用的铣刀。

① 三面刃铣刀。三面刃铣刀又称盘铣刀，如图 3.47(c) 所示。它的圆周表面具有主切削刃，两侧面具有副切削刃，从而改善了切削性能，提高了切削效率，降低了表面粗糙度。三面刃铣刀主要用于加工凹槽和台阶面。

② 锯片铣刀。图 3.47（d）所示为锯片铣刀，锯片铣刀本身很薄，只在圆周上有刀齿，用于切断工件或在工件上铣窄槽。为避免在铣削过程中夹刀，刀片厚度由边缘向中心减薄，使两侧形成副偏角。

（4）立铣刀。图 3.47（e）所示为立铣刀，相当于带柄的小直径圆柱形铣刀。立铣刀既可用于加工凹槽，也可用于加工平面、台阶面，利用靠模还可加工成形表面。立铣刀的直径较小时，柄部制成直柄；其直径较大时，柄部制成锥柄。立铣刀圆柱面上的切削刃是主切削刃，端面上的切削刃没有通过中心，是副切削刃。立铣刀工作时不宜做轴向进给运动。

（5）图 3.47（f）所示为键槽铣刀，它有两个刀齿，圆柱面和端面上都有切削刃，其中端面上的切削刃延伸至中心，工作时能沿轴线做进给运动。键槽铣刀主要用于加工圆头封闭键槽。

（6）图 3.47（g）所示为模具铣刀，它是由立铣刀演变而成的。高速钢模具铣刀主要分为圆锥形立铣刀、圆柱形球头立铣刀和圆锥形球头立铣刀，可按工件形状和尺寸来选择。模具铣刀主要用于加工模具型腔或凸模成形表面，在模具制造中应用广泛。

（7）图 3.47（h）所示为角度铣刀，两圆锥面的切削刃均为主切削刃。两个圆锥面可对称，也可不对称。角度铣刀主要用于加工带角度的沟槽和斜面。

（8）图 3.47（i）所示为成形铣刀，它与成形车刀相似，其刃形是根据工件廓形设计计算。成形铣刀具有较高的生产效率，并能保证工件形状和尺寸的互换性，是在铣床上加工成形表面的专用刀具。

（9）铣刀的几何角度。圆柱形铣刀和面铣刀是铣刀的基本形式，其几何角度如图 3.49 所示。

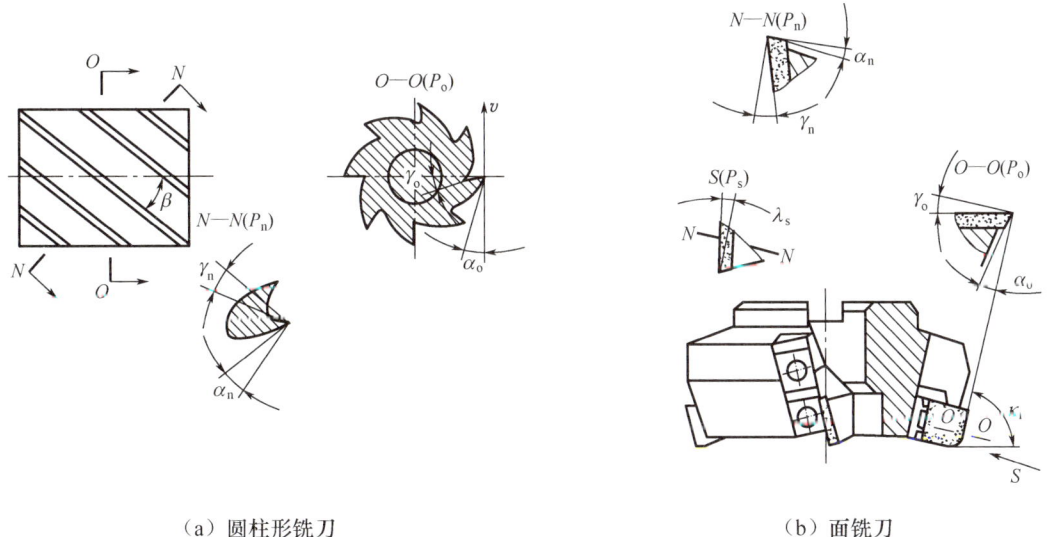

（a）圆柱形铣刀　　　　　　　　（b）面铣刀

图 3.49　圆柱形铣刀和面铣刀的几何角度

① 前角 γ_o 及法前角 γ_n。铣刀前角 γ_o 在正交平面 P_o 中测量。为了便于制造铣刀和测量其几何角度，圆柱形铣刀还要标注法平面 P_n 内的法前角 γ_n。

② 后角 α_o。铣刀后角 α_o 在正交平面 P_o 中测量。

③ 刃倾角 λ_s。铣刀的刃倾角 λ_s 是主切削刃和基面之间的夹角，在切削平面 P_s 中测量。圆柱形铣刀的刃倾角就是刀齿的螺旋角 β。

3. 铣削的工艺特点及应用范围

由于铣刀是多刃刀具，刀齿能连续依次进行切削，没有空行程损失，并且主运动为回转运动，可实现高速切削，因此铣平面的生产效率一般比刨平面高。其加工表面质量与刨平面相当，经粗铣—精铣后，尺寸精度可达 IT9～IT7，表面粗糙度可达 $Ra6.3～Ra1.6\mu m$。

铣刀的类型多，铣床的附件多，特别是分度头和回转工作台的应用使铣削加工的范围极为广泛。在大批量生产中铣平面已逐渐取代了刨平面。在成批生产中，中、小型件加工大多采用铣削，大型件加工则铣刨兼用，一般都是粗铣、精刨。而在单件、小批量生产中，特别是在一些重型机器制造厂中，刨平面仍被广泛采用。但刨平面不能获得足够的切削速度，故有色金属材料的平面加工几乎全部都用铣削。

3.4.3 复杂曲面加工

螺旋桨的表面、涡轮叶片表面、复杂模具型腔面等，其表面形状比较复杂，不能用基本立体要素（如棱柱、棱锥、球等）描述，通常称之为复杂曲面。

复杂曲面的切削加工方法主要有仿形铣和数控铣两种，使用的刀具一般是头部为圆形的球头铣刀。仿形铣必须预先制造出具有与被加工曲面相同形状的样件作为靠模。加工中与球头铣刀直径相同的球形仿形头始终以一定的压力接触样件表面，球形仿形头相对样件的运动被转换成电信号，经处理后用来控制仿形铣床各相应坐标轴的伺服进给机构，球头铣刀便在工件上加工出与样件具有相同形状的曲面。

随着数控加工技术的发展及数控加工设备的普及，特别是随着计算机辅助设计与制造（CAD/CAM）和计算机辅助编程技术的发展，数控铣削现已成为复杂曲面切削加工最主要的方法。在数控铣床或加工中心上加工复杂曲面时，由加工程序控制机床运动，使球头铣刀逐点按曲面三维坐标加工，被加工曲面是球头铣刀刃形在各点切削时形成的包络面。

在数控编程中处理的复杂曲面有两类：一类是用方程式描述的解析曲面，另一类是用三维离散坐标点表示的自由曲面。对于解析曲面，只要给出任意两个坐标值就可以求出第三个坐标值，曲面上的每个点都可由曲面方程严格定义。对于自由曲面，首先应采用适当的数学方法对曲面进行描述，建立曲面数学模型，然后将数学模型转换成计算机能够接受的形式输入计算机，最后编程时由计算机按输入的数据对曲面进行计算和处理，形成数控加工程序。复杂曲面的数控加工程序一般情况下要由计算机辅助完成。

大型的复杂曲面需要在多轴联动加工中心加工，该加工中心设有刀库，一般配备十几把甚至上百把刀具用来完成不同曲率半径曲面的粗加工和精加工。

数控加工与仿形法加工相结合产生了数控仿形技术。对于在实际生产中要根据实物模型来进行加工的零件，数控仿形加工系统可在利用数控机床本身的数控坐标测量系统进行实物模型仿形测量的同时，完成物体几何形状的数字化转换，直接进行仿形加工。

数控仿形加工还可利用机床本身的测量系统或三坐标测量机先进行型面测量，对测量结果进行数字化建模处理后,再生成数控加工程序提供给机床,按此程序加工出原实物模型的复制品,这种方式称为数字化仿形加工。数字化仿形加工的数字化模型可以是实物模型型面密集测量后的点集,根据它进行复制加工;也可以在型面上有选择地测量少量特征点,通过这些特征点进行几何反求,建立 CAD 曲面模型后,再生成数控加工程序进行加工。

3.5 齿轮加工

齿轮是机械传动系统中传递运动和动力的重要零件。齿轮加工的关键是齿面的加工,以保证齿轮传动的准确性,工作的平稳性,载荷分布的均匀性和齿侧间隙的合理性。而齿面加工的关键是齿轮加工机床,随着数控技术迅猛发展及刀具新材料的成功研制,齿轮加工机床正朝着高速、高效、高精度、全数控、功能复合、柔性、模块化、智能化、绿色制造、网络化等方向发展。目前我国的齿轮加工机床与世界先进的全数控齿轮加工机床相比还存在较大的差距。因此,我们要充分认识到加强基础研究对支撑高水平科技自立自强的重要性和紧迫性,只有突破基础理论、基本原理、基础软硬件、关键基础材料等瓶颈制约,我国的科技才能立得起来、强得起来,才能加快实现高水平科技。发展高性能数控齿轮加工机床,大力提高国产数控机床的技术水平、性能和可靠性成为我国普遍关注的问题。专业制造齿轮加工机床的重庆机床(集团)有限责任公司是国内套制齿装备生产基地和国家重点高新技术企业,自主研制的绿色复合高速干切滚齿机及复杂刀具、大型精密数控滚齿机、YW7232CNC 系列精密高效数控万能磨齿机具有精密、高效、刚性好、稳定可靠、软件功能完善、操作方便等特点,其加工效率是传统机型的 5~10 倍,产品性能、加工精度等均处于国际先进水平,使我国研制成套高速高精度数控制齿装备的基础能力和国内数控齿轮机床的技术水平有所提升。

3.5.1 概述

1. 齿轮加工机床的类型

按被加工齿轮种类的不同,齿轮加工机床可分为圆柱齿轮加工机床和锥齿轮加工机床两大类。

圆柱齿轮齿面加工

(1)圆柱齿轮加工机床。根据所用刀具和加工方法的不同,圆柱齿轮加工机床主要有滚齿机、插齿机、铣齿机、剃齿机、珩齿机及各种圆柱齿轮磨齿机等。

(2)锥齿轮加工机床。锥齿轮加工机床有加工直齿锥齿轮的刨齿机、铣齿机、拉齿机和加工弧齿锥齿轮的铣齿机;此外,还有加工齿线形状为长幅外摆线或延伸渐开线的锥齿轮铣齿机。

2. 齿形加工方法的分类

齿轮的加工方法按有无切屑可分为无屑加工和切削加工两类。

（1）无屑加工。齿轮的无屑加工方法有铸造、热轧、冷挤、注塑等。无屑加工具有生产效率高、材料消耗小和成本低等优点。铸造齿轮的加工精度较低，常用于农机和矿山机械。冷挤法只适用于小模数齿轮的加工，但其加工精度较高，尤其是近十年齿轮的精锻技术在国内得到了较快的发展。对于用工程塑料制造的齿轮来说，注塑加工是成形的较好方法。

（2）切削加工。对于有较高传动精度要求的齿轮来说，切削加工仍是目前主要的加工方法。通常要经过切削和磨削来获得所需的齿轮精度。根据所用的加工机床不同，齿轮的切削加工有滚齿、插齿、剃齿、珩齿、磨齿、刨齿、铣齿、拉齿等。

3. 齿形加工方法

齿轮加工机床的种类繁多，构造各异，加工方法也各不相同，按齿面加工原理来分，有成形法和展成法（范成法）两种。

（1）成形法。成形法是利用成形刀具在齿坯上切削出齿形，成形刀具的切削刃形状与被切齿轮的齿槽形状相吻合。用成形刀具加工时，刀具只需做快速的切削运动（旋转运动或直线运动），并沿齿槽方向做进给运动，就可切出一个齿槽。加工完一个齿槽后，工件离开刀具并退回至原来开始的位置，工件分度转动一个齿距，然后切削另一齿槽，重复上述的切削过程，直到在齿坯上切出所有的齿形为止。

采用成形法加工齿轮，所用机床较简单，并可以利用通用机床进行加工。其缺点是加工精度较低，生产效率不高，通常多用于单件、小批量生产或修配行业中加工精度要求不高的齿轮，或重型机器制造业中解决缺乏大型齿轮加工机床的问题。

用模数盘形齿轮铣刀或指形齿轮铣刀在铣床上铣齿、用成形拉刀拉齿、用成形砂轮磨齿等都是用成形法加工齿轮。

（2）展成法。展成法又称范成法。用展成法加工齿轮时，刀具与工件模拟成一对齿轮（或齿轮与齿条）做啮合运动（展成运动），在运动过程中，刀具齿形的运动轨迹逐步包络出工件的齿形。展成法切齿刀具的齿形可以和工件齿形不同，加工模数和压力角相同而齿数不同的齿轮工件只需用一把刀具，并且加工时能连续分度，具有较高的加工精度和生产效率，是目前齿轮加工的主要方法。

滚齿、插齿、剃齿、珩齿和磨齿等都是利用展成法加工齿轮的。

3.5.2 滚齿加工

滚齿

1. 加工方法

滚齿加工是应用一对交错轴斜齿圆柱齿轮副啮合原理，使用齿轮滚刀进行切齿的一种加工方法，在齿形加工中应用非常广泛，具有通用性好、生产效率高、加工质量好等优点。

图 3.50 所示的 Y3150E 型滚齿机是一种中型通用滚齿机，主要用于加工直齿齿轮和斜齿圆柱齿轮，也可以滚切花键轴，可用手动径向切入法加工蜗轮。该机床加工齿轮最大直径为 $\phi500mm$，最大宽度为 250mm，最大模数为 8mm，最小齿数为 $5k$（k 为滚刀头数）。

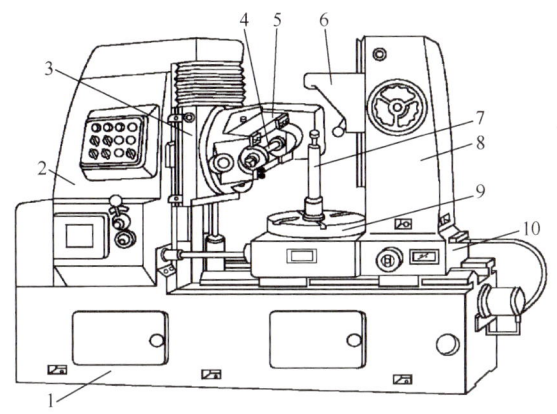

1—床身；2—立柱；3—刀架溜板；4—刀杆；5—刀架体；6—支架；7—心轴；
8—后立柱；9—工作台；10—床鞍。

图 3.50　Y3150E 型滚齿机

Y3150E 型滚齿机立柱固定在床身上，刀架溜板带动刀架体可沿立柱导轨做垂直方向进给运动或快速移动。滚刀安装在刀杆上，由刀架体的主轴带动做旋转主运动。刀架体可绕自身的水平轴线转动，以调整滚刀的安装角度。工件装夹在工作台的心轴上或直接装夹在工作台上，随工作台一起做旋转运动。工作台和后立柱装在床鞍上，可沿床身的水平导轨移动，以便调整工件的径向位置或做手动径向进给运动。后立柱上的支架可通过顶尖或轴套支承工件心轴的上端，以提高滚切工作的平稳性。

(1) 加工直齿圆柱齿轮。

根据展成法原理用滚刀加工齿轮时，必须严格保持滚刀与工件之间的运动关系。因此，滚齿机在加工直齿圆柱齿轮时的主要运动 [图 3.51 (a)] 有主运动、展成运动和轴向进给运动。

① 主运动。主运动是滚刀的旋转运动 n_c（r/min）。滚刀的转速取决于切削速度 v_c（m/min）和滚刀直径 $D_刀$（mm）。

② 展成运动。展成运动是滚刀的旋转运动 n_c 和工件的旋转运动 n_w 的复合运动，即滚刀与工件间的啮合运动，两者之间应准确地保持一对啮合齿轮副的传动关系。设滚刀头数为 k，工件齿数为 z，则滚刀转一转，工件应转 k/z 转。

当滚刀与被加工齿轮做展成运动时，滚刀切削连续运动轨迹的包络线便在工件上形成了轮齿齿廓，如图 3.51 (b) 所示。滚齿加工形成的轮齿齿廓是由有限个切削刃的包络折线构成的，并不是光滑的渐开线，存在原理误差。

③ 轴向进给运动。轴向进给运动是滚刀沿工件轴线方向做连续进给运动，在工件的整个齿宽上切出齿形。其传动关系是工件转一转，滚刀沿工件轴向进给 f（mm/r）。

(2) 加工斜齿圆柱齿轮。

斜齿圆柱齿轮的齿形为螺旋齿形线，因此，滚切斜齿圆柱齿轮时，除了与滚削直齿圆柱齿轮一样，需要主运动、展成运动和轴向进给运动，为形成螺旋齿形线，在滚刀做轴向进给运动的同时，工件还应做附加运动，而且两者必须保持确定的关系，即滚刀轴向移动工件螺旋线一个导程 L，工件应准确地附加转一转。

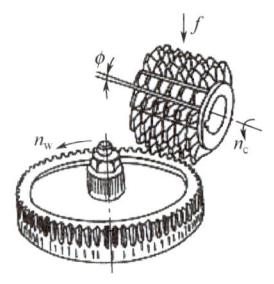
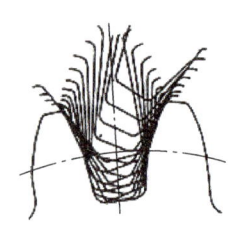

(a) 滚齿机在加工直齿圆柱　　(b) 轮齿齿廓的形成
　　　齿轮时的主要运动

图 3.51　滚齿的主要运动和齿廓的形成

(3) 加工蜗轮。

在 Y3150E 型滚齿机上用径向切入法可加工蜗轮。加工蜗轮时共需三个运动：主运动、展成运动和径向进给运动。主运动传动链和展成运动与加工直齿圆柱齿轮完全相同，径向进给运动只能手动进行。蜗轮滚刀的模数、头数、分度圆直径等都应该与蜗杆相同。安装滚刀时，应使滚刀轴线与被加工蜗轮轴线垂直，并且位于被加工蜗轮的中心平面内。当蜗轮滚刀从齿顶逐渐切入至工件全齿深后，停止径向进给，工件继续保持与滚刀的啮合运动并切削若干转，以修正齿形。

2. 齿轮滚刀

齿轮滚刀是一种蜗杆状刀具，在其圆周上等分地开有若干垂直于蜗杆螺旋线方向或平行于滚刀轴线方向的沟槽，经过齿形铲背，使刀齿具有正确的齿形和后角，再加以淬火和刃磨前面，就形成了一把齿轮滚刀，如图 3.52 所示。

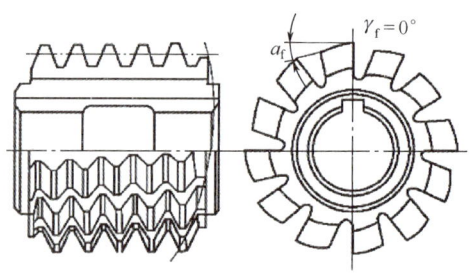

图 3.52　齿轮滚刀

齿轮滚刀由若干圈刀齿组成，每个刀齿都有一个顶刃和左右两个侧刃，顶刃和侧刃都具有一定的后角。刀齿的两个侧刃分布在螺旋面上，这个螺旋面所构成的蜗杆称为滚刀的基本蜗杆。

GB/T 6084—2016《齿轮滚刀 通用技术条件》规定齿轮滚刀按精度分为 4A、3A、2A、A、B、C、D 级，其中 4A 级是最高精度等级。选择齿轮滚刀时，滚刀的模数和齿形角应与被加工齿轮的法向模数和法向齿形角相同，其精度等级也要与被加工齿轮的精度等级相适应。

3. 滚齿加工时工件的装夹

当加工直径较小的齿轮时，工件以内孔定位装夹在心轴上，心轴上端的圆柱体用后立柱支架上的顶尖或套筒支承，以加强工件的装夹刚度。加工直径较大的齿轮时，通常用带有较大端面的底座和心轴装夹，或者将齿轮直接装夹在滚齿机的工作台上。

4. 滚齿加工的工艺特点及应用范围

滚齿加工应用十分广泛，其工艺特点主要体现在以下几方面。

（1）适应性好。由于滚齿加工采用展成法原理，因此一把滚刀可以加工与其模数相同、齿形角相等的不同齿数的齿轮，这扩大了齿轮加工的范围。

（2）生产效率高。滚刀在加工中不停旋转，对工件实施连续切削，无空行程损失，并可以采用多头滚刀提高粗滚齿的生产效率。

（3）齿轮齿距误差小。滚齿加工时，同时有几个刀齿参加切削，而且工件上所有齿槽都是由这些刀齿切出来的，因而齿距误差小。

（4）齿轮齿廓表面较粗糙。由于滚刀结构的限制，容屑槽数量有限，滚刀每转切削的刀齿数有限，滚刀在齿向上的切削是断续的，因此滚齿加工齿面的表面粗糙度值大于插齿加工。

（5）主要用于加工直齿圆柱齿轮、斜齿圆柱齿轮和蜗轮。滚齿不能加工内齿轮和多联齿轮中直径尺寸较小的齿轮。

3.5.3 插齿加工

插齿是利用一对平行轴圆柱齿轮副啮合原理，使用插齿刀进行切齿的一种加工方法。插齿主要用于加工直齿圆柱齿轮，尤其适用于加工内齿轮和多联齿轮中直径尺寸较小的齿轮。

插齿

1. 加工方法

插齿按展成法原理加工齿轮。插齿刀实质上是一个端面磨有前角、齿顶及齿侧均磨有后角的齿轮，如图 3.53（a）所示。插齿加工时，插齿刀和工件做无间隙啮合运动，在工件上逐渐切出齿轮的齿形。齿形曲线是在插齿刀刀刃多次切削中，由刀刃各瞬时位置的包络线所形成的，如图 3.53（c）所示。

加工直齿圆柱齿轮时的运动有切削运动、展成运动、圆周进给运动、径向切入运动和让刀运动，如图 3.53（b）所示。

（1）切削运动。切削运动是插齿刀沿工件轴线方向所做的快速往复直线运动，是插齿加工的主运动。插齿刀垂直向下运动为工作行程，向上为空行程。主运动以插齿刀每分钟的往复行程次数表示，即往复行程次数/分钟。

（2）展成运动。插齿加工过程中，插齿刀与工件必须保持一对圆柱齿轮做无间隙的啮合运动，插齿刀转过一个齿时，工件也必须转过一个齿。插齿刀与工件所做的啮合旋转运动即为展成运动。其传动比 i 应满足

$$i = \frac{n_\text{c}}{n_\text{w}} = \frac{z_\text{w}}{z_\text{c}}$$

式中 n_c、n_w——插齿刀和被切削齿轮的转速；

z_c、z_w——插齿刀和被切削齿轮的齿数。

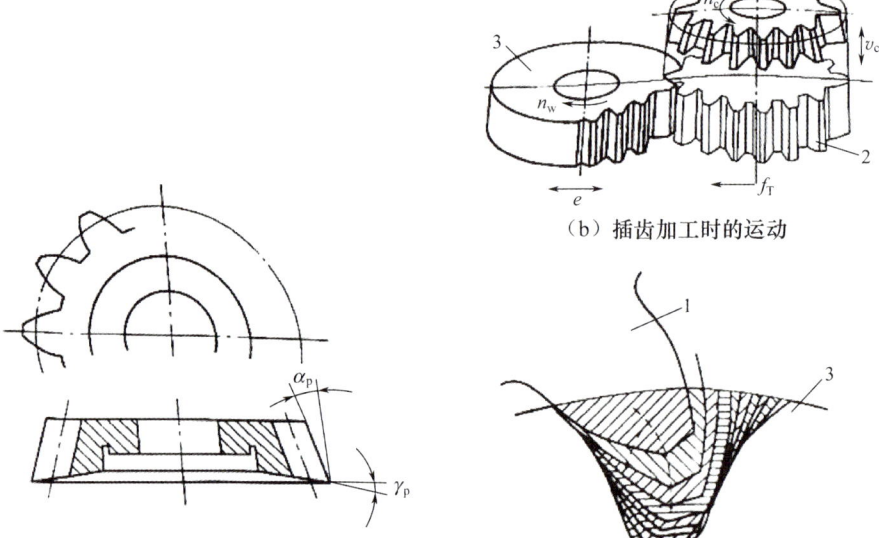

(a) 插齿刀　　(b) 插齿加工时的运动　　(c) 齿形曲线的形成

1—插齿刀；2—假想圆柱齿轮；3—被切削齿轮；
n_w—被切削齿轮圆周运动；e—径向让刀运动；f_T—插齿刀径向进给运动；n_c—插齿刀圆周运动；
v_c—插齿刀往复运动；α_p—插齿刀背后角；γ_p—插齿刀背前角。

图 3.53　插齿加工原理

（3）圆周进给运动。圆周进给运动是插齿刀绕自身轴线的旋转运动，其旋转速度决定了工件的转动速度，也关系到插齿刀的切削负荷、工件的加工表面质量、加工生产效率和插齿刀寿命等。圆周进给量用插齿刀每往复行程一次插齿刀在分度圆上转过的弧长表示，单位为毫米/双行程。

（4）径向切入运动。为了避免插齿刀因切削负荷过大而损坏刀具和工件，工件应逐渐向插齿刀做径向切入。当工件被插齿刀切入全齿深时，径向切入运动停止，工件再旋转一转，以此往复便能加工出全部完整的齿形。径向进给量用插齿刀每往复行程一次工件径向切入的距离来表示，单位为毫米/双行程。

（5）让刀运动。插齿刀空程向上运动时，为了避免擦伤工件表面和减少刀具磨损，刀具与工件间应让开约 0.5mm 的距离，而在插齿刀向下开始工作行程之前，又迅速恢复到原位，以便刀具进行下一次切削，这种让开和恢复原位的运动称为让刀运动。

2. 插齿刀

插齿刀是插齿加工的刀具。插齿刀的形状很像齿轮，其模数和名义齿形角等于被加工齿轮的模数和齿形角，只是插齿刀有切削刃、前角和后角。加工直齿轮使用直齿插齿刀，加工斜齿轮和人字齿轮使用斜齿插齿刀。GB/T 6081—2001《直齿插齿刀 基本型式和尺寸》规定插齿所用的直齿插齿刀分三种类型，分别是Ⅰ型-盘形直齿插齿刀、Ⅱ型-碗形直齿插齿刀和Ⅲ型-锥柄直齿插齿刀，如图 3.54 所示。

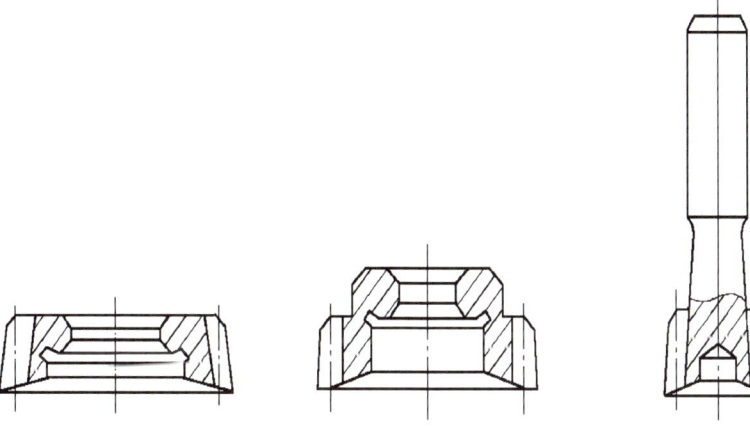

(a) Ⅰ型-盘形直齿插齿刀　　(b) Ⅱ型-碗形直齿插齿刀　　(c) Ⅲ型-锥柄直齿插齿刀

图 3.54　直齿插齿刀的类型

(1) Ⅰ型-盘形直齿插齿刀[图 3.54（a）]。它以内孔和支承端面定位，用螺母紧固在机床主轴上，主要用于加工直齿外齿轮及大直径直齿内齿轮。其常用分度圆直径有四种：75mm、100mm、160mm、200mm，适用于加工模数为 1～12mm 的齿轮。

(2) Ⅱ型-碗形直齿插齿刀[图 3.54（b）]。它以其内孔定位，夹紧用螺母可容纳在刀体内，主要用于加工多联齿轮和带有凸肩的齿轮。其常用分度圆直径有四种：50mm、75mm、100mm、125mm，适用于加工模数为 1～8mm 的齿轮。

(3) Ⅲ型-锥柄直齿插齿刀[图 3.54（c）]。它为带锥柄（莫氏短圆锥柄）的整体结构，用带有内锥孔的专用接头与机床主轴联接，主要用于加工直齿内齿轮。其常用分度圆直径有两种：25mm 和 38mm，适用于加工模数为 1～3.75mm 的齿轮。

GB/T 6082—2001《直齿插齿刀　通用技术条件》规定直齿插齿刀有三种精度等级：AA、A 和 B，在正常的工艺条件下，分别用于加工 6 级、7 级和 8 级精度的齿轮。

3. 插齿加工的工艺特点及应用范围

(1) 齿形精度高。插齿刀的刀齿可通过高精度的磨齿机磨削获得精确的渐开线齿形，因此插齿加工的齿形精度高。

(2) 获得的齿廓表面粗糙度较小。插齿加工时，插齿刀沿齿轮的全长连续切下切屑，而滚齿时，滚刀每次只在齿轮长度方向上切出一小段齿形，整个齿长由滚刀多次断续切削而成。因此，插齿加工比滚齿加工获得的齿廓表面粗糙度更小。

(3) 有利于提高工件的齿形精度和减小表面粗糙度。插齿加工时，可通过减小圆周进给量、增加形成渐开线齿形包络线的折线数量提高了齿形精度和减小表面粗糙度。滚齿加工时，工件同一齿廓的渐开线由较少数目的折线包络而成，因而齿形精度不高，表面粗糙度值较大。

(4) 齿轮公法线长度变动量较大。插齿加工时，由于插齿刀本身的齿距误差、插齿刀的安装误差及插齿机上带动插齿刀旋转的蜗轮齿距累积误差，插齿刀旋转时会出现较大的转角误差。因此，插齿加工的齿轮公法线长度变动量比滚齿加工的齿轮公法线长度变动量大。

（5）生产效率低。插齿加工时，由于刀具做直线往复运动，切削速度的提高受到限制，并且有空行程。因此，在一般情况下，插齿加工的生产效率低于滚齿加工的生产效率。

（6）加工斜齿圆柱齿轮很不方便，并且不能加工蜗轮。插齿机加工斜齿圆柱齿轮很不方便，必须更换为倾斜导轨，辅助时间长；另外，插齿机无法加工蜗轮。

3.5.4 剃齿加工

剃齿常用于未淬火圆柱齿轮的精加工，是软齿面齿轮精加工最常用的加工方法之一。

1. 加工方法

剃齿加工的展成运动相当于一对交错轴斜齿圆柱齿轮啮合，剃齿刀实质上是一个高精度的斜齿轮，在它的齿面上沿渐开线方向开出一些小槽，这些小槽的侧面与齿面的交棱形成剃齿刀的切削刃，如图3.55（a）所示。剃齿加工时，先将工件装夹在机床上的两顶尖之间的心轴上，然后将剃齿刀安装在机床主轴上，并由主轴带动剃齿刀旋转，实现主运动。剃齿刀的轴线与工件的轴线形成轴交角β，工件在一定的压力下与剃齿刀啮合，并由剃齿刀带动旋转，工件与剃齿刀做无间隙的自由啮合运动，剃齿加工示意图如图3.55（b）所示。

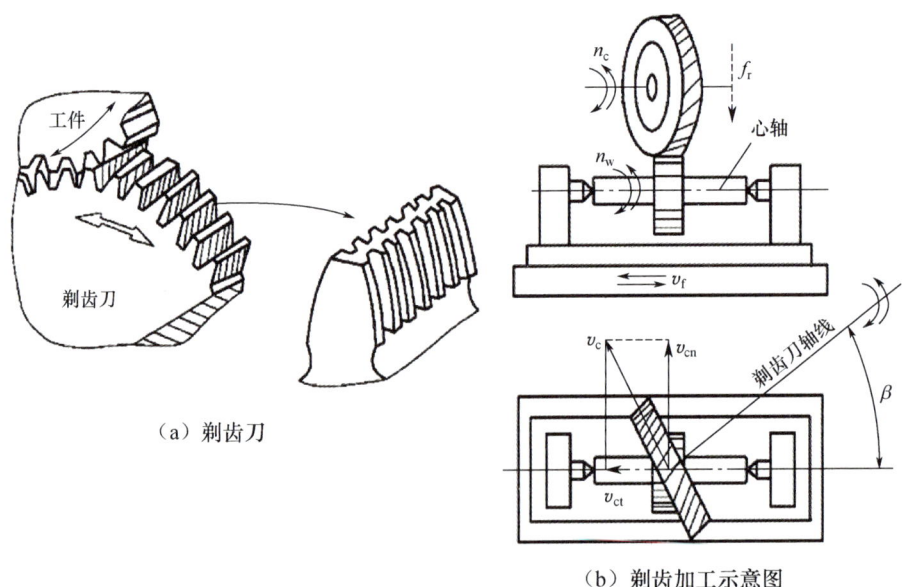

（a）剃齿刀　　　　　　　（b）剃齿加工示意图

图3.55 剃齿加工原理

由于剃齿刀与工件相当于一对交错轴斜齿圆柱齿轮啮合，因此在啮合点处的速度方向不一致，使剃齿刀与工件齿面之间沿齿长方向产生相对滑动，即剃齿的切削速度。由于该切削速度的存在，剃齿刀刀刃能从工件齿面上切下微细的切屑，实现对工件齿面的精加工。为了使工件齿形的两侧都能获得相同的剃削效果，剃齿刀在剃削过程中应交替变换转动方向。剃齿加工时，为了剃出工件齿形的全齿长，工作台必须做纵向直线往复运动。工作台每次单向行程后，剃齿刀反转，将工作台反向剃削齿轮的另一侧面。工作台双向行程后，剃齿刀沿工件径向间歇进给一次，逐渐剃去齿面的余量，最终达到图样的要求。

2. 剃齿机的运动

在剃齿加工过程中，剃齿机有以下三个运动。

(1) 剃齿刀的高速正反向转动——主运动。为了剃削齿轮轮齿的两个齿面，剃齿刀须高速交替做正反向转动 n_c。

(2) 工作台的轴向进给运动——剃出全齿宽。剃齿刀为一斜齿轮，当它与被剃削的直齿或斜齿圆柱齿轮做啮合运动时，两者的啮合为点接触。剃齿时，若不做轴向进给运动，则在被剃削齿轮齿面上只有一条啮合点运动轨迹。当被剃削齿轮为斜齿轮时，则啮合点运动轨迹为一条与齿轮端面倾斜的曲线 [图 3.56 (a)]；若被剃削齿轮为直齿轮时，则啮合点运动轨迹为一条与齿轮端面平行的曲线 [图 3.56 (b)]。为了使整个齿面都能得到加工，剃齿机工作台必须带动被剃削齿轮一起做轴向往复进给运动 v_f。当工作台进给到一端时，便换向做反向进给，剃齿刀也随之变换转动方向。

(a) 与齿轮端面倾斜的曲线　(b) 与齿轮端面平行的曲线

图 3.56　啮合点运动轨迹

(3) 径向进给运动——剃出全齿深。工作台在轴向每往复运动一次或单向轴向运动一次，被剃削齿轮或剃齿刀沿垂直方向进行一次径向进给 f_r，以逐步切除全部剃齿余量。

3. 剃齿加工的工艺特点及应用范围

(1) 生产效率高、成本低。剃齿加工是利用剃齿刀与被剃削齿轮做自由啮合展成运动进行加工的方法。剃齿加工所用机床结构简单，调整方便。完成一个齿轮的加工一般只要 2～4min，平均成本比磨齿加工低 90%。剃齿加工适用于对未淬火的齿轮齿形进行精加工。

(2) 对齿轮的齿距累积误差等切向误差修正能力差。从保证加工精度考虑，剃齿加工前预加工一般应采用滚齿加工而不采用插齿加工，这是因为剃齿加工与滚齿加工的优缺点可以互补，剃齿加工与插齿加工的优缺点不能互补。

(3) 有利于提高齿轮齿形的精度。由于剃齿加工对齿轮的齿形误差和基节误差有较强的修正能力，只要剃齿刀本身精度高、刃磨质量好，就能够剃削出表面粗糙度为 $Ra1.25$～$Ra0.32\mu m$、精度为 7～6 的齿轮。

(4) 在大批量生产中加工中等模数、7～6 级精度、未经淬硬的齿轮，剃齿加工是最常用的齿轮精加工方法之一。

3.5.5 磨齿加工

磨齿加工主要用于对高精度齿轮或淬硬的齿轮进行齿形的精加工，齿轮的精度可达 6 级或更高。

1. 加工方法

按齿形的形成方法，磨齿加工有成形法磨齿和展成法磨齿两种。

（1）成形法磨齿。成形法磨齿是将砂轮修整成与被加工齿轮齿槽相对应的形状，对被加工齿轮齿槽逐个进行磨削，与齿轮铣刀铣齿类似。磨削时，砂轮一面旋转运动，一面沿齿宽方向做往复运动，磨完一个齿后，通过分度再磨下一个齿。使用成形法磨齿时，机床运动简单，生产效率高。但受砂轮修整精度与分齿精度的影响，以及由于磨齿的砂轮修整复杂，磨齿过程中砂轮各点磨损不均匀，加工精度不高，一般为 6～5 级，因此实际生产中用得不多。近年来，采用立方氮化硼制作成形砂轮，砂轮形状的保持性明显改善，这种磨齿加工在实际生产中的应用逐渐增多。

（2）展成法磨齿。展成法磨齿主要有连续分度展成法磨齿和单齿分度展成法磨齿两种。

① 连续分度展成法磨齿。连续分度展成法磨齿是利用蜗杆形砂轮磨削齿轮的轮齿，其加工过程和滚齿相同，如图 3.57 所示。蜗杆形砂轮的旋转运动 n_c 为主运动，工件与砂轮啮合的旋转运动 n_w 为展成运动，轴向进给运动 v_f 一般由工件向上或向下移动来完成。由于在加工过程中蜗杆形砂轮是连续对工件的齿形进行磨削，因此其生产效率是磨齿中最高的。这种磨齿加工的缺点是蜗杆形砂轮修磨困难，往往不易达到较高的加工精度。磨削不同模数的齿轮时，需更换蜗杆形砂轮。另外，所用设备的各传动件转速很高，机械传动易产生噪声，传动件磨损较快。这种磨齿加工适用于中、小模数齿轮的成批和大量生产。

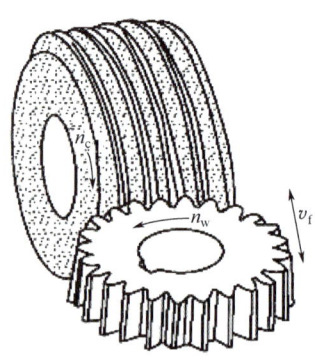

图 3.57 连续分度展成法磨齿

② 单齿分度展成法磨齿。单齿分度展成法磨齿可根据使用砂轮形状不同分为双碟形砂轮磨齿［图 3.58（a）］和锥形砂轮磨齿［图 3.58（b）］等，它们的磨削加工都是利用齿条与齿轮的啮合原理来磨削齿轮的。

a. 碟形砂轮磨齿。两片碟形砂轮倾斜安装后，构成假想齿条的两个齿面。磨齿时，砂轮只在原位旋转（n_c），同时对两个齿面进行磨削。被加工齿轮一面转动（n_w），一面移动

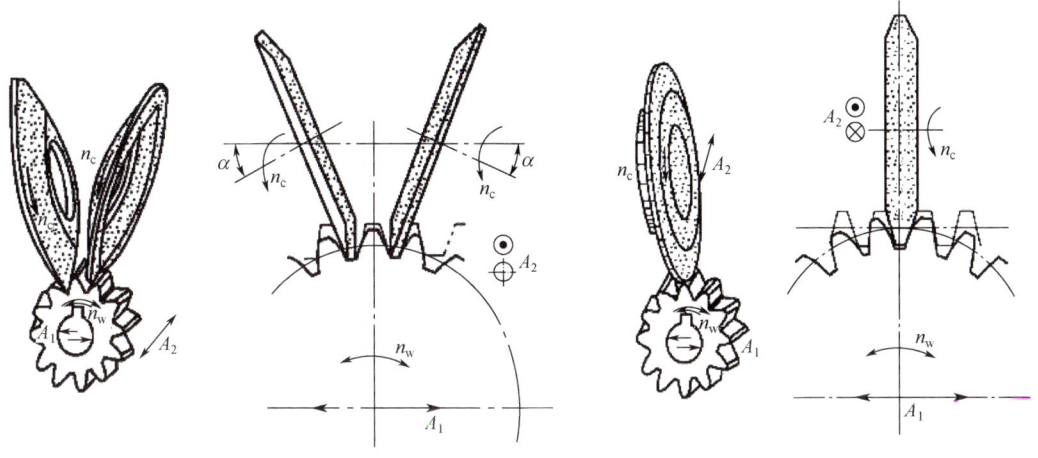

(a) 双碟形砂轮磨齿　　　　　(b) 锥形砂轮磨齿

图 3.58　单齿分度展成法磨齿

(A_1)，实现展成运动。为了磨出全齿宽，被加工齿轮通过工作台实现轴向进给运动（A_2）。当两个齿面同时磨完之后，被加工齿轮快速退离砂轮，经分齿后，再进入下两个齿面的磨削。此种磨齿加工的生产效率最低，因为它是用碟形砂轮的一圈棱边磨削，砂轮的刚性差，不能采用较大的磨削用量。

b. 锥形砂轮磨齿。砂轮的截面形状相当于假想齿条的一个齿。磨齿时，砂轮一面旋转（n_c），一面沿齿宽方向做往复运动（A_2），这就构成了假想齿条上的一个齿。被磨齿轮位于与假想齿条相啮合的位置，一面转动（n_w），一面做往复移动（A_1），实现展成运动。在工件的一个往复移动过程中，可先后磨出齿槽的两个侧面。磨完一个齿槽后被磨齿轮快速退离砂轮，经分齿后再进入下一个齿槽的磨齿循环，直至磨完全部齿槽为止。用锥形砂轮磨齿，砂轮的刚性好，可采用较大的切削用量，其生产效率比双片碟形砂轮磨齿高。

2. 磨齿加工的工艺特点及应用范围

磨齿加工的工艺特点是能加工出高精度的齿轮。一般条件下，加工齿轮精度为 6～3 级，表面粗糙度为 $Ra0.8 \sim Ra0.2\mu m$。磨齿加工采用砂轮与工件强制啮合的运动方式，不仅修正齿轮误差的能力强，而且特别适用于加工齿面硬度很高的齿轮。但是，除蜗杆形砂轮磨齿外，一般磨齿加工的生产效率均较低，设备结构较复杂，调整设备困难，加工成本较高。目前，磨齿加工主要用于加工精度要求很高的齿轮，特别是硬齿面的齿轮。

习　　题

3-1　机械制造中的加工方法有哪些？

3-2　按加工性质和所用刀具不同，机床可分为哪几类？

3-3　通用机床的型号包含哪些内容？

3-4　机床传动有哪几部分组成？它们的功能分别是什么？

3-5 试说明下列机床型号的意义。
X6132，X5032，C6132，Z3040，T6112，Y3150，C1312，B2010A。

3-6 什么是外联系传动链？什么是内联系传动链？对这两种传动链有什么不同要求？试举例说明。

3-7 试述车削加工的工艺特点和应用范围。

3-8 车床上的主要附件有哪些？它们的功能分别是什么？

3-9 外圆表面常用的加工方法有哪些？如何进行选择？

3-10 标准麻花钻的缺点是什么？

3-11 试分析钻孔、扩孔和铰孔三种孔加工的工艺特点，并说明这三种孔加工之间的联系。

3-12 镗削加工有什么特点？常用的镗刀有哪几种类型？试述其结构和工艺特点。

3-13 卧式镗床有哪些成形运动？试说明它能完成哪些加工工作？

3-14 试述拉削加工的工艺特点和应用范围。

3-15 常用圆孔拉刀的结构由哪几部分组成？它们的功能分别是什么？

3-16 铣床的主要类型有哪些？

3-17 试述铣削加工的工艺特点和应用范围。

3-18 常用铣床及铣床附件有哪几种？各自的主要用途是什么？

3-19 什么是顺铣？什么是逆铣？请画图表示，并说明各自的工艺特点和应用范围。

3-20 试述磨削加工的工艺特点和应用范围。

3-21 外圆磨削有哪几种方式？它们分别有什么特点？它们分别适用于什么场合？

3-22 简述M1432A型万能外圆磨床具备哪些运动。

3-23 简述无心外圆磨床磨削的工艺特点及磨削方法。

3-24 砂轮的特性主要取决于哪些因素？如何进行选择？

3-25 内圆表面常用的加工方法有哪些？如何进行选择？

3-26 平面磨床有哪几种类型？常用的是哪种类型？

3-27 用电磁工作台的吸盘装夹工件有什么优点？磨削非磁性材料及薄片工件平面时，应如何装夹？

3-28 滚齿机与插齿机的加工用途有什么差别？

3-29 简述数控机床的组成及分类。

3-30 什么是特种加工？它与传统的切削加工相比有什么特点？

第4章 机械加工质量及其控制

 本章教学要求

1. 了解加工精度、加工误差和加工经济精度的基本概念，掌握获得尺寸精度、形状精度和位置精度的方法。
2. 了解工艺系统和原始误差的概念，深入理解主轴回转误差、导轨误差、传动误差、刀具误差、夹具误差、调整误差等对加工精度的影响。
3. 掌握工艺系统刚度的概念，了解工艺系统刚度与其各组成环节刚度之间的关系，了解机床刚度的测定。
4. 掌握工艺系统刚度变化引起的加工误差，深入理解误差复映，了解减小工艺系统受力变形对加工精度影响的措施。
5. 了解工艺系统的热源，掌握工艺系统热变形对加工精度的影响，了解减小工艺系统热变形对加工精度影响的措施。
6. 了解残余应力的概念，掌握残余应力产生的原因及对加工精度的影响，了解减小或消除残余应力的途径。
7. 了解提高加工精度的途径。
8. 了解加工误差性质和加工误差分布规律，掌握分布曲线的应用。
9. 了解机械加工表面质量的概念和机械加工表面质量对机器使用性能的影响。
10. 了解加工表面粗糙度的形成及其影响因素。
11. 了解影响加工表面层冷作硬化的因素、磨削烧伤的主要类型及控制磨削烧伤的途径，以及加工表面层产生残余应力的原因。

方文墨

自信自强、守正创新、踔厉奋发、勇毅前行。沈阳飞机工业（集团）有限公司钳工方文墨，他的工作是为飞机操控系统零件做手工精密加工。歼击机是一种高精密机械产品，如果一个零部件出现一个很微小的偏差，就会给整个结构带来致命的缺陷。方文墨在工作中始终秉持爱岗敬业、精雕细琢、精益求精的工作原则，一心一意地把每个工件做好做精。经过长期坚持不懈的努力，他创造了 0.003mm 的加工公差，相当于人类头发丝直径的 1/25，这个以他名字命名的"文墨精度"由此名震装备制造业，引领我国国产航空器零部件加工的极限精度。

保证机械产品质量是机械制造人员的首要任务。产品的制造质量包括零件的制造质量和产品的装配质量两个方面。零件的制造质量将直接影响产品的性能、使用效率、寿命及可靠性等质量指标，它是保证产品制造质量的基础。零件的机械加工质量包括机械加工精度和表面质量两个方面。

4.1 机械加工精度

机械加工精度是衡量零件加工质量的重要指标。随着科学技术的不断发展，对机器性能的要求越来越高，保证机器零件具有更高的精度也显得越来越重要。

4.1.1 机械加工精度和加工误差

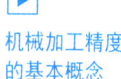

机械加工精度的基本概念

在机械加工过程中，由于各种因素的影响，刀具和工件之间正确的相对位置发生偏移，零件加工后就不可能与理想的要求完全符合。

机械加工精度是指零件加工后的实际几何参数（尺寸、形状和相互位置）与理想零件的几何参数相符合的程度。相符合的程度越高，机械加工精度越高，其偏离值称为加工误差。机械加工精度在数值上通过加工误差的大小来表示，即机械加工精度越高，加工误差越小；反之机械加工精度越低，加工误差就越大。

生产实践表明，任何一种加工方法，不论多么精密都不可能将零件做得绝对准确。即使加工条件完全相同，零件的加工精度也各不相同。从机器使用性能来看，也没有必要把零件做得绝对准确，只要加工误差的大小符合机器使用性能的要求就可以。

研究机械加工精度的目的是要弄清各种原始误差的物理、力学本质，以及它们对机械加工精度影响的规律，掌握控制加工误差的方法，寻求提高机械加工精度的途径。

零件的几何参数包括尺寸、形状和相互位置三个方面，故机械加工精度包括尺寸精度、形状精度和位置精度。

（1）尺寸精度。尺寸精度是指机械加工后零件的直径、长度和表面间距离等尺寸的实际值与理想值的接近程度,它们之间的差值称为尺寸误差。理想尺寸是指零件图样上所标注的有关尺寸的平均值。

在机械加工中,**获得尺寸精度的方法有试切法、调整法、定尺寸刀具法和自动控制法**。

① 试切法。试切法是先在工件加工表面上试切一小部分,测量试切所达到的尺寸,按工件加工要求适当调整刀具与加工表面间的位置,再试切、测量及调整,如此反复,当加工尺寸达到最终要求时,按最后试切的位置切削整个待加工表面的方法。试切法的机械加工精度不高,生产效率低,对操作者的技术水平要求高,主要适用于单件、小批量生产。

② 调整法。调整法是在机床上按工件规定的尺寸预先用机床定程机构和对刀装置等(如行程开关、定程挡块、样板、样件、对刀块等)调整好刀具与工件间的相对位置,在一批零件的加工过程中保持这个相对位置不变,使加工尺寸达到规定要求的方法。调整法的机械加工精度较高,生产效率高,适用于成批、大量生产。

③ 定尺寸刀具法。定尺寸刀具法是利用刀具尺寸来保证工件被加工表面尺寸精度的方法,如钻孔、铰孔、攻螺纹等。定尺寸刀具法通常用于零件内表面加工,机械加工精度较高,生产效率较高,但刀具结构较复杂,工件加工尺寸主要取决于刀具的制造质量和刃磨质量。

④ 自动控制法。自动控制法是在自动加工机床和自动生产线上,利用测量装置、进给装置和控制系统,对工件进行自动测量、进给、补偿,当工件的尺寸达到规定要求时,自动停止加工的方法。自动控制法的机械加工精度高,生产效率高,但装备复杂,适用于成批、大量生产。

(2) 形状精度。形状精度是指机械加工后零件几何要素的实际形状与理想形状的接近程度。形状精度包括圆度、圆柱度、直线度、平面度等。

在机械加工中,**获得形状精度的方法有轨迹法、成形法、相切法和展成法**四种,参见 3.1.1。

(3) 位置精度。位置精度是指机械加工后零件几何图形的实际位置与理想位置的接近程度。位置精度包括平行度、垂直度、同轴度、位置度等。

在机械加工中,**获得位置精度的方法主要与工件的装夹方式和加工方法有关,分为一次装夹获得法和多次装夹获得法**。

① 一次装夹获得法。在一次装夹中,先后或同时加工有相对位置要求的表面的位置精度,如轴类零件车削时外圆与端面的垂直度,箱体孔系加工中各孔之间的同轴度、平行度等,均可采用一次装夹获得法来保证。影响加工表面间位置精度的主要因素是所使用机床(及夹具)的几何精度,与工件的定位精度无关。

② 多次装夹获得法。在多次装夹中,工件表面的位置精度由加工表面与定位基准之间的位置精度来保证,其精度的高低取决于工件装夹的准确性和机床部件的运动精度。例如,轴类零件上键槽对外圆表面的对称度,箱体平面与平面之间的平行度、垂直度等,均可采用多次装夹获得法来保证。

多次装夹获得法又可根据工件装夹方式的不同,分为划线找正装夹法、直接找正装夹法和夹具装夹法三种。

a. 划线找正装夹法。工件在切削加工前,预先在毛坯表面上划出待加工面的轮廓线、找正线,然后在机床上按找正线找正(定位)并夹紧工件。图 4.1 所示为车床床身毛坯的划线找正装夹,加工时首先在钳工台上划好线,然后在机床工作台上用划针按划线找正并夹紧,最后对床身底平面进行加工。由于划线找正装夹法技术水平要求高且费工费时,因此生产效率低,定位精度较低。划线找正装夹法主要用于单件、小批量生产结构形状较复杂的铸件或锻件。

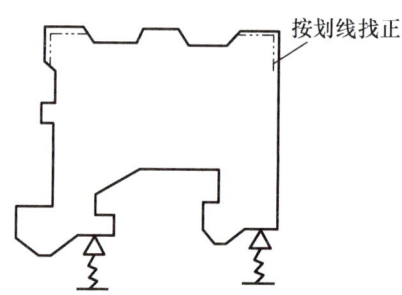

图 4.1　车床床身毛坯的划线找正装夹

b. 直接找正装夹法。直接找正装夹法是将工件放在机床上,用划针、百分表或千分表直接找正工件在机床上的正确位置并予以夹紧。如图 4.2 所示,在车床上加工与外圆有同轴度要求的内孔表面时,装夹工件采用四爪卡盘直接夹持,旋转机床主轴,用千分表按工件外圆找正,再夹紧工件加工内孔。直接找正装夹法生产效率低,对工人技术水平要求高,但若用精密仪器细心找正,就可以获得很高的定位精度。这种方法多用于单件、小批量生产或装夹精度要求特别高的场合。

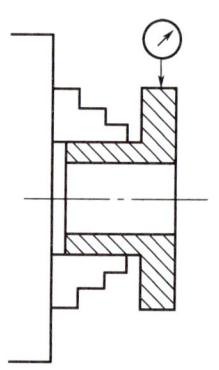

图 4.2　直接找正装夹

③ 夹具装夹法。夹具按一定要求装在机床上,工件在夹具上定位、夹紧,不需要找正就可以进行加工。图 4.3 所示为钻孔夹具装夹,工件用双点画线表示,工件以内孔 ϕA 和 ϕB 分别插入心轴和定位销中,再旋紧螺母,即可将工件夹紧在心轴上。使用这种方法,工件在夹具中定位方便,定位精度高且稳定,生产效率高,广泛用于成批、大量生产。

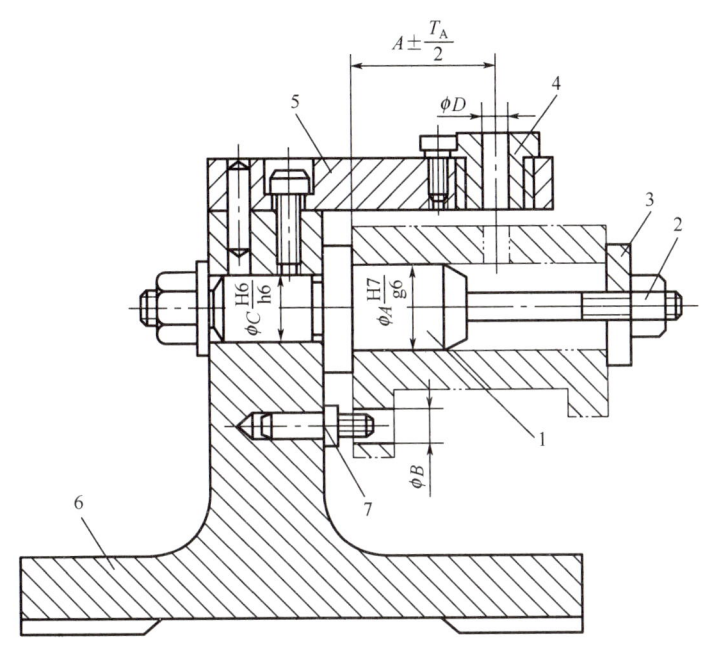

1—心轴；2—压紧螺母；3—垫圈；4—钻套；5—钻模板；6—夹具体；7—定位销。

图 4.3 钻孔夹具装夹

4.1.2 加工经济精度

机械加工过程中有很多因素影响零件的机械加工精度，即使同一种加工方法，在不同的工作条件下所能达到的机械加工精度也是不相同的。当选用某种加工方法进行加工时，如果操作细心、选用的切削参数恰当，就可以获得较高的加工精度，但生产效率低、成本高；如果选用较大的切削参数，则可以提高生产效率，但加工精度就较低。

统计表明，对于同一种加工方法，加工误差 Δ 和加工成本 C 的关系如图 4.4 所示，大致呈负指数函数曲线形状。在 A 点左侧段，若小幅度提高加工精度，则成本大幅度上升；在 B 点右侧段，即使加工精度降低很多，加工成本减少也很少，说明这两个区段加工是不经济的。在中间 AB 曲线段，加工误差越大，加工成本越低，故称 AB 段为加工经济区段。加工经济精度是指在正常加工条件下，采用符合质量标准的设备、工艺装备和标准技术等级的工人，不延长加工时间所能保证的加工精度。

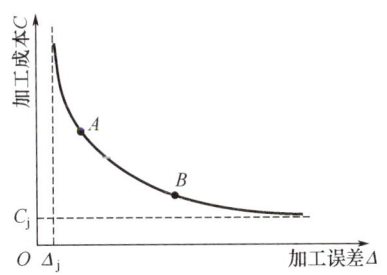

图 4.4 加工误差 Δ 和加工成本 C 的关系

外圆加工、孔加工、平面加工中各种加工方法的加工经济精度参见表 6-8、表 6-9、表 6-10。应该指出，表中所列的加工经济精度数据不是一成不变的，而是随着工艺技术的发展、设备及工艺装备的升级，以及生产管理水平的不断提高而逐渐提高。

4.2 影响机械加工精度的因素

在机械加工中，由机床、夹具、刀具和工件组成的完整的系统称为工艺系统。工艺系统的误差是工件产生加工误差的根源，故称为原始误差。

原始误差主要来源于两方面：一方面是工艺系统本身的几何误差；另一方面是与加工过程有关的动误差。将加工过程中可能出现的原始误差归纳如下。

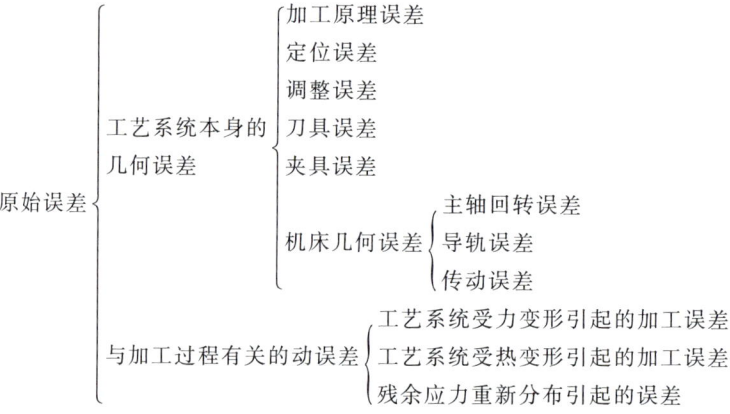

通常，各种原始误差的大小和方向各不相同，而加工误差则必须在工序尺寸方向上度量，所以原始误差的方向不同时对加工精度的影响也不同。图 4.5 所示为以车削外圆为例说明原始误差与加工误差的关系。图中实线为刀尖正确位置，双点画线为误差位置。车削外圆时工件的回转中心是 O，刀尖正确位置在 A 点，假设某一瞬时由于各种原始误差的影响，刀尖位移到 A' 点，$\overline{AA'}$ 即为原始误差 δ，它与 $\overline{OA}$ 间的夹角为 φ，因此工件加工后的半径由 $R_0 = \overline{OA}$ 变为 $R = \overline{OA'}$，加工后半径上（工序尺寸方向上）的加工误差 ΔR 为

$$\Delta R = \overline{OA'} - \overline{OA} = \sqrt{R_0^2 + \delta^2 + 2R_0\delta\cos\varphi} - R_0 \approx \delta\cos\varphi + \frac{\delta^2}{2R_0} \qquad (4-1)$$

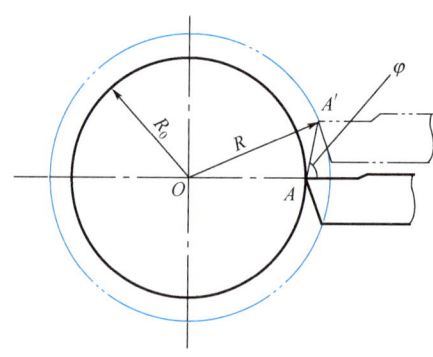

图 4.5 以车削外圆为例说明原始误差与加工误差的关系

当原始误差的方向为加工表面法线方向时，即 $\varphi = 0°$ 时，原始误差对加工精度的影响

最大，$\Delta R=\delta$（忽略 $\dfrac{\delta^2}{2R_0}$ 项），该方向称为**误差的敏感方向**；当原始误差的方向为加工表面切线方向时，即 $\varphi=90°$ 时，原始误差对加工精度的影响最小，$\Delta R=\dfrac{\delta^2}{2R_0}$（通常可以忽略），该方向称为**误差的不敏感方向**。

4.2.1 加工原理误差

加工原理误差是指采用了近似的成形运动或近似的刀刃轮廓进行加工产生的误差。 例如，用齿轮滚刀加工渐开线齿轮有两种原理误差：一种是为了制造方便，滚刀采用阿基米德基本蜗杆或法向直廓基本蜗杆代替渐开线蜗杆而产生的刀刃齿廓近似造形误差；另一种是由于滚刀刀齿数有限，实际加工出来的齿形是一条由微小折线段组成的曲线，而不是光滑渐开线，因此滚齿加工是一种近似的加工方法。又如，在数控加工中，由于现有的数控系统没有非圆曲线的插补功能，因此采用直线或圆弧去逼近空间曲线或曲面进行近似加工，这些都会造成加工原理误差。

采用近似的成形运动或近似的刀刃轮廓虽然会带来加工原理误差，但往往可以简化机床和刀具的设计和制造，提高生产效率，降低生产成本，有时甚至能获得高的加工精度，因此只要加工原理误差不超过规定的加工精度要求，在生产中仍能得到广泛使用。

4.2.2 工艺系统的几何误差

1. 机床几何误差

机床几何误差中对工件加工精度影响较大的误差有主轴回转误差、导轨误差和传动误差。制造误差、安装误差和使用过程中的磨损会影响其大小。

（1）主轴回转误差。机床主轴是用来装夹工件或刀具，并传递运动和动力的重要零件，其回转精度是评价机床精度的一项很重要的指标。主轴回转误差直接影响被加工工件的形状精度和位置精度。**主轴回转误差是指主轴实际回转轴线相对于理想回转轴线的变动量。** 理想回转轴线用平均回转轴线代替，用最小二乘法确定。

主轴回转误差可分解为径向圆跳动、轴向圆跳动和角度摆动三种基本形式，如图4.6所示。

① 径向圆跳动。径向圆跳动是指主轴瞬时回转轴线相对于平均回转轴线在径向的变动量，如图4.6（a）所示。车削外圆时，径向圆跳动使加工表面产生圆度误差和圆柱度误差，但它对工件端面的加工无直接影响。

产生径向圆跳动误差的主要原因有主轴支承轴颈的圆度误差、轴承工作表面的圆度误差等。

② 轴向圆跳动。轴向圆跳动是指主轴瞬时回转轴线沿平均回转轴线方向的变动量，如图4.6（b）所示。车削端面时，轴向圆跳动使工件端面产生垂直度误差、平面度误差，导致工件端面与轴线不垂直，如图4.7（a）所示。如果主轴回转一周，来回跳动一次，则加工出的端面近似为螺旋面，向前跳动的半周形成右螺旋面，向后跳动的半周形成左螺旋面。加工螺纹时，主轴的轴向圆跳动会使单个螺距产生周期性误差，如图4.7（b）所示。

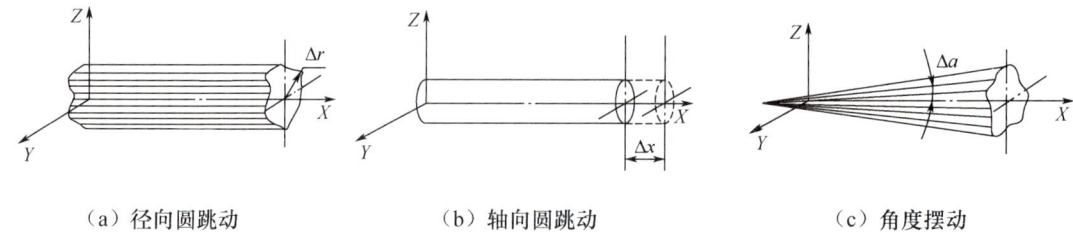

（a）径向圆跳动　　　　　（b）轴向圆跳动　　　　　（c）角度摆动

图 4.6　主轴回转误差的三种基本形式

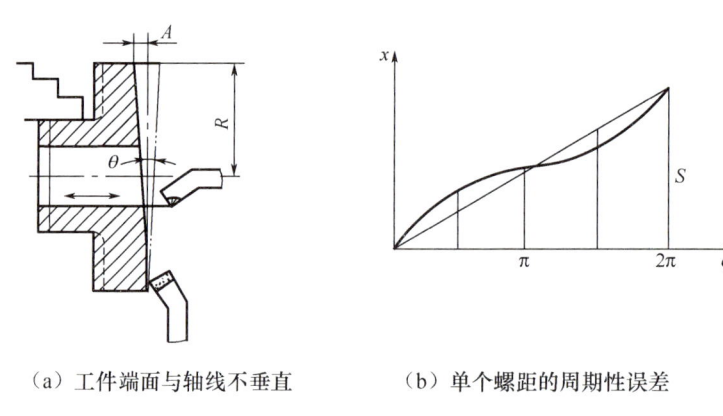

（a）工件端面与轴线不垂直　　　　（b）单个螺距的周期性误差

图 4.7　轴向圆跳动

产生轴向圆跳动的原因是主轴轴肩端面和推力轴承承载端面对主轴回转轴线有垂直度误差。

③ 角度摆动。角度摆动是指主轴瞬时回转轴线相对平均回转轴线成一倾斜角度的运动，如图 4.6（c）所示。车削时，它使加工表面产生圆柱度误差和端面的形状误差。

产生角度摆动的原因是箱体主轴孔各轴承孔的同轴度误差、主轴各段支承轴颈的同轴度误差、轴承间隙超差等。

值得注意的是，不同形式的主轴回转误差所造成的加工误差通常是不相同的，而同形式的主轴回转误差对于不同的加工方法所造成的加工误差也是不相同的。假设主轴径向圆跳动在水平方向上做简谐直线运动，其频率与主轴转速相同，在镗床上镗孔时将镗出椭圆形孔，而在车床上车削外圆时，车床主轴的径向圆跳动对车削出的外圆形状无太大影响，车削出的工件表面近似于正圆。

提高主轴的回转运动精度可以采取以下措施：提高主轴和箱体轴承孔的制造精度；选用高精度轴承；提高主轴部件的装配精度；对主轴部件进行动静平衡；对滚动轴承进行预紧等。

（2）导轨误差。床身导轨是确定机床主要部件的相对位置和运动的基准，所以机床成形运动中的直线运动精度主要取决于导轨精度，它的各项误差直接影响被加工工件的精度。下面以卧式车床导轨为例加以说明。

① 导轨在水平面内的直线度误差对加工精度的影响。如图 4.8 所示，导轨在水平面内的直线度误差 ΔY 发生于工件加工表面的法线方向上，即误差的敏感方向，故加工后导

轨的直线度误差 1∶1 地反映为工件半径加工误差，即 $\Delta R = \Delta Y$，对加工精度影响很大。

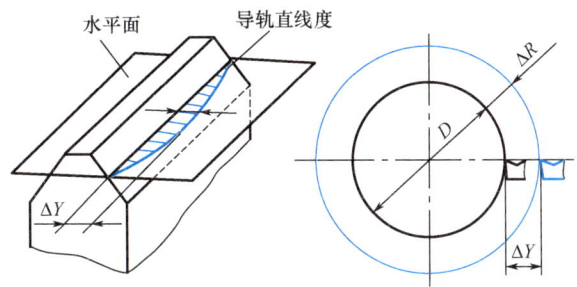

图 4.8　导轨在水平面内的直线度误差

② 导轨在垂直面内的直线度误差对加工精度的影响。如图 4.9 所示，导轨在垂直面内的直线度误差 ΔZ 发生于工件加工表面的切线方向上，即误差的不敏感方向，故加工后工件半径加工误差 $\Delta R = \dfrac{\Delta Z^2}{2R}$。设 $\Delta Z = 0.1 \mathrm{mm}$，$R = 50 \mathrm{mm}$，则 $\Delta R = \dfrac{0.1^2}{2 \times 50} = 0.0001(\mathrm{mm})$，与 ΔZ 相比，ΔR 可忽略不计，故导轨在垂直面内的直线度误差对加工精度影响很小。

【例 4-1】　一卧式车床导轨的直线度误差 $\Delta Y = \Delta Z = 0.2 \mathrm{mm}$，$R = 25 \mathrm{mm}$，试分别求出由 ΔY、ΔZ 引起的工件加工误差。

解：水平面工件的圆度误差为　$\Delta R_y = \Delta Y = 0.2 \mathrm{mm}$；

垂直面工件的圆度误差为　$\Delta R_z = \dfrac{\Delta Z^2}{2R} = \dfrac{0.2^2}{2 \times 25} = 0.0008(\mathrm{mm})$。

由上述计算可知，原始误差在误差敏感方向对加工精度影响更大。

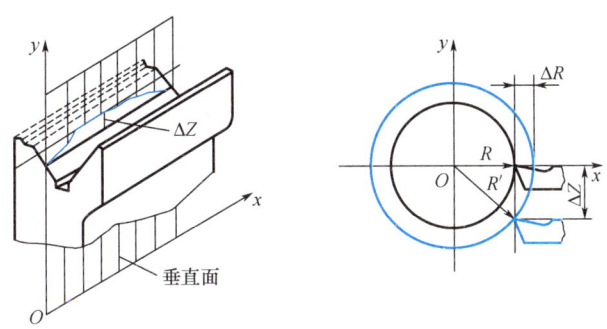

图 4.9　导轨在垂直面内的直线度误差

③ 前后导轨的平行度误差对加工精度的影响。如图 4.10 所示，当机床两导轨间有平行度误差时，刀架将产生偏转，刀架沿床身导轨做纵向进给运动时，刀尖的运动轨迹是一条空间曲线，因而引起工件产生圆柱度误差。由几何关系可求得

$$\Delta R = \Delta Y = H \tan \alpha \approx \dfrac{H}{B} \delta \tag{4-2}$$

一般车床 $\dfrac{H}{B} \approx \dfrac{2}{3}$，外圆磨床 $H \approx B$，因此车床和外圆磨床的导轨平行度误差对加工精度的影响不可忽略。

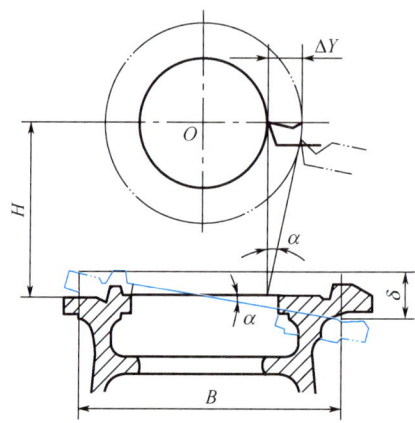

图 4.10 前后导轨的平行度误差对加工精度的影响

除了导轨本身的制造误差,导轨磨损也是造成导轨误差的重要原因。由于使用程度不同及受力不均,机床使用一段时间后,导轨沿全长上各段的磨损量不相等,并且在同一横截面上各导轨面的磨损量也不相等。导轨磨损会引起床鞍在水平面和垂直面内产生位移,并且有倾斜,从而造成刀具切削刃位置误差。

为减小导轨误差对工件加工精度的影响,在设计与制造机床时,可通过选用合适的导轨形状和导轨组合形式,采用耐磨合金铸铁导轨、镶钢导轨、贴塑导轨、滚动导轨,以及对导轨进行表面淬火处理等措施来提高导轨的耐磨性。在安装机床时,应进行水平校正并保证地基质量。在机床工作时,要注意调整导轨配合间隙,同时保证良好的润滑和维护。

(3)传动误差。机床传动链的传动误差是指内联系的传动链中首末两端传动件之间相对运动的误差。通常用传动链末端元件的转角误差来衡量。对于要求刀具和工件之间必须具有严格传动比关系的加工方法,如车螺纹、滚齿、插齿等,机床的传动误差是影响加工精度的主要因素。

图 4.11 所示为滚齿机传动系统图。在滚齿机上用单头滚刀加工直齿轮时,要求滚刀与工件之间有严格的运动关系,即滚刀转一转,工件转过一个齿。这种运动关系是由刀具与工件间的传动链来保证的。由于传动链中各传动件制造和安装都会存在一定的误差,因此每个传动件的误差都将通过传动链影响被切齿轮的加工精度。而且传动链中各传动件的位置不同,它们对加工精度的影响程度也不同。假设滚刀轴匀速旋转,齿轮 z_1 有转角误差 $\Delta_{\varphi 1}$,而其他传动件无误差,则由 $\Delta_{\varphi 1}$ 产生的工件转角误差为

$$\Delta_{\varphi 1n}=\Delta_{\varphi 1}\times\frac{80}{20}\times\frac{28}{28}\times\frac{28}{28}\times\frac{28}{28}\times\frac{42}{56}\times i_{差}\times\frac{e}{f}\times\frac{a}{b}\times\frac{c}{d}\times\frac{1}{72}=K_1\Delta_{\varphi 1} \qquad (4-3)$$

式中　　$i_{差}$——差动机构的传动比;

$\frac{e}{f}$、$\frac{a}{b}$、$\frac{c}{d}$——分齿挂轮的传动比;

K_1——齿轮 z_1 到末端元件的传动比,由于它反映了 z_1 的转角误差对末端元件传动精度的影响,故又称误差传递系数。

$$\Delta_{\varphi jn}=K_j\Delta_{\varphi j} \qquad (4-4)$$

式中　K_j——第 j 个传动件到末端元件的误差传递系数。

由于所有传动件都可能存在转角误差,因此被切齿轮的转角误差总和为

$$\sum \Delta_\varphi = \sum_{j=1}^{n} \Delta_{\varphi j n} = \sum_{j=1}^{n} K_j \Delta_{\varphi j} \tag{4-5}$$

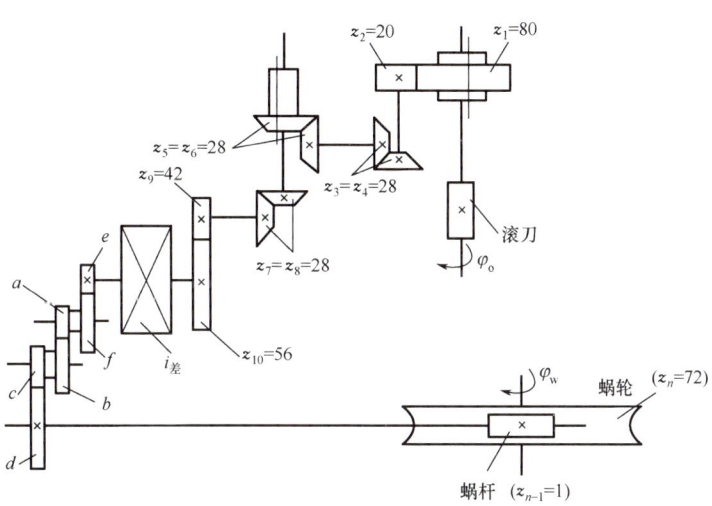

图 4.11 滚齿机传动系统图

减小传动链的传动误差可采取以下措施。

① 尽量缩短传动链的长度,机床传动链越短,传动副越少,传动误差也越小,这是减小传动链传动误差最根本的途径。

② 采用降速传动,即减小传动比,特别是传动链末端传动副的传动比,其值越小,传动链中各传动件误差对传动精度的影响就越小。

③ 提高传动件的制造精度和安装精度,尤其是末端传动件,其对工件的加工精度影响最大。

④ 加设校正装置,校正装置的实质是在原传动链中人为地加入一误差,其大小与传动链本身的误差相等而方向相反,从而使之相互抵消。

高精度螺纹加工机床常采用的机械式校正装置原理如图 4.12 所示。

采用机械式校正装置只能校正机床静态的传动误差,如果要校正机床动态传动误差,则需采用计算机控制的传动误差补偿装置。

2. 刀具误差

刀具误差包括制造误差和磨损误差。刀具误差对加工精度的影响根据刀具的种类不同而异。

(1) 一般刀具。一般刀具有车刀、铣刀、镗刀等,刀具的制造误差对加工精度无直接影响,因为加工面的形状由机床运动精度保证,尺寸由调整决定。但是,刀具磨损后对工件的加工精度有一定影响。

(2) 定尺寸刀具。定尺寸刀具有钻头、铰刀、键槽铣刀、拉刀等,加工时刀具的制造误差和磨损误差主要影响工件的尺寸精度。

(3) 成形刀具。成形刀具有成形车刀、成形铣刀、成形砂轮等,加工时刀具的制造误差和磨损误差主要影响工件的形状精度。

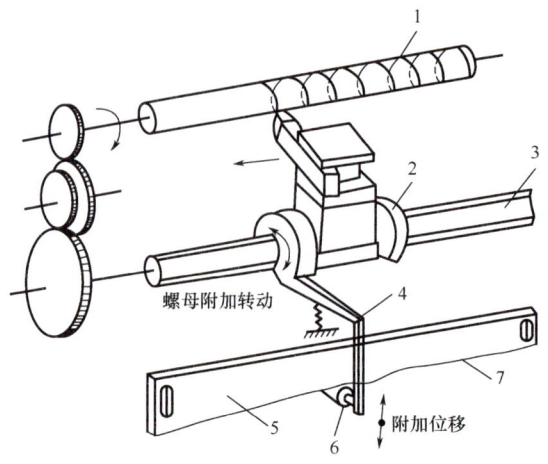

1—工件；2—螺母；3—传动丝杠；4—杠杆；5—校正尺；6—触头；7—校正曲线。

图 4.12 机械式校正装置原理

（4）展成刀具。展成刀具有齿轮滚刀、花键滚刀、插齿刀等，加工时零件的加工精度除受展成运动精度的影响外，刀刃的形状误差及刃磨、安装、调整的不正确都会影响加工表面的形状精度。

3. 夹具误差

夹具的作用是使工件相对于机床和刀具具有正确的位置，夹具误差直接影响加工工件的尺寸精度和位置精度。夹具误差主要包括定位元件、刀具导向元件、分度机构、夹具体等的制造误差，夹具装配后各元件工作面之间的相对尺寸误差，夹具在使用过程中工作表面的磨损造成的误差等。图 4.13 所示为钻孔夹具误差分析。其钻套中心线与夹具体上定位平面间的距离误差 L 直接影响工件孔中心线与底平面的尺寸精度。钻套中心线与夹具体上定位平面间的平行度误差直接影响工件孔中心线与底平面的平行度。钻套孔的直径误差影响工件孔与底平面的尺寸精度与平行度。在设计夹具时，夹具上所有影响工件加工精度的有关尺寸的制造公差均取为工件相应尺寸公差的 1/5～1/2。

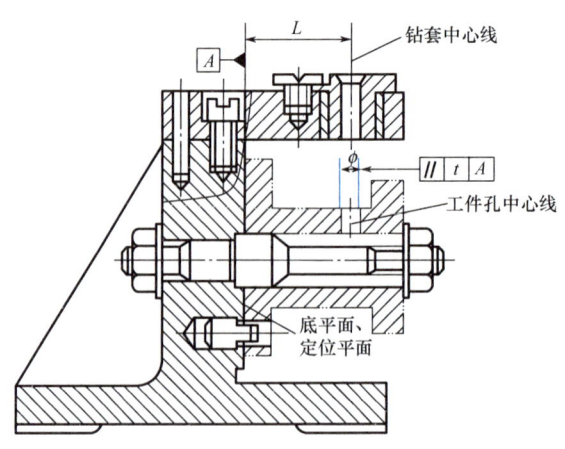

图 4.13 钻孔夹具误差分析

4．调整误差

在机械加工中，为了保证加工表面的加工精度，总要对机床、刀具和夹具进行调整。由于调整不可能绝对准确，因此难免带来一些原始误差，这就是调整误差。工艺系统的调整有试切法调整和调整法调整两种方式。

（1）试切法调整。试切法调整是对被加工工件进行试切、测量、调整、再试切，直到达到要求的加工精度。在单件、小批量生产中，常采用试切法调整。它的调整误差来源有以下几方面。

① 测量误差。测量工具的制造误差、读数误差及测量温度、测量力的变化引起的误差，它们都影响调整精度，造成加工误差。

② 进给机构的位移误差。在试切中，总是微量调节刀具的位置。在低速微量进给中，常会出现进给机构的"爬行"现象，使刀具调整的实际位移与刻度盘显示值不一致，造成加工误差。

③ 最小切削厚度造成的尺寸误差。精加工时，试切的最后一刀余量往往很小，若最小切削厚度小于刀具的切削刃口半径，则刀刃会在切削表面打滑，只起挤压而不起切削作用，由此产生尺寸误差。

（2）调整法调整。在成批、大量生产中，广泛采用调整法调整，产生误差的因素除试切法调整误差的因素，还有以下因素。

① 定程机构的误差。在自动机床、半自动机床或自动线上，广泛采用行程挡块、靠模、凸轮等机构保证工件加工尺寸，这些定程机构的制造精度和调整，以及与它们配合使用的离合器、电气开关、控制阀等的灵敏度，是调整误差的主要来源。

② 样件或样板的误差。在各种仿形机床、多刀机床和专用机床加工中，常采用专门的样件或样板来调整刀具与工件的位置。样板或样件的制造误差、安装误差和对刀误差是产生调整误差的重要因素。

5．定位误差

定位误差是因定位不准确而引起的误差，详见5.3。

4.2.3 工艺系统受力变形引起的加工误差

1．工艺系统刚度的概念

切削加工时，由机床、刀具、夹具和工件组成的工艺系统，在切削力、夹紧力、传动力、惯性力和重力等的作用下产生相应的变形，使刀具和工件在静态下调整好的相互位置，以及切削成形运动所需要的正确几何关系发生变化，从而产生加工误差。

如图4.14（a）所示，在车削细长轴时，在切削力的作用下工件因弹性变形而产生"让刀"现象，使加工出的轴出现中间粗两头细的圆柱度误差。如图4.14（b）所示，在车削粗而短的光轴时，由于机床主轴箱、尾座受力变形，工件产生马鞍形的形状误差。如图4.14（c）所示，在内圆磨床上以横向切入法磨孔时，由于内圆磨头主轴弯曲变形，磨出的孔会出现圆柱度误差（锥度）。

由此可见，工艺系统受力变形是加工中一项很重要的原始误差。事实上，它不仅影响

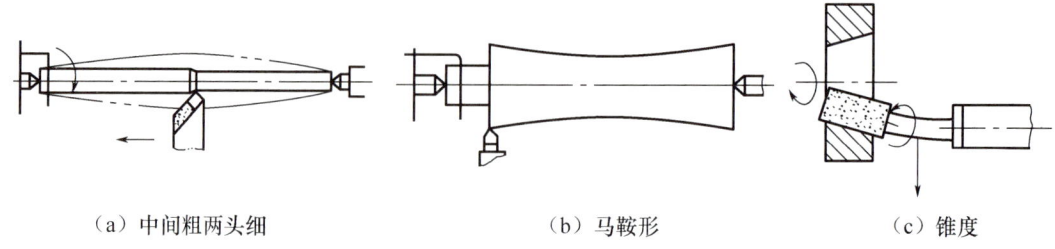

(a) 中间粗两头细　　　　　　　(b) 马鞍形　　　　　　　(c) 锥度

图 4.14　工艺系统受力变形引起的加工误差（圆柱度误差）

加工精度，还影响加工表面质量，限制生产效率的提高。

任何一个物体受力后总要产生一定的弹性变形，作用力 F 与其作用下产生的位移量 y 的比值 $k=F/y$，称为物体的刚度。对于机械加工系统，从影响机械加工精度方面考虑，被加工表面法线方向（误差敏感方向）的变形对加工精度影响最大，因而**工艺系统的刚度定义为作用于被加工表面法线方向上的总切削分力 F_y 与工艺系统在该方向上总的位移量 y 的比值**，即

$$k_{系}=\frac{F_y}{y} \tag{4-6}$$

式中　$k_{系}$——工艺系统的刚度，N/mm；

F_y——切削表面法线方向上的总切削分力，N；

y——工艺系统在法线方向上总的位移量，mm。

注意，式（4-6）中的 y 不只是 F_y 作用的结果，而是由 F_y、F_c、F_x 同时作用的综合结果。$y=y_{F_y}+y_{F_c}+y_{F_x}$，其中 y_{F_y}、y_{F_c}、y_{F_x} 为在 F_y、F_c、F_x 各切削分力的作用下工艺系统在 y 方向产生的位移量；F_y 为背向力 F_p 和进给力 F_f 在平行于基面并垂直于机床主轴中心线方向上投影之和，F_x 为背向力 F_p 和进给力 F_f 在机床主轴中心线方向上投影之和。

由于工艺系统由机床、刀具、夹具和工件组成，因此工艺系统在某一处的受力变形量应是各组成环节变形量的叠加，即

$$y_{系}=y_{机床}+y_{刀具}+y_{夹具}+y_{工件} \tag{4-7}$$

式中　$y_{机床}$、$y_{刀具}$、$y_{夹具}$、$y_{工件}$——机床、刀具、夹具、工件的变形量。根据工艺系统刚度的定义可知，$k_{机床}=\dfrac{F_y}{y_{机床}}$，$k_{刀具}=\dfrac{F_y}{y_{刀具}}$，$k_{夹具}=\dfrac{F_y}{y_{夹具}}$，$k_{工件}=\dfrac{F_y}{y_{工件}}$，将它们代入式（4-7），得

$$\frac{1}{k_{系}}=\frac{1}{k_{机床}}+\frac{1}{k_{刀具}}+\frac{1}{k_{夹具}}+\frac{1}{k_{工件}} \tag{4-8}$$

式（4-8）表明**工艺系统刚度的倒数等于工艺系统各组成环节刚度的倒数之和。工艺系统的刚度主要取决于薄弱环节的刚度**。若已知工艺系统各组成环节的刚度，即可求得工艺系统的刚度。

2. 机床刚度的测定

机床结构较为复杂，它由许多零部件组成，其刚度值主要采用实验方法进行测定。

（1）单向静载测定法。单向静载测定法是在机床不工作的状态下，模拟切削过程中的主要切削力，对机床部件施加静载荷并测定其变形量，通过计算求出机床的静刚度。图 4.15 所示为单向静载测定车床刚度示意图。在卧式车床两顶尖间装一根粗而短的心轴，

刀架上装螺旋加力器,在心轴与螺旋加力器之间装上测力环。当转动螺旋加力器上的螺钉时,测力环的指示表中即可显示刀架与心轴之间作用力 F_y 的大小,此力就作为模拟的径向切削力。主轴箱、尾座及刀架受力后的变形量 $y_{主轴}$、$y_{尾座}$、$y_{刀架}$ 可由千分表读出。由于工件(心轴)刚度很大,计算时工件变形可忽略不计,由此可求得机床各部件的刚度为 $k_{主轴}=F_y/(2y_{主轴})$,$k_{尾座}=F_y/(2y_{尾座})$,$k_{刀架}=F_y/y_{刀架}$。

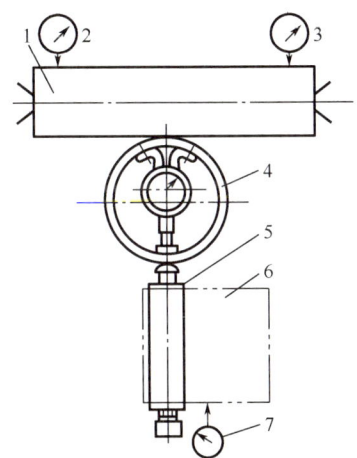

1—心轴;2、3、7—千分表;4—测力环;5—螺旋加力器;6—刀架。

图 4.15 单向静载测定车床刚度示意图

计算出各部件的刚度 $k_{主轴}$、$k_{尾座}$、$k_{刀架}$ 后,就可以通过计算得到机床的刚度。当刀架处于图示位置时,工艺系统的变形量为

$$y_{系}=y_{刀架}+\frac{1}{2}(y_{主轴}+y_{尾座})$$

由刚度定义,上式可写为

$$\frac{F_y}{k_{系}}=\frac{F_y}{k_{刀架}}+\frac{1}{2}\left(\frac{F_y}{2k_{主轴}}+\frac{F_y}{2k_{尾座}}\right)$$

由此得到

$$\frac{1}{k_{系}}=\frac{1}{k_{刀架}}+\frac{1}{4k_{主轴}}+\frac{1}{4k_{尾座}}$$

在设计的机床刚度测定装置中,$k_{工件}$、$k_{刀具}$、$k_{夹具}$ 相对较大,在测定力的作用下其变形可忽略不计,由式(4-7)可知 $k_{系}\approx k_{机床}$,即

$$\frac{1}{k_{机床}}=\frac{1}{k_{刀架}}+\frac{1}{4k_{主轴}}+\frac{1}{4k_{尾座}}$$

单向静载测定法简单易行,但与机床加工时的受力状况差别较大,故一般只用来比较机床部件的刚度。

(2)工作状态测定法。模拟实际车削受力 F_y、F_c、F_x 的比值,从 x、y、z 三个方向加载,这样测定的机床刚度比较接近实际情况。

3. 机床部件刚度

图 4.16 所示为中心高 200mm 的车床刀架部件的刚度曲线,该刚度曲线列出了三次加

载、卸载过程中刀架部件的变形情况。由图可以看出，该刚度曲线有以下特点。

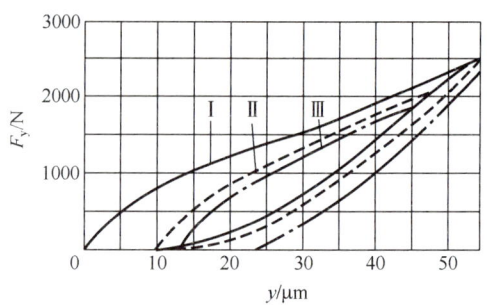

Ⅰ——次加载；Ⅱ—二次加载；Ⅲ—三次加载。

图 4.16　中心高 200mm 的车床刀架部件的刚度曲线

（1）刚度曲线不是直线，变形和载荷不成线性关系，这说明机床部件的变形不纯粹是弹性变形。

（2）加载与卸载曲线不重合，两曲线间包容的面积代表了加载和卸载循环中所损失的能量，也就是消耗在克服部件内零件间的摩擦和接触塑性变形所做的功。

（3）第一次加载、卸载后曲线不能回到原点，说明部件存在残余变形。在反复加载、卸载后，残余变形逐渐接近于零。

（4）部件的实际刚度远比按实体结构的估算值小。这主要是由于部件由多个零件组成，受到零件接触表面间接触变形、薄弱零件本身变形、配合间隙和摩擦力的影响等。

4．工艺系统刚度对加工精度的影响

（1）工艺系统刚度变化引起的加工误差。

① 机床刚度对加工精度的影响。以安装在车床前后两顶尖间工件的车削加工为例，工艺系统受力变形如图 4.17 所示。假设工件和刀具的刚度较大，其变形小到可以忽略不计，此时工艺系统的变形只考虑机床的变形，即机床主轴箱、尾座和刀架的变形。又假设工件的加工余量均匀，加工过程中的切削力保持不变，即刀架的变形也保持不变。对于图 4.17 所示的工况，则有

$$y_{系} \approx y_{刀架} + y_x = y_{刀架} + y_{主轴} + (y_{尾座} - y_{主轴})\frac{x}{l}$$

设作用在主轴箱和尾座上的径向力分别为 $F_{主轴}$ 和 $F_{尾座}$，可求得

$$F_{主轴} = F_y \frac{l-x}{l}$$

$$F_{尾座} = F_y \frac{x}{l}$$

则

$$y_{系} \approx y_{刀架} + y_x = F_y\left[\frac{1}{k_{刀架}} + \frac{1}{k_{主轴}}\left(\frac{l-x}{l}\right)^2 + \frac{1}{k_{尾座}}\left(\frac{x}{l}\right)^2\right] \qquad (4-9)$$

工艺系统的刚度为

$$k_{系} = \frac{F_y}{y_{系}} = \frac{1}{\dfrac{1}{k_{刀架}} + \dfrac{1}{k_{主轴}}\left(\dfrac{l-x}{l}\right)^2 + \dfrac{1}{k_{尾座}}\left(\dfrac{x}{l}\right)^2} \qquad (4-10)$$

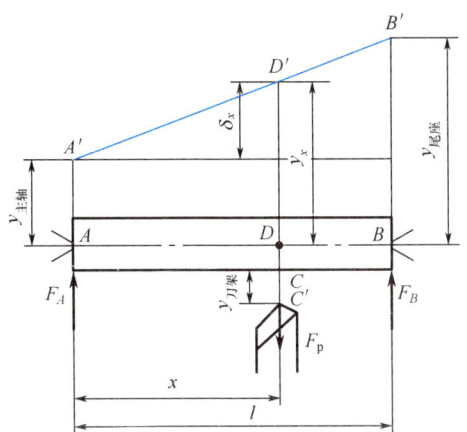

图 4.17 车削加工时工艺系统受力变形

由此可见，随着刀具切削点位置的变化，工艺系统的变形是变化的，显然这是工艺系统刚度随切削点位置变化而变化所致。

由式（4-9）可见，工艺系统的总变形 $y_{系}$ 是刀具进给位置 x 的二次函数，变形量还与系统刚度大小有关。因此车削后的工件沿轴向呈抛物线形状，即中间小、两头大的马鞍形，如图 4.18 所示。工艺系统刚度越小，加工误差越明显。

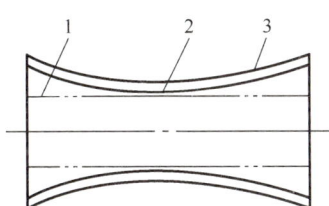

1—机床不变形的理想形状；2—考虑主轴箱、尾座变形的情况；
3—考虑刀架变形的情况。

图 4.18 车削后的工件形状

运用高等数学求最大值和最小值的方法，由式（4-9）可得最小变形量和最大变形量为

$$\begin{cases} y_{系min} = \dfrac{F_y}{k_{刀架}} + \dfrac{F_y}{k_{主轴}+k_{尾座}} \\ y_{系max} = \dfrac{F_y}{k_{刀架}} + \dfrac{F_y}{k_{尾座}} \end{cases} \quad (4-11)$$

在图 4.17 所示的切削条件下，加工工件产生的加工误差为

$$\Delta_y = y_{系max} - y_{系min} = \dfrac{F_y}{k_{尾座}} - \dfrac{F_y}{k_{主轴}+k_{尾座}}$$

【例 4-2】 在车床上用两顶尖定位车削加工一根长为 l 的刚性轴，已知 $k_{主轴} = 3 \times 10^5 \text{N/mm}$，$k_{刀架} = 3 \times 10^4 \text{N/mm}$，$k_{尾座} = 5 \times 10^4 \text{N/mm}$，径向切削分力 $F_y = 4 \times 10^3 \text{N}$。假设工件刚度、刀具刚度、夹具刚度相对比较大，其变形可忽略不计。试计算工件加工后产生的形状误差。

解：
$$y_{系min} = \frac{F_y}{k_{刀架}} + \frac{F_y}{k_{主轴}+k_{尾座}} = \frac{4\times10^3}{3\times10^4} + \frac{4\times10^3}{3\times10^5+5\times10^4} \approx 0.145(\text{mm})$$

$$y_{系max} = \frac{F_y}{k_{刀架}} + \frac{F_y}{k_{尾座}} = \frac{4\times10^3}{3\times10^4} + \frac{4\times10^3}{5\times10^4} \approx 0.213(\text{mm})$$

所以由工艺系统刚度引起的工件圆柱度误差为

$$\Delta_y = y_{系max} - y_{系min} = 0.213 - 0.145 = 0.068(\text{mm})$$

② 工件刚度对加工精度的影响。若在两顶尖间车削刚度很小的细长轴，可将机床、刀具的变形忽略不计，则工艺系统的变形主要是工件的变形。可由材料力学的计算公式计算工件在刀具切削点的变形量为

$$y_{工件} = \frac{F_y}{3EI} \frac{(l-x)^2 x^2}{l} \tag{4-12}$$

式中　E——工件材料的弹性模量，N/mm^2；

　　　I——工件截面的惯性矩，mm^4。

显然，当 $x=0$ 或 $x=l$ 时，$y_{工件min}=0$；当 $x=l/2$ 时，$y_{工件max}=\frac{F_y l^3}{48EI}$，工件呈两头小、中间大的腰鼓形。

同时考虑机床的变形和工件的变形，工艺系统的总变形为二者的叠加（本例刀具的变形忽略不计）。

$$y_{系} = F_y\left[\frac{1}{k_{刀架}} + \frac{1}{k_{主轴}}\left(\frac{l-x}{l}\right)^2 + \frac{1}{k_{尾座}}\left(\frac{x}{l}\right)^2 + \frac{(l-x)^2 x^2}{3EIl}\right] \tag{4-13}$$

（2）切削力变化引起的加工误差。加工过程中，毛坯加工余量和工件材料硬度不均匀等，会引起切削力变化，使工艺系统的变形也随之发生变化，从而导致工件产生尺寸误差、形状误差和位置误差。下面以车削加工一个具有椭圆形误差的毛坯为例加以说明。

如图 4.19 所示，车削加工时，把车刀调整到加工要求的尺寸，即双点画线圆的位置，在工件每转一转过程中，背吃刀量在最大值 a_{p1} 到最小值 a_{p2} 之间变化，由于背吃刀量不同，切削力也相应从最大值 F_{y1} 到最小值 F_{y2} 之间变化，工艺系统变形量也在最大值 y_1 到最小值 y_2 之间变化。a_{p1} 对应产生的变形 y_1，a_{p2} 对应产生的变形 y_2，由于 $y_1>y_2$，因此车削后的工件截面形状仍为椭圆形。以此类推，待加工表面有什么误差，加工后工件表面也会出现同样性质的误差。这种由于工艺系统受力大小变化的影响，使工件加工后保留与

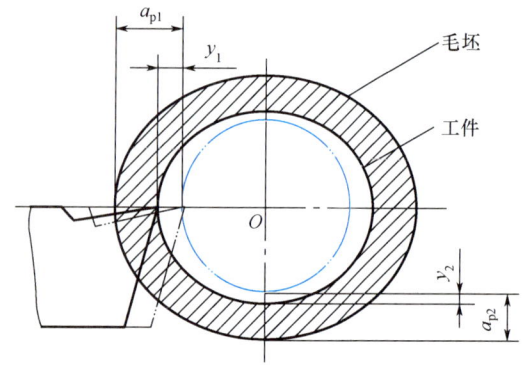

图 4.19　毛坯形状误差的复映

毛坯类似的尺寸误差、形状误差和位置误差的现象，称为误差复映。加工前后误差的比值称为误差复映系数，用 ε 表示，它表明了误差复映程度。

设毛坯的误差为 $\Delta_{毛坯}$，加工后工件的误差为 $\Delta_{工件}$，则误差复映系数 ε 为

$$\varepsilon = \frac{\Delta_{工件}}{\Delta_{毛坯}} = \frac{y_1 - y_2}{a_{p1} - a_{p2}} = \frac{F_{y1} - F_{y2}}{k_{系}(a_{p1} - a_{p2})} \tag{4-14}$$

因为 $\Delta_{工件}$ 总是小于 $\Delta_{毛坯}$，所以 ε 小于 1，它定量地反映了毛坯误差经加工后减小的程度。

假设进给方向与机床主轴平行，由切削原理可知

$$F_y = C_{F_y} a_p^{x_{F_y}} f^{y_{F_y}} v_c^{n_{F_y}} K_{F_y}$$

式中　　C_{F_y}——与刀具几何参数及切削条件有关的系数；

x_{F_y}、y_{F_y}、n_{F_y}——表示各因素对切削力的影响程度指数；

K_{F_y}——不同加工条件对各切削分力的影响修正系数。

在工件材料硬度均匀，刀具、切削条件和进给量一定的情况下，式中除背吃刀量 a_p 外，其他参数均为常数。令 $C_{F_y} f^{y_{F_y}} v_c^{n_{F_y}} K_{F_y} = C$，式（4-14）可写为 $F_y = C a_p^{x_{F_y}}$。在车削加工中，背吃刀量指数 $x_{F_y} = 1$，则有

$$F_y = C a_p$$

由此知

$$F_{y1} = C(a_{p1} - y_1), \quad F_{y2} = C(a_{p2} - y_2)$$

因 y_1、y_2 相对于 a_{p1}、a_{p2} 小很多，可忽略不计，则有

$$F_{y1} = C a_{p1}, \quad F_{y2} = C a_{p2}$$

代入式（4-14），得

$$\varepsilon = \frac{C(a_{p1} - a_{p2})}{k_{系}(a_{p1} - a_{p2})} = \frac{C}{k_{系}} \tag{4-15}$$

由式（4-15）可知，ε 与 $k_{系}$ 成反比，说明工艺系统刚度越大，误差复映系数越小，加工后复映到工件上的误差值也就越小。

如果已知某加工工序的误差复映系数，就可以通过测量待加工表面的误差值来估算加工后工件的误差值。

若某一工件需要分几次走刀加工，每次走刀的误差复映系数分别为 $\varepsilon_1, \varepsilon_2, \varepsilon_3, \cdots \varepsilon_n$，则总的复映系数

$$\varepsilon_{总} = \varepsilon_1 \varepsilon_2 \varepsilon_3 \cdots \varepsilon_n \tag{4-16}$$

因为每次切削的误差复映系数 $\varepsilon_i < 1$，所以总的误差复映系数 $\varepsilon_{总}$ 将是一个很小的数值。经过几次加工后，加工误差也就能降到允许范围内了。

【例 4-3】　在车床上镗短套筒工件孔，毛坯孔的圆柱度误差 $\Delta_{毛坯} = 1.2 \text{mm}$，系数 $C = 2 \times 10^3 \text{N/mm}$，并且只考虑切削力大小变化的影响，试求：

(1) 若 $k_{系} = 2 \times 10^4 \text{N/mm}$，镗一次后，工件孔的圆柱度误差 $\Delta_{工件}$；

(2) 假设每次走刀复映系数 ε 相同，若镗孔后使 $\Delta_{工件} \leqslant 0.05 \text{mm}$，则需镗几次？

(3) 若镗一次后使 $\Delta_{工件} \leqslant 0.1 \text{mm}$，则 $k_{系}$ 应为多少？

解：(1) 由式（4-14）和式（4-15）知

$$\varepsilon = \frac{\Delta_{工件}}{\Delta_{毛坯}} = \frac{C}{k_{系}}$$

则镗一次后,工件孔的圆柱度误差为

$$\Delta_{工件}=\frac{\Delta_{毛坯}C}{k_{系}}=\frac{1.2\times 2\times 10^3}{2\times 10^4}=0.12(\text{mm})$$

(2) 由式(4-15)得

$$\varepsilon=\frac{C}{k_{系}}=\frac{2\times 10^3}{2\times 10^4}=0.1$$

由式(4-14)知第一次走刀后工件误差为

$$\Delta_{工件1}=\varepsilon\Delta_{毛坯}=0.1\times 1.2=0.12(\text{mm})$$

故一次走刀达不到要求。

第二次走刀后工件误差为

$$\Delta_{工件2}=\varepsilon\Delta_{工件1}=0.1\times 0.12=0.012\text{mm}<0.05\text{mm}$$

所以镗孔后使$\Delta_{工件}\leqslant 0.05$mm,则需镗两次。

(3) 由式(4-14)和式(4-15)知

$$k_{系}\geqslant\frac{C\Delta_{毛坯}}{\Delta_{工件}}=\frac{2\times 10^3\times 1.2}{0.1}=2.4\times 10^4(\text{N/mm})$$

(3) 夹紧力变化引起的加工误差。对于刚性较差工件,夹紧力引起的加工误差就不容忽视。例如,图4.20(a)所示的薄壁套筒装在自定心卡盘(三爪卡盘)上镗孔,夹紧后套筒孔会产生弹性变形,镗孔后,孔为正圆形,但在松开自定心卡盘后,薄壁套筒弹性恢复,使孔产生形状误差。为减小由此引起的加工误差,可在薄壁套筒外边套上一个开口薄壁过渡环[图4.20(b)]或采用专用卡爪夹紧[图4.20(c)],使夹紧力沿圆周均匀分布。

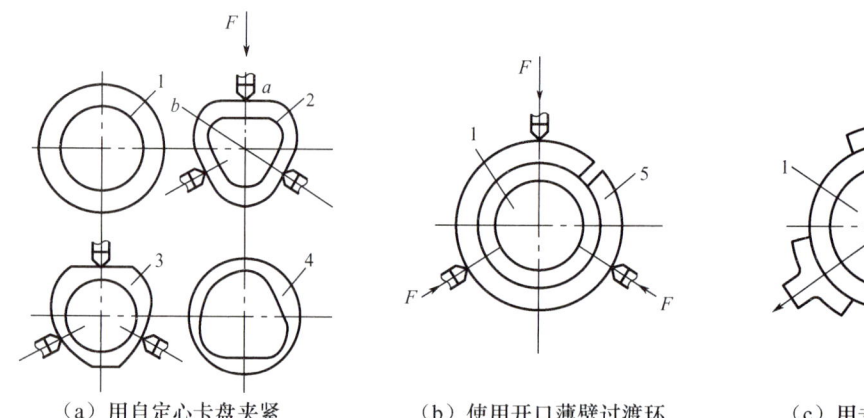

(a) 用自定心卡盘夹紧 (b) 使用开口薄壁过渡环 (c) 用专用卡爪夹紧

1—工件;2—工件夹紧后;3—工件镗孔后;4—工件松开后;5—开口薄壁过渡环;6—专用卡爪。

图 4.20 夹紧力变化引起的加工误差

又如,磨削加工图4.21所示的薄片工件时,假定毛坯翘曲,当它被电磁工作台的吸盘吸紧时会产生弹性变形,磨削后取下工件,工件弹性恢复,使已磨平的工件表面又产生翘曲。改进办法是在工件与吸盘之间垫一层薄橡胶垫,当工作台吸紧工件时,橡胶垫受到不均匀的压缩,使工件变形减小,翘曲部分就被磨去。如此进行,就可得到较平直的工件表面。

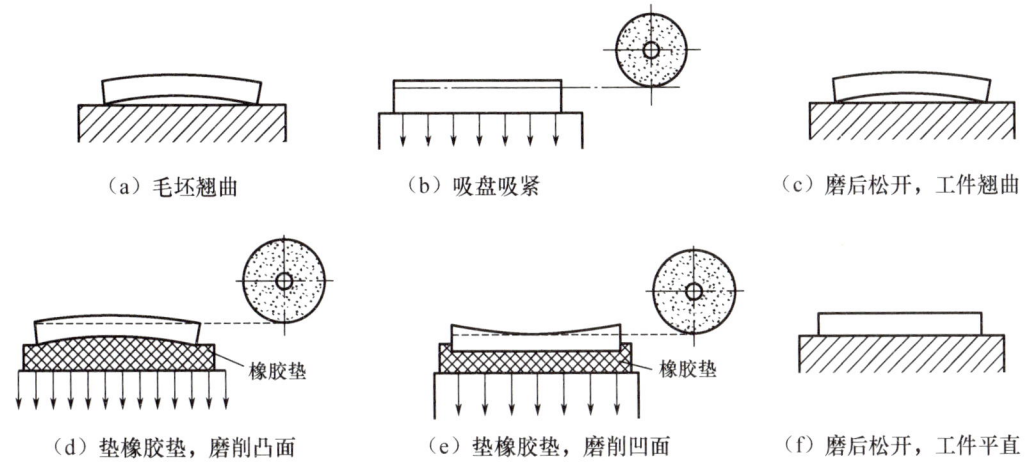

图 4.21　薄片工件的磨削加工

（4）重力引起的加工误差。工艺系统有关零部件自身的重力所引起的相应变形也会造成加工误差。例如，大型立式车床刀架的自重引起横梁变形，分别造成了工件端面的平面度误差［图 4.22（a）］和外圆上的圆柱度误差［图 4.22（b）］。工件的直径越大，加工误差就越大。

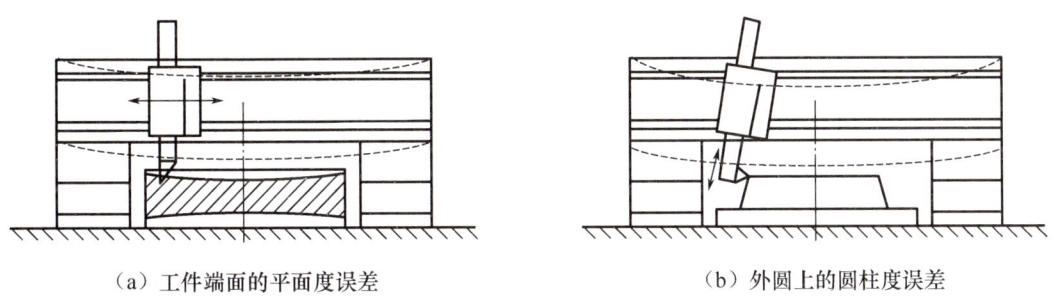

图 4.22　重力引起的加工误差

5. 减小工艺系统受力变形对加工精度影响的措施

在生产实际中，减小工艺系统受力变形常从两个主要方面采取措施：一是提高工艺系统的刚度，二是减小载荷及其变化。

（1）提高工艺系统的刚度。提高工艺系统的刚度，应首先提高其组成部分中最薄弱环节的刚度，主要有以下几种途径。

① 合理设计结构。在设计工艺装备时，应尽量减少连接面数目，并注意刚度的匹配，防止有局部低刚度环节出现。在设计基础件、支承件（如机床床身、立柱、横梁和夹具体）等构件时，应合理选择零件结构和截面形状。一般来说，零件截面积相等时，空心截面比实心截面刚度高，封闭截面比开口截面刚度高。在部件适当部位增添加强筋和肋板等也可得到较大刚度。

② 提高接触刚度。部件的接触刚度大大低于同外形的实体零件刚度，所以提高接触刚度是提高工艺系统刚度的关键。

a. 提高机床部件中零件间接合表面的质量。提高机床导轨的刮研质量、提高顶尖锥体同主轴及尾座套筒锥孔的接触质量、多次修研中心孔等都是生产中提高接触刚度的有效措施。

b. 给机床部件加预载荷。此措施常用于各类轴承、滚珠丝杠螺母副的调整。给机床部件加预载荷可消除接合面间的间隙，增加实际接触面积，减少受力后的变形量。

c. 提高工件定位基准面的加工精度和减小表面粗糙度。工件的定位基准面一般承受夹紧力和切削力，如果定位基准面的尺寸误差、形状误差较大，表面粗糙度值较大，就会产生较大的接触变形。例如，在外圆磨床上磨轴，若轴的中心孔加工质量不高，则不仅会影响定位精度，而且会引起较大的接触变形。

③ 采用合理的装夹方式。例如，在卧式铣床上铣削角铁形零件，如按图 4.23（a）所示的立式装夹方式，工艺系统的刚度较低，如改用图 4.23（b）所示的卧式装夹方式，不仅可以增大定位基面的面积，还可以使夹紧点更靠近加工表面，工艺系统的刚度可大大提高。再如，加工细长轴时，如改为反向走刀（从床头向尾座方向进给），使工件从原来的轴向受压变为轴向受拉，也可提高工艺系统的刚度。

此外，增加辅助支承也是提高工艺系统刚度的常用方法。例如，加工细长轴时采用中心架或跟刀架就是很典型的实例。

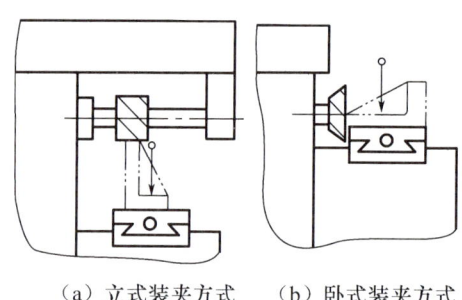

(a) 立式装夹方式　　(b) 卧式装夹方式

图 4.23　铣削角铁形零件的两种装夹方式

（2）减小切削力及其变化。合理地选择刀具材料、增大刀具前角和使主偏角接近 90°、适当减小进给量和背吃刀量、对工件进行合理的热处理等都可以减小切削力（特别是 F_y），从而减小工艺系统受力变形。将毛坯分组，使一次调整中加工的毛坯余量比较均匀，就能减小切削力的变化，减小复映误差。

4.2.4　工艺系统受热变形引起的加工误差

在机械加工过程中，工艺系统会受到各种热的影响而产生热变形，破坏刀具与工件的正确位置关系，使工件产生加工误差。热变形对加工精度的影响较大，特别是在精密加工和大件加工中，热变形所引起的加工误差通常会占到工件加工总误差的 40%～70%。

1. 工艺系统的热源

工艺系统的热变形是加工过程中存在各种热源引起的。热源分为内部热源和外部热源两大类。

(1) 内部热源。内部热源包括切削热和摩擦热等，它们产生于工艺系统内部，其热量主要以热传导的形式传递。

① 切削热。在切削过程中，切削热是由切削层金属的弹性变形、塑性变形及刀具与工件、切屑间的摩擦所产生的，是工件和刀具产生热变形的主要热源，对工件加工精度的影响最为直接。切削热由工件、刀具、切屑、切削液及周围介质传出，不同的加工方法，工艺系统中各部分传导的热量不同。例如，车削加工中，切屑带走的热量最多，可达50%~80%；传给工件的热量次之，约占30%；而传给刀具的热量一般不超过5%。对于铣削加工和刨削加工，传给工件的热量一般小于30%。对于钻削加工和镗孔加工，传给工件的热量超过50%。对于磨削加工，磨屑带走的热量很少，传入工件的热量超过80%，使磨削表面温度高达800~1000℃。

② 摩擦热。工艺系统中的摩擦热主要是由机床和液压系统中的运动部件产生的，如机床中的电动机、轴承、齿轮副、摩擦片离合器、溜板和导轨、丝杠和螺母、液压泵和阀等。摩擦热是机床热变形的主要热源，虽然摩擦热比切削热少，但摩擦热在工艺系统中局部发热，会引起局部温升和热变形，破坏了工艺系统原有的几何精度，严重影响加工精度。

(2) 外部热源。外部热源包括环境温度和辐射热等，它们对加工精度的影响有时也不可忽视，特别是加工大型、精密工件时，其影响更为明显。

① 环境温度。在工件加工过程中，环境温度随季节气温、昼夜温度、地基温度、空气对流等的影响而变化，从而造成工艺系统温度的变化，影响工件的加工精度。

② 辐射热。在工件加工过程中，阳光、照明、取暖设备等都会产生辐射热，致使工艺系统产生热变形。例如，靠近窗口的机床受日光照射，上午和下午照射的位置和强度不同，机床的温升和热变形也不同。大型零件受日光照射也会使零件上各部位温度不均而造成形状改变。

此外，人体的体温也是一种外部热源，在精密零件加工和测量中是一项造成误差的不可忽视的因素。

工艺系统在各种热源作用下，温度会逐渐升高，同时它们也通过各种传热方式向周围介质散发热量。当工件、刀具和机床的温度达到某一数值时，单位时间内传出的热量与传入的热量趋于相等，工艺系统就达到热平衡状态。在热平衡状态下，工艺系统各部分的温度保持在一个相对固定的数值上，工艺系统的热变形趋于相对稳定。

2. 工艺系统热变形对加工精度的影响

(1) 工件热变形对加工精度的影响。使工件产生热变形的主要热源是切削热，对于精密零件，环境温度和辐射热也不容忽视。工件的热变形可以归纳为以下两种情况来分析。

① 工件受热比较均匀。轴类、套类、盘类零件的内、外圆加工时，切削热比较均匀地传入。如不考虑工件温升后的散热，则其温度沿工件全长和圆周的分布都是比较均匀的，可近似地看成均匀受热，因此其热变形可以按物理学计算热膨胀的公式求出。

长度上的热变形量 ΔL 为

$$\Delta L = \alpha L \Delta t \qquad (4-17)$$

直径上的热变形量 ΔD 为

$$\Delta D = \alpha D \Delta t \tag{4-18}$$

式中 L、D——工件长度、直径（mm）；

　　　α——工件材料的线膨胀系数（℃$^{-1}$），如钢的线膨胀系数为 1.17×10^{-5}℃$^{-1}$；

　　　Δt——工件的平均温升（℃）。

一般来说，工件热变形在精加工中影响比较严重，特别是对长度很大而精度要求很高的零件。例如，磨削长度为 3m 的丝杠，若被磨丝杠的温度比机床母丝杠温度高 3℃，则被磨丝杠将伸长 $\Delta L = 3000 \times 1.17 \times 10^{-5} \times 3 \approx 0.105$(mm)，而 6 级丝杠的螺距累积误差在全长上不允许超过 0.02mm，由此可见热变形对精密加工件的影响是很大的。

在粗加工时，通常不考虑工件的热变形对加工精度的影响。但是，在工序集中的场合下，粗加工的工件热变形就不容忽视，通常在安排工艺过程时，尽可能把粗加工和精加工分开在两个工序中进行，以使工件在粗加工后有足够的冷却时间。

② 工件受热不均匀。铣削、刨削、磨削工件时，工件只是在单面受到切削热作用，上下表面间的温差将导致工件向上拱起，加工时中间凸起部分被切去，冷却后工件变成下凹形，造成平面度误差。

例如，磨削加工图 4.24 所示的薄板类工件，工件长 L、厚 H，由于中心角 φ 很小，因此中性层的弦长近似为原长 L，其热变形挠度 ΔH 可做近似计算，即

$$\Delta H = \frac{L}{2} \tan \frac{\varphi}{4} \approx \frac{L}{8} \varphi$$

由于

$$\alpha L \Delta t = \overset{\frown}{BD} - \overset{\frown}{AC} = (AO + AB)\varphi - AO\varphi = AB\varphi = H\varphi$$

因此

$$\varphi = \frac{\alpha L \Delta t}{H}$$

将 φ 代入热变形挠度计算公式，得

$$\Delta H \approx \frac{\alpha L^2 \Delta t}{8H} \tag{4-19}$$

由式（4-19）可知，工件长度 L 越大，厚度 H 越小，热变形挠度 ΔH 就越大。为减少工件热变形，通常采取的措施是在切削时使用充分的冷却液以减小切削表面的温升；也可采用误差补偿的方法，即在装夹工件时，使工件上表面产生微凹的夹紧变形，以此来补偿切削时工件单面受热变形而引起的误差。

(2) 刀具热变形对加工精度的影响。刀具热变形主要是由切削热引起的。通常传入刀具的热量并不太多，但由于热量集中在切削部分，并且刀体尺寸小，热容量小，因此仍会有很高的温升。例如，车削加工时，高速钢车刀切削刃表面温度可达 600℃，刀具热伸长为 0.03~0.05mm；而硬质合金刀具切削刃表面温度可达 1000℃ 以上。

图 4.25 所示为车刀热变形曲线。连续切削时，刀具的热变形量 y 在切削初始阶段增加很快，之后随着车刀温度的增加变得较缓慢，经过一定的时间后（10~20min）便趋于热平衡状态，此后，热变形就非常小。当切削停止后，刀具温度立即下降，之后逐渐减慢。间断切削时，由于刀具有短暂的冷却时间，总的变形量比连续切削时要小一些。

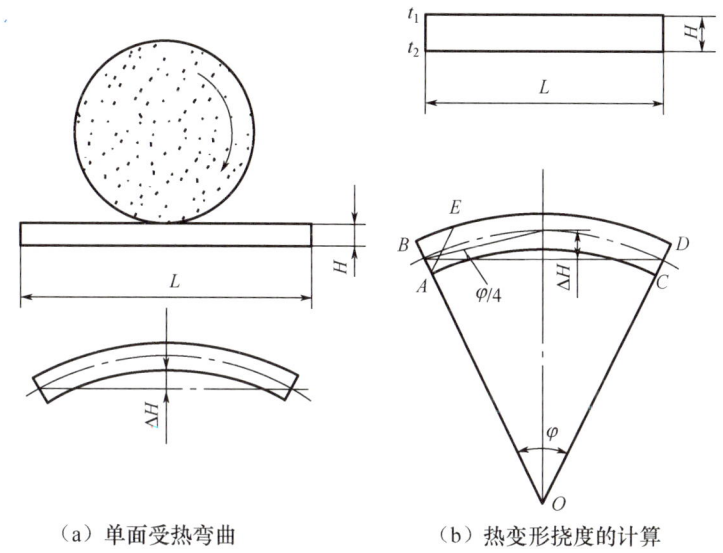

（a）单面受热弯曲　　（b）热变形挠度的计算

图 4.24　薄板类工件受热不均匀引起的热变形

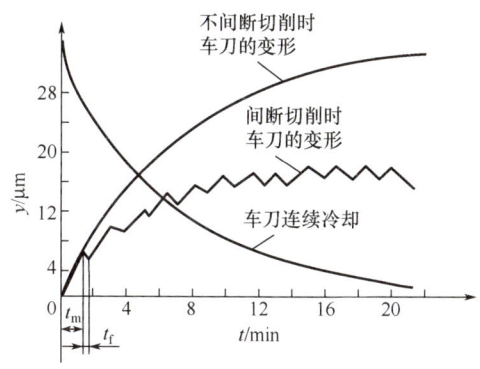

图 4.25　车刀热变形曲线

粗加工时，刀具热变形对加工精度的影响不明显，一般可忽略不计。精加工时，刀具热变形会造成形状误差。为了减小刀具的热变形，应合理选择切削用量和刀具几何参数，并予以充分冷却和润滑，以减少切削热，降低切削温度。

（3）机床热变形对加工精度的影响。由于热源分布不均匀和机床结构的复杂性，机床各部件的温升是不同的，导致机床各部件发生不同程度的热变形，破坏了机床原有的几何精度，从而降低了机床的加工精度。当然，不同类型机床的主要热源各不相同，热变形对加工精度的影响也不同。

对于车床、铣床、钻床、镗床等机床，主轴箱中的齿轮、轴承摩擦发热及润滑油发热是其主要的热源，这些热源的发热使主轴箱及与之相连部分（如床身或立柱）温升而产生较大的热变形。例如，车床主轴发热使主轴箱在垂直面内和水平面内发生偏移和倾斜，如图 4.26（a）所示。在垂直平面内，主轴箱的温升使主轴抬高，又因主轴前端轴承的发热量大于后端轴承的发热量，故主轴前端要比后端高。此外，由于主轴箱的热量传给床身，床身导轨将向上凸起，也加剧了主轴的倾斜。

车床的热变形曲线如图 4.26（b）所示。主轴在水平方向的位移 Δy 仅为 $17\mu m$ 左右，而在垂直方向的位移 Δz 为 $150\sim 200\mu m$，虽然 Δz 位移较大，但由于垂直方向为误差的非敏感方向，因此对加工精度影响较小；而水平方向 Δy 是误差敏感方向，因此对加工精度影响较大，需要特别注意控制。

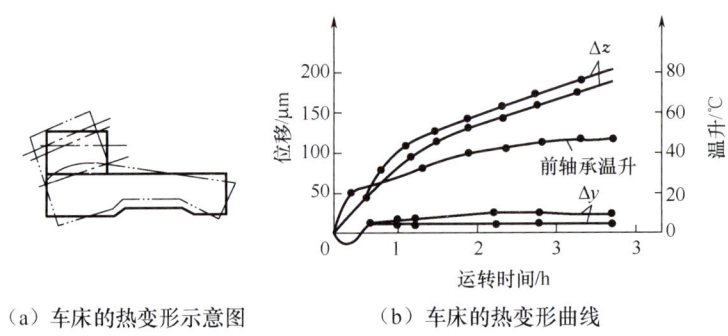

（a）车床的热变形示意图　　　（b）车床的热变形曲线

图 4.26　车床的热变形

为减小机床热变形的影响，一般在工作前让机床空转一段时间，使各部件传入的热量和传出的热量基本相等，让机床达到热平衡状态，使热变形趋于稳定，对加工精度的影响也趋于相对稳定。因此，精密加工应在机床达到热平衡状态之后进行。

对于大型机床，如导轨磨床、外圆磨床、龙门铣床等，其温差的影响也是很显著的。例如，床身导轨面与床身底面有温差，会使床身产生弯曲变形，影响机床的加工精度。床身上下表面间产生温差不仅由于工作台运动时导轨面摩擦发热，还有环境温度的影响。例如，在夏天，地面温度一般低于车间室温，因此大型导轨磨床［图 4.27（a）］的床身中凸；在冬天，地面温度高于车间室温，因此床身中凹。

各种磨床一般都有液压传动系统和高速回转磨头，并且磨削加工中使用大量的切削液，这些都是磨床的主要热源。图 4.27（b）所示的外圆磨床，由于砂轮主轴轴承的发热及液压系统的发热引起的热变形，砂轮轴线和工件轴线之间的距离发生变化，因此产生平行度误差。图 4.27（c）所示的双端面磨床，由于磨削时切削液喷向床身中部的顶面，局部受热产生中凸变形，造成两砂轮的端面产生倾斜，影响工件的加工精度。图 4.27（d）所示的立式平面磨床，主轴承和主电动机的发热传到立柱，使立柱内侧的温度高于外侧，因而引起立柱的弯曲变形，造成砂轮主轴与工作台间产生垂直度误差。

3. 减小工艺系统热变形对加工精度影响的措施

（1）减少热源的发热并隔离热源。

① 分离或隔离热源。为了减小机床的热变形，凡是可能分离出去的热源，如电动机、变速箱、液压系统、油箱等，应尽量放置在机床外部；也可用隔热材料将发热部件和机床大件（如床身、立柱等）隔离开来。

② 减少机床各运动副的摩擦热。在设计运动部件的结构时，应从结构、润滑等方面采取措施改善其摩擦特性，减少发热。例如，采用静压轴承、静压导轨，改用低黏度润滑油等。

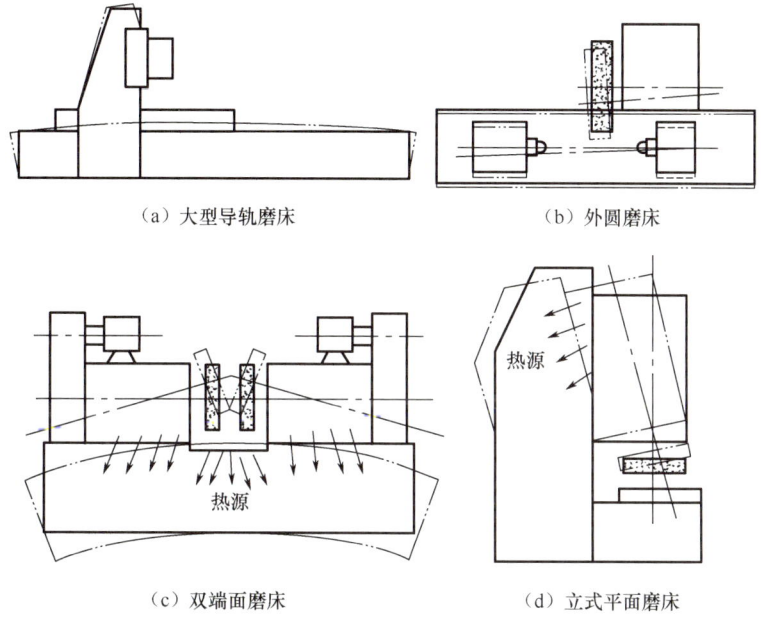

图 4.27 磨床的热变形

③ 减少切削热或磨削热。通过控制切削用量,合理选择刀具(砂轮)等减少切削热或磨削热。当零件加工精度要求高时,还应注意将粗加工和精加工分开。

(2)均衡温度场。图 4.28 所示为某平面磨床采用均衡温度场示意图。该机床的床身较长,加工时工作台纵向运动速度较快,所以床身导轨的温升高于底部的温升。为了均衡温度场,将油池移出主机,做成一单独油箱,并在床身底部配置热补偿油沟,使一部分带有余热的回油经热补偿油沟后送回油池。采取这些措施后,床身上下温差降至 1~2℃,导轨的中凸量由原来的 0.0265mm 降为 0.0052mm。

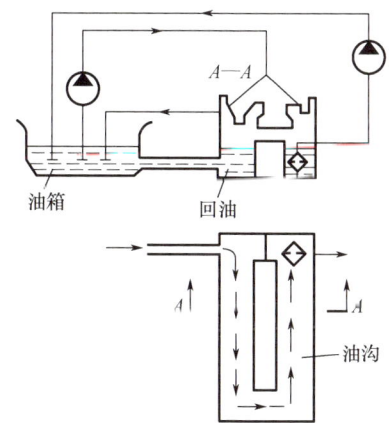

图 4.28 某平面磨床采用均衡温度场示意图

(3)采用合理的机床部件结构及装配基准。
① 采用热对称结构。在变速箱中,将轴、轴承、传动齿轮等对称布置,可使箱壁温升

均匀，箱体热变形减小。机床大件的结构和布局对机床的热态特性也有很大影响，以加工中心机床为例，采用双立柱结构的机床主轴相对于工作台的热变形比单立柱结构的热变形小得多。

② 合理选择机床零部件的装配基准。图 4.29 所示为车床主轴箱在床身上的两种定位方式。由于主轴部件是车床主轴箱的主要热源，因此在图 4.29（a）中，在 y 方向的热变形属于误差的敏感方向，直接影响刀具与工件的法向相对位置，造成的加工误差较大。在图 4.29（b）中，主轴轴心线相对于装配基准 H 而言，主要在 z 方向产生热变形，属于误差的非敏感方向，对加工精度影响较小。

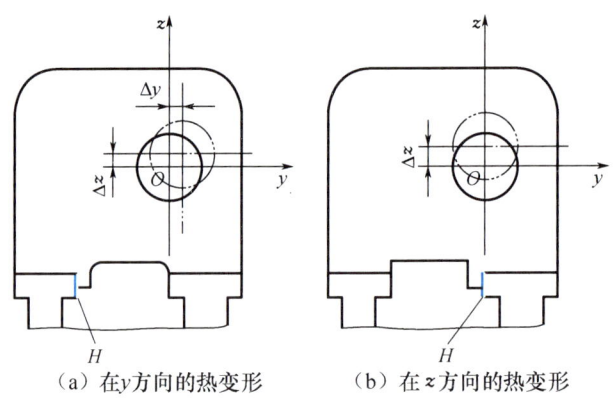

（a）在 y 方向的热变形　　（b）在 z 方向的热变形

H—装配基准。

图 4.29　车床主轴箱在床身上的两种定位方式

（4）加速达到热平衡状态。精密机床，特别是大型机床，为了缩短达到热平衡状态的时间，可以在加工前使机床做高速空运转，或在机床的适当部位设置控制热源，人为地给机床加热，使机床较快地达到热平衡状态，然后进行加工。

（5）控制环境温度。精密机床应安装在恒温车间，车间温度变化一般控制在 ±1℃ 以内，精密级为 ±0.5℃。恒温室平均温度一般为 20℃，冬季可取 17℃，夏季取 23℃。

4.2.5　残余应力重新分布引起的误差

1. 残余应力的概念

残余应力也称内应力，是指在没有外力作用下或去除外力作用后残留在工件内部的应力。具有残余应力的工件处于一种不稳定状态，总是有强烈的倾向要恢复到一个没有应力的稳定状态。当带有残余应力的工件受到力或热的作用而失去原有的平衡时，残余应力将重新分布以达到新的平衡，即使在常温下，零件也会不断地、缓慢地进行这种变化，直到残余应力完全松弛为止。在这一过程中，零件会发生变形，使原有的加工精度逐渐丧失。

2. 残余应力产生的原因

残余应力是由于金属内部相邻组织发生了不均匀的体积变化而产生的。产生这种变化的因素主要来自冷加工和热加工。

（1）毛坯制造和热处理过程中产生的残余应力。在铸造、锻压、焊接和热处理等加工过程中，由于工件壁厚不均匀、冷热收缩不均匀或金相组织转变时的体积变化等，毛坯内部产生残余应力。毛坯结构越复杂,各部分壁厚越不均匀,散热条件相差越大,在毛坯内部产生的残余应力也越大。具有残余应力的毛坯,由于残余应力暂时处于相对平衡的状态,因此在短时间内还看不出有任何变化。当加工时,某些表面被切去一层金属后,就打破了这种平衡,残余应力将重新分布,零件就明显地出现变形。下面以铸造图4.30(a)所示的内外壁厚相差较大的铸件为例,说明产生残余应力的情况。铸件浇注后,由于壁A和壁C比较薄,散热容易,因此冷却较中部B快,当A、C从塑性状态冷却到弹性状态时(约620℃),B仍处于塑性状态,此时A、C继续收缩,B不起阻碍作用,不会产生残余应力。当B也冷却到弹性状态时,A、C的温度已降低很多,其收缩变得很慢,但这时B收缩较快,因而受到A、C的阻碍,B内就产生了拉应力,相应地A、C内就产生了与之相互平衡的压应力。如果在A上开一缺口,A上的压应力消失,原来的平衡状态被破坏,B、C在残余应力作用下,B继续收缩,C伸长,铸件就发生弯曲变形,如图4.30(b)所示,残余应力重新分布并达到新的平衡状态。

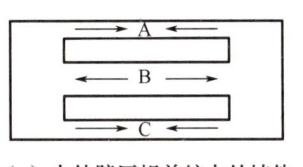 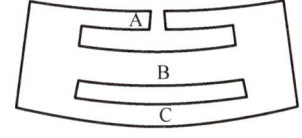

(a)内外壁厚相差较大的铸件　　(b)铸件发生弯曲变形

图 4.30　铸造残余应力的形成及铸件变形

推广到一般情况,各种铸件都难免发生冷却不均匀而产生残余应力。例如,铸造后的机床床身,其导轨面和冷却快的地方都会出现压应力。带有压应力的导轨表面在粗加工中被切去一层后,残余应力重新分布,使导轨中凹,如图4.31所示。

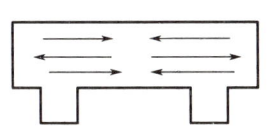 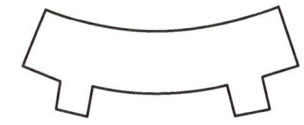

(a)铸件残余应力平衡状态　　(b)切去一层材料后床身的变形情况

图 4.31　床身铸造引起的变形

(2)冷校直产生的残余应力。一些刚度较差、容易变形的轴类零件,常采用冷校直方法使之变直。冷校直产生的残余应力如图4.32所示。将弯曲的工件(原来无残余应力)放在两个V形块上,使凸起部分朝上[图4.32(a)],然后施加适当大小的外力F,使工件产生反向弯曲[图4.32(b)],并使工件产生一定的塑性变形。当工件外层AB区、CD区应力超过屈服极限时,其内层OB区、OC区应力还未超过弹性极限,故其应力分布情况如图4.32(c)所示。外层塑性变形后,塑性变形层的应力自然消失,内层在弹性变形范围内的应力分布情况如图4.32(d)所示。除去外力F后,由于内层弹性恢复受到外层的阻碍,于是在工件内部产生了如图4.32(e)所示的应力分布情况,使工件原来凸起部分外层产生残余拉应力,原来凹陷部分外层产生残余压应力。冷校直后,虽然弯曲减小,但内部组织处于不稳定状态,如再进行一次加工,工件还会朝原来弯曲的方向变化。

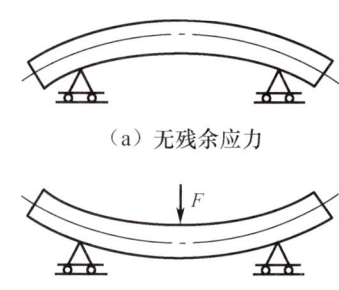
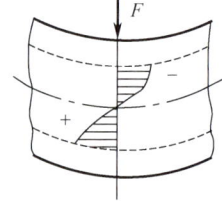
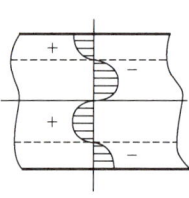

图 4.32 冷校直产生的残余应力

(3) 切削加工中产生的残余应力。工件在进行切削加工和磨削加工时，在切削力和切削热的作用下，工件表面层也会产生残余应力。

3. 减小或消除残余应力的途径

(1) 合理设计零件结构。在设计零件结构时，应尽量做到壁厚均匀、结构对称，以减小残余应力的产生。

(2) 增加消除残余应力的热处理工序。例如，对铸件、锻件、焊接件在进入机械加工之前，增加退火、回火等热处理工序；对精度要求高的箱体、床身、丝杠、精密主轴等重要零件，在粗加工之后增加时效热处理。

(3) 合理安排工艺过程。例如，粗加工和精加工分开，使工件在粗加工之后有一定时间使残余应力重新分布，以减小其对加工精度的影响；加工大型工件时，由于粗加工和精加工往往在一个工序中完成，因此应在粗加工后松开工件，使工件能够充分变形，再用较小的夹紧力夹紧工件进行精加工。

(4) 尽量不采用冷校直工艺。精密零件应严禁采用冷校直工艺，可以用热校直或加大余量多次车削来消除弯曲变形。

4.2.6 提高加工精度的途径

1. 减小或消除原始误差

在查明影响加工精度的主要原始误差因素后，设法对其直接进行减小或消除，这是在生产中应用较广的一种基本方法。

2. 转移原始误差

将原始误差的方向由误差敏感方向转移到误差非敏感方向，从而减小或消除其对加工精度的影响。例如，在立轴转塔车床上车削工件时，转塔刀架在工作时需要经常旋转，因而要长期保持它的转位精度是比较困难的。假如将转塔刀架上外圆车刀的切削基面像卧式车床那样置于水平面内，如图4.33（a）所示，那么转塔刀架的转位误差处在误差敏感方向，将严重影响加工精度。因此，生产中常采用立刀安装法，把刀刃的切削基面置于垂直平面内，如图4.33（b）所示，这样刀架的转位误差就转移到了误差非敏感方向，刀架的转位误差对加工精度的影响就减小到可以忽略不计的程度。

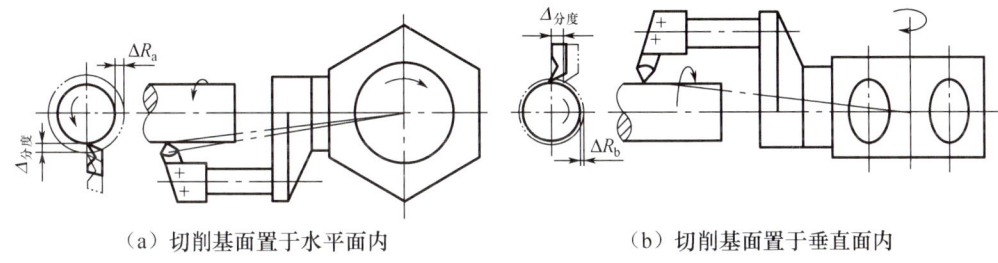

(a) 切削基面置于水平面内　　　　(b) 切削基面置于垂直面内

图 4.33　立轴转塔车床刀架转位误差的转移

3. 均分原始误差

在生产实际中，如果毛坯或上道工序工件的加工误差过大，由于误差复映等，本工序不能保证工序加工要求，则可以采用误差分组的方法，将毛坯或上道工序工件按误差大小分为 n 组，使每组的误差缩小为原来的 $1/n$，然后按组调整刀具与工件的相对位置或选用合适的定位元件，这样可以显著提高工件的加工精度。这个方法比起单纯提高毛坯或上道工序工件加工精度要简单易行得多。例如，精加工齿轮齿圈时，为了保证工件齿圈和内孔的同轴度要求，可将齿轮内孔按尺寸大小分成 n 组，然后配置相应的 n 根不同直径的定位心轴，一根定位心轴加工一组孔径的齿圈，这样可以减少由于齿轮孔和心轴的间隙而产生的定位误差，可以显著提高齿圈与内孔的同轴度。

4. 就地加工法

在机械加工和装配过程中，有些加工精度问题涉及多个零部件间的相互关系，如果单纯依靠提高零部件本身制造精度来满足这些要求，有时会很困难，甚至不可能。就地加工法是先行装配各相关零件、部件，使它们处于工作时要求的位置，然后就地进行最终加工，以此消除机器或部件装配后的累积误差，保证高的装配精度。例如，在转塔车床制造中，转塔上的六个安装刀架的大孔轴线必须保证与机床主轴回转轴线重合，各大孔的端面又必须与主轴回转轴线垂直。如果把转塔作为单独零件加工出这些表面，那么在装配后要达到上述两项精度要求是十分困难的。而采用就地加工法，把转塔装配到转塔车床上，在车床主轴上装镗杆和径向进给小刀架来进行最终精加工，就很容易保证上述两项精度要求。

5. 误差补偿技术

误差补偿技术是在现存的原始误差条件下，人为地在系统中引入一个附加的原始误差，使之与系统中现存的原始误差大小相等、方向相反，从而达到减小或消除工件加工误差、提高加工精度的目的。误差补偿技术在机械制造中的应用十分广泛。图4.34所示为车削精密丝杠所用的螺距误差补偿装置。车床主轴每转一转，光电码盘发出1024或2048个脉冲；光栅式位移传感器测量刀架纵向位移量。将主轴回转量信号与刀架纵向位移量信号经A/D转换器转换后输入计算机，经数据处理实时求取螺距误差数据后，再由计算机发出螺距误差补偿控制信号，驱动装在溜板刀架上的压电陶瓷微位移刀架做螺距误差补偿运动。实测结果表明，采取误差补偿措施后，单个螺距误差可减少89%，累积螺距误差可减少99%，误差补偿效果显著。

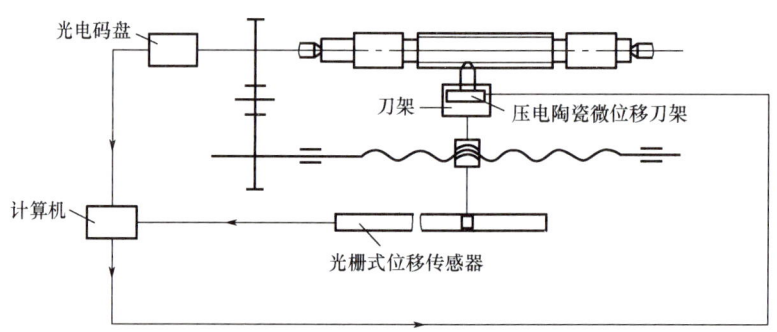

图4.34 车削精密丝杠所用的螺距误差补偿装置

4.3 加工误差的统计分析方法

加工误差的统计分析

在实际生产中，影响加工精度的因素往往是错综复杂的，由于多种原始误差同时作用，有的可以相互补充或抵消，因此很难用机床几何误差、工艺系统受力变形或受热变形等单因素分析法来分析计算某一工序的加工误差，而需要运用数理统计的方法对实际加工出的一批工件进行检查测量，加以处理和分析，从中发现加工误差的统计规律，找出提高加工精度的途径，这就是加工误差的统计分析方法。常用的加工误差统计分析方法有分布曲线法和点图法两种。

4.3.1 加工误差性质

按加工误差的性质不同，加工误差可分为系统性误差和随机性误差两类。

1. 系统性误差

在顺序加工一批工件时，加工误差的大小和方向都保持不变或按一定规律变化的误差称为系统性误差。

系统性误差又分为常值系统性误差和变值系统性误差两大类。

（1）常值系统性误差。在顺序加工一批工件时，加工误差的大小和方向都保持不变的误差称为常值系统性误差，如加工原理误差、机床或夹具的制造误差、一次调整情况下的调整误差等。常值系统性误差与加工时间、加工顺序无关，其大小和方向在一次调整中也基本不变。对于常值系统性误差,若能掌握其大小和方向,则可以通过调整消除。

(2)变值系统性误差。在顺序加工一批工件时,加工误差的大小和方向按一定规律变化的误差称为变值系统性误差,如机床、刀具和夹具等在热平衡前的热变形误差、刀具磨损误差等,都是随加工时间而有规律地变化。对于变值系统性误差,若能掌握其大小和方向随时间变化的规律,则能通过自动补偿措施予以消除。

2. 随机性误差

在顺序加工一批工件时,加工误差的大小和方向的变化属于随机性(呈无规则变化)的误差称为随机性误差。复映误差、定位误差、夹紧误差、测量误差、多次调整的误差、残余应力引起的变形误差等都属于随机性误差。随机性误差虽然呈无规则变化,但是只要统计数量足够多,仍然可以找到一定的统计规律性。随机性误差因呈无规则变化,不能予以消除,只能缩小其波动范围。

4.3.2 分布曲线法

1. 机械加工中常见的加工误差分布规律

(1)正态分布。在机械加工中,若同时满足以下三个条件,工件的加工误差就服从正态分布,如图4.35(a)所示。

① 无变值系统性误差(或有但不显著)。
② 各随机性误差之间是相互独立的。
③ 在随机性误差中没有一个起主导作用。

(2)平顶分布。在影响机械加工的诸多加工误差因素中,如果刀具磨损的影响比较显著,变值系统性误差占主导地位,就会出现图4.35(b)所示的平顶分布。平顶分布说明在加工每一瞬间零件尺寸符合正态分布,但随着刀具的磨损,不同瞬间尺寸分布曲线的平均尺寸是移动的,因此分布曲线呈平顶形。

(3)双峰分布。若将两台机床所加工的同一种工件混在一起,由于两台机床的调整尺寸不尽相同,两台机床的加工精度也有差异,工件的尺寸误差呈双峰分布,如图4.35(c)所示。

(4)偏态分布。采用试切法车削工件外圆或镗内孔时,为避免产生不可修复的废品,操作者主观上有使加工的轴径宁大勿小、加工的孔径宁小勿大的意向,故加工后零件的加工误差呈偏态分布,如图4.35(d)所示。

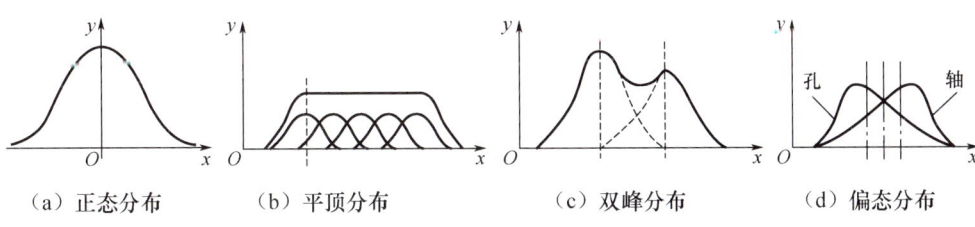

图4.35 机械加工中常见的加工误差分布规律

2. 实际分布曲线

在调整法加工出来的一批工件中，抽取一定数量进行测量，抽取的这批工件称为样本，其件数 n 称为样本容量。由于加工过程中随机性误差的影响，工件的尺寸在一定范围内是变化的，这个变化范围称为尺寸分散范围，它等于这批工件中最大尺寸和最小尺寸之差。如果将这批工件的实际尺寸逐个测量出来，并按尺寸大小分成 k 组（k 值参见表 4.1 选取），统计并计算每组的频数（同一间隔组的工件数）和频率（频数与样本容量 n 之比），以尺寸间隔为横坐标，以频数或频率为纵坐标作出若干矩形，即直方图。如果以每个区间的中点（中心值）为横坐标，以频数或频率为纵坐标得到一些相应的点，把这些点用折线连接起来，就可得到分布折线图。若所测工件的数量增多，尺寸间隔很小时，此折线就非常接近于一条曲线，这就是实际分布曲线。

表 4.1 尺寸分组数 k 与样本容量 n 的关系

n	25～40	>40～60	>60～100	100	>100～160	>160～250	>250～400	>400～630	>630～1000
k	6	7	8	10	11	12	13	14	15

为了分析该工序的加工精度情况，可在直方图上标出该工序的加工公差带位置，并计算出该样本的平均值 $\bar{x}$ 和均方根偏差（标准差）S。

样本的平均值 $\bar{x}$ 表示该样本的尺寸分散中心，它主要取决于调整尺寸的大小和常值系统性误差。

$$\bar{x} = \frac{1}{n}\sum_{i=1}^{n} x_i \qquad (4-20)$$

式中　x_i——工件尺寸。

均方根偏差（标准差）S 反映了该批工件的尺寸分散程度，它是由变值系统性误差和随机性误差决定的。

$$S = \sqrt{\frac{1}{n-1}\sum_{i=1}^{n}(x_i - \bar{x})^2} \qquad (4-21)$$

当样本的容量 n 比较大时，为简化计算，可直接用 n 来代替上式中的 $n-1$。

为了使直方图能代表该工序的加工精度，而不受组距和样本容量的影响，纵坐标应改为频率密度。

$$\text{频率密度} = \frac{\text{频率}}{\text{组距}} = \frac{\text{频数}}{\text{样本容量} \times \text{组距}}$$

【例 4-4】 某企业磨削加工生产一批轴径为 $\phi 60^{+0.057}_{+0.011}$ mm 的工件，试绘制该批工件加工尺寸的直方图。

解：(1) 采集样本。取 $n=100$ 件（通常取样本容量 $n=50\sim200$ 件）。将实测尺寸与基本尺寸的差值列入表 4.2 中。找出表中的最大尺寸 $x_{\max}=54\mu m$ 和最小尺寸 $x_{\min}=16\mu m$。

(2) 确定分组数 k、组距 d、各组组界和各组中心值。分组数 k 可按表 4.1 选取。本例取 $k=9$。

表 4.2　实测尺寸与基本尺寸的差值　　　　　　　　　　　　　（单位：μm）

实测尺寸与基本尺寸的差值																			
44	20	46	32	20	40	52	33	40	25	43	38	40	41	30	36	49	51	38	34
22	46	36	30	42	38	27	49	45	45	38	32	45	48	28	36	52	32	42	38
40	42	38	52	38	36	37	43	28	45	36	50	46	38	30	40	44	34	42	47
22	28	34	30	36	32	35	22	40	35	36	42	46	42	50	40	36	20	16	53
32	46	20	28	46	28	54	18	32	33	26	46	47	36	38	30	49	18	38	38

组距为

$$d=\frac{x_{\max}-x_{\min}}{k-1}=\frac{54-16}{8}=4.75\mu m$$

取 $d=5\mu m$，则

各组组界为

$$x_{\min}+(j-1)d\pm\frac{d}{2}\quad(j=1,2,3,\cdots k)$$

例如，第一组下界值为 $x_{\min}-\frac{d}{2}=16-\frac{5}{2}=13.5\mu m$，上界值为 $x_{\min}+\frac{d}{2}=16+\frac{5}{2}=18.5\mu m$，其余类推。

各组中心值为

$$x_{\min}+(j-1)d$$

例如，第一组中心值为 $x_{\min}+(1-1)d=16\mu m$。其余类推。

将计算的各组组界和各组中心值填写在表 4.3 中。

（3）画工件尺寸实际分布曲线。根据分组数和组距，统计各组尺寸的频数，计算各组频率和频率密度，将数据填写在表 4.3 中。

表 4.3　频数分布表

序号	组界（μm）	中心值（μm）	频数	频率/(%)	频率密度 [μm^{-1}·(%)]
1	13.5～18.5	16	3	3	0.6
2	18.5～23.5	21	7	7	1.4
3	23.5～28.5	26	8	8	1.6
4	28.5～33.5	31	13	13	2.6
5	33.5～38.5	36	26	26	5.2
6	38.5～43.5	41	16	16	3.2
7	43.5～48.5	46	16	16	3.2
8	48.5～53.5	51	10	10	2.0
9	53.5～58.5	56	1	1	0.2

根据表 4.3 中的数据，以尺寸间隔为横坐标，以频率密度为纵坐标作出直方图和实际分布曲线（图 4.36）。图中标出极限尺寸 $A_{\max}=60.057mm$、$A_{\min}=60.011mm$ 和公差带中

心 $A_m = 60.034$ mm 的标志线,并计算 $\bar{x}$ 和 S。

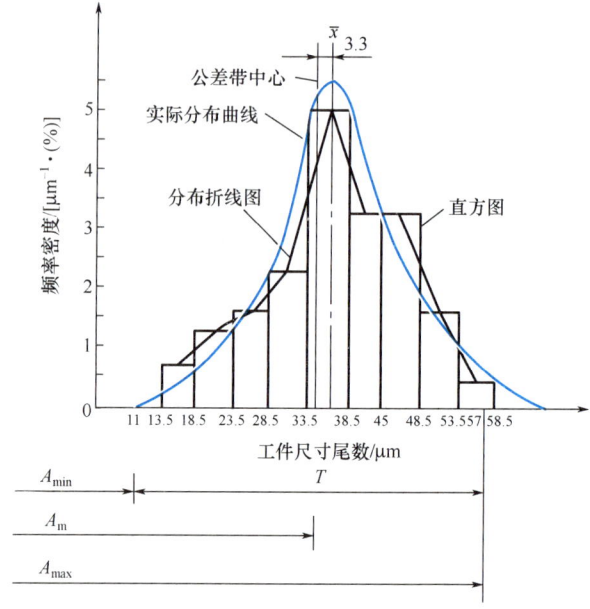

图 4.36 实际分布曲线

由式(4-20)得 $\bar{x} = 37.3\mu m$,由式(4-21)得 $S = 8.93\mu m$。

由直方图可以直观地看到工件尺寸和误差的分布情况。该批工件的尺寸有一分散范围,尺寸偏大者和偏小者很少,大多数居中;尺寸分散范围($6S = 53.58\mu m$)大于公差值($T = 46\mu m$),说明本工序的加工有废品产生,尺寸分散中心 $\bar{x}$ 比公差带中心大 $3.3\mu m$,表明机床在加工过程中存在常值系统性误差。

3. 理论分布曲线

(1)正态分布曲线(图 4.37)。在机械加工中,工件的尺寸误差是由很多相互独立的随机性误差综合作用的结果,如果其中没有一个随机性误差起决定作用,则加工后工件的尺寸将呈正态分布。

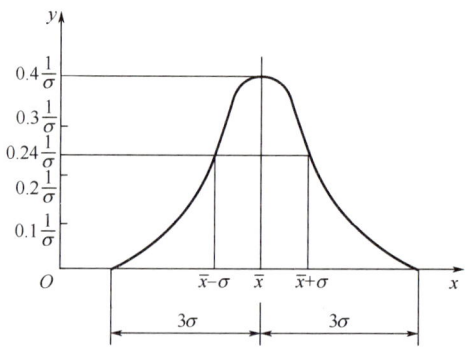

图 4.37 正态分布曲线

其概率密度的函数表达式为

$$y_{(x)} = \frac{1}{\sigma\sqrt{2\pi}} \exp\left[-\frac{(x-\bar{x})^2}{2\sigma^2}\right] \quad (-\infty < x < +\infty, \sigma > 0) \tag{4-22}$$

式中　x——随机变量；

　　　$\bar{x}$——正态分布随机变量的算术平均值；

　　　σ——正态分布随机变量的均方根偏差（标准差）。

从图 4.37 可以看出，正态分布曲线具有下列特点。

① 正态分布曲线对称于直线 $x=\bar{x}$，靠近 $\bar{x}$ 的工件尺寸出现概率较大，远离 $\bar{x}$ 的工件尺寸出现概率较小，正态分布曲线呈钟形。

② 对 $\bar{x}$ 的正偏差和负偏差概率相等。

③ $\bar{x}$ 和 σ 为正态分布曲线的两个特征参数。$\bar{x}$ 确定工件尺寸分布中心的位置，$\bar{x}$ 改变时，整个曲线沿 x 轴平移，但曲线的形状保持不变，如图 4.38（a）所示。σ 值表示工件尺寸分散范围，即影响曲线的形状，如图 4.38（b）所示。σ 越大，曲线越平坦，尺寸越分散，即加工精度越低；σ 越小，曲线越陡峭，尺寸越集中，即加工精度越高。

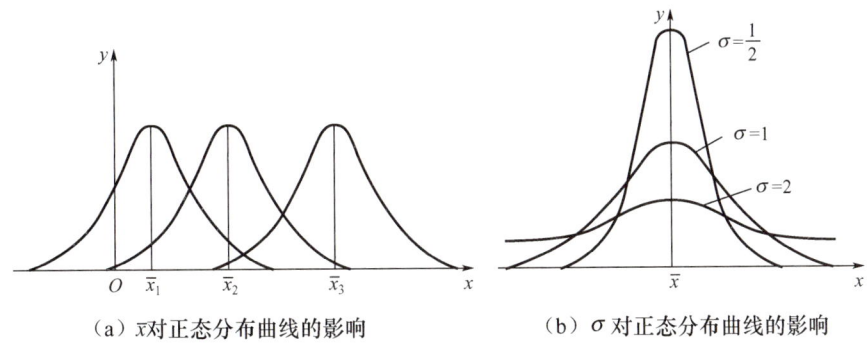

(a) $\bar{x}$ 对正态分布曲线的影响　　(b) σ 对正态分布曲线的影响

图 4.38　$\bar{x}$、σ 对正态分布曲线的影响

（2）标准正态分布。$\bar{x}=0$、$\sigma=1$ 时的正态分布称为标准正态分布，其概率密度函数表达式为

$$y_{(x)} = \frac{1}{\sqrt{2\pi}} \exp\left(-\frac{x^2}{2}\right) \tag{4-23}$$

为了利用标准正态分布函数值来分析加工过程，生产中可将非标准正态分布通过标准化变量代换，转换为标准正态分布。令 $z = \dfrac{x-\bar{x}}{\sigma}$，则式（4-21）可改写为

$$y_{(x)} = \frac{1}{\sigma\sqrt{2\pi}} \exp\left[-\frac{(x-\bar{x})^2}{2\sigma^2}\right] = \frac{1}{\sigma\sqrt{2\pi}} \exp\left(-\frac{z^2}{2}\right) = \frac{1}{\sigma} y(z) \tag{4-24}$$

图 4.39 所示为非标准正态分布概率密度函数转换为标准正态分布概率密度函数的对应关系，即正态分布曲线的标准化。

由分布函数的定义可知，正态分布函数是正态分布概率密度函数的积分，即

$$F(x) = \int_{-\infty}^{x} y(x) dx = \frac{1}{\sigma\sqrt{2\pi}} \int_{-\infty}^{x} \exp\left[-\frac{(x-\bar{x})^2}{2\sigma^2}\right] dx \tag{4-25}$$

由式（4-25）可知，$F(x)$ 为正态分布曲线下方积分区间包含的面积，表明随机变量

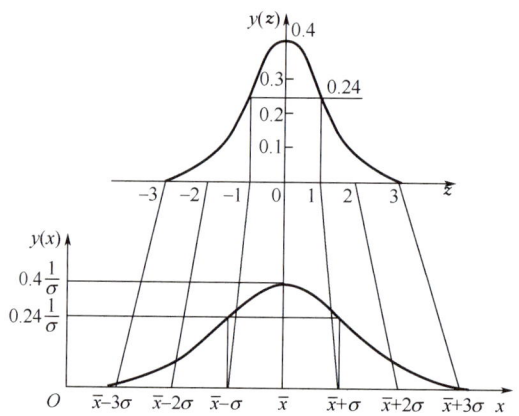

图 4.39 正态分布曲线的标准化

x 落在区 $(-\infty, x)$ 上的概率。令 $z = \dfrac{x - \bar{x}}{\sigma}$，则 $\mathrm{d}x = \sigma \mathrm{d}z$，代入上式得

$$F(z) = \int_0^z \frac{1}{\sigma \sqrt{2\pi}} \exp\left(-\frac{z^2}{2}\right) \sigma \mathrm{d}z = \frac{1}{\sqrt{2\pi}} \int_0^z \exp\left(-\frac{z^2}{2}\right) \mathrm{d}z \qquad (4-26)$$

式（4-26）表明非标准正态分布概率密度函数的积分经标准化变换后，可用标准正态分布概率密度函数的积分表示。$F(z)$ 为图 4.40 中阴影部分的面积。对于不同 z 值，标准化正态分布概率密度函数积分值 $F(z)$ 见表 4.4。

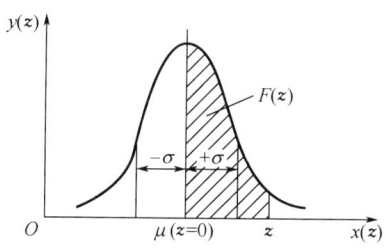

图 4.40 正态分布曲线

表 4.4 $F(z)$ 的值

z	$F(z)$	z	$F(z)$	z	$F(z)$	z	$F(z)$
0.01	0.004	0.29	0.1141	0.64	0.2389	1.50	0.4332
0.02	0.008	0.30	0.1179	0.66	0.2454	1.55	0.4394
0.03	0.012	0.31	0.1217	0.68	0.2517	1.60	0.4452
0.04	0.016	0.32	0.1255	0.70	0.258	1.65	0.4502
0.05	0.0199	0.33	0.1293	0.72	0.2642	1.70	0.4554
0.06	0.0239	0.34	0.1331	0.74	0.2703	1.75	0.4599
0.07	0.0279	0.35	0.1368	0.76	0.2764	1.80	0.4641

续表

z	F(z)	z	F(z)	z	F(z)	z	F(z)
0.08	0.0319	0.36	0.1406	0.78	0.2823	1.85	0.4678
0.09	0.0359	0.37	0.1443	0.80	0.2881	1.90	0.4713
0.10	0.0398	0.38	0.148	0.82	0.2939	1.95	0.4744
0.11	0.0438	0.39	0.1517	0.84	0.2995	2.00	0.4772
0.12	0.0478	0.40	0.1554	0.86	0.3051	2.10	0.4821
0.13	0.0517	0.41	0.1591	0.88	0.3106	2.20	0.4861
0.14	0.0557	0.42	0.1628	0.90	0.3159	2.30	0.4893
0.15	0.0596	0.43	0.1641	0.92	0.3212	2.40	0.4918
0.16	0.0636	0.44	0.17	0.94	0.3264	2.50	0.4938
0.17	0.0675	0.45	0.1736	0.96	0.3315	2.60	0.4953
0.18	0.0714	0.46	0.1772	0.98	0.3365	2.70	0.4965
0.19	0.0753	0.47	0.1808	1.00	0.3413	2.80	0.4974
0.20	0.0793	0.48	0.1844	1.05	0.3531	2.90	0.4981
0.21	0.0832	0.49	0.1879	1.10	0.3643	3.00	0.49865
0.22	0.0871	0.50	0.1915	1.15	0.3749	3.20	0.49931
0.23	0.091	0.52	0.1985	1.20	0.3849	3.40	0.49966
0.24	0.0948	0.54	0.2054	1.25	0.3944	3.60	0.499841
0.25	0.0987	0.56	0.2123	1.30	0.4032	3.80	0.499928
0.26	0.1023	0.58	0.219	1.35	0.4115	4.00	0.499968
0.27	0.1064	0.60	0.2257	1.40	0.4192	4.50	0.499997
0.28	0.1103	0.62	0.2324	1.45	0.4265	5.00	0.49999997

从表 4.4 可以看出，如果某工序加工出的一批工件，其尺寸分布符合正态分布，工件加工误差在 ±3σ 以内的工件数可达总数的 99.73%（2×0.49865），而在 ±3σ 以外的工件数只占总数的 0.27%，概率极小，这在实际生产中是完全允许的，因此可以认为正态分布的随机变量的分散范围是 ±3σ。这就是工程上经常用到的 ±3σ 准则，或称 6σ 准则。

4.3.3 分布曲线的应用

1. 判断加工误差性质

如前所述，如果加工过程中没有变值系统性误差，那么其尺寸分布应服从正态分布，这是判断加工误差性质的基本方法。

如果实际分布曲线与正态分布基本相符，就可以认为工艺过程中变值系统性误差很小（或不显著），工件尺寸分散是由随机性误差引起的。这时可根据样本平均值 $\bar{x}$ 与公差带中心是否重合来判断是否存在常值系统性误差。若 $\bar{x}$ 与公差带中心不重合,则说明存在常值系统性误差。

如果实际分布曲线与正态分布不相符,可根据工件尺寸实际分布曲线分析是哪种变值系统性误差显著影响工艺过程。

2. 确定工序能力及其等级

<u>工序能力是指工序处于稳定状态时,加工误差正常波动的幅度</u>。当加工尺寸服从正态分布时,其尺寸分散范围为 6σ,所以工序能力就是 6σ。

工序能力等级是以工序能力系数来表示的,它代表了工序能满足加工精度要求的程度。当工序能力处于稳定状态时,工序能力系数 C_p 为

$$C_p = \frac{T}{6\sigma} \tag{4-27}$$

式中 T——工件尺寸公差。

根据工序能力系数的大小,可将工序能力分为五级,见表 4.5。一般情况下,工序能力不应低于二级。

表 4.5 工序能力等级

工序能力系数	工序能力等级	说明
$C_p > 1.67$	特级	工艺能力过高,可以允许有异常波动
$1.33 < C_p \leq 1.67$	一级	工艺能力足够,可以有一定的异常波动
$1.00 < C_p \leq 1.33$	二级	工艺能力勉强,必须密切注意
$0.67 < C_p \leq 1.00$	三级	工艺能力不足,可能出少量不合格品
$C_p \leq 0.67$	四级	工艺能力很差,必须加以改进

3. 确定合格品率及不合格品率

【**例 4-5**】 某企业在卧式镗床上镗削一批箱体零件的内孔,孔径尺寸要求为 $\phi 28^{+0.1}_{0}$ mm。已知加工的孔径尺寸按正态分布,经测量、计算得到工件平均直径尺寸 $\bar{x} = 28.06$ mm,均方根偏差 $\sigma = 0.02$ mm。试计算这批工件的合格品率及不合格品率。

解: $x_{\max} = \bar{x} + 3\sigma = 28.06 + 3 \times 0.02 = 28.12$ (mm)

$x_{\min} = \bar{x} + 3\sigma = 28.06 - 3 \times 0.02 = 28$ (mm)

根据已知条件 $\bar{x}$、σ 和所计算的 $x_{\max}$、$x_{\min}$,绘制孔径尺寸分布图,如图 4.41 所示。

$$z_{左} = (\bar{x} - d_{\min})/\sigma = (28.06 - 28)/0.02 = 3$$

$$z_{右} = (d_{\max} - \bar{x})/\sigma = (28.1 - 28.06)/0.02 = 2$$

查表 4.4 得

$$F(3) = 0.49865 \approx 0.5,\ F(2) = 0.4772。$$

则合格品率为

$$F(3) + F(2) = 0.5 + 0.4772 = 97.72\%$$

因 $x_{\max} > A_{\max}$,故将产生不可修复的废品。不合格品率为 $1 - 97.72\% = 2.28\%$。

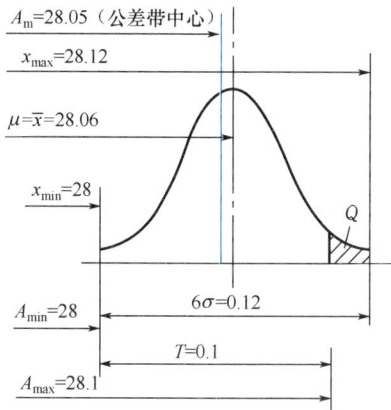

图 4.41 孔径尺寸分布图

由于本工序的样本平均值（$\bar{x}=28.06$mm）与公差带中心（$d_m=28.05$mm）不重合，因此本工序存在常值系统性误差，$\Delta=28.06-28.05=0.01$(mm)。

4. 分布图分析法特点

工艺过程的分布图分析法能比较客观地反映工艺过程总体情况，并且能把工艺过程中存在的常值系统性误差从误差中区分开来；但由于没有考虑一批工件加工的先后顺序，因此不能反映误差变化的趋势，难以把变值系统性误差从随机性误差中严格区分开来；必须等一批工件加工结束并逐一测量其尺寸且统计分析后，才能对工艺过程的运行状态作出分析，它不能在加工过程中及时提供控制加工精度的信息，即不能主动控制工艺过程，它只适用于在工艺过程较为稳定的场合。

4.4 机械加工表面质量

机械加工表面质量

实践证明，机器零件的破坏往往发生在零件的表面或是从零件表面开始的，因而零件的机械加工表面质量直接影响零件的使用性能和使用寿命。特别是在高速、高应力和高温条件下，表面的任何缺陷不仅直接影响零件的工作性能，而且会引起应力集中、应力腐蚀等，加速零件的失效，使零件的可靠性下降。

研究机械加工表面质量的目的是要掌握机械加工中各种工艺因素对机械加工表面质量的影响规律，以便应用这些规律控制加工过程，最终达到提高机械加工表面质量和产品使用性能的目的。

4.4.1 机械加工表面质量概念

机械加工表面质量是指零件加工后表面的状态，主要包括如下两方面。

1. 表面的几何形状特征

图 4.42 所示为表面的几何形状特征，主要有以下四部分组成。

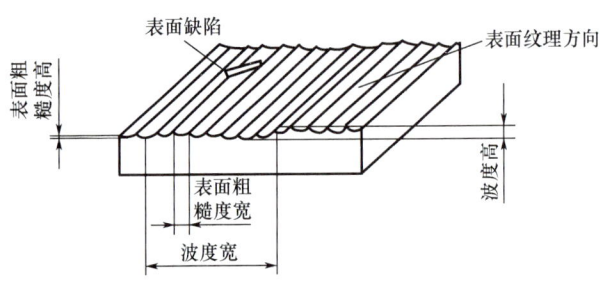

图 4.42 表面的几何形状特征

(1) 表面粗糙度。表面粗糙度是指表面微观几何形状误差。其波长 L 与波高 H 的比值 $\frac{L}{H} < 50$。

(2) 表面波度。表面波度是介于加工精度（宏观几何形状误差）和表面粗糙度（微观几何形状误差）之间的周期性几何形状误差。其波长 L 与波高 H 的比值 $\frac{L}{H} = 50 \sim 1000$。

(3) 表面纹理方向。表面纹理方向是加工表面刀纹的方向，它取决于表面形成所采用的机械加工方法，以及主运动和进给运动的关系。

(4) 表面缺陷。表面缺陷是在加工表面上一些个别位置上出现的缺陷，大多数是随机分布的，如砂眼、气孔、裂纹和划痕等。

2. 表面材料的物理力学性能

由于机械加工中的力因素和热因素的综合作用，机械加工表面材料的物理力学性能会发生一定的变化，主要反映在以下几个方面。

(1) 表面层的冷作硬化。在机械加工过程中，零件表面层金属产生强烈的塑性变形，使表面层金属的强度、硬度提高，塑性、韧性下降的现象称为冷作硬化，简称冷硬。

(2) 表面层残余应力。在机械加工过程中，由于切削力和切削热的综合作用，在工件表面层材料中会产生内应力，称为表面层残余应力。

(3) 表面层金相组织变化。在机械加工过程中，由于切削热引起工件表面温升过高，当温度超过工件材料金相组织变化的临界点时，就会发生金相组织变化。

4.4.2 机械加工表面质量对机器使用性能的影响

1. 机械加工表面质量对耐磨性的影响

零件的耐磨性不仅与摩擦副的材料、热处理情况和润滑条件有关，而且与摩擦副表面质量有关。

(1) 表面粗糙度对耐磨性的影响。由于零件表面存在微观不平度，当两个零件表面相互接触时，实际接触面积远小于理论接触面积，接触点处压强大，在接触点的凸峰处会产生弹性变形、塑性变形和剪切破坏，使零件表面在使用初期产生严重磨损。表面粗糙度对零件表面的初期磨损影响很大，一般情况下，表面粗糙度越小，零件的耐磨性越好；但表面粗糙度值太小，不利于储存润滑油，接触面之间容易发生分子黏接，初期磨损反而增加。因此，接触面的表面粗糙度有一个最佳值，其值与机器零件的工作条件有关，如图 4.43 所示。工作载荷增大时，初期磨损量增大，表面粗糙度最佳值也随之增大。

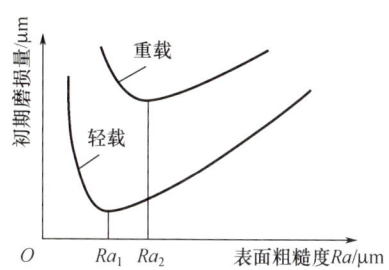

图 4.43　表面粗糙度与初期磨损的关系

（2）表面层冷作硬化对耐磨性的影响。表面层的冷作硬化使零件表面层金属的显微硬度提高，故一般能提高耐磨性，但过度的冷作硬化将引起表面层金属脆性增大，组织疏松，严重时甚至出现裂纹和表面层金属的脱落，进而使磨损加剧。

（3）表面纹理方向对耐磨性的影响。表面纹理方向影响有效接触面积和润滑油的存留情况，对耐磨性有显著影响。一般表面纹理方向与运动方向相同时耐磨性较好，但在重载时规律有所不同。

2. 机械加工表面质量对疲劳强度的影响

金属受交变载荷作用后产生的疲劳破坏往往来自零件表面层，因此零件的机械加工表面质量对疲劳强度影响很大。

（1）表面粗糙度对疲劳强度的影响。表面粗糙度对承受交变载荷零件的疲劳强度影响很大。在交变载荷作用下，表面粗糙度的凹谷部位及有裂纹、缺口等缺陷处容易产生应力集中，形成疲劳裂纹。表面粗糙度越小，表面缺陷越少，零件的疲劳强度越高。

（2）表面层冷作硬化对疲劳强度的影响。表面层适当的冷作硬化能阻止裂纹的生长，有利于提高疲劳强度。但是，过度冷作硬化可能会产生较大的脆性裂纹，反而使疲劳强度降低。

（3）表面层残余应力对疲劳强度的影响。表面层存在残余压应力时，能阻止疲劳裂纹的扩展，延缓疲劳破坏的产生；而表面层存在残余拉应力时，会使疲劳裂纹扩大，降低疲劳强度。

3. 机械加工表面质量对耐腐蚀性的影响

（1）表面粗糙度对耐腐蚀性的影响。零件的耐腐蚀性在很大程度上取决于零件的表面粗糙度。零件的表面粗糙度越大，积聚在凹谷部位的腐蚀性物质就越多，并且通过凹谷向内部渗透，从而引起化学腐蚀。因此，减小零件的表面粗糙度可以提高零件的耐腐蚀性。

（2）表面层残余应力对耐腐蚀性的影响。当零件表面层有残余压应力时，能够阻止疲劳裂纹的扩展，有利于提高零件的耐腐蚀性。

4. 机械加工表面质量对零件配合质量的影响

对于间隙配合，零件表面越粗糙，初期磨损量越大，配合间隙就越大，配合精度也就越低；对于过盈配合，零件表面越粗糙，轴在压入孔时，表面凸峰被挤平而使实际过盈量越小，影响配合的可靠性。因此配合精度要求较高的表面应有较小的表面粗糙度。

4.4.3 表面粗糙度的形成及其影响因素

表面粗糙度的形成是由几何因素和表面层材料的塑性变形决定的。不同的加工方法对加工表面粗糙度的影响因素各不相同。

1. 切削加工影响表面粗糙度的因素

切削加工表面粗糙度主要取决于切削残留面积的高度。影响切削残留面积高度的几何因素主要包括刀尖圆弧半径 r_ε、主偏角 κ_r、副偏角 κ'_r 及进给量 f 等。

对于刀尖圆弧半径 $r_\varepsilon=0$ 的刀具[图4.44（a）]，工件表面切削残留面积的高度为

$$H=\frac{f}{\cot\kappa_r+\cot\kappa'_r} \tag{4-28}$$

对于刀尖圆弧半径 $r_\varepsilon\neq0$ 的刀具[图4.44（b）]，工件表面切削残留面积的高度为

$$H\approx\frac{f^2}{8r_\varepsilon} \tag{4-29}$$

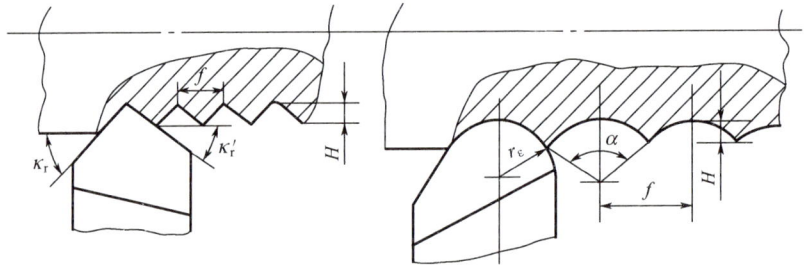

（a）刀尖圆弧半径 $r_\varepsilon=0$ 的刀具　　　　（b）刀尖圆弧半径 $r_\varepsilon\neq0$ 的刀具

图 4.44　车削时切削残留面积高度

分析式（4-28）、式（4-29）可知，减小 f、κ_r、κ'_r 及增大 r_ε 均可减小切削残留面积的高度，从而减小表面粗糙度。另外，提高刀具切削刃的刃磨质量也可以减小表面粗糙度。

如图 4.45 所示，切削加工后表面粗糙度的实际轮廓形状一般都与纯几何因素所形成的理论轮廓有较大的差别，这是由于切削加工中有塑性变形发生。

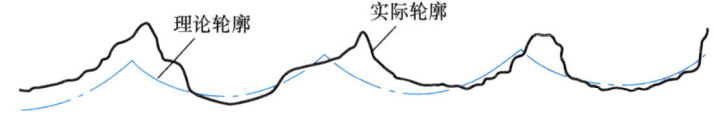

图 4.45　切削加工后表面粗糙度的实际轮廓和理论轮廓

切削速度 v_c 对表面粗糙度的影响比较复杂。加工塑性材料时，切削速度 v_c 对表面粗糙度的影响如图 4.46（a）所示，当切削速度 v_c 在 20～40m/min 时，表面粗糙度最大，因为此时容易产生积屑瘤，使加工表面质量恶化；当切削速度 v_c 超过 100m/min 时，表面粗

糙度减小，并趋于稳定。加工脆性材料，切削速度 v_c 对表面粗糙度的影响不大，如图 4.46（b）所示。一般来说，切削脆性材料比切削塑性材料容易达到表面粗糙度要求。

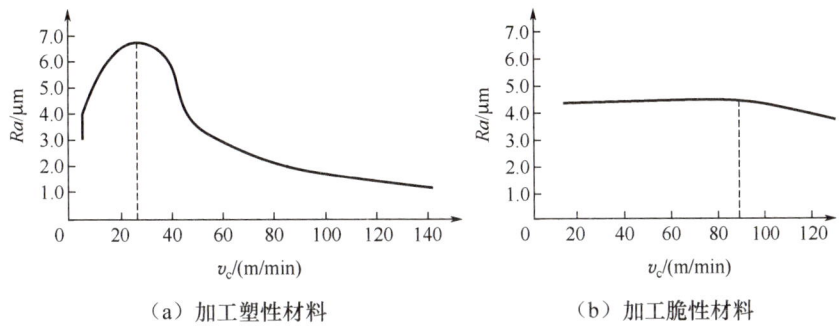

（a）加工塑性材料　　　　　（b）加工脆性材料

图 4.46　切削速度 v_c 对表面粗糙度的影响

对于相同材料的工件，晶粒越粗大，切削加工后的表面粗糙度也越大。为减小切削加工后的表面粗糙度，常在精加工前进行调质等热处理，目的在于得到均匀细密的晶粒组织和较高的硬度。

此外，适当增大刀具的前角，可以降低被切削材料的塑性变形；适当增大刀具的后角，可以减少刀具和工件的摩擦；合理选择切削液，可以减少材料的变形和摩擦，降低切削区的温度。采取上述各项措施均有利于减小切削加工表面的表面粗糙度。

2. 磨削加工影响表面粗糙度的因素

磨削表面是由砂轮上大量的磨粒刻划出的无数极细的沟槽形成的，单纯从几何因素考虑，可以认为在单位面积上的刻痕越多，即通过单位面积的磨粒数越多；刻痕的等高性越好，则磨削表面的表面粗糙度越小。因此，砂轮速度 v_c 越高、工件速度 v_w 越低，纵向进给量 f_f 越小，则磨削表面的表面粗糙度越小；砂轮的粒度越小及修正砂轮的微刃越多，磨削表面的表面粗糙度也越小。但事实上，在某些表面的形成过程中，不仅有几何因素的影响，而且有塑性变形方面对表面粗糙度的影响。当磨削区的塑性变形十分显著时，砂轮粒度等几何因素不起主要作用，而磨削用量可能是影响磨削表面粗糙度的主要因素。

4.4.4　机械加工表面的物理力学性能

由于受到切削力和切削热的作用，机械加工表面的物理力学性能会产生很大的变化，最主要的变化是表面层金属显微硬度的变化、金相组织的变化和在表面层金属中产生残余应力。

1. 表面层的冷作硬化

（1）冷作硬化的评定参数。

冷作硬化的程度取决于塑性变形的程度。冷作硬化的金属处于高能位不稳定状态，只要一有条件，金属的不稳定状态就要向稳定状态转化，这种现象称为弱化。弱化作用的大小取决于温度的高低、热作用时间的长短和表面层金属的冷作硬化的程度。由于在加工过程中表面层金属同时受到变形和热的作用，加工后表面层金属的最后性质取决于冷作硬化和弱化综合作用的结果。

评定冷作硬化的参数是表面层金属的显微硬度 HV、硬化层深度 h 和硬化程度 N。

$$N = \frac{HV - HV_0}{HV_0} \times 100\% \qquad (4-30)$$

式中　HV_0——工件内部金属的显微硬度。

（2）影响表面层材料冷作硬化的因素。

① 刀具的影响。适当增大刀具的前角，可以减小机械加工表面的塑性变形，冷作硬化程度和硬化层深度都将减小；适当增大刀具的后角，可以减少后刀面与加工表面的摩擦，冷作硬化程度和硬化层深度也将减小；增大切削刃钝圆半径，可以增大已加工表面在形成过程中受挤压程度，冷作硬化也将增大。

② 切削用量的影响。增大切削速度 v_c 时，刀具对工件的作用时间缩短，塑性变形不充分，冷作硬化程度和硬化层深度将减小；增大背吃刀量 a_p 和进给量 f 时，塑性变形增大，冷作硬化增大。

③ 被加工材料的影响。工件材料的硬度越低、塑性越高时，冷作硬化现象越严重。有色金属的再结晶温度低，容易产生弱化现象，因此，切削有色合金工件时，冷作硬化倾向程度要比切削钢件时小。

2. 表面层金相组织的变化

在机械加工过程中，当加工表面温度超过相变温度时，表面层金属的金相组织将会发生变化。切削加工时，切削热大部分被切屑带走，因此对金相组织的影响较小。磨削加工时，切除单位体积材料所消耗的能量远大于切削加工，磨削加工所消耗的能量绝大部分要转化为热，而且磨屑细小，砂轮导热性差，故磨削加工时有 80% 以上的热量传给机械加工表面，使机械加工表面具有很高的温度。一旦温度超过相变温度，表面层金属会发生金相组织变化，使表面层金属硬度下降，工件表面呈现氧化膜颜色，这种现象称为磨削烧伤。

（1）磨削烧伤的主要类型。以淬火钢为例来分析磨削烧伤。磨削淬火钢时，会产生三种不同类型的烧伤。

① 回火烧伤。若磨削区温度未超过淬火钢相变温度（一般中碳钢为 720℃），但已超过马氏体转变温度（一般中碳钢为 300℃），工件表面层金属的金相组织会由原来的马氏体转变为硬度较低的回火组织（索氏体或托氏体），这种烧伤称为回火烧伤。

② 淬火烧伤。若磨削区温度超过相变温度，在切削液急冷作用下，表面层金属会出现二次淬火的马氏体组织，硬度高于原来的回火马氏体；内层金属则由于冷却速度慢出现硬度比原先的回火马氏体低的回火组织，这种烧伤称为淬火烧伤。

③ 退火烧伤。若工件表面层温度超过相变温度，而磨削区又没有冷却液进入，表面层金属会产生退火组织，硬度急剧下降，这种烧伤称为退火烧伤。

（2）控制磨削烧伤的途径。磨削烧伤严重影响零件的使用性能，因此必须采取措施加以控制。控制磨削烧伤有两个途径：一是尽可能减少磨削热的产生；二是改善冷却条件，尽量减少传入工件的热量。采用硬度稍软的砂轮、适当减小磨削深度和磨削速度、适当增加工件的回转速度和轴向进给量、采用高效冷却方式（如高压大流量冷却、喷雾冷却、内冷却）等措施，都可以降低磨削区温度，防止磨削烧伤。

3. 表面层的残余应力

在机械加工过程中，当工件表面层金属发生形状变化、体积变化或金相组织变化时，表面层金属与其基体间会产生相互平衡的残余应力。机械加工表面层产生残余应力的原因主要有以下几个方面。

(1) 冷塑性变形引起的残余应力。切削过程中被加工表面受到切削力和刀具后刀面的摩擦、挤压作用，表面层金属会产生塑性变形，晶粒碎化，使其比体积增大。由于塑性变形只在表面层产生，表面层金属的体积膨胀，不可避免地受到与它相连的内层金属的阻碍，因此在表面层产生残余压应力，而内层产生与之相平衡的残余拉应力。

(2) 热塑性变形引起的残余应力。切削过程中被加工表面在切削热的作用下发生热膨胀，此时内层金属的温度较低，表面层金属在热膨胀时因受到内层金属的阻碍而产生压应力。切削过程结束后，表面层收缩时受到内层的阻碍而产生残余拉应力。

(3) 金相组织的变化引起的残余应力。切削时的高温会使表面层金属的金相组织发生变化。不同的金相组织有不同的密度，如 $\rho_{马氏体}=7.75\text{g/cm}^3$、$\rho_{奥氏体}=7.96\text{g/cm}^3$、$\rho_{铁素体}=7.88\text{g/cm}^3$、$\rho_{珠光体}=7.78\text{g/cm}^3$，也就是说具有不同的比体积。表面层金属金相组织变化引起的体积变化必然受到与之相连的基体金属的阻碍，因此就有残余应力产生。当表面层金属体积膨胀时，表面层金属产生残余压应力，内层金属产生残余拉应力；当表面层金属体积缩小时，表面层金属产生残余拉应力，内层金属产生残余压应力。以磨削淬火钢为例，表面层金属产生回火烧伤，金相组织由马氏体转变成接近珠光体的索氏体或托氏体，密度增大而体积减小，收缩时因受内层金属阻碍而产生残余拉应力，内层金属产生与之相平衡的残余压应力。

综上所述，机械加工后工件表面的残余应力是冷塑性变形、热塑性变形和金相组织变化这三者的综合结果。在不同的加工条件下，残余应力的大小、性质和分布规律会有明显的差别。切削加工时，起主要作用的往往是冷塑性变形，表面层金属常产生残余压应力；磨削加工时，通常热塑性变形或金相组织变化引起的体积变化是产生残余应力的主要因素，表面层金属常产生残余拉应力。

习　　题

4-1　举例说明加工精度、加工误差的概念及两者的区别与关系。

4-2　什么是原始误差、工艺系统误差、误差敏感方向、误差不敏感方向？

4-3　什么是主轴回转精度？主轴回转精度有哪几种基本形式？它们对加工精度有哪些影响？

4-4　在镗床上镗孔时（刀具做旋转主运动，工件做进给运动），试分析加工表面产生椭圆形误差的原因。

4-5　为什么卧式车床床身导轨在水平面内的直线度要求高于在垂直面内的直线度要求？

4-6　某车床导轨在水平面内的直线度误差为 0.010mm/m，在垂直面内的直线度误差为 0.020mm/m，欲在此车床上车削直径为 ϕ80mm、长度为 200mm 的工件，试计算被加工工件由导轨几何误差引起的圆柱度误差。

4-7 什么是工艺系统的刚度？它们有什么特点？工艺系统的刚度对加工精度有什么影响？如何提高工艺系统的刚度？

4-8 为什么机床部件的加载和卸载过程的静刚度曲线不重合？

4-9 什么是误差复映规律？误差复映系数的含义是什么？它与哪些因素有关？减小误差复映有哪些工艺措施？

4-10 在车床上用两顶尖安装工件，车削细长轴时，出现图4.47所示的圆柱体误差，试分析产生这种误差的主要原因并分别指出采用什么措施加以减小或消除？

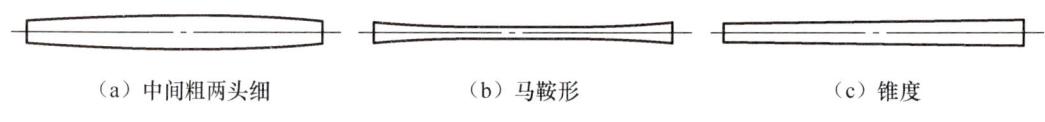

（a）中间粗两头细　　　　　（b）马鞍形　　　　　（c）锥度

图 4.47　习题 4-10 图

4-11 在卧式铣床上铣削键槽（图4.48）时，经测量发现，靠工件两端的铣削深度大于中间的铣削深度，但都比调整的深度小。试分析产生这一现象的原因。

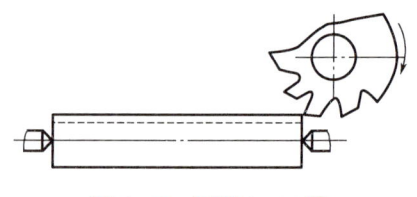

图 4.48　习题 4-11 图

4-12 已知某车床的部件刚度分别为 $k_{主轴}=5\times10^4\text{N/mm}$、$k_{刀架}=2.5\times10^4\text{N/mm}$、$k_{尾座}=3\times10^4\text{N/mm}$。在该车床上采用前、后顶尖定位，车直径为 $\phi50_{-0.25}^{0}\text{mm}$ 的光轴，其背向力 $F_p=3000\text{N}$，假设刀具和工件的刚度都很大。试求：

（1）车刀位于主轴端处工艺系统的变形量。

（2）车刀处在距主轴端 1/4 工件长度处工艺系统的变形量。

（3）车刀处在工件中点处工艺系统的变形量。

（4）车刀处在距主轴端 3/4 工件长度处工艺系统的变形量。

（5）车刀处在尾座处工艺系统的变形量。

（6）画出该光轴加工后纵向截面的形状。

4-13 在车床上车一短粗轴圆柱表面，已知工艺系统刚度 $k_{系统}=2\times10^4\text{N/mm}$，毛坯的圆柱度误差 $\Delta_{毛坯}=1.2\text{mm}$，与加工条件有关的系数 $C=2\times10^3\text{N/mm}$。若只考虑切削力大小变化的影响，试求第一次走刀后，该轴的圆柱度误差是多少？至少需要切削几次才能使轴的圆柱度误差控制在 0.01mm 以内？

4-14 用调整法车削一批小轴的外圆，如果车刀的热变形影响显著，试画出这批工件尺寸误差分布曲线的形状，并简述其理由。

4-15 在镗床上镗工件内孔，加工后要求保证孔径尺寸为 $\phi25_0^{+0.11}\text{mm}$，已知加工尺寸符合正态分布。经测量、计算，工件平均尺寸 $\bar{x}=25.06\text{mm}$，均方根偏差 $\sigma=0.02\text{mm}$，试问该批工件加工后合格品率为多少？不合格品率为多少？

4-16　有一批小轴，其直径尺寸为 $\phi(18\pm0.012)$ mm，属于正态分布（图 4.49）。实测发现分布中心与公差带中心不重合，相差 $5\mu m$，试求该批零件的合格品率及不合格品率。

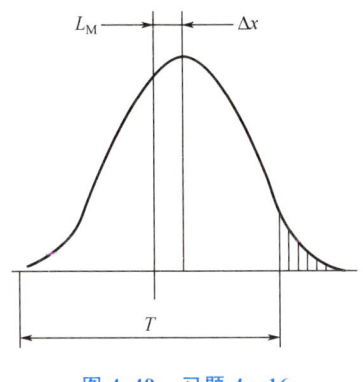

图 4.49　习题 4-16

4-17　机械加工表面质量包括哪些具体内容？它们对机器使用性能有哪些影响？

4-18　试述影响零件表面粗糙度的几何因素有哪些？

4-19　什么是回火烧伤？什么是淬火烧伤？什么是退火烧伤？为什么磨削表面容易产生烧伤？

4-20　零件表面层产生残余应力的原因有哪些？

第 5 章 机床夹具设计

本章教学要求

1. 了解机床夹具的作用、组成及分类。
2. 重点掌握工件定位的六点定位原理,能正确分析工件定位时各定位元件所限制的自由度。
3. 掌握欠定位和过定位的基本概念,并能合理解决欠定位和过定位问题。
4. 掌握常见定位方式的定位误差分析和计算。
5. 了解常见夹紧装置,能正确选择夹紧力的作用点和作用方向,正确选择夹紧机构。
6. 了解钻床夹具、铣床夹具、车床夹具的主要类型及其结构特点。
7. 掌握机床夹具设计方法。

课程导入

党的二十大报告提出了加快建设制造强国、质量强国的战略方针,推动制造业向高端化、智能化、绿色化发展,打造具有国际竞争力的数字产业集群。徐工工程机械集团有限公司(简称徐工集团)生产的转台零件重 6000kg,是起重机承载重力的核心件,生产这种零件有 18 个工序,每个工序有 5～6 个工步,采用传统的制造方式效率低,质量不高。徐工集团的吕金波在工作中不断创新,勇于探索,研制出了柔性工件托盘,托盘上有 168 个固定点,能对每个工序的转台工件实现准确的定位和夹紧,这样,18 个工序的加工就能一气呵成,工作效率得到极大提高。徐工集团先后攻克了大型智能校型技术、智能化翻转技术、重载物流等多项行业工艺技术难题,将焊接机器人、大型数控加工中心、智能物流设备等打造成柔性制造单元,建设了全球起重机行业首条转台柔性智能化生产线,该生产线能覆盖 20 余种转台产品,实现了工件自动周转、自动对接、自动焊接和自动检测,全过程无须人工干预。

在机械加工过程中,为了保证工件的加工精度和提高加工效率,必须首先保证工件在机床上占有正确位置,并且加工过程中必须保证工件的位置不变。机床夹具是机床上用以装夹工件的一种装置,它使工件相对于机床或刀具获得正确的位置(工件定位),并在加工过程中保持位置不变(工件夹紧)。工件在机床夹具中的安装包括工件的定位和工件的夹紧。在成批、大量生产中,工件的装夹是通过机床夹具来实现的。机床夹具是工艺系统的重要组成部分,它在生产中的应用十分广泛。

5.1 机床夹具

5.1.1 机床夹具的作用

机床夹具的主要作用如下。

(1)保证被加工工件的加工精度。工件借助在机床夹具中的正确安装,可以保证工件相对于机床或刀具的相对位置,提高工件的加工精度。

(2)提高生产效率。采用机床夹具可以避免逐个工件找正,易于实现多件、多工位加工,大大缩短了工件的装夹辅助时间,提高了生产效率。

(3)扩大机床的使用范围。在机床上使用夹具可以改变机床的用途和扩大机床的使用范围,如在车床上使用镗模可以代替镗床镗孔。

(4)减轻工人的劳动强度,保证生产安全。采用机械夹紧、气动夹紧、液动夹紧等夹紧装置可以减轻工人的劳动强度。

5.1.2 机床夹具的组成

图 5.1 所示为钻工件上 $\phi 18mm$ 孔的钻床夹具。装夹工件时,首先将工件定位孔装入带有螺母的定位销上,接着向右移动 V 形块使之与工件小头外圆相靠,实现定位;然后在工件与螺母之间插上开口垫圈,拧紧螺母夹紧工件。钻套用以确定所钻孔的位置并引导钻头。

由图 5.1 可以看出,机床夹具的基本组成主要有以下几个部分。

(1)定位元件或装置。定位元体或装置是用以确定工件在机床夹具中的正确位置的元件或装置,如图 5.1 中的定位销和 V 形块。工件以 $\phi 36mm$ 孔及其端面和小头外圆柱面与夹具上的定位销及其下方定位面和 V 形块相接触而定位。

(2)夹紧元件或装置。夹紧元件或装置是用以夹紧工件,在加工过程中保持工件定位后位置不变的元件或装置,如图 5.1 中的 V 形块、开口垫圈及其上方的螺母。

(3)夹具体。夹具体是将机床夹具的各种元件或装置连接成一体,并通过它将整个机床夹具安装在机床上,如图 5.1 中的夹具体。

(4)对刀或导向元件。对导或导向元件是用以确定机床夹具与刀具相对位置的对刀或导向元件,如钻床夹具中的钻套(图 5.1 中的钻套)、镗床夹具中的镗套、铣床夹具中的对刀块等。其中钻套和镗套用来确定刀具的位置、引导刀具进行切削;对刀块则在加工前用来调整铣刀在相应方向上的正确位置,铣刀在相对于工件进给加工过程中保持该方向上

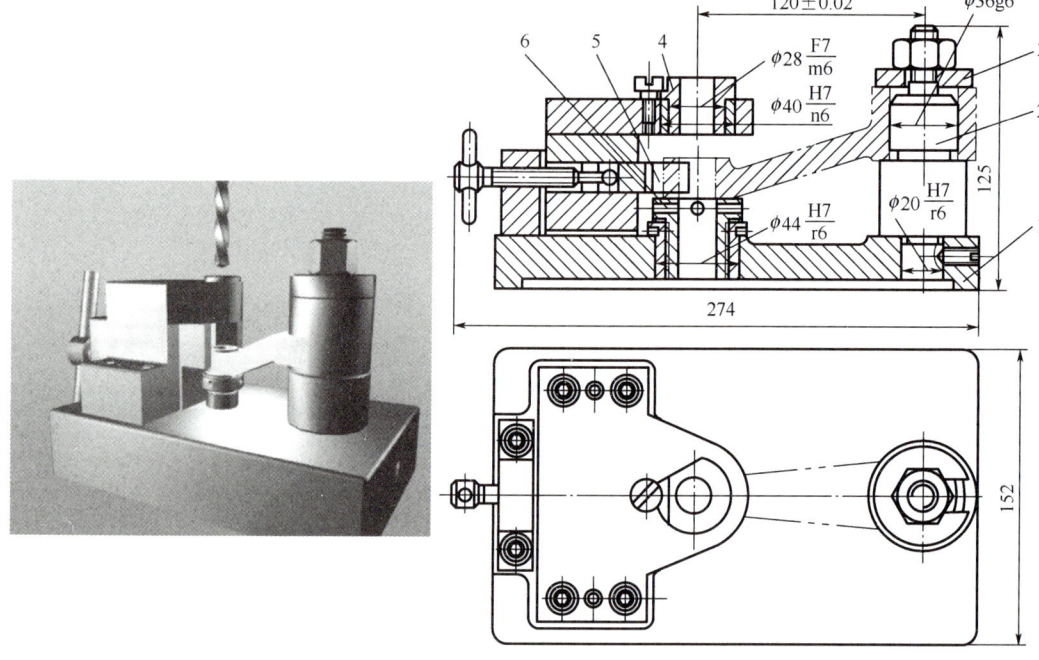

1—夹具体；2—定位销；3—开口垫圈；4—钻套；5—V形块；6—辅助支承。
图 5.1　钻床夹具

的位置不变。

（5）连接元件。连接元件是用以确定机床夹具在机床上定位和夹紧的元件，如铣床夹具底面上安装的定位键等。

（6）其他元件或装置。其他元件或装置是除上述组成部分外，根据机床夹具的需要而设置的元件或装置，如分度装置等。

5.1.3　机床夹具的分类

机床夹具可以有很多种分类方法，根据机床夹具的应用范围可以将其分为如下五种基本类型。

（1）通用夹具。通用夹具是结构已经标准化、在一定范围内可用于加工不同工件的夹具，如车床和磨床上用的顶尖、自定心卡盘（三爪卡盘）等。这类机床夹具已作为机床附件由专门的工厂制造，主要用于单件、小批量生产。

（2）专用夹具。专用夹具是针对特定工件的特定工序而设计与制造的夹具，在产品固定和工艺过程稳定的成批及大量生产的机械制造厂中使用较多。

（3）成组夹具。在成组加工过程中，从加工工件组中的某一种工件转换为另一种工件时，通过调整或者更换机床夹具的零件即可实现加工，这样的机床夹具即为成组夹具。成组夹具主要用于多品种、中小批量的生产。

（4）组合夹具。组合夹具是由预先制造好的标准化元件组装而成的，根据不同工件的某一道工序的加工要求，把各个元件进行组装，形成不同结构的夹具。组合夹具主要用于新产品试制、小批量的生产。

(5) 随行夹具。随行夹具是一种在自动线上使用的移动式夹具。加工前，先将工件装在机床夹具中，然后机床夹具连同被加工工件一起沿着自动线依次从一个工位移到下一个工位，直到工件加工完成，最后将工件从机床夹具中卸下。随行夹具适用于大批量生产。

另外，如按所适用的机床来分类，则机床夹具可分为车床夹具、铣床夹具、钻床夹具、镗床夹具、磨床夹具、自动机床夹具及数控机床夹具等。

5.2 工件在机床夹具中的定位

5.2.1 工件的定位

1. 六点定位原理

确定工件在机床或机床夹具中占有正确位置的过程即定位。要解决工件在机床夹具中的定位问题，必须搞清楚工件在空间有几个自由度、如何限制这些自由度，工件的工序加工精度与自由度之间的关系，对工件自由度的限制要求。

工件的定位

任何一个物体，如果对其不加任何限制，那么它在空间的位置是不确定的，可以向任何方向移动或转动。物体所具有的这种运动的可能性，即一个物体在三维空间中可能具有的运动，称为自由度。如图 5.2 所示，一个物体（空间自由运动状态的刚体）在空间直角坐标系中共有六个自由度：沿三个坐标轴的移动自由度，分别用 $\vec{x}$、$\vec{y}$、$\vec{z}$ 表示，以及绕三个坐标轴的转动自由度，分别用 $\hat{x}$、$\hat{y}$、$\hat{z}$ 表示。要确定物体（工件）在空间直角坐标系中的位置，就要限制其六个自由度——理论上可用六个定位支承点限制（实际上是用定位元件限制）。

现以长方体工件在机床夹具中定位（图 5.3）为例进行分析。首先，使工件底面和机床夹具上的定位支承点 1、2、3（三点不在同一直线上）紧贴接触，限制工件的 $\vec{z}$、$\hat{x}$、$\hat{y}$ 三个自由度；然后，使工件侧面和机床夹具上的定位支承点 4、5（两点连线平行于 y 轴）紧贴接触，限制工件的 $\vec{y}$、$\hat{z}$ 两个自由度；最后，使工件端面和机床夹具上的定位支承点 6

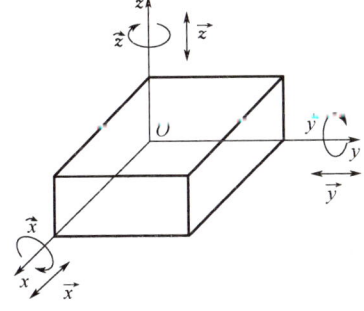

图 5.2 自由度示意图

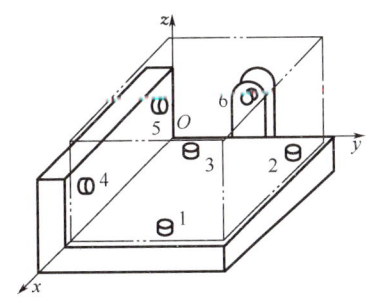

图 5.3 长方体工件在机床夹具中定位

紧贴接触,限制工件的 $\vec{x}$ 自由度。工件的 $\vec{x}$、$\vec{y}$、$\vec{z}$、$\hat{x}$、$\hat{y}$、$\hat{z}$ 六个自由度都被限制,即确定了工件的唯一位置。用六个定位支承点相应地限制工件的六个自由度的方法称为六点定位原理。

2. 完全定位和不完全定位

根据工件加工表面的加工要求,若需要将工件的六个自由度全部限制,定位时正好限制了六个自由度,称为完全定位。如图 5.4 所示,在工件上铣不通槽,为满足加工精度要求,应限制工件的六个自由度,进行完全定位。根据加工精度要求,工件定位时,被限制的自由度数不足六个的定位方案称为不完全定位。如图 5.5 所示,磨削长方体工件上平面,只需限制 $\vec{z}$、$\hat{x}$、$\hat{y}$ 三个自由度,进行不完全定位。

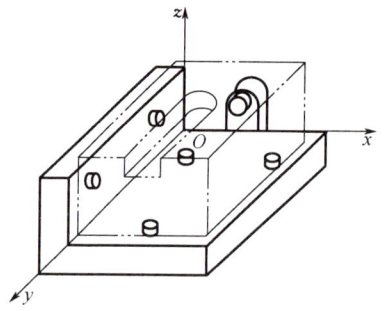

图 5.4 工件的完全定位

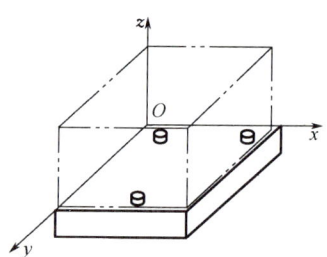

图 5.5 工件的不完全定位

3. 欠定位和过定位

(1) 欠定位。工件定位时,根据加工要求所必须限制的自由度未全部予以限制,该种定位方案称为欠定位。在任何情况下,欠定位都是绝对不允许的。图 5.6 所示为在铣床上加工长方体工件台阶的两种定位方案。台阶高度尺寸为 H,宽度尺寸为 L,根据加工要求,应限制的自由度为 $\vec{x}$、$\vec{z}$、$\hat{x}$、$\hat{y}$、$\hat{z}$,而图 5.6(a)所示方案只限制了 $\vec{z}$、$\hat{x}$、$\hat{y}$,属于欠定位。图 5.6(b)所示方案增加了一窄长定位板,限制了 $\vec{x}$、$\hat{z}$,则不再欠定位。

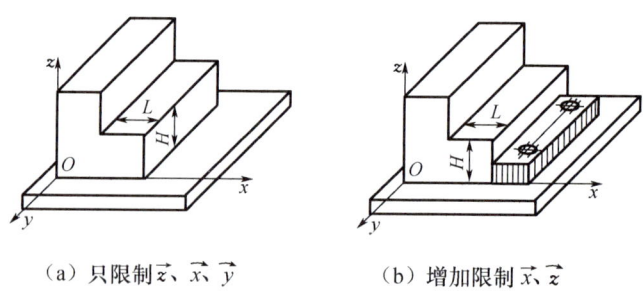

(a) 只限制 $\vec{z}$、$\hat{x}$、$\hat{y}$　　　　(b) 增加限制 $\hat{x}$、$\vec{z}$

图 5.6 在铣床上加工长方体工件台阶的两种定位方案

(2) 过定位。工件定位时,用两个或多个定位支承点重复限制工件的同一个自由度(定位发生干涉)的定位方案称为过定位。过定位会产生以下不良后果。

① 定位不稳固。如图 5.7 所示,工件以粗糙面在四个支承钉上定位。理论上只有三

点接触,因此定位不稳固。

消除过定位可以采用不在同一直线上的三个支承钉来定位。

② 工件不能按要求装入机床夹具。如图 5.8 所示,工件以一面两孔在机床夹具(一面两销)上定位。对于一批工件来说,由于两孔的中心距存在制造误差,因此加工时不能保证工件都能按要求装入夹具。

消除过定位的方法(图 5.9)如下。

① 将一圆柱销直径缩小;

② 将一圆柱销削边。削边销长轴方向垂直于两销中心连线。

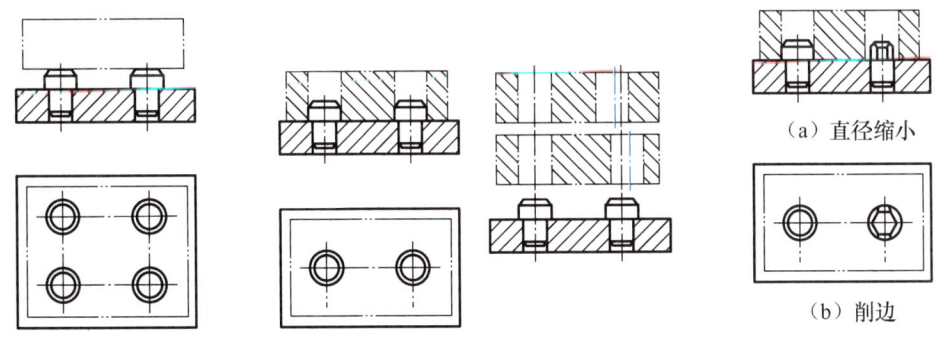

图 5.7　工件的过定位示例一　　图 5.8　工件的过定位示例二　　图 5.9　消除过定位的方法

5.2.2　常用定位方式及其定位元件

常用的工件定位基面有平面、圆柱孔、外圆柱面、圆锥孔等。不同的定位元件与不同的定位基面相适应。常用工件定位方式及其限制的自由度见表 5.1。

表 5.1　常用工件定位方式及其限制的自由度

工件定位基面	定位元件	定位方式示意图	限制的自由度
平面	一个支承钉（支承钉 6）		$\vec{y}$
平面	两个支承钉（支承钉 4、5）		$\vec{x}$、$\hat{z}$
平面	三个支承钉（支承钉 1、2、3）		$\vec{z}$、$\hat{x}$、$\hat{y}$
平面	一块条形支承板（支承板 3）		$\vec{x}$、$\hat{z}$
平面	两块条形支承板（支承板 1、2）		$\vec{z}$、$\hat{x}$、$\hat{y}$

续表

工件定位基面	定位元件		定位方式示意图	限制的自由度
圆柱孔	圆柱销	短圆柱销		$\vec{y}$、$\vec{z}$
		长圆柱销		$\vec{y}$、$\vec{z}$、$\hat{y}$、$\hat{z}$
		两段短圆柱销		$\vec{y}$、$\vec{z}$、$\hat{y}$、$\hat{z}$
	圆锥销	固定锥销		$\vec{x}$、$\vec{y}$、$\vec{z}$
		浮动锥销		$\vec{y}$、$\vec{z}$
		固定锥销与浮动锥销组合		$\vec{x}$、$\vec{y}$、$\vec{z}$、$\hat{y}$、$\hat{z}$
	心轴	长圆柱心轴		$\vec{x}$、$\vec{z}$、$\hat{x}$、$\hat{z}$
		短圆柱心轴		$\vec{x}$、$\vec{z}$
外圆柱面	V形块	一块短V形块		$\vec{y}$、$\vec{z}$
		一块长V形块		$\vec{y}$、$\vec{z}$、$\hat{y}$、$\hat{z}$

续表

工件定位基面	定位元件		定位方式示意图	限制的自由度
外圆柱面	定位套	一个短定位套	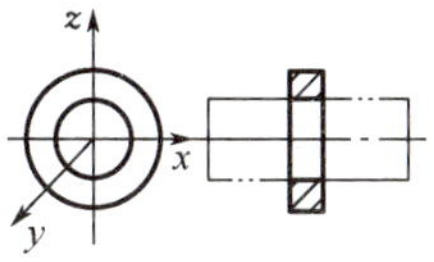	$\vec{x}$、$\vec{z}$
		一个长定位套	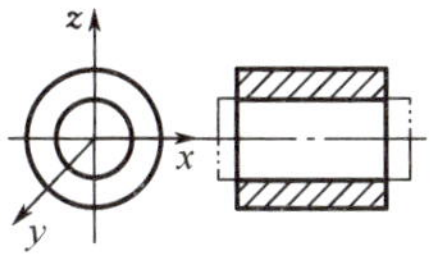	$\vec{x}$、$\vec{z}$、$\hat{x}$、$\hat{z}$
圆锥孔	顶尖和锥度心轴	固定顶尖	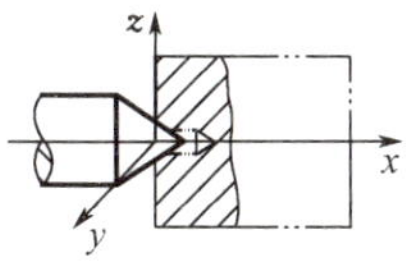	$\vec{x}$、$\vec{y}$、$\vec{z}$
		浮动顶尖	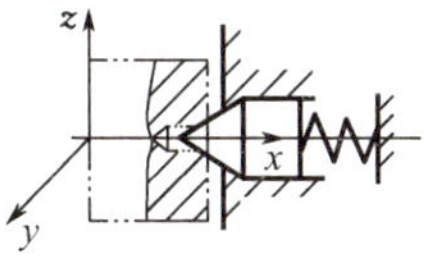	$\vec{y}$、$\vec{z}$
		固定顶尖和浮动顶尖	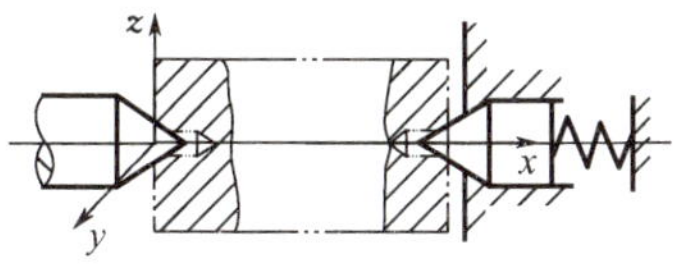	$\vec{x}$、$\vec{y}$、$\vec{z}$、$\hat{y}$、$\hat{z}$
		锥度心轴	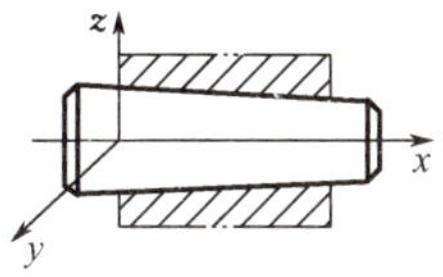	$\vec{x}$、$\vec{y}$、$\vec{z}$、$\hat{y}$、$\hat{z}$

1. 平面定位的常用定位元件

工件以平面定位时，常用的定位元件有固定支承、可调支承和自位支承。

（1）固定支承。固定支承是支承点固定不变的定位元件，有支承钉和支承板两种。图 5.10（a）、图 5.10（b）和图 5.10（c）所示为标准化的三种支承钉。其中 A 型是平头支承钉，多用于精基准面的定位，它与工件定位基面间有一定的接触面积，可以减少磨损，避免压坏定位平面；B 型是圆头支承钉，多用于粗基准面的定位，它与定位平面间的点接触容易保证，位置相对稳定，但易磨损；C 型是齿纹顶支承钉，多用于侧面粗基准的定位，它与工件定位基面之间的摩擦力大，但齿纹顶中的切屑不易清除。一个支承钉相当于一个支承点，限制一个自由度；在一个平面内，两个支承钉限制两个自由度，不在同一直线上的三个支承钉限制三个自由度。

标准化的两种支承板如图 5.10（d）和图 5.10（e）所示，常用于大、中型工件的精基准面的定位。其中 A 型支承板的结构简单，制造方便，但不便于清除沉头螺钉孔中的切屑，常用于侧面和顶面定位；而带斜槽的 B 型支承板用得较多，易保证工作面清洁，适用于底面定位。一个支承板相当于两个支承点，限制两个自由度；两个或多个支承板组合相当于一个平面，限制三个自由度。

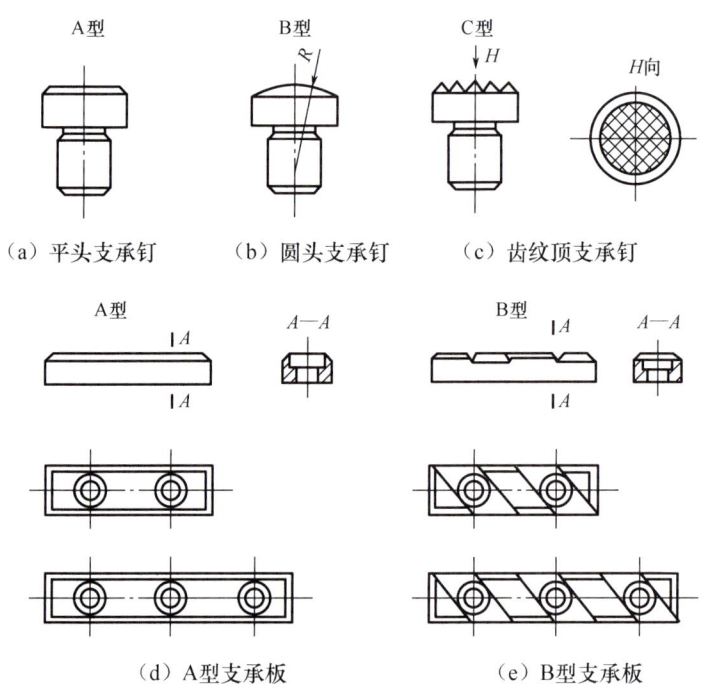

图 5.10　固定支承

（2）可调支承。可调支承是指支承点的高度可以调整的定位元件。可调支承通常用于粗基准面定位，或定位基准面的形状复杂（如成型面、台阶面等），以及各批毛坯的尺寸、形状变化较大时的定位。图 5.11 所示为常见的可调支承。可调支承在一批工件加工前需调整一次。在同一批工件加工中，它的作用与固定支承相同，所以可调支承在调整后需要锁紧。

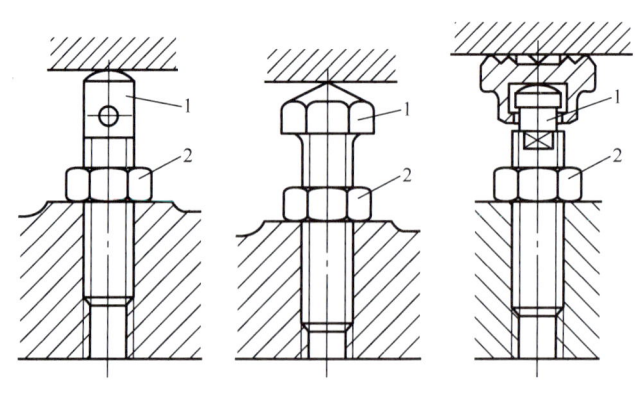

1—支承销；2—锁紧螺母。

图 5.11　常见的可调支承

（3）自位支承。自位支承是支承点可随工件定位基面的变化而自动调整并与之相适应的定位元件。多点浮动支承仅起一个支承点作用，只限制一个自由度。图 5.12 所示为常见的自位支承。自位支承由于增加了接触点数，可提高工件的支承刚度和稳定性，但机床夹具结构稍复杂，适用于工件以毛面定位或刚性不足的场合。

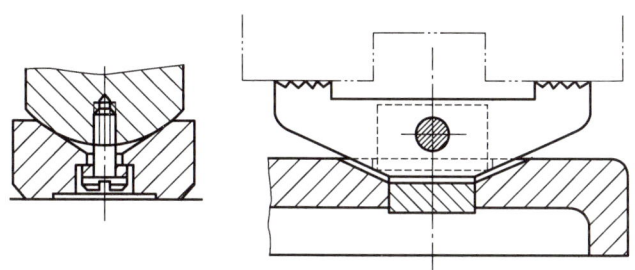

图 5.12　常见的自位支承

此外，还有辅助支承，它是在工件定位后才参与支承的元件，故不是定位元件，不起定位作用，只起提高支承刚度作用。辅助支承用于工件因尺寸、形状特征或局部刚度较差，在切削力或工件自身重力作用下，基本支承定位不稳定或加工工件产生变形的场合。图 5.13（a）所示为用于小批量生产的螺旋式辅助支承。其结构简单，但转动支承销时可能会损伤工件定位面，或因摩擦力而带动工件。图 5.13（b）所示为用于大批量生产的辅助支承。它是自动调节支承，靠弹簧的弹力使支承销与工件接触。当工件定位夹紧后，转动手柄，通过锁紧螺钉和顶销将支承销锁紧。

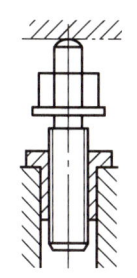 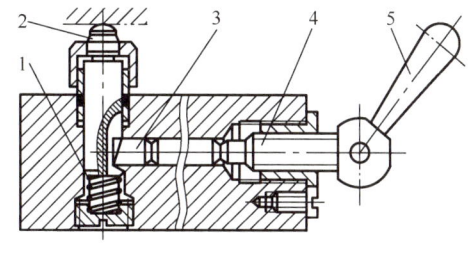

（a）用于小批量生产的螺旋式辅助支承　　　（b）用于大批量生产的辅助支承

1—弹簧；2—支承销；3—顶销；4—锁紧螺钉；5—手柄。

图 5.13　辅助支承

2. 圆柱孔定位的常用定位元件

工件以圆柱孔定位时，常用的定位元件有定位销和心轴。

（1）定位销。图 5.14 所示为圆柱定位销。工作部分直径 d 与定位孔配合，按 g5、g6、f6 或 f7 制造，上端部有较长的倒角，目的是便于工件装入。图 5.14（a）、图 5.14（b）和图 5.14（c）所示的定位销以尾柄与夹具体采用过盈配合（H7/r6 或 H7/n6）连接，图 5.14（d）所示的定位销通过衬套与夹具体连接，其尾柄与衬套采用间隙配合，这种结构便于更换，适用于大批量生产。用定位销定位时，短圆柱销可以限制两个自由度，长圆柱销可以限制四个自由度。

图 5.15 所示为削边定位销，它只在圆弧部分与工件定位孔接触，因而定位时只在该接触方向限制工件的一个自由度，在需要避免过定位时使用。

图 5.16 所示为圆锥定位销，可限制工件的三个移动自由度，即 $\vec{x}$、$\vec{y}$、$\vec{z}$。图 5.16（a）所示圆锥定位销用于毛坯孔定位，图 5.16（b）所示圆锥定位销用于已加工孔定位。

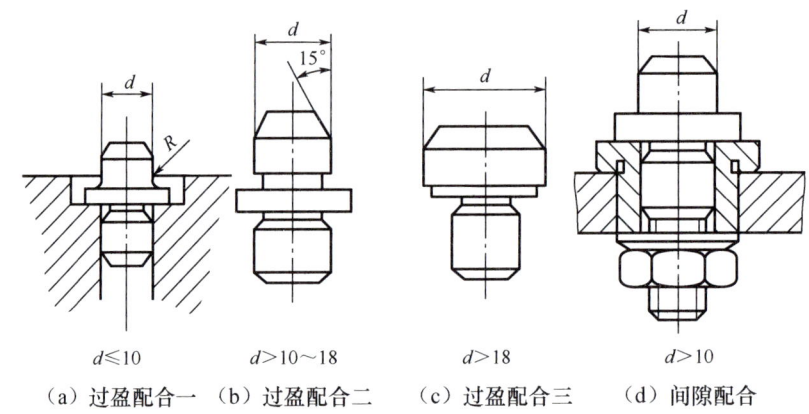

（a）过盈配合一　（b）过盈配合二　（c）过盈配合三　（d）间隙配合

图 5.14　圆柱定位销

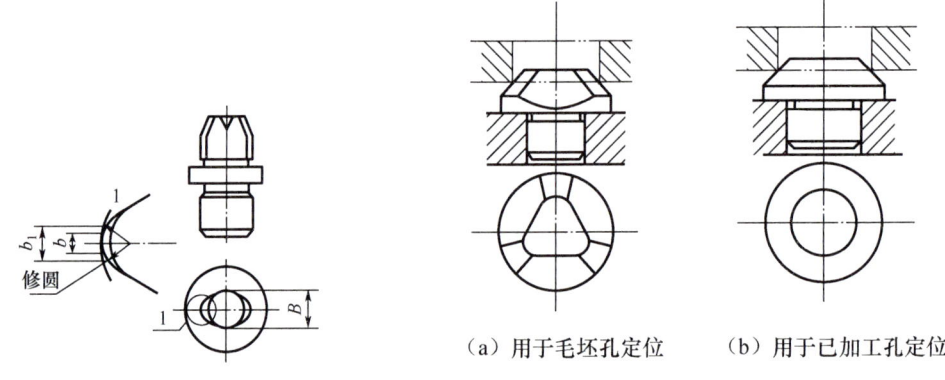

图 5.15　削边定位销　　　　　　　　（a）用于毛坯孔定位　（b）用于已加工孔定位

图 5.16　圆锥定位销

（2）心轴。心轴的结构形式很多，图 5.17 所示为过盈配合心轴，它由导向部分、定位部分及传动部分组成，用压机装卸工件。过盈配合的长心轴可以限制四个自由度，定心精度高，不用另设夹紧装置；但装卸工件不便，易损伤工件定位孔。

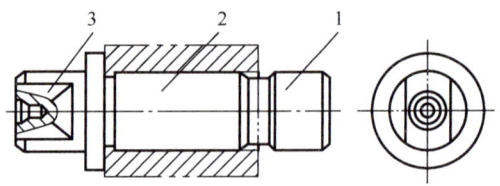

1—导向部分；2—定位部分；3—传动部分。

图 5.17　过盈配合心轴

图 5.18 所示为间隙配合心轴，工件装卸方便，但定心精度不高。间隙配合的长心轴可以限制四个自由度，短心轴可以限制两个自由度。

图 5.19 所示为小锥度心轴，工件安装时轻轻敲入或压入，通过孔和心轴接触表面的弹性变形来夹紧工件，可获得较高的定心精度。小锥度心轴的锥度为 1∶5000～1∶1000。锥度过大会造成工件在心轴上倾斜，锥度过小会由于工件孔径的变化而引起工件轴向位置有较大的变动。小锥度心轴可以限制五个自由度。

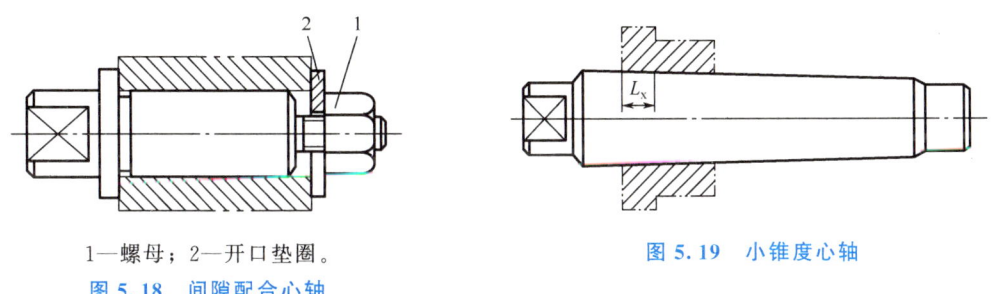

1—螺母；2—开口垫圈。

图 5.18 间隙配合心轴

图 5.19 小锥度心轴

3. 外圆柱面定位的常用定位元件

工件以外圆柱面定位时，常用的定位元件有 V 形块和定位套。

（1）V 形块。工件外圆柱面以 V 形块定位是极常见的定位方式。两 V 形工作面间的夹角有 60°、90°、120°，其中 90°夹角的 V 形块使用最广泛，其结构已标准化。

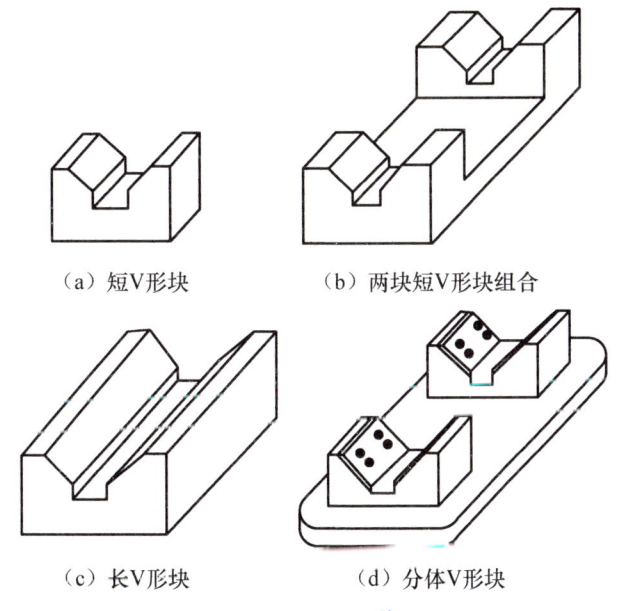

（a）短V形块　　（b）两块短V形块组合

（c）长V形块　　（d）分体V形块

图 5.20　V 形块

图 5.20（a）所示的短 V 形块，可以限制两个自由度，用于工件定位基面较短的情况；图 5.20（b）所示的两块短 V 形块组合，可以限制四个自由度，用于工件定位基面较长的情况；图 5.20（c）所示的长 V 形块，可以限制四个自由度；图 5.20（d）所示的分体 V 形块，用于工件定位基面长度和直径均较大的情况。

（2）定位套。工件外圆柱面也常以定位套（图5.21）定位。定位套孔口有15°～30°的倒角，便于装入工件。这种定位方式定心精度不高，一般适用于精基准定位。图5.21（a）所示的定位套用于工件以端面为主要定位基面场合，短定位套可以限制工件的两个自由度；图5.21（b）所示的定位套用于工件以外圆柱面为主要定位基面场合，长定位套可以限制工件的四个自由度。

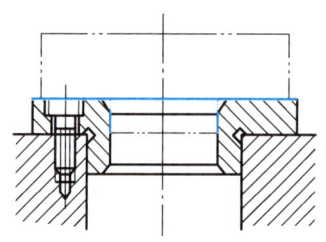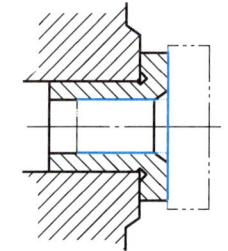

（a）用于工件以端面为主要定位基面场合　　（b）用于工件以外圆柱面为主要定位基面场合

图5.21　定位套

此外，工件外圆柱面还可用半圆套定位。半圆套定位装置如图5.22所示。当工件尺寸较大，用定位套定位不方便时，可将定位套改成两个半圆套，上半圆套用作压紧工件，下半圆套用作定位。短半圆套可以限制工件的两个自由度，长半圆套可以限制工件的四个自由度。

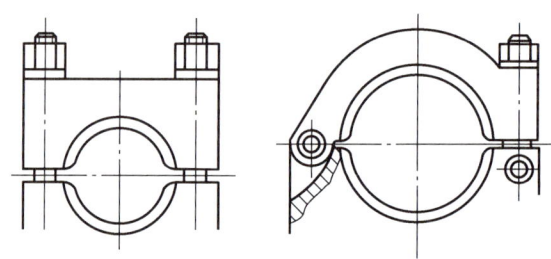

图5.22　半圆套定位装置

4. 组合表面定位的常用定位元件

工件以组合表面定位是指用两种（个）或两种（个）以上的表面组合起来对工件进行定位，如工件在机床夹具上用一面两孔定位、工件在机床上用两顶尖定位（图5.23）等。前顶尖孔为主要定位基面，前顶尖可以限制三个自由度，后顶尖可以限制两个自由度。

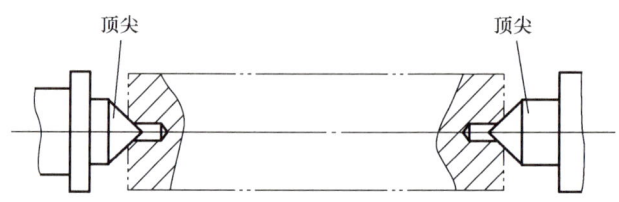

图5.23　两顶尖定位

5.3 定位误差的分析与计算

5.3.1 定位误差的概念

工件在机床夹具中的位置是以其定位基面与定位元件相接触来确定的。对于一个工件来说,当工件定位表面与机床夹具定位元件相接触后,该工件在机床夹具中的位置也就相应确定了。但对于一批工件来说,由于每个工件彼此在尺寸、形状和相互位置上均存在差异(在公差范围内的差异),因此,对于同一批工件在同一个机床夹具中定位时,其在机床夹具中的实际位置不一致。在采用调整法加工时,刀具相对于机床夹具(定位元件)的位置经调整后,加工一批工件时不再变动,这样各工件的加工尺寸必然大小不一,形成误差。这种由于工件在机床夹具中定位不准而引起的误差称为定位误差,用 Δ_{dw} 表示。定位误差的实质是工序基准在加工尺寸或位置要求方向上的最大变动量,它包括基准不重合误差和基准位移误差。采用试切法加工则不存在定位误差。

定位误差产生的原因有工件的制造误差和定位元件的制造误差、两者的配合间隙及工序基准与定位基准不重合等。

1. 基准不重合误差

当工件的定位基准与工序基准(或设计基准)不重合时,两基准之间的误差就会反映到工序尺寸上,产生基准不重合误差,用 Δ_{jb} 表示。现举例说明。

如图 5.24 所示零件,1、2、3、4 面均已加工好,本工序为铣削一宽度为 $b_0^{+T_b}$ 的通槽,要求保证尺寸 $a_{-T_a}^{0}$、$h_0^{+T_h}$。图 5.24(a)所示的工序中工件以底面 1 为主要定位基准,消除三个自由度,侧面 2 消除两个自由度。对工序尺寸 $h_0^{+T_h}$ 而言,工序基准为上表面 3,工序基准与定位基准不重合。加工时,刀具以定位基准面 1 进行对刀,这时的工序基准与定位基准之间的联系尺寸 L(定位尺寸)的公差 T_L 必然会改变工序基准的位置,工序基准沿加工尺寸 h 方向上的变动量为 T_L,如图 5.24(b) 和图 5.24(c) 所示。这种由定位基准与工序基准不重合所引起的定位误差称为基准不重合误差,有 $\Delta_{jb}=T_L$。

2. 基准位移误差

由定位副(工件定位基准面和定位元件)的制造误差及配合间隙所引起的定位基准在工序尺寸方向上的最大位置变动范围称为基准位移误差,用 Δ_{jw} 表示。如图 5.24(d) 所示,对工序尺寸 $a_{-T_a}^{0}$ 而言,由于定位基准与工序基准重合,因此不存在基准不重合误差。但由于 1、2 两个定位基准面之间存在垂直度误差 $\pm\Delta\alpha$,因此定位基准本身产生了位置运动,这时定位基准相对于理想位置的最大变动量为 Δ_a。这种由定位基准位置变动引起的定位误差称为基准位移误差,有 $\Delta_{jw}=\Delta_a$。

定位误差是基准不重合误差和基准位移误差的综合结果,可表示为

$$\Delta_{dw}=\Delta_{jw}\pm\Delta_{jb} \tag{5-1}$$

如果工序基准不在定位基准面上,式中取"+"号。

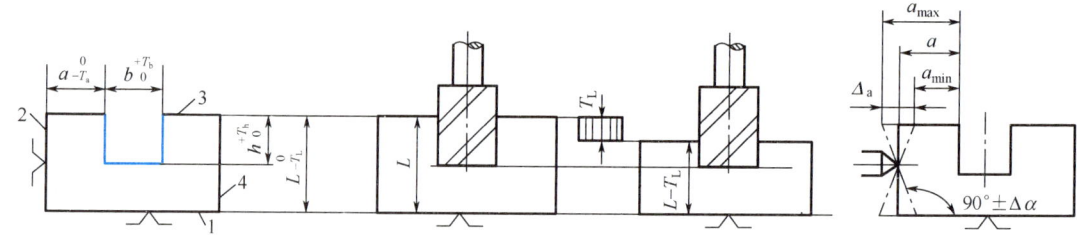

(a) 铣槽工序图　　　(b) 基准不重合误差一　　　(c) 基准不重合误差二　　　(d) 基准位移误差

1～4—加工面。

图 5.24　基准不重合误差和基准位移误差

如果工序基准在定位基准面上，式中"＋""－"号的确定方法如下。

（1）定位基准面直径由小变大（或由大变小）时，分析定位基准的变动方向。

（2）定位基准面直径同样变化时，假设定位基准的位置不变动，分析工序基准的变动方向。

（3）两者的变动方向相同时，取"＋"号；两者的变动方向相反时，取"－"号。

在计算定位误差时，要注意基准位移误差和基准不重合误差的方向和工序尺寸的方向。若误差的方向与工序尺寸的方向相同或平行，则定位误差为两项误差的代数和；若误差的方向与工序尺寸方向不一致，则应投影到工序尺寸的方向上计算，然后求其代数和，其值就是影响工序尺寸的定位误差。

计算定位误差的目的是判断定位方案能否满足工件的加工精度要求，是决定定位方案是否合理的重要依据。当定位误差值小于工件有关工序尺寸或位置尺寸公差的 1/5～1/3 时，则认为该定位方案可以满足工件的加工精度要求；反之，则不能满足工件的加工精度要求。

5.3.2　常见定位方式的定位误差分析与计算

1. 工件以平面定位时定位误差的分析与计算

【例题 5-1】　图 5.25 所示为铣台阶面 C 的两种定位方案。对于定位方案一[图 5.25(a)]，A 面、B 面已在前工序加工完毕，$L_1=(45\pm0.2)$mm，定位基准为 A 面，工序尺寸为 $L_2=(20\pm0.25)$mm，工序基准为 B 面。试计算定位误差，并分析能否满足工序要求。

解：当工件以平面为精基准时，基准位移误差主要是由平面度误差引起的，但误差很小，常可忽略不计，即 $\Delta_{jw}=0$。

由题可知，该定位方案中定位基准与工序基准不重合，存在基准不重合误差，会造成工序尺寸 L_2 的加工误差。根据图示工件工序基准相对定位基准的定位尺寸为 (45 ± 0.2) mm，与加工尺寸方向一致，所以基准不重合误差就是定位尺寸的公差，即 $\Delta_{jb}=0.40$mm，有

$$\Delta_{dw}=\Delta_{jb}+\Delta_{jw}=0.40\text{mm}$$

而工序尺寸 $L_2=(20\pm0.25)$mm 的公差为 $T_2=0.50$mm，此时有

$$\Delta_{dw}=0.40\text{mm}>\frac{1}{3}T_2=\frac{1}{3}\times0.50\approx0.17\text{（mm）}$$

由于定位误差太大，留给其他加工误差的允许值太小，实际加工中易出现废品，因此该定位方案是无法保证尺寸 $L_2=(20\pm0.25)$mm 的工序要求的。

若改为图 5.25（b）所示定位方案，定位基准与工序基准重合，则定位误差为零。但图 5.25（b）所示定位方案中，工件从下向上夹紧，夹具结构相对复杂，夹紧方案不理想。

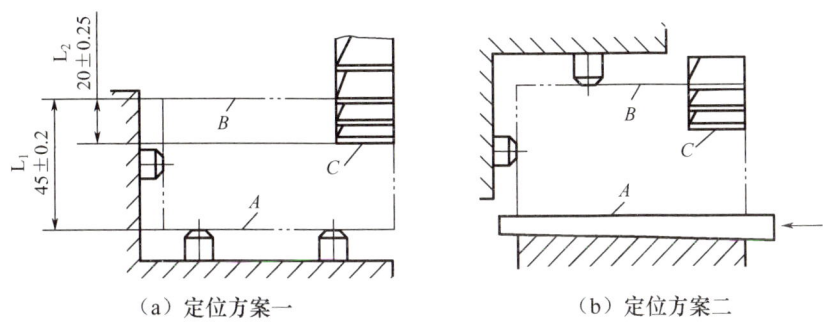

（a）定位方案一　　　　　　　　（b）定位方案二

图 5.25　铣台阶面 C 的定位方案

2. 工件以内孔表面定位时的定位误差分析与计算

工件以内孔表面在不同的定位元件上定位时，所产生的定位误差是不同的。

（1）工件以内孔表面在过盈配合圆柱心轴（或圆柱销）上定位。采用过盈配合时，定位副间无间隙，所以基准位移误差为零，即 $\Delta_{jw}=0$。

① 若定位基准与工序基准重合，如图 5.26（a）所示，工序尺寸为 $a_{-T_a}^{0}$，其定位误差为

$$\Delta_{dw}=\Delta_{jb}+\Delta_{jw}=0$$

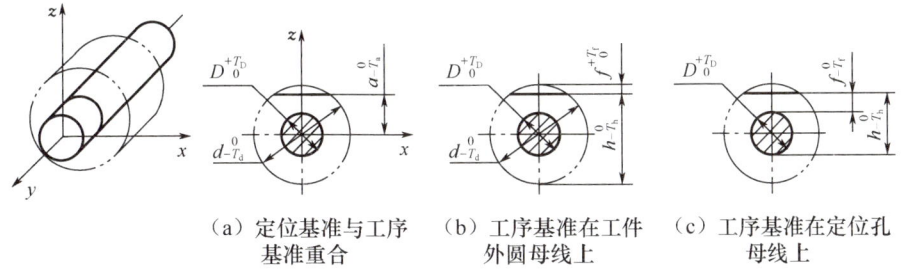

（a）定位基准与工序　　（b）工序基准在工件　　（c）工序基准在定位孔
　　基准重合　　　　　　　外圆母线上　　　　　　母线上

图 5.26　工件以内孔表面在过盈配合圆柱心轴（或圆柱销）上定位时的定位误差分析

② 若工序基准在工件外圆母线上，如图 5.26（b）所示，工序尺寸为 $f_{0}^{+T_f}$ 和 $h_{-T_h}^{0}$，其定位误差为

$$\Delta_{dw}=\Delta_{jw}+\Delta_{jb}=\Delta_{jb}=\frac{1}{2}T_d$$

③ 若工序基准在定位孔母线上，如图 5.26（c）所示，工序尺寸为 $f_{-T_f}^{0}$ 和 $h_{-T_h}^{0}$，其定位误差为

$$\Delta_{dw}=\Delta_{jb}\pm\Delta_{jw}=\Delta_{jb}=\frac{1}{2}T_D$$

（2）工件以内孔表面在间隙配合圆柱心轴（或圆柱销）上定位。采用间隙配合时，定位有

定位圆柱心轴（或圆柱销）水平放置［图 5.27（a）］和垂直放置［图 5.27（b）］两种情况。

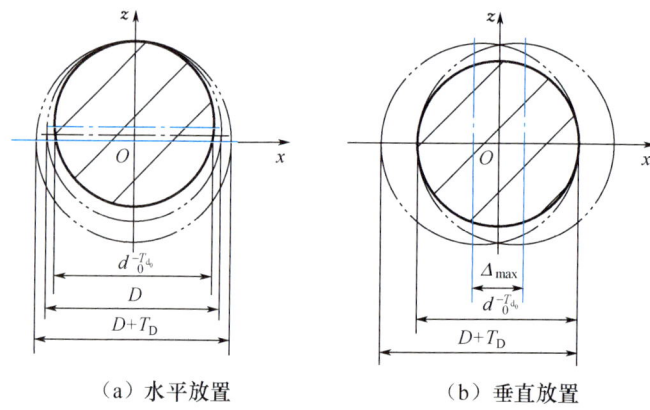

(a) 水平放置　　　　　(b) 垂直放置

图 5.27　工件以内孔表面在间隙配合圆柱心轴（或圆柱销）上定位时的定位误差分析

① 定位圆柱心轴（或圆柱销）水平放置（固定单边接触）。设工件内孔孔径为 $D^{+T_D}_{\ 0}$，定位心轴轴径为 $d^{\ 0}_{-T_{d0}}$。由于工件内孔与定位心轴之间有间隙，在重力作用下，工件内孔与心轴的上母线单边接触，此时可认为定位基准是内孔中心线。因为定位基准只在垂直方向上变动，所以在水平方向上基准位移误差为零。在垂直方向上，由于定位心轴水平放置，定位心轴与工件内孔都有制造误差且配合有间隙，圆孔中心位置发生偏移，因此一批工件定位时可能出现两种极端情况：一是定位心轴尺寸最大、工件孔最小；二是定位心轴尺寸最小、内孔最大。其基准位移误差为

$$\Delta_{jw} = \frac{D_{max} - d_{0min}}{2} - \frac{D_{min} - d_{0max}}{2} = \frac{1}{2}T_D + \frac{1}{2}T_{d0} \qquad (5-2)$$

为了安装方便，有时还增加最小间隙 X_{min}，由于 X_{min} 是常值系统性误差，可以通过调刀加以消除，因此，在计算基准位移误差时可忽略不计 X_{min} 的影响。

【例题 5-2】　如图 5.28 所示，孔径为 $D^{+T_D}_{\ 0}$ 的孔装在轴径为 $d^{\ 0}_{-T_d}$ 的水平定位心轴上，已知工件外圆的轴径为 $d^{\ 0}_{-T_d}$，本工序铣平面。试求各工序尺寸的定位误差。

解：工件以内孔表面在水平放置心轴上定位，此时定位基准为内孔中心线。

① 对于工序尺寸 a，此时工序基准与定位基准重合，基准不重合误差 $\Delta_{jb} = 0$，定位误差为

$$\Delta_{dw} = \Delta_{jw} + \Delta_{jb} = \Delta_{jw} = \frac{1}{2}T_D + \frac{1}{2}T_{d0}$$

② 对于工序尺寸 h，工序基准为工件外圆下母线，此时工序基准与定位基准不重合，基准不重合误差 $\Delta_{jb} = \frac{1}{2}T_d$，其定位误差为

$$\Delta_{dw} = \Delta_{jw} + \Delta_{jb} = \frac{1}{2}T_D + \frac{1}{2}T_{d0} + \frac{1}{2}T_d$$

③ 对于工序尺寸 f 和 k，工序基准分别在定位孔的上、下母线上，此时工序基准与定位基准不重合，基准不重合误差 $\Delta_{jb} = \frac{1}{2}T_D$。根据工序基准在定位基准面上时，公式 $\Delta_{dw} =$

$\Delta_{jw} \pm \Delta_{jb}$ 中"＋""－"号的确定方法，定位误差分别为

$$\Delta_{dw(f)} = \Delta_{jw} - \Delta_{jb} = \frac{1}{2}T_D + \frac{1}{2}T_{d0} - \frac{1}{2}T_D = \frac{1}{2}T_{d0}$$

$$\Delta_{dw(k)} = \Delta_{jw} + \Delta_{jb} = \frac{1}{2}T_D + \frac{1}{2}T_{d0} + \frac{1}{2}T_D = T_D + \frac{1}{2}T_{d0}$$

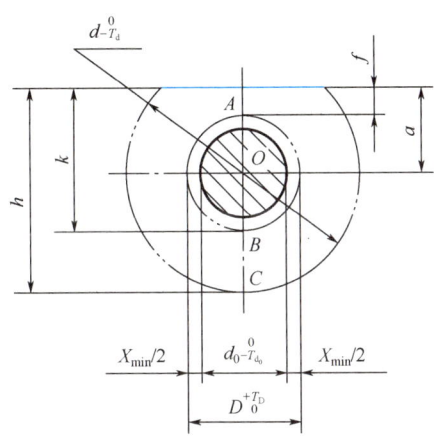

图 5.28　例题 5-2 图

综合上述分析计算结果可知，当工件以内孔表面在间隙配合圆柱心轴（或圆柱销）上定位且为固定单边接触时，工序尺寸的定位误差值随工序基准的不同而异。其中，以定位孔的上母线为工序基准时，定位误差值最小；以定位孔中心线为工序基准时，定位误差值次之；以定位孔下母线为工序基准时，定位误差值较大；以工件外圆母线为工序基准时，定位误差值最大。

② 定位圆柱心轴（或圆柱销）垂直放置（任意边接触）。定位圆柱心轴（或圆柱销）垂直放置（图 5.29）时，定位心轴与工件内孔则可能任意边接触，在分析定位误差时，应考虑加工尺寸方向的两个极限位置及孔轴的最小间隙 X_{min} 的影响，此时 X_{min} 不能通过调整刀具尺寸预先消除，因此，在加工尺寸方向上的最大基准位移误差为

$$\Delta_{jw} = D_{max} - d_{0min} = T_D + T_{d0} + X_{min} \tag{5-3}$$

其中

$$X_{min} = D_{min} - d_{0max}$$

基准不重合误差则随工序基准的不同而异。

3. 工件以外圆柱表面定位时定位误差的分析与计算

外圆柱表面的定位有定心定位和支承定位两种。定心定位以外圆柱面的轴线为定位基准，常见的定心定位装置有自定心卡盘、弹簧夹头及其他一些自动定心机构。用这类定位装置定位时，工件轴心线在径向方向是固定不变的，因此基准位移误差等于零。支承定位常采用 V 形块定位，如图 5.30（a）所示，设工件外圆的轴径为 $d_{-T_d}^{0}$，工件的定位基准是与 V 形块接触的外圆柱面的轴线。当直径尺寸有变化时，与 V 形块相接触的母线 A、B 的位置都会发生变化，但工件轴心线只在垂直方向上有位置变化，而在水平方向轴心线的变动为零，此即 V 形块的对中性。在垂直方向上，基准位移误差为

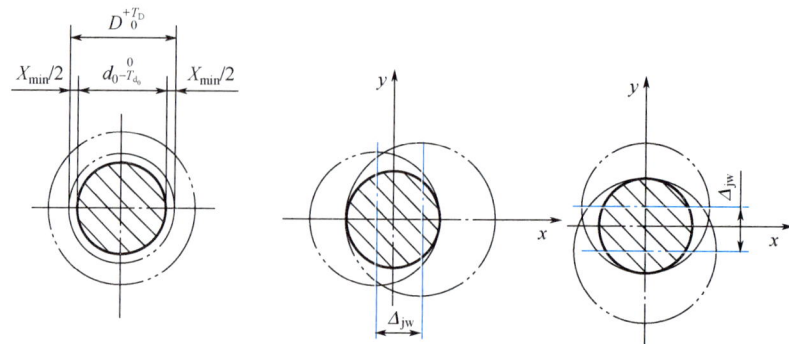

图 5.29 定位圆柱心轴（或圆柱销）垂直放置

$$\Delta_{jw} = OO_1 = OC - O_1C = \frac{OA}{\sin(\alpha/2)} - \frac{O_1B}{\sin(\alpha/2)} \tag{5-4}$$

$$= \frac{d}{2\sin(\alpha/2)} - \frac{d - T_d}{2\sin(\alpha/2)} = \frac{T_d}{2\sin(\alpha/2)}$$

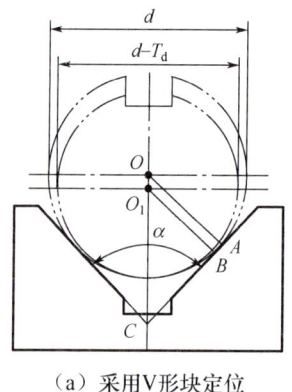
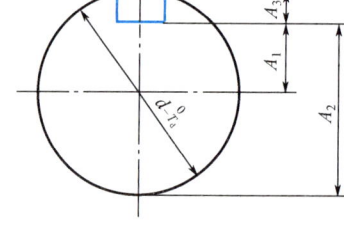

（a）采用V形块定位　　　　（b）铣键槽工序尺寸

图 5.30 工件在 V 形块上定位时定位误差分析

【例题 5-3】 分别计算图 5.30（b）中三种不同的工序尺寸定位误差的大小。

解：（1）对于工序尺寸 A_1，此时工序基准与定位基准重合，基准不重合误差 $\Delta_{jb}=0$。而基准位移误差的方向与加工尺寸方向一致，所以键槽深度尺寸 A_1 的定位误差为

$$\Delta_{dw} = \Delta_{jw} + \Delta_{jb} = \frac{T_d}{2\sin(\alpha/2)}$$

（2）对于工序尺寸 A_2，工序基准为工件外圆下母线，此时工序基准和定位基准不重合，基准不重合误差 $\Delta_{jb}=\frac{1}{2}T_d$，而基准位移误差的方向与加工尺寸方向一致，根据工序基准在定位基准面上时，公式 $\Delta_{dw}=\Delta_{jw}\pm\Delta_{jb}$ 中"＋""－"号的确定方法，键槽深度尺寸 A_2 的定位误差为

$$\Delta_{dw} = \Delta_{jw} - \Delta_{jb} = \frac{T_d}{2\sin(\alpha/2)} - \frac{1}{2}T_d$$

（3）对于工序尺寸 A_3，工序基准为工件外圆上母线，工序基准和定位基准也不重合，

基准不重合误差 $\Delta_{jb}=\frac{1}{2}T_d$，而基准位移误差的方向与加工尺寸方向一致，根据工序基准在定位基准面上时，公式 $\Delta_{dw}=\Delta_{jw}\pm\Delta_{jb}$ 中"＋""－"号的确定方法，键槽深度尺寸 A_3 的定位误差为

$$\Delta_{dw}=\Delta_{jb}+\Delta_{jw}=\frac{1}{2}T_d+\frac{T_d}{2\sin(\alpha/2)}$$

综合上述计算结果可知，当工件以外圆柱表面在 V 形块上定位时，以下母线为工序基准时，定位误差值最小；以上母线为工序基准时，定位误差值最大。

【例题 5-4】 图 5.31（a）所示为铣键槽工序的加工要求，已知轴径尺寸为 $d=\phi50_{-0.1}^{0}$mm，试分别计算图 5.31（b）和图 5.31（c）两种定位方案的定位误差，并判断其能否满足加工要求（要求定位误差不大于工件相应尺寸公差的 1/3）。

解：（1）键槽宽度尺寸 $12_{0}^{+0.1}$mm 由铣刀保证。

（2）定位方案一［图 5.31（b）］为平面定位，对于工序尺寸 $43_{-0.1}^{0}$mm：定位基准和工序基准都为外圆下母线，基准不重合误差为零，即 $\Delta_{jb}=0$。因为是平面定位，所以加工尺寸方向基准位移误差为零，即 $\Delta_{jw}=0$，定位误差为

$$\Delta_{dw}=\Delta_{jb}-\Delta_{jw}=0<\frac{1}{3}\times 0.1\approx 0.033(\text{mm})$$

故此定位方案可以满足工序尺寸 $43_{-0.1}^{0}$mm 的加工要求。

对于键槽的对称度要求：定位基准为外圆左母线，而工序基准为外圆中心线，故基准不重合误差为 $\Delta_{jb}=\frac{1}{2}\times 0.1=0.05$（mm）。因为是平面定位，所以基准位移误差为零，即 $\Delta_{jw}=0$，定位误差为

$$\Delta_{dw}=\Delta_{jb}+\Delta_{jw}=0.05\text{mm}<\frac{1}{3}\times 0.2\approx 0.067(\text{mm})$$

故此定位方案能满足对称度的加工要求。

（3）定位方案二［图 5.31（c）］为 V 形块定位，对于工序尺寸 $43_{-0.1}^{0}$mm：定位基准为外圆轴线，工序基准为外圆下母线，所以存在基准不重合误差，即 $\Delta_{jb}=\frac{1}{2}\times 0.1=0.05$mm，因为是 V 形块定位，所以加工尺寸方向基准位移误差为 $\Delta_{jw}=\frac{0.1}{2\sin 45°}\approx 0.0707$mm，定位误差为

$$\Delta_{dw}=\Delta_{jw}-\Delta_{jb}=0.0707-0.05=0.0207(\text{mm})<\frac{1}{3}\times 0.1\approx 0.033(\text{mm})$$

故此定位方案可以满足工序尺寸 $43_{-0.1}^{0}$mm 的加工要求。

对于键槽的对称度要求：定位基准和工序基准皆为外圆中心线，故基准不重合误差为 $\Delta_{jb}=0$。因为是 V 形块定位，在水平方向轴心线的变动为零，所以基准位移误差也为零，即 $\Delta_{jw}=0$，定位误差为

$$\Delta_{dw}=\Delta_{jb}+\Delta_{jw}=0<\frac{1}{3}\times 0.2\approx 0.067(\text{mm})$$

故此定位方案能满足对称度的加工要求。

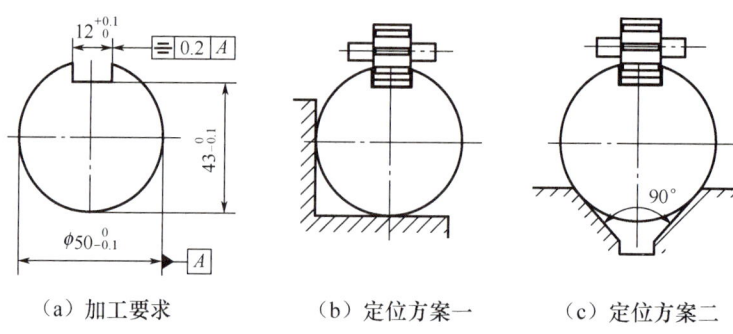

(a) 加工要求　　　　(b) 定位方案一　　　(c) 定位方案二

图 5.31　铣键槽定位误差计算

5.4　工件在夹具中的夹紧

工件在夹具中正确定位后，为了保证工件在加工过程中始终处于该位置不变，需要采用夹紧装置夹紧工件。夹紧装置（图 5.32）由以下几部分组成。

工件的夹紧

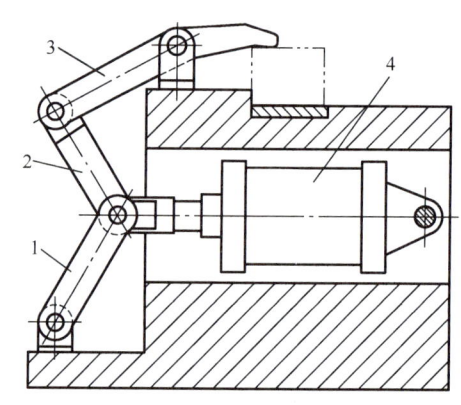

1，2—铰链臂；3—压板；4—气缸。

图 5.32　夹紧装置组成

（1）动力装置。动力装置是产生夹紧力的装置，如图 5.32 中的气缸。

（2）夹紧元件。夹紧元件是直接用于夹紧工件的元件，如图 5.32 中的压板。

（3）中间传力机构。中间传力机构是将原动力传递给夹紧元件的机构，如图 5.32 中的铰链臂。

通常把夹紧元件和中间传力机构统称为夹紧机构。

5.4.1　对夹紧装置的基本要求

机床夹具上实现夹紧的夹紧机构的设计和选用情况，对于保证加工质量、提高生产效率、减轻工人的劳动强度有很大影响。工件的夹紧应满足以下基本要求。

（1）夹紧时保证工件定位时所获得的正确位置不变。

（2）夹紧应可靠和适当。夹紧可靠是要保证加工过程中工件不发生松动或振动，夹紧适当是不允许工件产生不适当的变形和表面损伤。

（3）夹紧操作应方便、省力、安全。

（4）夹紧机构的复杂程度和自动化程度应与工件的生产批量及工厂的生产条件相适应。

（5）夹紧机构应有良好的结构工艺性，尽量使用标准件。

5.4.2 夹紧力的确定

确定夹紧力即确定夹紧力的大小、方向和作用点。必须结合工件的结构特点和加工要求、定位元件的结构和布置方式、切削条件和切削力的大小等具体情况来确定夹紧力。

1. 夹紧力作用点的选择

（1）夹紧力 F_J 作用点应正对定位元件或位于定位元件所形成的定位面（稳定受力区）内，以保证工件定位稳固，不发生偏移或翻转。图 5.33 所示为夹紧力作用点没有正对定位元件，工件发生翻转，工件的定位位置被破坏。

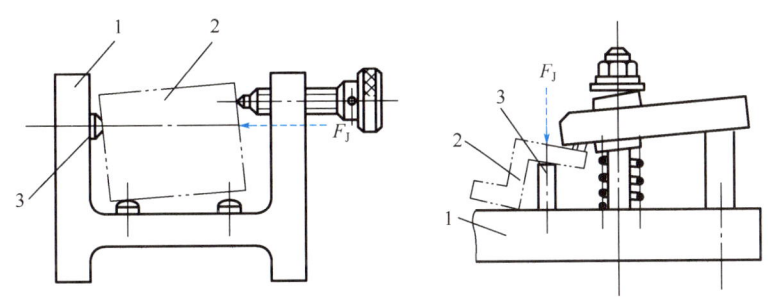

1—夹具体；2—工件；3—定位元件。

图 5.33 夹紧力作用点没有正对定位元件

（2）夹紧力作用点应位于工件刚性较好的部位，如图 5.34 中实线箭头所示，以减小工件的夹紧变形。虚线箭头所示夹紧力作用点位置工件刚性差，工件变形大；实线箭头所示夹紧力作用点位置工件刚性较好，工件变形小。

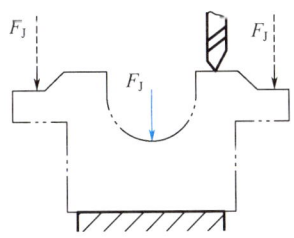

图 5.34 根据工件刚性选择夹紧力作用点

（3）夹紧力作用点应靠近加工表面，以提高工件切削部位的刚度和抗振性。图 5.35 所示的两种滚齿加工工件装夹方案中，图 5.35（a）中夹紧力作用点距离加工面较远，此方案不合理；而图 5.35（b）中夹紧力作用点距离加工面较近，故此种方案更合理。

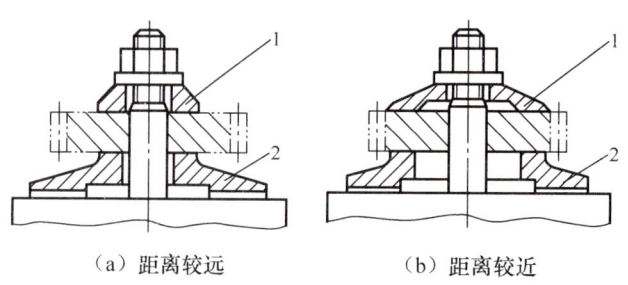

(a) 距离较远　　　　　　(b) 距离较近

1—压盖；2—基座。

图 5.35　根据与加工表面的距离选择夹紧力作用点

2. 夹紧力作用方向的选择

（1）夹紧力的作用方向应有利于工件的定位，而不能破坏定位。为此，一般要求夹紧力的作用方向垂直指向主要定位基准面，如图 5.36 所示，机床夹具用于直角支座零件镗孔，要求保证孔与端面 A 的垂直度，因此应选 A 面为主要定位基准，夹紧力应垂直压向 A 面，如图中的夹紧力 F_{J1}。若采用夹紧力 F_{J2}，由于工件 A 面与 B 面的垂直度误差，则镗孔只能保证孔与 B 面的平行度，而不能保证孔与 A 面的垂直度。

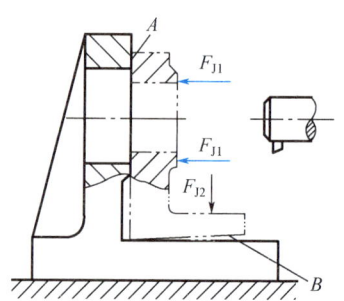

图 5.36　夹紧力的作用方向垂直指向主要定位基准面

（2）夹紧力的作用方向应尽量与切削力、工件重力方向一致，从而使所需的夹紧力减小。如图 5.37（a）所示，夹紧力 F_J 与切削力方向一致，切削力由机床夹具的支承元件承受，所需的夹紧力较小。若如图 5.37（b）所示，夹紧力 F_J 与切削力方向相反，则所需的夹紧力较大。

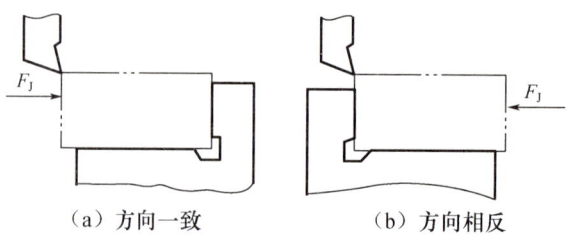

(a) 方向一致　　　　　　(b) 方向相反

图 5.37　夹紧力的作用方向与切削力方向的关系

（3）夹紧力的作用方向应尽量与工件刚度最大的方向一致，以减小工件的夹紧变形。薄壁套筒的轴向刚度比径向刚度大，若如图 5.38（a）所示，用自定心卡盘径向夹紧，则工件将产生较大夹紧变形。若改成图 5.38（b）所示的夹紧方式，用螺母轴向夹紧，则工件的夹紧变形较小。

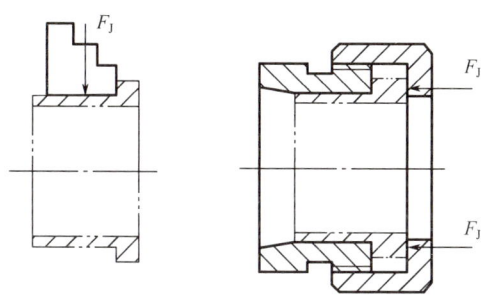

（a）用自定心卡盘径向夹紧　（b）用螺母轴向夹紧

图 5.38　夹紧力的作用方向与工件刚度的关系

3. 夹紧力大小的估算

设计机床夹具时，估算夹紧力的目的是合理确定夹紧力的大小。夹紧力过大会增大工件的夹紧变形，还会导致机床夹具成本增加；夹紧力过小则不能夹紧工件，加工中不能保证工件的正确位置，甚至可能引起安全事故。

在估算夹紧力的大小时，一般将工件和机床夹具视为一个刚性系统以简化计算。以最不利于夹紧时的状况为工件受力状况，分析作用在工件上的各种力，列出工件的静力平衡方程式，求出理论夹紧力，再乘以安全系数 K，作为实际所需的夹紧力。根据生产经验，一般在粗加工时取 $K=2.5\sim3$，精加工时取 $K=1.5\sim2$。夹紧力大小的计算公式为

$$F_J = KF \tag{5-5}$$

式中　F_J——实际所需的夹紧力，N；

　　　K——安全系数；

　　　F——由静力平衡计算出的理论夹紧力，N。

分析工件的受力情况时，除了考虑夹紧力、切削力，大型工件还应考虑重力；运动速度较大时还必须考虑离心力和惯性力的影响。

【例题 5-5】　计算图 5.39 所示的同时铣削箱体零件两侧面时所需的夹紧力。

解：由于箱体零件两侧面同时铣削，工件所受的水平切削力合力为 0。垂直切削分力 F_z 作用在底面支承元件上，而水平切削分力 F_x 的合力要靠夹紧后工件顶面和底面上所受的摩擦力来克服。

按工件的静力平衡条件得

$$(u_1+u_2)(F+G+2F_z)=2F_x$$

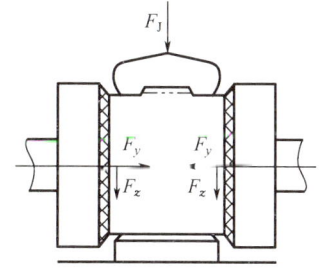

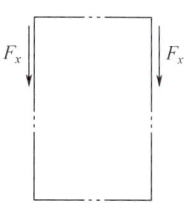

图 5.39　同时铣削箱体零件两侧面

式中 u_1——压板与工件顶面之间的摩擦系数；
u_2——工件底面与支承元件之间的摩擦系数；
F——理论夹紧力；
G——工件重力。

理论夹紧力为

$$F = \frac{2F_x}{u_1 + u_2} - G - 2F_z$$

考虑安全系数 K，可得实际所需的夹紧力为

$$F_J = K\left(\frac{2F_x}{u_1 + u_2} - G - 2F_z\right)$$

5.4.3 典型的夹紧机构

1. 斜楔夹紧机构

斜楔夹紧机构是利用楔块斜面移动产生的压力来夹紧工件，生产中广泛应用于气动机床夹具和液压机床夹具中，在手动夹紧中，常将楔块和其他机构联合使用。如图 5.40 所示，斜楔夹紧机构通过移动斜楔产生的力夹紧工件。

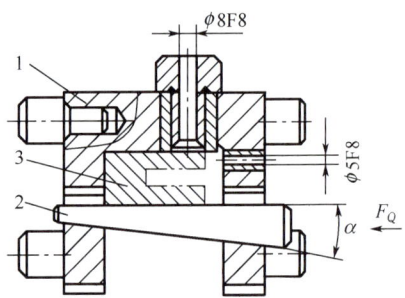

1—夹具体；2—斜楔；3—工件。
图 5.40 斜楔夹紧机构

直接采用斜楔夹紧时，可获得的夹紧力为

$$F_J = \frac{F_Q}{\tan\phi_1 + \tan(\alpha + \phi_2)} \tag{5-6}$$

式中 F_Q——作用在斜楔上的原始力，N；
ϕ_1——斜楔与工件之间的摩擦角，(°)；
ϕ_2——斜楔与夹具体之间的摩擦角，(°)；
α——斜楔的升角，(°)。

斜楔夹紧工件后应能自锁，必须满足 $\alpha < \phi_1 + \phi_2$。一般钢铁件接触面摩擦系数 $\mu = 0.1 \sim 0.15$，故相应的斜楔升角 $\alpha = 11° \sim 17°$。在手动夹紧中，为确保夹紧的自锁性，一般取 $\alpha = 6° \sim 8°$，在不考虑自锁时，气动机床夹具或液压机床夹具夹紧装置取 $\alpha = 15° \sim 30°$。

斜楔夹紧机构的特点是楔块结构简单，有增力作用，夹紧行程小；但手动操作不方便。

2. 螺旋夹紧机构

用螺杆直接夹紧或与其他元件组合实现夹紧工件的机构称为螺旋夹紧机构。其优点是结构简单、夹紧可靠、增力比大、行程不受限制，在夹具中得到广泛的应用。其缺点是夹紧、松开工件较费时、费力。

图 5.41 所示为一种简单的螺旋夹紧机构。螺钉夹紧中，螺钉头部直接与工件表面接触，夹紧过程中有可能损伤工件表面，或带动工件旋转。若改用图 5.42 所示的螺杆头部装有摆动压块的螺旋夹紧机构，则可避免压块工件表面，并防止在夹紧时带动工件旋转。

螺旋夹紧机构

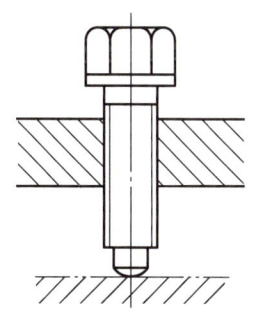

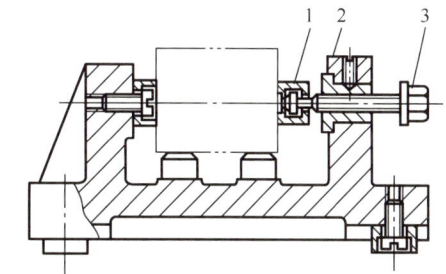

1—压块；2—衬套；3—螺杆。

图 5.41　一种简单的螺钉夹紧机构　　图 5.42　螺杆头部装有摆动压块的螺旋夹紧机构

3. 偏心夹紧机构

用偏心件直接或间接夹紧工件的机构称为偏心夹紧机构。偏心夹紧机构具有结构简单、夹紧迅速等优点；但其夹紧行程小，增力倍数小，自锁性能差。它一般常用于切削平稳且切削力不大的场合。铣削加工属于断续切削，振动较大，故铣床夹具一般都不采用偏心夹紧机构。图 5.43 所示为常见的偏心夹紧机构。

偏心夹紧机构

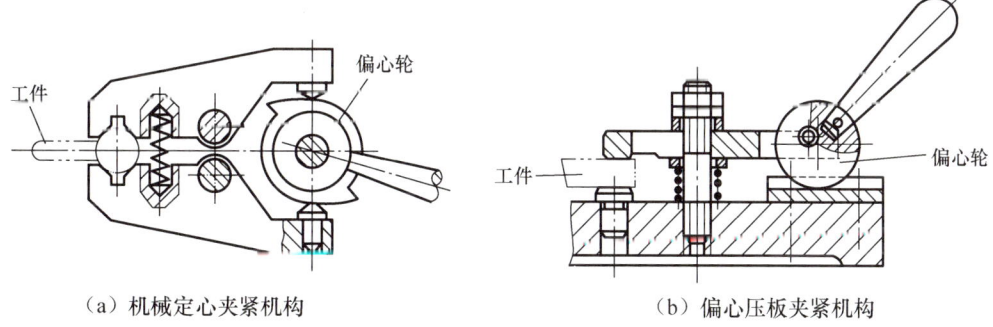

（a）机械定心夹紧机构　　　　　　（b）偏心压板夹紧机构

图 5.43　常见的偏心夹紧机构

4. 铰链夹紧机构

铰链夹紧机构是一种增力夹紧机构。它具有增力倍数大、摩擦损失小等优点；但其自锁性较差，广泛用于气动机床夹具中。图5.44所示的铰链夹紧机构，压缩空气进入气缸后，气缸经铰链臂推动压板，同时夹紧工件。

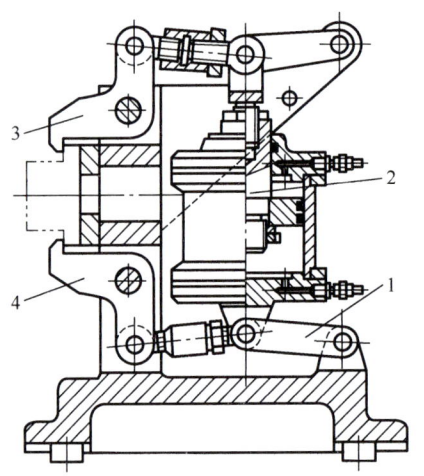

1—铰链臂；2—气缸；3，4—压板。

图5.44 铰链夹紧机构

5．定心夹紧机构

定心夹紧机构能够在实现定心作用的同时，实现对工件的夹紧作用。它的特点是定位元件即为夹紧元件，定位和夹紧同时完成。定心夹紧机构是利用定位-夹紧元件的等速移动或者均匀弹性变形，消除定位尺寸偏差对工件定心或者对中的不利影响。因此，其基本类型分为机械定心夹紧机构和弹性定心夹紧机构。

机械定心夹紧机构如图5.45所示，螺杆两端有螺距相等、旋向相反的螺纹带动两个滑座等速移动，使钳口等速接近或离开工件。

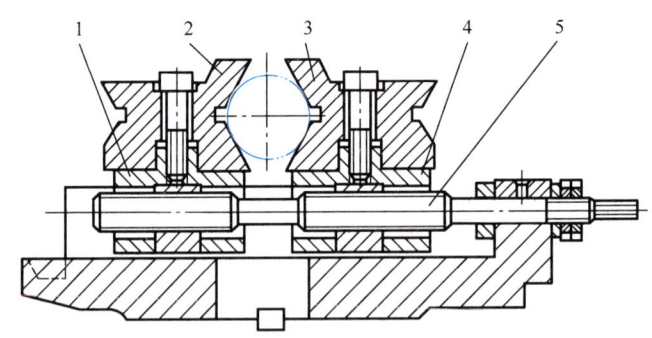

1、4—滑座；2、3—钳口；5—螺杆。

图5.45 机械定心夹紧机构

弹性定心夹紧机构如图5.46所示，旋转螺母，其内螺孔端面推动弹性筒夹向左移动，锥套内锥面使弹性筒夹上的簧瓣向里收缩，实现工件的定心夹紧。

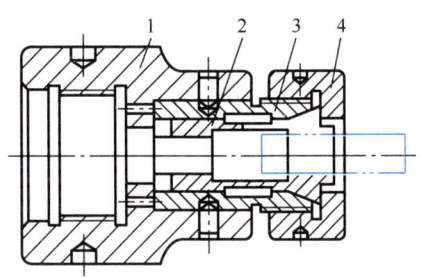

1—夹具体；2—弹性筒夹；3—锥套；4—螺母。

图 5.46　弹性定心夹紧机构

6. 联动夹紧机构

联动夹紧机构能够同时夹紧工件的几个点或者夹紧几个工件，是一种高效的夹紧机构。图 5.47 所示为四点双向浮动夹紧机构，夹紧力分别作用在两个相互垂直的方向上，每个方向上又各有两个夹紧点。

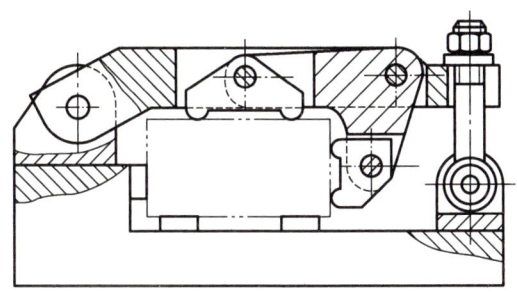

图 5.47　四点双向浮动夹紧机构

如图 5.48 所示，利用浮动压块夹紧工件，每两个工件需要一个浮动压块。工件多于两个时，浮动压块之间需要用浮动件连接。

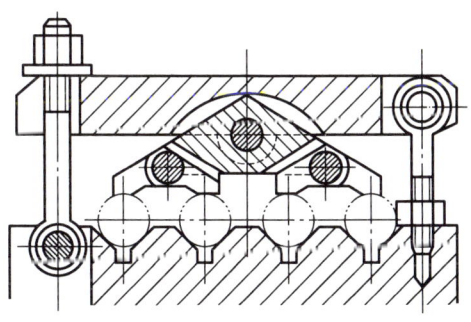

图 5.48　利用浮动压块夹紧工件

5.4.4　夹紧的动力装置

在大批量生产中往往采用机动夹紧装置，如气动夹紧装置、液压夹紧装置、气液联合驱动夹紧装置、电磁夹紧装置、电动夹紧装置及真空夹紧装置等。机动夹紧装置可以克服手动夹紧装置的缺点，提高生产效率，还有利于实现自动化，但成本较高。下面主要介绍气动夹紧装置和液压夹紧装置。

1. 气动夹紧装置

气动夹紧装置的工作介质是压缩空气（工作压力通常为 0.4～0.6MPa），动力部件是气缸。常用的气缸有活塞式气缸和薄膜式气缸两种。

典型的气动传动系统由气源、气缸或气室、油雾器、调压阀、单向阀、配气阀、调速阀和压力表等组成。气动传动系统中各组成元件的结构和尺寸都已标准化、系列化和规格化。与液压夹紧装置相比，气动夹紧装置的优点是：夹紧基本稳定，动作迅速、反应快，工作压力低，传动结构简单，制造成本低，不污染环境，维护简单，使用方便。其缺点是：空气的压缩性大，夹紧的刚度较差，因工作压力低导致所需动力装置的结构尺寸较大，有较大的排气噪声。因此，气动夹紧装置应用广泛，但不适用于夹紧力要求较大的场合。

2. 液压夹紧装置

液压夹紧装置的组成和工作原理与气动夹紧装置基本相同，只是它采用压力油作为工作介质（工作压力为 5～6.5MPa）。因此，与气动夹紧装置相比，液压夹紧装置的优点是：液压油压力高，传动力大，夹具结构比较小，油液的不可压缩性使夹紧时的刚度高，工作平稳、可靠，噪声小，劳动条件好。其缺点是：需专门的液压系统，密封要求高，成本高。液压夹紧装置特别适用于夹紧受到较大切削力和切削冲击的工件。

5.5 典型机床夹具

5.5.1 钻床夹具

钻床夹具也称钻模，它的特点是设有引导钻头的钻套，钻套安装在钻模板上。

1. 钻床夹具的主要类型及其结构特点

钻床夹具的类型很多，主要有固定式钻床夹具、回转式钻床夹具、翻转式钻床夹具、盖板式钻床夹具和滑柱式钻床夹具等。

（1）固定式钻床夹具。固定式钻床夹具在加工过程中相对于机床和工件的位置保持不变。钻模板可与夹具体铸成一体，也可以用螺钉和销钉连接。其结构刚性好，加工位置精度高，常用于立式钻床上加工单个孔，或在摇臂钻床、多轴钻床上加工平行孔系。

图 5.48 所示的固定式钻床夹具用于加工轴套零件钻孔。钻模板与夹具体用圆柱销和内六角螺钉连接。工件以内孔及端面作为定位基面，内孔与定位销的圆柱面配合，左端面与定位销的轴肩保持接触，使工件得到定位。螺母通过开口垫圈将工件夹紧，采用开口垫圈可以实现工件的快速装卸。钻套通过衬套安装在钻模板上，可实现钻套的快速更换，从而完成钻孔、扩孔、铰孔等加工的导向作用。

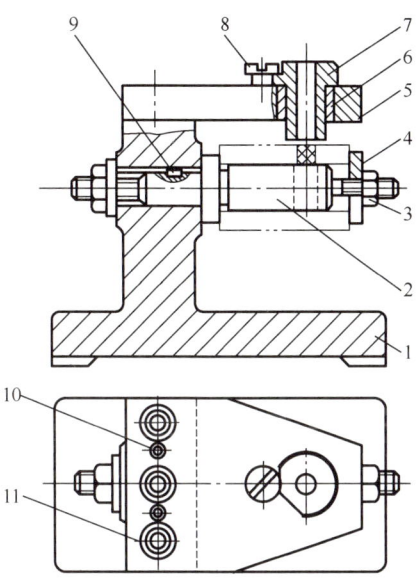

1—夹具体；2—定位销；3—螺母；4—开口垫圈；5—钻模板；6—衬套；
7—钻套；8—螺钉；9—平键；10—圆柱销；11—内六角螺钉。

图 5.49　固定式钻床夹具

（2）回转式钻床夹具。回转式钻床夹具有分度、回转装置，能够绕一固定轴线回转。回转式钻床夹具的结构特点是具有分度装置，主要用于加工围绕某一轴线分布的轴向或径向孔系，工件一次安装，经夹具分度装置转位而顺序加工各孔。

图 5.50 所示的回转式钻床夹具用于加工扇形工件上三个等分径向孔。工件以内孔、

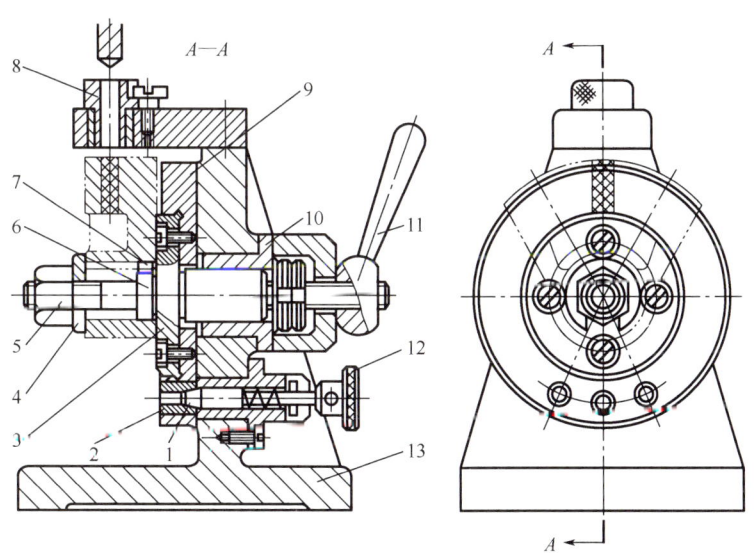

1—拔销；2—等分定位套；3—圆支承板；4—开口垫圈；5—螺母；6—定位销；7—键；
8—钻套；9—分度盘；10—套筒；11—锁紧手柄；12—拔销手柄；13—夹具体。

图 5.50　回转式钻床夹具

键槽和右侧面为定位基面，分别在定位销、键和圆支承板上定位，由螺母和开口垫圈夹紧。工件上三个孔的加工是通过夹具上的分度装置带动工件回转，先后使要加工孔的位置位于钻套下方来完成的。工件分度时，拧松锁紧手柄、拔出拔销、旋转分度盘带动工件回转，当转至拔销对准下一个定位套时，将拔销插入而实现分度定位，拧紧锁紧手柄锁紧分度盘后，即可加工另一个孔。

（3）翻转式钻床夹具。翻转式钻床夹具可以带动工件一起产生翻转。翻转式钻床夹具的结构比较简单，但每次翻转后，加工时都需要找正钻套相对于钻头的位置，延长了辅助时间。加工过程中需要手工翻转，因此翻转式钻床夹具连同工件的质量不能太大。翻转式钻床夹具可以用来加工工件上几个不同方向的孔。

图 5.51 所示的翻转式钻床夹具，用于钻锁紧螺母上四个径向孔。工件以内孔和端面在弹簧胀套和圆支承板上定位，通过拧紧螺母向左拉动倒锥螺栓，使弹簧胀套胀开，将工件内孔胀紧，并使工件端面紧贴在圆支承板上，使工件夹紧。

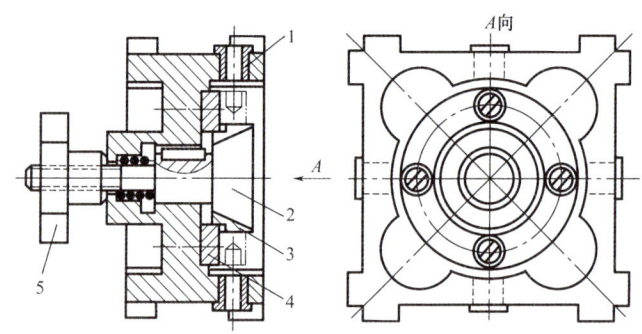

1—钻套；2—倒锥螺栓；3—弹簧胀套；4—圆支承板；5—螺母。

图 5.51　翻转式钻床夹具

（4）盖板式钻床夹具。盖板式钻床夹具没有夹具体，其定位元件、夹紧元件和钻套直接安装在钻模板上。盖板式钻床夹具是可卸的，在装卸工件时需要将它拆卸下来，故钻模板的质量不能太大。它适用于中小批量、大而笨重的工件在摇臂钻床上加工孔。

图 5.52 所示的盖板式钻床夹具用于加工箱体端面的螺纹底孔。在钻模板上装有钻套

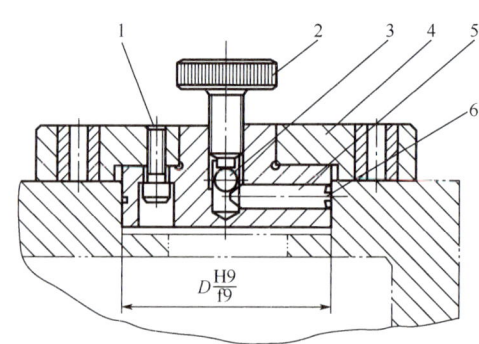

1、2—螺钉；3—钢球；4—钻模板；5—滑柱；6—锁圈。

图 5.52　盖板式钻床夹具

和内胀器的定位组件和夹紧组件。内胀器由螺钉、钢球和三个径向分布的滑柱及锁圈组成。内胀器与工件定位孔配合定心,钻模板端面与工件端面接触定位。旋转螺钉,推动钢球向下,使三个滑柱同时外移,从而将钻模板夹紧在工件上。

(5) 滑柱式钻床夹具。滑柱式钻床夹具是有升降钻模板的通用可调机床夹具。滑柱的升降可以手动调节,也可以采用气压传动装置或液压传动装置进行调节。滑柱式钻床夹具具有结构简单、操作迅速方便、自锁可靠、结构通用化等优点,广泛用于成批生产和大量生产中。

2. 钻床夹具的设计要点

(1) 钻孔的导向装置。钻孔的导向装置即钻套,它是导向元件。钻套按其结构特点可分为四种类型:固定钻套、可换钻套、快换钻套和特殊钻套。除了特殊钻套外,其他钻套的结构已标准化。

① 固定钻套。如图 5.53 所示,它直接被压装在钻模板上,其位置精度较高,但磨损后不易更换,适用于中、小批量生产。图 5.53(a)所示为钻模板较厚的固定钻套;图 5.53(b)所示为钻模板较薄的固定钻套,这样钻套具有足够的引导长度。

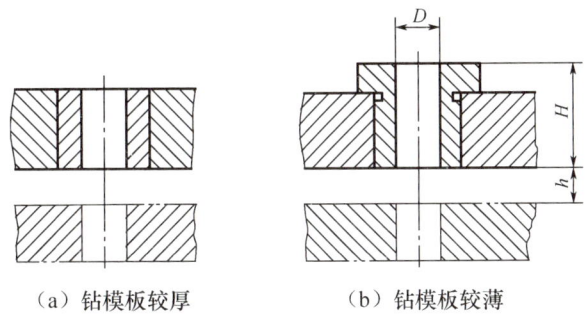

(a) 钻模板较厚　　　　(b) 钻模板较薄

图 5.53　固定钻套

钻套导向部分高度 H 越大,刀具的导向性越好,但刀具与钻套的摩擦也越大,一般取 $H=(1\sim2.5)D$,钻套孔径 D 小、加工精度要求较高时,H 取较大值。为便于排屑,钻套下端与被加工工件间应留有适当距离 h。加工钢件时,取 $h=(0.7\sim1.5)D$;加工铸铁件时,取 $h=(0.3\sim0.4)D$;大孔取较小的系数,小孔取较大的系数。

② 可换钻套。如图 5.54(a)所示,可换钻套便于更换,用于成批生产和大量生产中。钻套与衬套采用间隙配合,衬套采用过盈配合压装在钻模板中。为防止钻套在钻模板孔中上下滑动或转动,钻套用螺钉紧固。

③ 快换钻套。如图 5.54(b)所示,快换钻套在上部切削出一个端面,更换时只需逆时针转动钻套,当此端面转到螺钉位置时即可将其取出。快换钻套更换起来方便迅速,多用于在一道工序中需要连续加工(如钻—扩—铰)的孔,可实现工序内钻套的快速更换,保证生产效率。

④ 特殊钻套。对于一些特殊的场合,可以根据加工条件的特殊性设计专用钻套。图 5.55 所示的特殊钻套分别用于钻多个小间距孔、在工件凹陷处钻孔、在斜面上钻孔。

(2) 钻模板。钻套常安装在钻模板上。钻模板按其与夹具体的连接方式不同,有固定

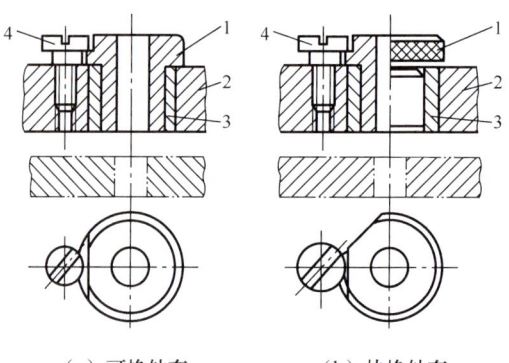

（a）可换钻套　　　　（b）快换钻套

1—钻套；2—钻模板；3—衬套；4—螺钉。

图 5.54　可换钻套和快换钻套

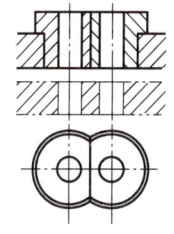 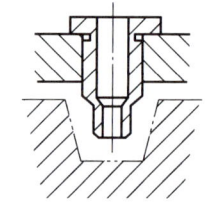 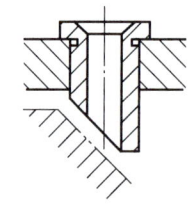

（a）用于钻多个小间距孔　　（b）用于在工件凹陷处钻孔　　（c）用于在斜面上钻孔

图 5.55　特殊钻套

式钻模板、铰链式钻模板、可卸式钻模板和悬挂式钻模板等，可以根据工件的大小、工件的装卸是否方便及操作空间等进行选择。

图 5.49、图 5.50 中的钻模板为固定式钻模板。固定式钻模板可与夹具体铸成一体，也可用螺钉和销连接。其结构刚性好，加工位置精度高。

图 5.56 中的钻模板为铰链式钻模板，因为它是悬臂的，铰链孔和铰链轴之间的配合存在间隙，所以加工精度低于固定式钻模板的加工精度；但是它具有装卸工件方便的特点。

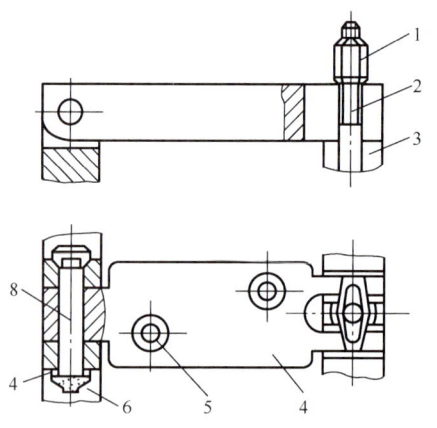

1—菱形螺母；2—调节螺栓；3—夹具体；4—钻模板；5—固定钻套；
6—开口销；7—垫圈；8—铰链轴。

图 5.56　铰链式钻模板

图 5.57 中的钻模板为可卸式钻模板，钻模板用两孔在夹具体上的圆柱销和削边销上定位，以保持钻模板准确的位置精度，故其加工精度较高，但装卸工件费时。

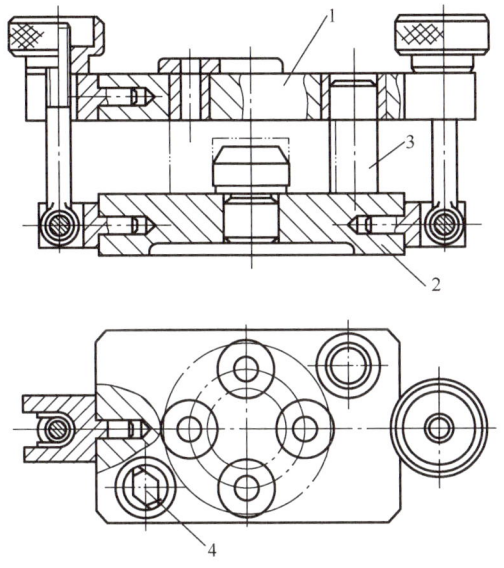

1—钻模板；2—夹具体；3—圆柱销；4—削边销。

图 5.57 可卸式钻模板

图 5.58 中的钻模板为悬挂式钻模板，钻模板悬挂在机床主轴箱上，并随主轴箱一起升降，它与夹具体的相对位置由滑柱来保证。悬挂式钻模板多与组合机床的多轴头联用，生产效率高，适用于大批量生产。

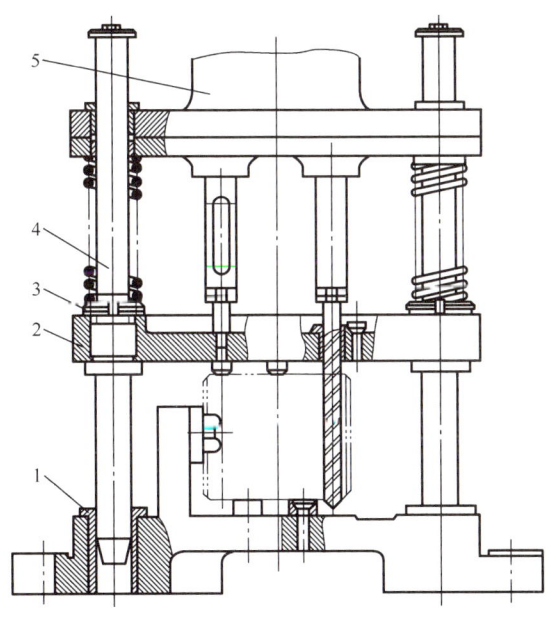

1—定位套；2—钻模板；3—螺母；4—滑柱；5—主轴箱。

图 5.58 悬挂式钻模板

5.5.2 铣床夹具

1. 铣床夹具的主要类型及其结构特点

铣床夹具主要用于在铣床上加工平面、槽及成形表面等。铣床夹具一般与工作台一起做进给运动。因此，按铣削的进给方式，铣床夹具可分为直线进给式铣床夹具、圆周进给式铣床夹具和仿形进给式铣床夹具三类。

（1）直线进给式铣床夹具。这类夹具应用广泛，它又可分为单件加工铣床夹具和多件加工铣床夹具，或单工位铣床夹具和多工位铣床夹具。

（2）圆周进给式铣床夹具。这类夹具通常用于具有回转工作台的铣床上，工作台圆周上装有多套夹具，并可以实现连续圆周进给，在切削区加工的同时，非切削区进行工件的装卸，生产效率较高。

（3）仿形进给式铣床夹具。这类夹具是在铣床基本进给运动的同时，由靠模获得一个辅助的进给运动，通过两个运动的合成可加工出成形表面。

图 5.59 所示为连杆铣槽夹具，连杆大端两侧面需铣削八个槽，工件以一个侧面和两端的大、小头孔（一面两孔）组合定位，夹具采用平面、圆柱销和削边销定位。工件的夹紧采用两个移动压板进行，止动销防止夹紧时移动压板发生转动。铣床夹具左右两侧各有

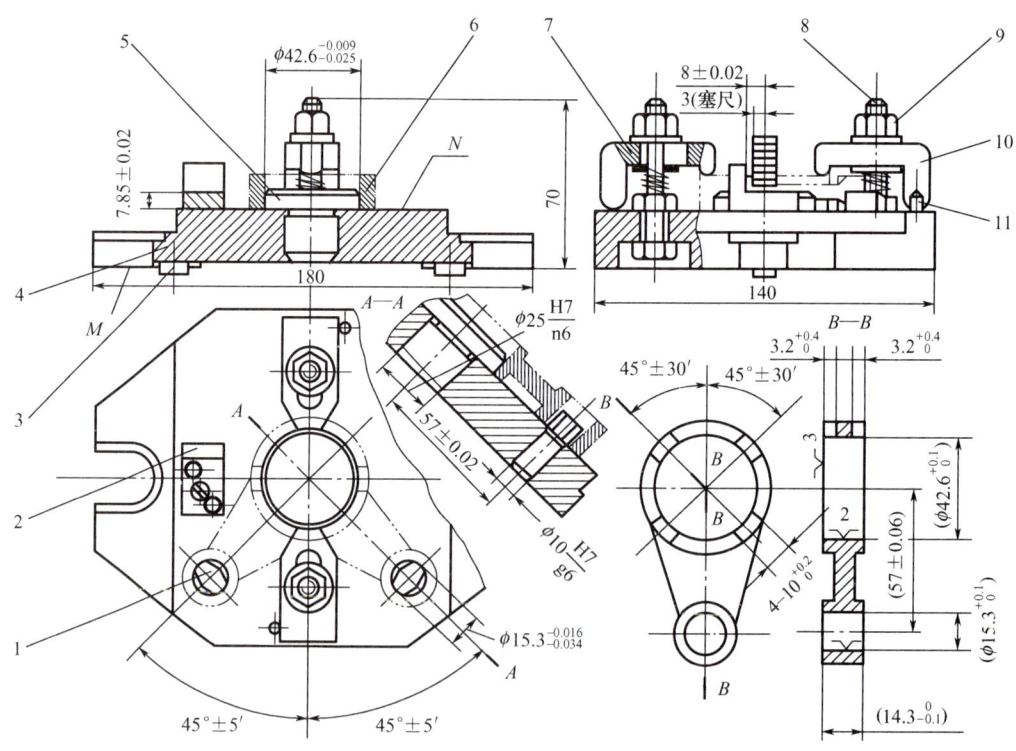

1—削边销；2—直角对刀块；3—定位键；4—夹具体；5—圆柱销；6—工件；7—弹簧铣刀；
8—螺栓；9—螺母；10—移动压板；11—止动销。

图 5.59 连杆铣槽夹具

一个削边销,可实现一个工件在夹具两侧先后两次安装,每次加工工件一个侧面上呈一条直线的一组槽。翻过工件后,按同样方法依次加工另一侧面上的两组槽。利用直角对刀块并结合塞尺实现铣刀在两个方向上的对刀,以保证所铣槽的深度尺寸和槽宽对称面相对于大头孔中心线的位置。

2. 铣床夹具设计要点

(1) 设计铣床夹具时,应考虑铣削的加工余量大且是断续切削,即切削力大,加工中易引起振动,因此铣床夹具的受力元件要有足够的强度和刚度,夹紧机构所提供的夹紧力应足够大,并要求有较好的自锁性。

(2) 为了提高铣床夹具的生产效率和降低工人的劳动强度,应尽可能采用机动夹紧机构和联动夹紧机构,并在可能的情况下采用多件夹紧进行多件加工。

(3) 铣削的切屑较多,铣床夹具上应有足够的容屑空间,并有一定的排屑通道;定位支承面应高出周围的平面;在夹具体内尽可能做出便于清除切屑和排出冷却液的出口。

(4) 为了方便用塞尺对刀和观察,对刀装置应设在铣刀开始切入的一端。

图 5.60 所示为常用的对刀装置。其中图 5.60(a) 所示为圆形对刀块,用于加工平面时对刀;图 5.60(b) 所示为直角对刀块,用于加工键槽或台阶面时对刀。采用对刀装置对刀时,为防止损坏刀刃或造成对刀块过早磨损,刀具与对刀块不应直接接触,而是将对刀块移近铣刀,在对刀块和铣刀之间塞入塞尺,凭借塞尺抽动的松紧程度来判断对刀的准确程度。

(5) 为了调整和确定铣床夹具与机床工作台轴线的相对位置,在夹具体的底面应设置两个定位键,并且距离应尽量远一些。铣床夹具在机床工作台上定位后,需要用 T 形螺栓、螺母及垫片把铣床夹具与机床固定夹紧。因此,铣床夹具的夹具体上需设计耳座,如图 5.61 所示。

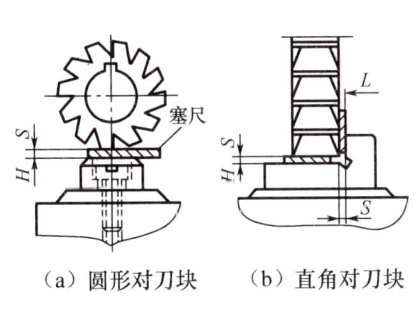

(a) 圆形对刀块　(b) 直角对刀块

图 5.60　常用的对刀装置

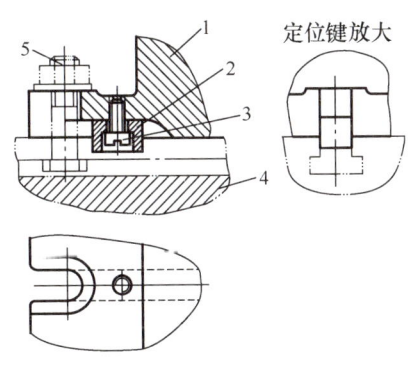

1—夹具体;2—定位键;3—螺钉;
4—机床工作台;5—T 形螺栓。

图 5.61　夹具体上的耳座

5.5.3　车床夹具

车床夹具工作时的特点是机床主轴带动车床夹具做高速回转运动,因此车床夹具的结构应尽量紧凑,外形尽可能呈圆柱状,重心靠近主轴端,悬伸长度小于外形直径。车床夹具工作时必须保证车床夹具与工件整体回转时的平衡,通常可以设置平衡块(配重)进行平衡。车床夹具与主轴的连接应保证车床夹具回转轴线与机床主轴轴线有尽可能高的同轴度,当主轴高速运转、紧急制动时,车床夹具与主轴的连接应有防松装置。车床夹具上所有元件或机构不应超出其外形轮廓,必要时应加防护罩,以保证安全。

如图5.62所示为组合式弹性花键心轴。工件以内花键孔及端面在固定花键心轴上定位,当向左拉动拉杆时,弹性花键套将工件胀紧。

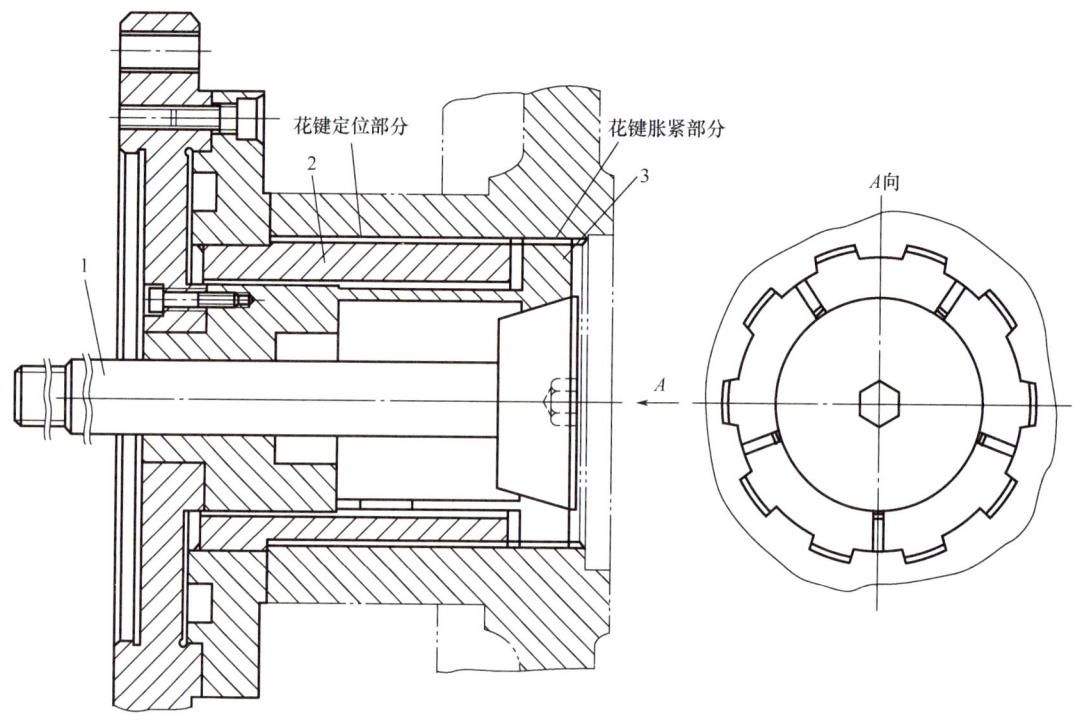

1—拉杆;2—固定花键心轴;3—弹性花键套。

图5.62 组合式弹性花键心轴

5.6 机床夹具设计方法

机床夹具设计应能达到可靠的零件加工质量,生产效率高,结构工艺性好,便于制造和维护,成本低,操作方便、安全、省力,排屑方便等要求。

5.6.1 机床夹具设计的一般步骤

1. 收集设计资料,明确设计任务

(1)根据设计任务书,分析、研究被加工工件的零件图、毛坯图、工序图、有关的装配图和工艺规程等,了解工件的生产类型、结构特点、技术要求、本工序的加工要求和加工条件。

（2）收集有关资料，如相关机床的技术参数、机床夹具设计手册、典型机床夹具图册、同类机床夹具的设计图样、企业标准等，并了解本厂制造机床夹具的生产条件。

2. 拟定机床夹具结构方案，绘制结构草图

（1）确定工件的定位方案，选择定位元件，计算定位误差。
（2）确定刀具的对刀或引导方式，选择对刀及引导装置。
（3）确定工件的夹紧方案，设计夹紧机构。
（4）确定其他装置的结构形式，如分度装置、机床夹具在机床上的连接装置。
（5）确定夹具体的结构形式和机床夹具总体布局。

在这个过程中，应提出几种不同的结构方案，绘制结构草图，经分析比较后选择最佳方案。

3. 绘制机床夹具装配图

机床夹具装配图一般应按 1∶1 绘制，主视图对应于操作者实际的工作位置，以使所设计机床夹具有良好的直观性。机床夹具装配图上的工件应视为透明体，不可遮挡机床夹具视图。夹紧装置按夹紧状态绘制。

机床夹具装配图的绘制步骤为：①用双点画线画出工件外形轮廓、定位基面、夹紧表面及加工面，并布置图面；②绘制定位元件；③绘制对刀或导向元件；④绘制夹紧装置；⑤绘制其他元件或装置；⑥绘制夹具体；⑦标注必要的尺寸、公差及各项技术要求；⑧编制明细表。

4. 绘制机床夹具零件图

对机床夹具中的非标准零件均应绘制零件图，零件图视图的选择应尽可能与零件在装配图上的工作位置相一致，并按装配图的设计要求，确定各零件的尺寸、公差及各项技术要求。

5.6.2　机床夹具装配图的主要尺寸和技术要求

1. 机床夹具装配图上应标注的尺寸、公差及配合

（1）机床夹具外形轮廓尺寸，以及夹具的长、宽、高的尺寸。
（2）保证工件定位精度的有关尺寸及公差，如定位元件与工件的联系尺寸及公差、各定位元件之间的位置尺寸和公差。
（3）保证刀具导向精度或对刀精度的有关尺寸及公差，如导向元件与刀具之间的配合尺寸，各导向元件之间、导向元件与定位元件之间的位置尺寸及公差，对刀块工作表面到定位表面之间的位置尺寸及公差。
（4）机床夹具与机床连接部分的尺寸及公差，如机床夹具与机床工作台或主轴的连接尺寸。
（5）其他影响工件加工精度的尺寸和公差。它主要指机床夹具内部各组成元件之间的配合尺寸，如定位元件与夹具体之间、导向元件与衬套之间、衬套与夹具体之间的配合尺寸。

2. 机床夹具装配图上应标注的技术要求

（1）各定位元件之间的相互位置精度要求。

（2）定位元件与连接元件或机床夹具安装基面之间的相互位置精度要求。

（3）定位元件与导向元件之间的相互位置精度要求。

（4）各导向元件之间的相互位置精度要求。

（5）对刀元件与连接元件或机床夹具找正基面之间的位置精度要求。

5.6.3 机床夹具设计实例

1. 机床夹具设计任务

图5.63所示为机床夹具设计实例。该机床夹具用于加工连杆零件的小头孔，图5.63（a）所示为工序简图。零件材料为45钢，毛坯为模锻件，年产量为500件，所用机床为立式钻床Z525型。

2. 确定夹具的结构方案

（1）确定定位元件。根据工序简图规定的定位基准，选用定位销和活动V形块实现定位，如图5.63（b）所示。

判断上述定位方案是否可行还需核算其定位误差。定位孔与定位销的配合尺寸取 $\phi 32 \frac{H7}{h6}$（定位孔 $\phi 32^{+0.025}_{0}$ mm，定位销 $\phi 32^{-0.009}_{-0.025}$ mm）。对于工序尺寸（100±0.08）mm而言，其定位基准与工序基准重合 $\Delta_{jb}=0$；其定位基准位移误差 $\Delta_{jw}=0.025+0.016+0.009=0.050$（mm）；定位误差 $\Delta_{dw}=0.050$mm，它小于该工序尺寸制造公差0.16mm的1/3，故证明上述定位方案可行。

（2）确定导向装置。本工序需要依次对被加工孔进行钻、扩、粗铰、精铰四个工步的加工，才能最终达到工序简图上规定的加工要求［$\phi 16H7$，（100±0.08）mm］，故此机床夹具选用快换钻套作导向元件，如图5.63（c）所示。

钻套高度 $H=1.5D=1.5\times 16=24$（mm），排屑高度 $h=D=16$mm。

（3）确定夹紧机构。针对成批生产的工艺特征，此机床夹具选用螺旋夹紧机构装夹工件，如图5.63（d）所示。装夹工件时，先将工件定位孔装入定位销上，接着向右移动活动V形块使之与工件小头外圆靠紧，实现定位；然后在工件与螺母之间插上开口垫圈，拧紧螺母，夹紧工件。

（4）确定其他装置。为了提高工艺系统的刚度，在工艺小头孔端面设置辅助支承，如图5.63（e）所示。绘制夹具体，将上述各种装置组成一个整体。

3. 绘制机床夹具装配图［图5.63（e）］。

4. 在机床夹具装配图上标注尺寸、配合及各项技术要求

（1）根据工序简图上规定的两孔中心距要求，确定钻套中心线与定位销中心线之间的尺寸，取（100±0.02）mm，其公差值取零件相应尺寸（100±0.08）mm公差值的1/4；钻套中心线对定位销中心线的平行度公差取0.02mm。

（2）活动 V 形块对称平面相对于钻套中心线与定位销中心线的对称度公差取 0.05mm。

（3）定位销中心线与机床夹具底面的垂直度公差取 0.01mm。

（4）参考机床夹具设计手册，关注关键部位的配合尺寸：$\phi 26\dfrac{H7}{m6}$、$\phi 38\dfrac{H7}{n6}$、$\phi 44\dfrac{H7}{r6}$ 和 $\phi 20\dfrac{H7}{r6}$。

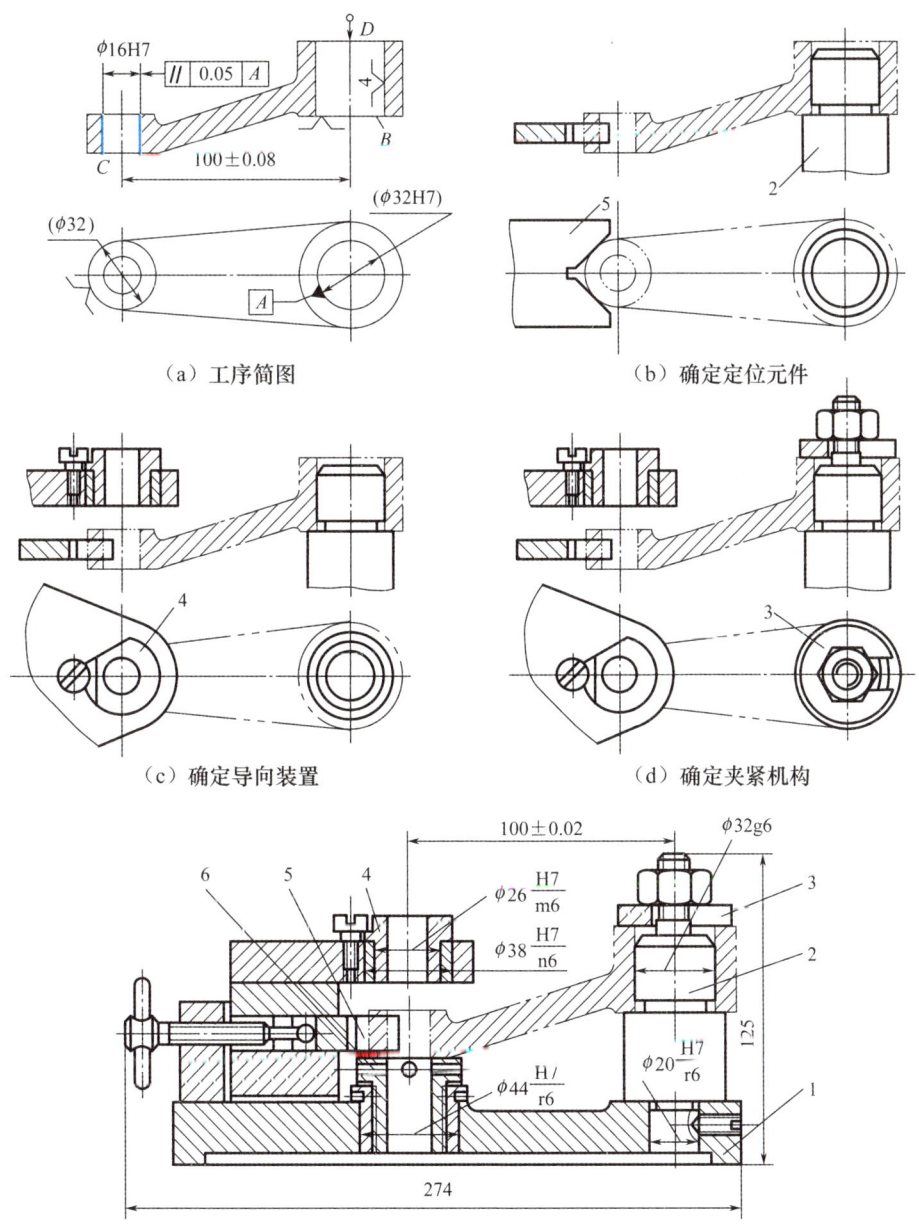

1—夹具体；2—定位销；3—开口垫圈；4—钻套；5—活动 V 形块；6—辅助支承。

图 5.63　机床夹具设计实例

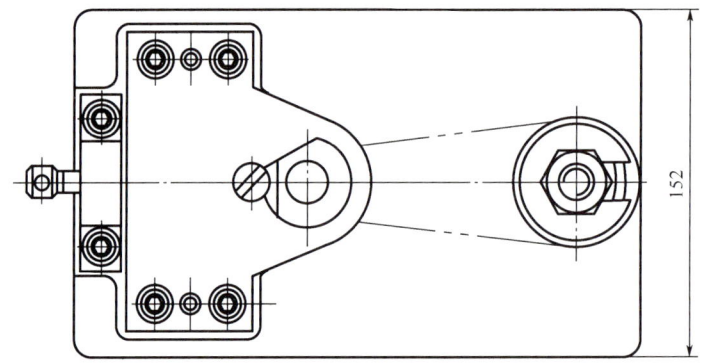

(e) 夹具装配图

1—夹具体；2—定位销；3—开口垫圈；4—钻套；5—活动 V 形块；6—辅助支承。

图 5.63　机床夹具设计实例（续）

习　　题

5-1　机床夹具一般由哪些部分组成？它们的作用分别是什么？

5-2　什么是六点定位？什么是过定位？什么是欠定位？

5-3　过定位和欠定位是否均不允许存在？为什么？

5-4　图 5.64 所示为连杆的钻孔工序的钻床夹具。试分析各定位元件所限制的自由度。

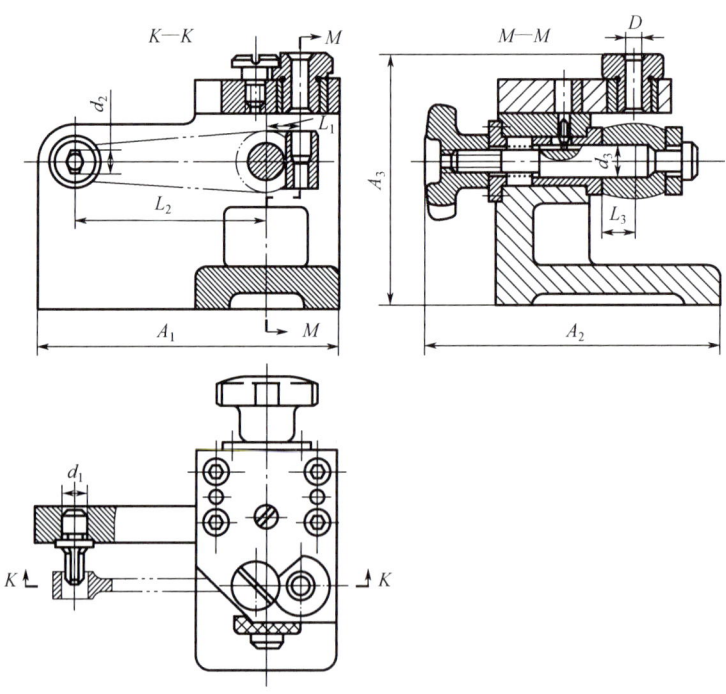

图 5.64　习题 5-4 图

5-5 图 5.65（a）所示为在圆盘中心处钻孔，钻孔时应保证孔与外圆同轴；图 5.65（b）所示为钻铰连杆小头孔，钻铰时应保证大、小头孔的中心距及平行度。图 5.65（c）所示为车削外圆，车削时应保证外圆与内孔同轴；图 5.65（d）所示为车削阶梯轴外圆，车削时应保证两外圆柱面的同轴度。试分析图示的各定位方案，指出各定位元件所限制的自由度，判断有无欠定位或过定位，并对不合理的方案提出改进意见。

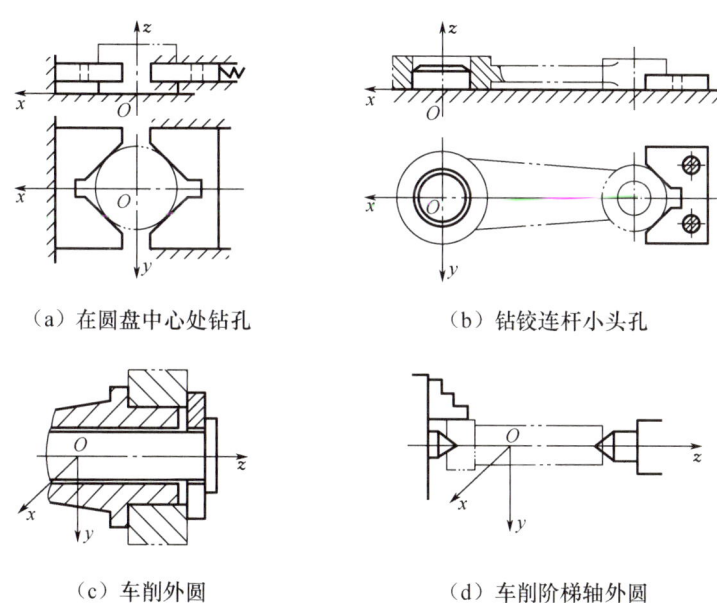

（a）在圆盘中心处钻孔　　（b）钻铰连杆小头孔

（c）车削外圆　　（d）车削阶梯轴外圆

图 5.65　习题 5-5 图

5-6 一面两孔定位时，为什么一个定位销采用圆柱销，另一个定位销采用削边销？

5-7 如图 5.66 所示，试分析工件为满足加工要求所需限制的自由度。先选择定位基面，然后在定位基面上标出所限制的自由度（图中粗实线为工件的加工表面）。

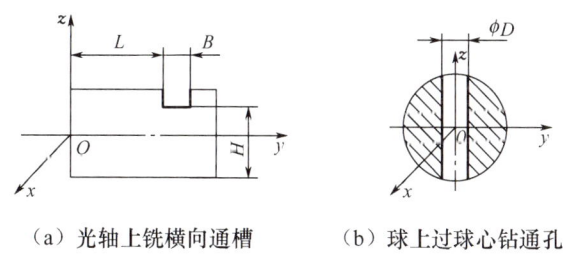

（a）光轴上铣横向通槽　　（b）球上过球心钻通孔

图 5.66　习题 5-6 图

5-8 如图 5.67 所示，阶梯轴在 V 形块上定位铣键槽，已知 $d_1 = \phi24_{-0.021}^{0}$ mm，$d_2 = \phi40_{-0.025}^{0}$ mm，两外圆柱面的同轴度误差为 $\phi0.02$ mm，V 形块夹角 $\alpha = 90°$，键槽深度尺寸为 $A = 34.8_{-0.17}^{0}$ mm，试计算其定位误差，并分析其定位质量（要求定位误差不大于工件相应尺寸公差的 1/3）。

5-9 如图 5.68 所示，齿坯在 V 形块上定位插键槽，要求保证工序尺寸 $H = 38.5_{0}^{+0.2}$ mm。

已知 $d=\phi80_{-0.1}^{0}$ mm，$D=\phi35_{0}^{+0.025}$ mm。若不计内孔与外圆同轴度误差的影响，试分析此定位方案能否满足加工精度要求（要求定位误差不大于工件相应尺寸公差的 1/3）。

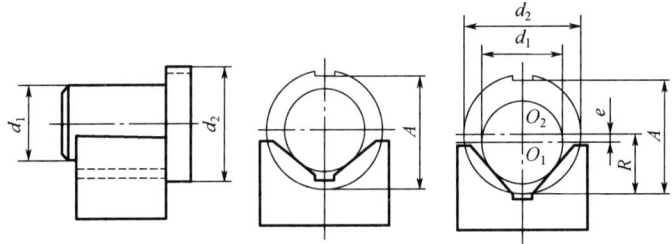

图 5.67　习题 5-8 图

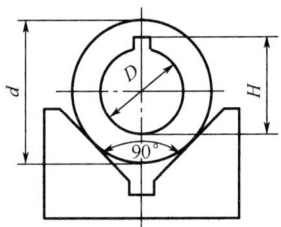

图 5.68　习题 5-9 图

5-10　按图 5.69（a）所示的工序简图要求，在钻床夹具上钻 ϕD 孔，现拟出三种定位方案，试分析计算哪种定位方案最佳？

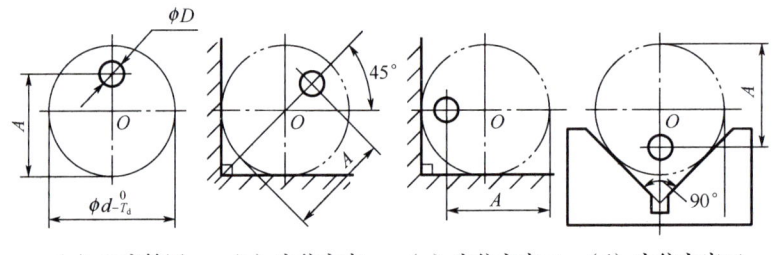

（a）工序简图　（b）定位方案一　（c）定位方案二　（d）定位方案三

图 5.69　习题 5-10 图

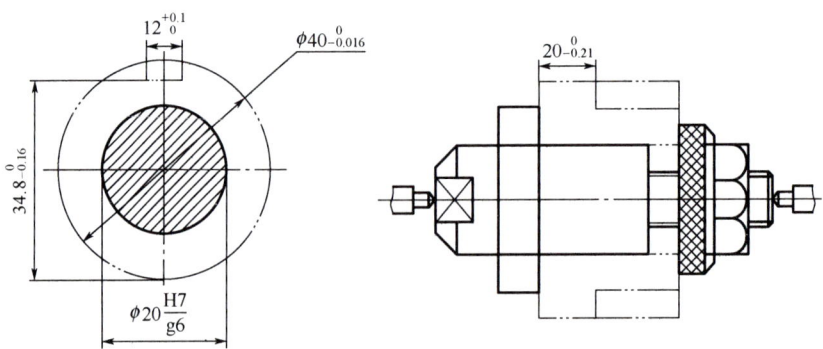

图 5.70　习题 5-11 图

5-11　如图 5.70 所示，一批工件以孔在心轴上定位，在立式铣床上铣键槽。已知外圆尺寸 $\phi 40_{-0.016}^{0}$ mm、内孔尺寸 $\phi 20_{0}^{+0.21}$ mm 及两端面均已加工至规定尺寸，内外圆的径向圆跳动公差值为 0.02mm，现要保证键槽的主要技术要求如下。

(1) 槽宽 $b = 12_{0}^{+0.1}$ mm。

(2) 槽距尺寸 $l = 20_{-0.21}^{0}$ mm。

(3) 槽底位置尺寸为 $h = 34.8_{-0.16}^{0}$ mm。

(4) 槽两侧面对外圆轴线的对称度不大于 $e = 0.01$ mm。

试分析并计算该工序的定位误差，并分析定位误差对保证上述各项技术要求的影响。

5-12　钻套的种类有哪几种？分别适用于什么情况？

5-13　铣床夹具的对刀装置有哪些？不同类型的铣床夹具分别适用于什么情况？

第 6 章 机械加工工艺规程的设计

本章教学要求

1. 掌握机械加工工艺过程及其组成。
2. 了解产品（或零件）的生产类型，掌握不同生产类型的工艺特征。
3. 了解基准的含义和分类，能根据相关图样判定设计基准和工艺基准。
4. 熟悉工艺规程的形式和作用，深入理解工艺规程的设计原则，熟悉工艺规程设计的内容和步骤。
5. 掌握零件的结构工艺性分析。
6. 掌握毛坯的选择。
7. 掌握粗基准和精基准的选择原则。
8. 掌握加工方法的选择。
9. 了解划分加工阶段的目的。
10. 熟悉先后工序集中和工序分散的特点。
11. 熟悉机械加工工序先后顺序的安排原则。
12. 熟悉加工余量的概念和确定方法。
13. 熟悉基准重合时工序尺寸及其偏差的计算。
14. 掌握用工艺尺寸链计算工序尺寸及其偏差的方法。
15. 了解工艺方案的经济分析。
16. 了解机床和工艺装备的选择。
17. 熟悉工时定额的组成与确定，以及提高生产效率的工艺途径。
18. 掌握工序简图绘制的一般要求。

机械加工工艺规程的设计 第6章

改革开放以来，我国用几十年时间走完了发达国家几百年走过的工业化历程，成为全世界产业门类最为齐全的国家之一。但是同传统发达国家相比，以及同实现高质量发展的要求相比，我国产业体系现代化水平还不高，企业在核心零部件、核心软件、关键材料、关键检测设备等方面还大量依赖进口，国产基础零部件、基础材料、基础工艺、基础技术还普遍存在质量可靠性和稳定性差、市场范围受限等问题。党的二十大报告中指出，要建设现代化产业体系，坚持把发展经济的着力点放在实体经济上，推进新型工业化，推动制造业高端化、智能化、绿色化发展。

机械制造是把原材料或半成品转变为产品，其中涉及原材料的运输和保管，将原材料制成毛坯，零件的机械加工、热处理，产品的装配、调试、检验、试车、喷漆和包装等若干过程，这些相互关联的劳动过程的总和统称为生产过程。

在生产过程中，直接改变生产对象的尺寸、形状、物理化学性能及相互位置关系，使其成为成品或半成品的过程称为工艺过程。毛坯制造时的铸造、锻造、冲压、焊接，零件的机械加工、热处理，以及产品的装配等过程属于工艺过程，分别对应于材料成形工艺过程、机械加工工艺过程和机械装配工艺过程。本章内容主要涉及机械加工工艺过程。

6.1 概 述

6.1.1 机械加工工艺过程及其组成

用机械加工的方法直接改变原材料或毛坯的形状、尺寸和性能等，使之转变为合格零件的过程，称为零件的机械加工工艺过程。

零件的机械加工工艺过程由若干个按顺序排列的工序组成，原材料或毛坯依次通过这些工序就被加工成成品或半成品。工序中又有工步、走刀、安装和工位。

图 6.1 所示为阶梯轴零件图，机械加工时采用的毛坯是直径为 $\phi30$mm、长度为 250mm 的棒料，将棒料毛坯加工成合格的成品零件可以采用的机械加工工艺过程见表 6.1。

传动轴加工工艺过程

1. 工序

工序是指一个（或一组）工人，在一个工作地（或一台机床上），对同一个（或同时对几个）工件所连续完成的那部分工艺过程。

按表 6.1 加工一批零件，先使每一个毛坯在一台车床上由一个工人车一个端面、钻其上的中心孔，车这一端的大、小外圆和台阶，把工件卸下来，构成工序 1；然后将工件转移到另一台机床上，由另一个工人车另一端面、钻其上的中心孔、车这一端的大、小外圆和台阶，把工件卸下来，构成工序 2。

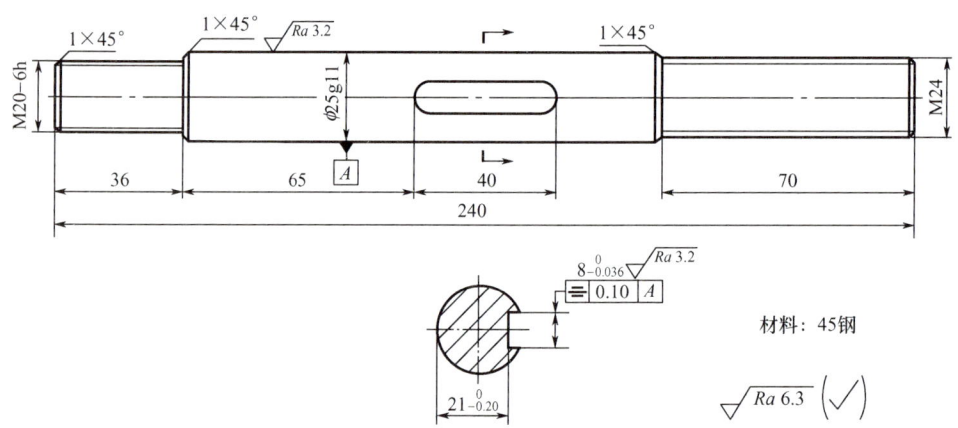

图 6.1 阶梯轴零件图

表 6.1 阶梯轴的机械加工工艺过程

工序	工步	加工内容	安装	机床
工序 1	工步 1	车端面	安装 1	车床 1
	工步 2	钻中心孔		
	工步 3	粗车 φ25mm 外圆	安装 2	
	工步 4	粗车 M20 外圆及台阶		
工序 2	工步 1	车另一端面	安装 1	车床 2
	工步 2	钻另一端中心孔		
	工步 3	粗车 φ25mm 外圆	安装 2	
	工步 4	粗车 M24 外圆及台阶		
工序 3	工步 1	半精车 φ25mm 外圆	安装 1	车床 3
	工步 2	半精车 M24 外圆及台阶		
	工步 3	车 M24 螺纹		
	工步 4	倒角		
	工步 5	车 M20 螺纹	安装 2	
	工步 6	倒角		
工序 4	工步 1	铣键槽	安装 1	铣床

工序是工艺过程的基本组成部分，是制订生产计划和进行成本核算的基本单元。

2. 工步

工步是指在加工表面、切削刀具、切削速度和进给量都不变的情况下所完成的那部分工序。当其中有一个因素变化时，则为另一个工步。例如，表 6.1 中工序 1 有四个工步，它们的加工表面都不同。

如果某一个表面的加工要分几次切削，切削速度和进给量不变的则为一个工步，切削速度和进给量改变的则为不同工步。为了提高生产效率，同时用多把刀具对一个工件的多个表面进行加工时，可以看作一个工步，此工步称为复合工步。多个连续进行的相同工步（如依次钻多个相同的孔）可以看作一个工步，此工步称为连续工步。

工步是组成工序的基本单元，将工序划分成工步便于分析和描述比较复杂的工序，还可以更好地组织生产和计算工时。

3. 走刀

某一加工表面，如果由于加工余量较大或其他原因，在切削用量不变的条件下，用同一把刀具对它进行多次加工，则每加工一次称为一次走刀。

4. 安装

安装是指工件一次装夹后所完成的那部分工序。例如，表 6.1 中的工序 1，先用自定心卡盘装夹毛坯一端，另一端悬伸，完成工步 1 和工步 2，构成安装 1；然后用顶尖顶住悬伸端加工出来的中心孔，以增加对工件的支承，完成工步 3 和工步 4，构成安装 2。

在同一工序中，安装次数应尽量少，这样既可以提高生产效率，又可以减少由于多次安装带来的加工误差。

5. 工位

为了减少工序中的安装次数，常采用机床回转工作台或机床回转夹具，使工件在一次装夹中可先后在机床不同的位置进行连续加工。工位是指一次装夹后，工件在机床上占据的每一个工作位置所完成的那部分工序。

多工位加工如图 6.2 所示，利用机床回转工作台，在一个安装中依次完成工件的装卸、钻孔、扩孔和铰孔四个工位的工作内容。

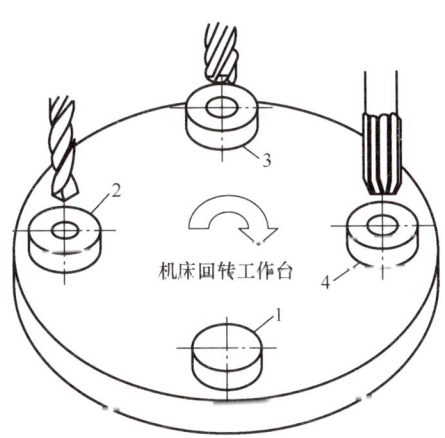

1—装卸；2—钻孔；3—扩孔；4—铰孔。

图 6.2　多工位加工

6.1.2　产品（或零件）的生产类型及其工艺特征

由于不同产品的市场需求量不同，机械制造过程中产品（或零件）的年生产纲领（年产量）不同，同时产品的结构、尺寸、技术要求也不同，因此产品（或零件）的生产具有不同的生产类型。

零件的年生产纲领可按下式计算：

$$N = Qn(1+a\%)(1+b\%) \qquad (6-1)$$

式中　N——零件的年生产纲领，件/年；

　　　Q——产品的年产量，台/年；

　　　n——每台产品中该零件的数量，件/台；

　　　$a\%$——备品率；

　　　$b\%$——废品率。

根据加工零件的年生产纲领和零件本身的特性（质量、形状、结构、精密度等），将零件的生产类型划分为单件生产、成批生产和大量生产三种，其中成批生产又按批量的大小和零件本身的特性进一步划分为小批生产、中批生产和大批生产，见表 6.2。

表 6.2　零件的生产类型划分

生产类型		同种零件的年生产纲领（件/年）		
		轻型零件	中型零件	重型零件
单件生产		<100	<20	<5
成批生产	小批生产	100～500	20～200	5～100
	中批生产	>500～5000	>200～500	>100～300
	大批生产	>5000～50000	>500～5000	>300～1000
大量生产		>50000	>5000	>1000

表 6.2 中的轻型零件、中型零件、重型零件可参考表 6.3 所列数据确定。

表 6.3　不同机械产品中零件类型的质量范围

机械产品类别	零件的质量/kg		
	轻型零件	中型零件	重型零件
电子工业机械产品	<4	4～30	>30
机床	<15	15～50	>50
重型机械产品	<100	100～2000	>2000

通常，重型机械产品的生产或新产品的试制等多属于单件生产，机床、电机等的生产多属于成批生产，轴承、汽车、拖拉机等的生产多属于大量生产。

各种生产类型的工艺特征见表 6.4。不同的生产类型具有不同的工艺特征，这是为了使产品生产时，在保证质量的前提下具有合理的生产效率和经济性。一般来说，生产同一产品，大量生产的生产效率高、成本低、性能稳定、质量可靠。

因此，在制订零件机械加工工艺规程时，必须先确定零件的生产类型，使其工艺过程具有相应的工艺特征。

表 6.4　各种生产类型的工艺特征

工艺特征	单件生产	成批生产	大量生产
生产对象	品种很多，数量少	品种较多，数量较多	品种较少，数量很多
零件的互换性	配对制造，没有互换性，广泛采用钳工修配	大部分有互换性，少数用钳工修配	具有广泛的互换性，某些高精度配合件用分组选配法装配
毛坯制造	铸件用木模手工造型；锻件用自由锻；毛坯加工精度低，加工余量大	部分铸件采用金属型铸造；部分锻件采用模锻；毛坯加工精度中等，加工余量中等	采用高效率的方法制造，铸件广泛采用金属型机器造型；锻件广泛采用模锻；毛坯加工精度高，加工余量小
机床设备	广泛采用通用机床，按机群式排列，部分采用数控机床或加工中心	部分采用通用机床，部分采用专用机床、数控机床、加工中心等，机床按工件类别分工段排列	广泛采用高效专用机床、组合机床、自动机床、数控机床等，按流水线或自动线形式排列
机床夹具	广泛采用通用夹具，靠找正和试切法达到加工精度要求	广泛采用专用夹具，多采用调整法达到加工精度要求	采用高效专用夹具，采用调整法及自动控制法达到加工精度要求
刀具与量具	广泛采用通用刀具和万能量具	部分采用专用刀具和专用量具	采用复合刀具、专用量具或自动检测装置
对工人的技术水平要求	对工人的技术水平要求高	对工人的技术水平要求较高	对操作工的技术水平要求不高，对调整工的技术水平要求较高
工艺文件	只有工艺过程卡片	有工艺过程卡片，重要工序有工序卡片	有详细的工艺文件

6.1.3　基准

在图样或实际的零件上，用来确定一些几何要素间几何关系所依据的那些点、线、面，称为基准。根据其用途，基准可分为设计基准和工艺基准两大类。

1. 设计基准

设计人员在零件图上标注尺寸或相互位置关系时所使用的基准称为设计基准。设计基准实例如图 6.3 所示，在外圆上设计一键槽，零件图上标注设计尺寸 h，键槽底面的设计基准为外圆的下母线。

2. 工艺基准

零件在加工或装配过程中所使用的基准称为工艺基准。工艺基准又可以分为工序基准、定位基准、测量基准和装配基准。

（1）工序基准。在工序图上标注本工序被加工表面尺寸（工序尺寸）和相互位置关系

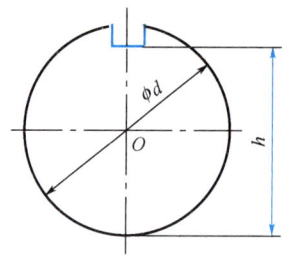

图 6.3　设计基准实例

时所依据的基准称为**工序基准**。工序基准实例如图 6.4 所示，在盘套类工件上钻 ϕd 孔，由工序尺寸 a 可知，工件中心 O 为 ϕd 孔的一个工序基准。

（2）定位基准。在加工中用作定位的基准称为定位基准。作为定位基准的点、线、面有时在工件上不一定具体存在（如孔或轴的中心线、键槽两侧面的对称中心面），而常由某些具体的定位表面来体现，这些定位表面就称为定位基面。定位基准实例如图 6.5 所示，轴类工件利用外圆在 V 形块上定位后铣键槽，其定位基准为外圆的轴线，外圆即为定位基面。再如，图 6.4 所示的工件钻 ϕd 孔时，常采用一个端面和 ϕD 孔定位，其定位基准则为端面和 ϕD 孔的轴线。

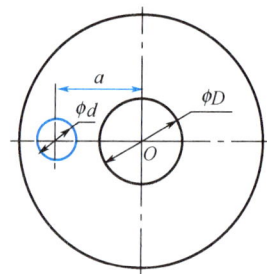

图 6.4　工序基准实例

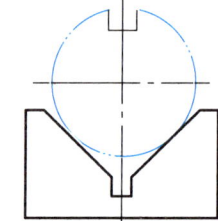

图 6.5　定位基准实例

（3）测量基准。工件用以测量已加工表面位置时所依据的基准称为测量基准。

（4）装配基准。装配时用来确定零件或部件在产品中相对位置时所依据的基准称为装配基准。例如，齿轮通常利用中心孔安装到轴上，该孔就是齿轮的装配基准。

工艺规程概述

6.2　工艺规程

零件机械加工工艺过程的有关内容通常写成文件的形式用来指导生产，这种技术文件就是工艺规程。

6.2.1　工艺规程的形式

工艺规程由一系列工艺文件构成，一般以卡片的形式体现，**生产中最常用的工艺文件是机械加工工艺过程卡片和机械加工工序卡片**。

各机械制造企业使用的工艺规程卡片形式不尽相同,但基本内容相同。机械加工工艺过程卡片以工序为单元简要列出工件的加工工艺路线,包括各工序名称、工序内容、工序的完成车间和工段、工序所用的机床与工艺装备(包括刀具、夹具、量具和辅具等)、工序时间等,见表6.5。该卡片主要用于安排生产计划、组织生产调度,单件、小批生产中可以只编写这种卡片。

表 6.5　机械加工工艺过程卡片

(厂名全称)	机械加工工艺过程卡片	产品型号		零(部)件图号		文件编号		
						共 页		
		产品名称		零(部)件名称		第 页		
材料牌号		毛坯种类		毛坯外形尺寸		每坯件数		每台件数		备注

工序号	工序名称	工序内容	车间	工段	设备	工艺装备	工序时间	
							准终	单件

描图									
描校									
底图号									
装订号									
						编制 (日期)	审核 (日期)	会签 (日期)	*	*
*	标记	处数	更改文件号	签字	日期	标记	处数	更改文件号	签字	日期

注:*空格处可以根据需要写。

机械加工工序卡片是在机械加工工艺过程卡片的基础上,为每一道机械加工工序编制的一种工艺文件,见表6.6。工序卡片用于具体指导工人的操作,是大批生产和中批复杂或重要零件生产的必备工艺文件。

表6.6　机械加工工序卡片

（厂名全称）	机械加工工序卡片	产品型号		零（部）件图号		文件编号	
						共　页	
		产品名称		零（部）件名称		第　页	
（工序简图）			车间	工序号	工序名称	材料牌号
			毛坯种类	毛坯外形尺寸	每坯件数	每台件数
			设备名称	设备型号	设备编号	同时加工件数
			夹具编号		夹具名称	冷却液
					工序时间	
					准终	单件

工步号	工步内容	工艺装备	主轴转速 /(r·min⁻¹)	切削速度 /(m·min⁻¹)	进给量 /(mm·r⁻¹)	背吃刀量/mm	走刀次数	工时定额	
								基本	辅助

描图									
描校									
底图号									
装订号									
＊						编制（日期）	审核（日期）	会签（日期）	＊　　＊
	标记	处数	更改文件号	签字	日期	标记　处数　更改文件号　签字　日期			

注：＊空格处可以根据需要写。

6.2.2 工艺规程的作用

工艺规程是机械制造企业最主要的技术文件之一，它的主要作用如下。

（1）工艺规程是组织生产和管理生产的重要依据。在产品投产前，需根据工艺规程进行有关的技术准备和生产准备工作，如安排原材料的供应、设备和工具的购置、专用工装的设计与制造、生产计划的编排、经济核算等；对加工人员的操作规范性也需要依据工艺规程进行考核。

（2）工艺规程是指导生产实施的技术文件。合理的工艺规程是生产技术和实践经验的结晶，是使产品达到优质、高产、低成本的技术保证，一切生产和管理人员必须严格遵守。

（3）工艺规程是新建或扩建工厂（车间）的基本资料。在新建或扩建工厂（车间）时，需依据工艺规程确定生产所需要的设备种类及数量、生产面积和厂房布局、人员编制等。

此外，先进的工艺规程还起着交流和推广先进制造技术的作用。

6.2.3 工艺规程的设计原则

工艺规程的设计原则可归结为加工质量、生产效率、经济性和安全性四方面。

（1）所设计的工艺规程必须首先保证零件的加工质量，达到设计图样上规定的各项技术要求。

（2）工艺过程应具有较高的生产效率，使产品能尽快投放市场。

（3）尽量降低制造成本。

（4）应注意改善工人的劳动条件，减轻劳动强度，保障生产安全。

6.2.4 工艺规程设计所需的原始资料

设计工艺规程时，应具备下列原始资料。

（1）零件图和产品装配图。

（2）产品验收的质量标准。

（3）产品的年生产纲领。

（4）毛坯材料及毛坯生产条件。

（5）工厂现有生产条件，如机床设备、工艺装备、工人的技术水平情况，工厂自制专用设备和工艺装备的能力、改造设备的能力、供电和供气的能力等。

（6）有关的设计手册和标准、国内外有关制造技术资料等。

6.2.5 工艺规程设计的内容和步骤

工艺规程设计的内容和步骤如下。

（1）分析零件图和产品装配图。通过图样分析，了解零件的结构、材质、热处理要求等基本信息，了解零件在产品中的位置和功用，了解所在部件对该零件提出的技术要求。

（2）对零件图和装配图进行工艺分析。审查图样的完整性、正确性和规范性，对零件设计的结构工艺性进行重点评价，如有不合理之处应及时提出，并会同有关人员商讨图样

修改方案，报主管领导审批。

（3）确定零件生产类型。根据年生产纲领和产品与零件的特性确定零件的生产类型。

（4）确定毛坯。根据零件的特点、年生产纲领和生产条件，确定毛坯的种类和制造方法。

（5）拟订工艺路线。拟订内容主要包括选择定位基准、确定各表面加工方法、划分加工阶段、确定工序集中与工序分散程度、安排工序顺序等。拟订工艺路线时，往往应提出几种可能的方案，通过技术和经济对比分析，最后确定一种最佳方案。

（6）确定各工序所用的机床设备和工艺装备，对需要改装或重新设计的专用设备和工艺装备应提出具体的设计任务书。

（7）确定各工序的加工余量，计算工序尺寸及公差。

（8）确定各工序的技术要求及检验方法。

（9）确定各工序的切削用量和工时定额。

（10）编制工艺文件。

工艺规程设计是机械制造行业的常规工作，它的合理性和规范性直接影响产品质量、生产效率和运营效率，其重要性不言而喻。工艺规程设计看上去简单，但是要能设计好它，则需要较为长久的知识积累、对先进技术的不断学习和甘于平凡的心态。既需要具备爱岗敬业的工作态度，又要有勇于探索、勇于创新的精神，这样才能制订出合理可靠、技术先进的工艺规程。

6.3　零件的工艺分析与毛坯的选择

6.3.1　零件的工艺分析

功能相同的机械产品，其结构有很大的差异，它们制造、维修的可行性和经济性也有所不同，因而设计产品时不仅要考虑如何满足使用要求，还应考虑是否符合制造工艺的要求，即考虑机械产品的工艺性。机械产品的工艺性包括毛坯制造工艺性、热处理工艺性、机械加工工艺性和装配工艺性。

对零件进行工艺分析，发现问题后及时提出修改意见，是制订工艺规程的一项重要的基础工作。对零件进行工艺分析主要包括零件的结构工艺性分析和零件的技术要求分析。

1. 零件的结构工艺性分析

对零件的结构工艺性进行分析主要是对零件的切削加工工艺性进行分析。从切削加工的角度看，零件的结构应符合以下几个方面的要求。

（1）便于工件的装夹。零件上应有便于装夹的定位基面和夹紧面。

（2）便于加工。零件的结构要素应符合国家标准的规定，以便采用标准刀具加工，减少刀具种类；保证刀具能正常工作，防止刀具损坏；便于操作者观察切削情况。

（3）便于测量。

（4）便于保证切削加工精度。零件的结构应尽量减小工件和刀具的受力变形。

（5）便于提高切削加工效率。零件的结构应尽量减少工件的装夹次数，加工表面的结构与形状尽量能以生产效率较高的方法加工，尽量减少加工面积、工作行程次数和空行程、刀具调整和更换次数，便于采用多件加工、多刀加工。

零件的结构工艺性分析就是根据上述要求对零件的结构进行分析评价，对结构工艺性不好的部分提出改进意见。零件结构工艺性分析举例见表6.7。

表6.7 零件结构工艺性分析举例

序号	零件结构		
	结构工艺性不好		结构工艺性好
1	盲孔或阶梯孔底端为平底，无法采用钻—扩方法加工		盲孔或阶梯孔底端形状与刀具端部形状相符，方便加工
2	螺纹底端无退刀槽，攻螺纹或车削时底端无法清根，车削底端时易打刀		螺纹底端设计退刀槽，方便螺纹加工
3	两齿轮间无小齿轮插齿退刀槽，无法加工小齿轮		两齿轮间设计插齿退刀槽，方便小齿轮插齿加工
4	两端轴颈磨削加工时因砂轮圆角而不能清根		台阶处设计砂轮越程槽，方便两端轴颈磨削清根
5	锥面磨削加工时易碰伤圆柱面，交接处无法清根		锥面与圆柱面交接处设计成台阶，方便锥面磨削加工
6	退刀槽宽度尺寸不同，加工时需用三把不同的刀具加工		统一退刀槽宽度尺寸，使用一把刀具即可加工
7	两个键槽设置在不同方向，加工时需两次装夹		两个键槽设置在同一方向上，加工时可一次装夹
8	两台阶面不等高，加工时需两次调整刀具或两次装夹		两台阶面设计成等高，可以一次加工完成

续表

序号	零件结构			
	结构工艺性不好		结构工艺性好	
9	加工面积大，加工量大，平面度不便保证			减小加工面积可减少加工量，平面度也易保证
10	孔距离高的侧壁太近，可能因主轴等与工件干涉而无法进刀			加大孔与高的侧壁间的距离，或使进刀方向无高的侧壁，便于加工
11	斜面上钻孔，钻头易引偏或折断			孔口设计成平台，便于钻孔
12	孔的出口端为曲面，钻孔时出口端钻头也会发生引偏或折断			使孔的两端都为平面，便于钻孔
13	孔深较大，加工时间长，钻孔易发生钻头偏斜，刀具损耗大			减小加工孔的深度可使加工时间缩短，加工精度易保证，刀具损耗小
14	装配面设计在腔体内部，不便于加工和装配			装配面设计在腔体外部，方便加工和装配
15	孔内壁设计沟槽，不便于加工			沟槽设计在装配件的外圆柱面上，方便加工
16	加工 B 面时，要以 A 面为定位基准，但 A 面较小，定位不可靠			左侧设计两个工艺凸台，加工右面时方便定位，加工后将凸台去除

2. 零件的技术要求分析

零件的技术要求分析包括分析加工表面的尺寸精度和形状精度、各加工表面之间及加工表面和不加工表面之间的相互位置精度、加工表面粗糙度及加工表面质量方面的其他要求、热处理及其他要求（如动平衡、未注圆角、去毛刺、毛坯要求等）。

6.3.2 毛坯的选择

毛坯的选择包括选定毛坯的种类（制造方法）和毛坯的形状、尺寸及位置精度。毛坯的选择不仅影响毛坯的制造工艺和成本，而且对零件机械加工工艺、生产效率和经济性也有很大的影响。例如，选择与成品零件尽可能接近的高精度的毛坯，可以减少机械加工劳动强度和材料消耗，提高机械加工生产效率，降低加工成本；但会使毛坯的制造难度和制造成本增加。因此，选择毛坯要从毛坯制造和机械加工两方面综合考虑，以得到最佳效果。

1. 毛坯种类（制造方法）的选择

毛坯的种类较多，每一种毛坯又有不同的制造方法。

（1）型材。按截面形状，型钢可分为圆钢、方钢、六角钢、扁钢、角钢、槽钢及其他特殊截面的型材。制造方法有冷拉和热轧两种。冷拉钢尺寸较小、精度高，多用作中、小型精度较高的零件的毛坯。热轧的型材精度低、价格较便宜，多用作一般零件的毛坯。

（2）铸件。铸件的制造方法主要有砂型铸造、金属型铸造、压力铸造、熔模铸造、离心铸造等。材料主要有铸铁、铸钢及铜、铝等有色金属。铸件适用于形状较复杂的毛坯。常用的铸造方法是砂型铸造，当毛坯精度要求低、生产批量较小时，采用木模手工造型；当毛坯精度要求高、生产批量很大时，采用金属型机器造型。

（3）锻件。锻件的制造方法有自由锻和模锻两种。常用的材料为中、低碳钢及低合金钢。锻件适用于强度要求高、形状较简单的毛坯。自由锻毛坯精度低、加工余量大、生产效率低，用作单件、小批量生产及大型零件的毛坯。模锻毛坯精度高、加工余量小、生产效率高，用作中批以上生产的中、小型零件的毛坯。

（4）焊接件。焊接件是由型材、钢板等焊接而成的结构，它制造简便，生产周期短；但常需经过时效处理消除应力后才能进行机械加工。焊接件适用于单件、小批量生产中的大型毛坯。

（5）其他毛坯。其他毛坯有冲压件、粉末冶金、塑料压制件等。

选择毛坯种类（制造方法）时，应综合考虑年生产纲领、零件的形状和尺寸、零件的材料与力学性能、本厂设备与技术条件等因素，并尽量利用新工艺、新技术、新材料。

① 考虑年生产纲领。大批量生产时，应选用加工精度和生产效率较高的先进的毛坯制造方法，如模锻、金属型机器造型铸造等。虽然一次投资较大，但生产量大，分摊到每个毛坯上的成本并不高，并且此种毛坯制造方法的生产效率较高，节省材料，可大大减少机械加工量，降低产品的总成本。单件、小批量生产时则应选用木模手工造型铸造或自由锻。

② 考虑零件的形状和尺寸。毛坯的形状和尺寸应尽量与零件的形状和尺寸接近；形状复杂和大型零件的毛坯多用铸造；薄壁零件不宜用砂型铸造；板状钢质零件多用锻造；轴类零件毛坯，如各台阶直径相差不大，则可选用棒料；如各台阶直径相差较大，则可选

用锻件。对于锻件，尺寸大时可选用自由锻，尺寸小且批量较大时可选用模锻。

③ 考虑零件的材料及力学性能要求。由于某些材料的工艺特性决定了其毛坯的制造方法，例如，铸铁只能铸造。对于重要的钢件，为获得良好的力学性能，应选用锻件；当力学性能要求不太高时，可选用型材或铸钢。

2. 毛坯形状和尺寸的确定

毛坯的形状和尺寸基本上取决于零件的形状和尺寸。确定毛坯形状时，主要是在零件形状的基础上考虑以下因素。

（1）减少部分结构。零件上的一些结构不在毛坯上直接制出，而由机械加工形成。例如，根据最小铸出和锻出条件，零件上一些小的孔、槽等结构在毛坯上应简化掉；倒角、螺纹、小的台阶等结构也可以简化掉，以便毛坯制造。

（2）符合毛坯制造方法的结构特点。例如，铸件和锻件表面应有起模斜度和圆角。

（3）设置工艺凸台。有些毛坯需要设置工艺凸台，便于工件加工时的装夹。图 6.6 所示为设置工艺凸台实例。这种工艺凸台在零件加工后可以保留，如影响到外观和使用性，则可予以去除。

（4）使用整体毛坯。对于有些分离的配对零件，先将其做成一个毛坯，待加工到一定阶段再切割分离，以便加工和保证加工质量。图 6.7 所示为连杆和连杆盖整体毛坯。

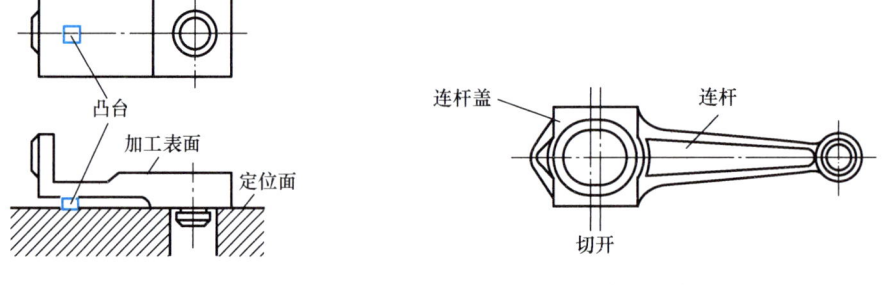

图 6.6　设置工艺凸台实例　　　　图 6.7　连杆和连杆盖整体毛坯

（5）采用合件毛坯。有些零件根据其结构特点可以将若干毛坯合制成一个毛坯，待加工到一定阶段后再切割成单个零件，以提高机械加工生产效率。滑键及其合件毛坯如图 6.8 所示。

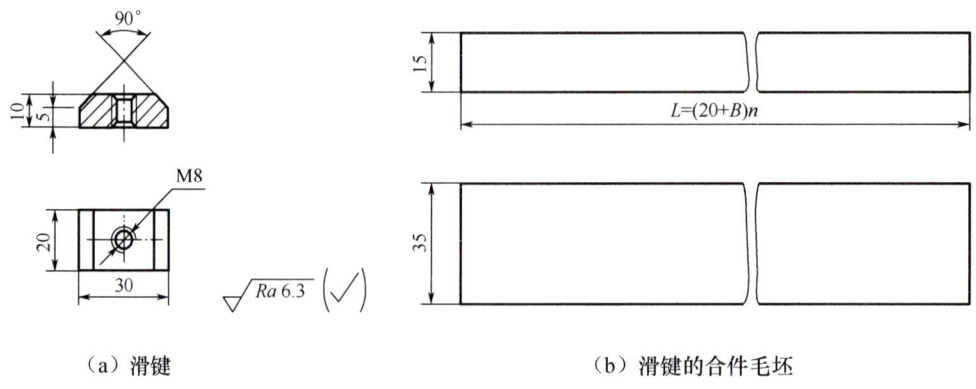

（a）滑键　　　　　　　　　　　　　（b）滑键的合件毛坯

图 6.8　滑键及其合件毛坯

对于不加工表面,毛坯的尺寸等于零件图上相应的设计尺寸;对于需要加工的表面,毛坯的尺寸应在零件图上相应设计尺寸的基础上附加一定的机械加工余量,毛坯的机械加工余量及毛坯公差的大小都与毛坯的制造方法有关,可参考有关工艺手册和标准选取。需要注意的是,毛坯的机械加工余量及毛坯公差的大小既影响毛坯制造的难易程度,又影响原材料的消耗和机械加工的工作量与难易程度,因而其不宜过大或过小。

6.4 工艺路线的拟订

拟订工艺路线是工艺规程设计中最关键的一步,需按顺序完成以下工作。

6.4.1 定位基准的选择

定位基准的选择对于保证零件的尺寸精度和位置精度及合理安排加工顺序都有很大影响。当使用机床夹具装夹工件时,定位基准的选择还会影响机床夹具结构的复杂程度。因此,定位基准的选择是工艺规程设计中的一个重要环节。

定位基准的选择

定位基准可分为粗基准和精基准。用未经加工的表面作为定位基准称为粗基准,用已加工过的表面作为定位基准称为精基准。一般先选择精基准,把主要表面加工出来,再选择粗基准,把作为精基准的表面加工出来。

1. 粗基准的选择原则

机械加工的第一道工序所用的基准是粗基准,粗基准的选择主要是针对第一道工序。选择粗基准主要考虑如何保证不加工表面与加工表面间的尺寸及位置关系、保证各加工表面的余量合理分配,并注意尽快获得精基面。在具体选择时应考虑下列原则。

(1) 保证相互位置要求原则。当零件上有不加工表面时,为了保证不加工表面与加工表面之间的相对位置精度要求,应选择不加工表面为粗基准。图 6.9 所示为壳体零件粗基准的选择,外圆柱表面 A 为不加工表面,为保证孔 B 加工后与外圆柱表面 A 有一定的同轴度,并使壁厚均匀,应选择 A 面作为粗基准加工孔 B。如果零件上有多个不加工表面,应选择与加工表面间相互位置精度要求较高的那个不加工表面作为粗基准。

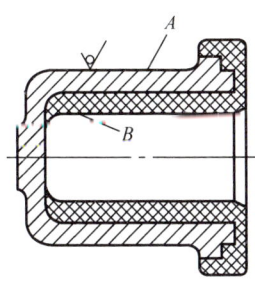

图 6.9 壳体零件粗基准的选择

(2) 合理分配加工余量原则。粗基准的选择应满足工件表面加工时的余量足够且均匀的要求，这包括以下两种情况。

① 保证各主要表面的加工都有足够的加工余量。此时应选择加工余量最小的加工表面为粗基准。阶梯轴毛坯的粗基准选择如图 6.10 所示，ϕ55mm 外圆的加工余量最少，故以此为粗基准。如果以加工余量较大的 ϕ108mm 外圆为粗基准加工出 ϕ50mm 外圆表面，当两外圆有 3mm 的偏心时，则加工后的 ϕ50mm 外圆表面的一侧可能会因加工余量不足而残留部分毛坯面，从而使工件报废。

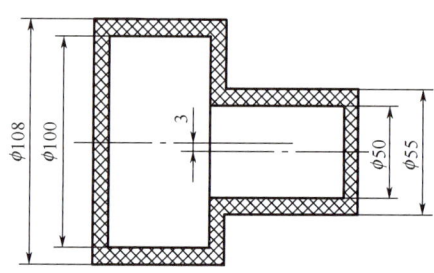

图 6.10 阶梯轴毛坯的粗基准选择

② 保证重要表面的加工余量均匀。此时应选择重要加工表面作为粗基准。例如，在车床床身零件的加工中，导轨面是最重要的表面，它不仅加工精度要求高，而且要求导轨面具有均匀的金相组织和较高的耐磨性。由于在铸造床身时导轨面是倒扣在砂箱的最底部浇注成形的，导轨面材料质地致密，砂眼、气孔相对较少，因此要求在加工床身时，导轨面的实际切除量要尽可能地小而均匀。据此，第一道工序应先以导轨面为粗基准加工床身底面，如图 6.11（a）所示，再以加工过的床身底面为精基准加工导轨面，如图 6.11（b）所示。此时可以使导轨面上去除的加工余量小而均匀。

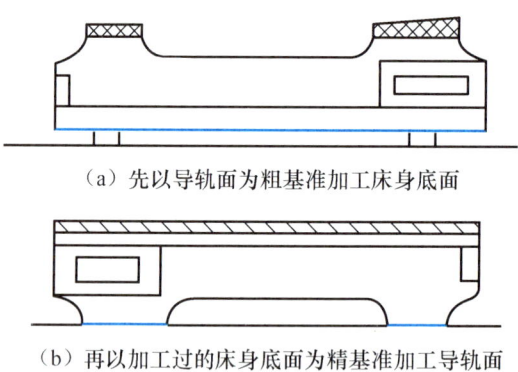

（a）先以导轨面为粗基准加工床身底面

（b）再以加工过的床身底面为精基准加工导轨面

图 6.11 床身加工粗基准的选择

（3）便于装夹原则。选择粗基准时，必须考虑定位准确，夹紧可靠，机床夹具结构简单，操作方便等问题。为此，选择的粗基准应尽可能平整光洁，不允许有锻造飞边、铸造浇冒口切痕或其他缺陷，并有足够的支承面积。

（4）不重复使用原则。粗基准在同一尺寸方向上通常只允许使用一次。因为粗基准一般质量较差，如果在两次装夹中重复使用同一粗基准，则得到的两组加工表面之间会有相当大的位置误差，所以在同一尺寸方向上粗基准一般不得重复使用。

无论是选择粗基准还是精基准,上述原则往往不能兼顾,有时甚至互相矛盾,因此选择时必须根据实际情况进行取舍,保证零件的主要设计要求。

2. 精基准的选择原则

选择精基准应考虑如何保证加工精度和装夹可靠方便,一般应遵循以下原则。

(1) **基准重合原则**。应尽可能选择加工表面的设计基准作为精基准,这样可以避免基准不重合引起的定位误差。

(2) **基准统一原则**。应尽可能采用同一组精基准加工工件上的多个表面,这样可以简化工艺规程的设计,减少夹具数量,节约夹具设计与制造费用;同时,由于减少了基准的转换,更有利于保证各表面间的相互位置精度。例如,利用两中心孔定位加工轴类零件的各外圆表面符合基准统一原则。

(3) **互为基准原则**。对工件上两个相互位置精度要求比较高的表面进行加工时,可以利用两个表面互相作为基准,反复进行加工,以保证位置精度要求。例如,为保证套类零件内、外圆柱面较高的同轴度要求,可先以孔为定位基准加工外圆,再以外圆为定位基准加工内孔,这样反复多次,就可使两者的同轴度达到要求。

(4) **自为基准原则**。当某些加工表面加工精度很高、加工余量小而均匀时,可选加工表面本身作为定位基准。如图 6.12 所示,在导轨磨床上磨削床身导轨面时,就是以床身导轨面本身为定位基准,在磨头上装百分表来找正定位的。用浮动镗刀镗孔、用拉刀拉孔、用无心磨床磨外圆等,也是自为基准定位的实例。应用这种精基准加工工件,只能提高加工表面的尺寸精度和形状精度,不能提高表面间的相互位置精度,位置精度应由先行工序保证。

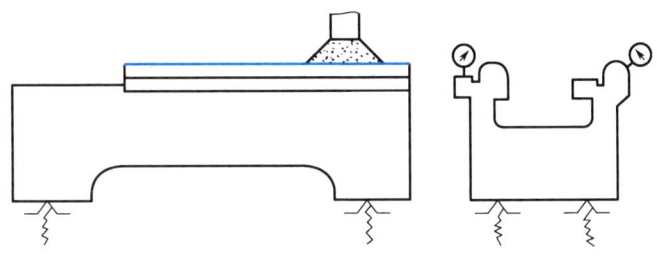

图 6.12 床身导轨面磨削时的自为基准定位

6.4.2 加工方法的选择

同一种表面(如外圆、孔、平面等)可以用不同的加工方法加工,每种加工方法的加工质量、所化费的时间和成本不尽相同。选择加工方法时要根据具体情况(加工表面的技术要求、生产类型、设备状况、工人的技术水平等)选用最恰当的加工方法。对于每一个加工表面,一般先选择最终工序的加工方法,再选择前面工序的加工方法,形成该表面的加工方案。外圆加工、孔加工、平面加工中各种加工方法的加工经济精度和表面粗糙度分别见表 6.8、表 6.9、表 6.10。图 6.13、图 6.14、图 6.15 所示分别为外圆表面、孔表面、平面的加工方案及其加工经济精度和表面粗糙度,可供选择时参考。

表6.8 外圆加工中各种加工方法的加工经济精度和表面粗糙度

加工方法	加工情况	加工经济精度（IT）	表面粗糙度（$Ra/\mu m$）
车	粗车	13～12	80～10
	半精车	11～10	10～2.5
	精车	8～7	5.0～1.25
	金刚石车（镜面车）	6～5	1.25～0.02
铣	粗铣	13～12	80～10
	半精铣	12～11	10～2.5
	精铣	9～8	2.5～1.25
车槽	一次行程	12～11	20～10
	二次行程	11～10	10～2.5
外磨	粗磨	9～8	10～1.25
	半精磨	8～7	2.5～0.63
	精磨	7～6	1.25～0.16
	精密磨（精修整砂轮）	6～5	0.32～0.08
	镜面磨	5	0.08～0.008
抛光			1.25～0.008
研磨	粗研	6～5	0.63～0.16
	精研	5	0.32～0.04
	精密研	5	0.08～0.008
超精加工	精	5	0.32～0.08
	精密	5	0.16～0.01
砂带磨	精磨	6～5	0.16～0.02
	精密磨	5	0.04～0.01
滚压		7～6	1.25～0.16

注：加工有色金属时，表面粗糙度取小值。

表6.9 孔加工中各种加工方法的加工经济精度和表面粗糙度

加工方法	加工情况	加工经济精度（IT）	表面粗糙度（$Ra/\mu m$）
钻	ϕ15mm 以下	13～11	80～5
	ϕ15mm 以上	12～10	80～20
扩	粗扩	13～12	20～5
	一次扩孔（铸孔或冲孔）	13～11	40～10
	精扩	11～9	10～1.25
铰	半精铰	9～8	10～1.25
	精铰	7～6	2.5～0.32
	手铰	5	1.25～0.08

续表

加工方法	加工情况	加工经济精度（IT）	表面粗糙度（Ra/μm）
拉	粗拉	10～9	5～1.25
	一次拉孔（铸孔或冲孔）	11～10	2.5～0.32
	精拉	9～7	0.63～0.16
推	半精推	8～6	1.25～0.32
	精推	6	0.32～0.08
镗	粗镗	13～12	20～5
	半精镗	11～10	10～2.5
	精镗（浮动镗）	9～7	5～0.63
	金刚镗	7～5	1.25～0.16
内磨	粗磨	11～9	10～1.25
	半精磨	10～9	1.25～0.32
	精磨	8～7	0.63～0.08
	精密磨（精修整砂轮）	7～6	0.16～0.04
珩	粗珩	6～5	1.25～0.16
	精珩	5	0.32～0.04
研磨	粗研	6～5	0.63～0.16
	精研	5	0.32～0.04
	精密研	5	0.08～0.008
挤	滚珠、滚柱扩孔器，挤压头	8～6	1.25～0.01

注：加工有色金属时，表面粗糙度取小值。

表 6.10　平面加工中各种加工方法的加工经济精度和表面粗糙度

加工方法	加工情况	加工经济精度（IT）	表面粗糙度（Ra/μm）
周铣	粗铣	13～11	20～5
	半精铣	11～8	10～2.5
	精铣	8～6	5～0.63
端铣	粗铣	13～11	20～5
	半精铣	11～8	10～2.5
	精铣	8～6	5～0.63
车	半精车	11～8	10～2.5
	精车	8～6	5～1.25
	细车（金刚石车）	6	1.25～0.02
插			20～2.5
拉	粗拉（铸造或冲压表面）	11～10	20～5
	精拉	9～6	2.5～0.32

续表

加工方法	加工情况		加工经济精度（IT）	表面粗糙度（$Ra/\mu m$）
平磨	粗磨		10～8	10～1.25
	半精磨		9～8	2.5～0.63
	精磨		8～6	1.25～0.16
	精密磨		6	0.32～0.04
刮	25mm×25mm 内点数	10～8		1.25～0.63
		13～10		0.63～0.32
		16～13		0.32～0.16
		20～16		0.16～0.08
		25～20		0.08～0.04
研磨	粗研		6	0.63～0.16
	精研		5	0.32～0.04
	精密研		5	0.08～0.008
砂带磨	精磨		6～5	0.32～0.04
	精密磨		5	0.04～0.01
滚压			10～7	2.5～0.16

注：加工有色金属时，表面粗糙度取小值。

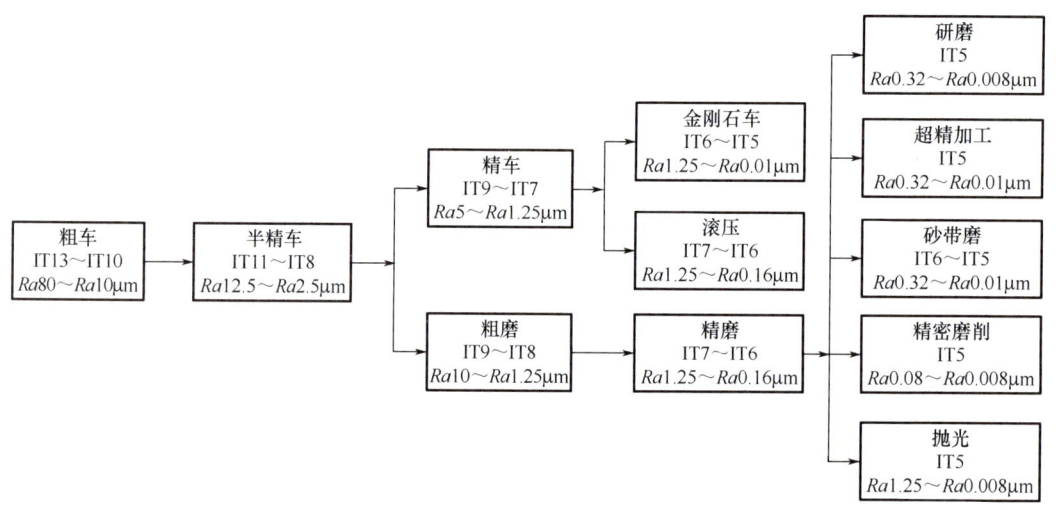

图 6.13 外圆表面的加工方案及其加工经济精度和表面粗糙度

选择加工方法时，除了应保证加工表面的精度和表面粗糙度要求，还应综合考虑下列因素。

（1）工件材料的性质。例如，淬火钢的精加工一般要选用磨削加工；有色金属的精加工，为避免磨削加工时堵塞砂轮，加工方法则要用高速精细车或精细镗（金刚镗）。

（2）工件的形状和尺寸。例如，对于加工精度要求为IT7的孔采用镗削、铰削、拉削和磨削均可达到要求，但箱体上的孔一般不宜采用拉削或磨削，而常常选用镗削（大孔）

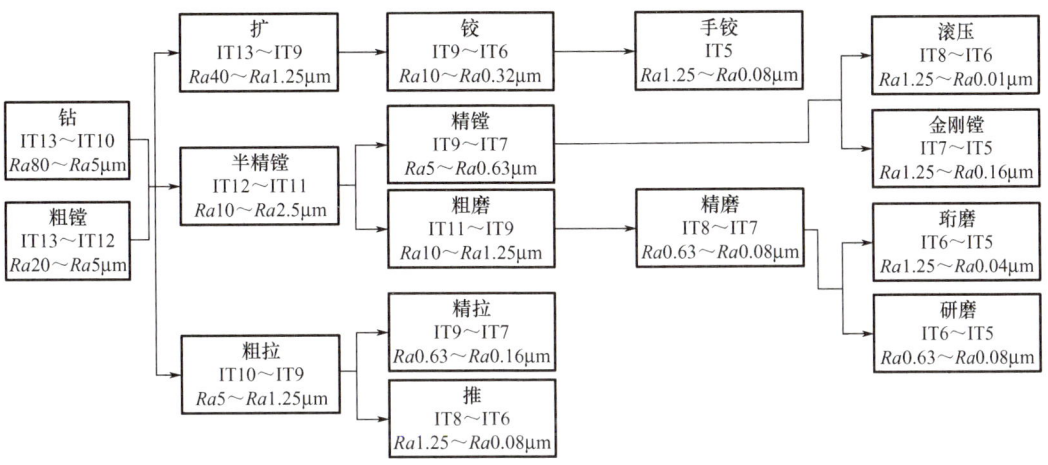

图 6.14 孔表面的加工方案及其加工经济精度和表面粗糙度

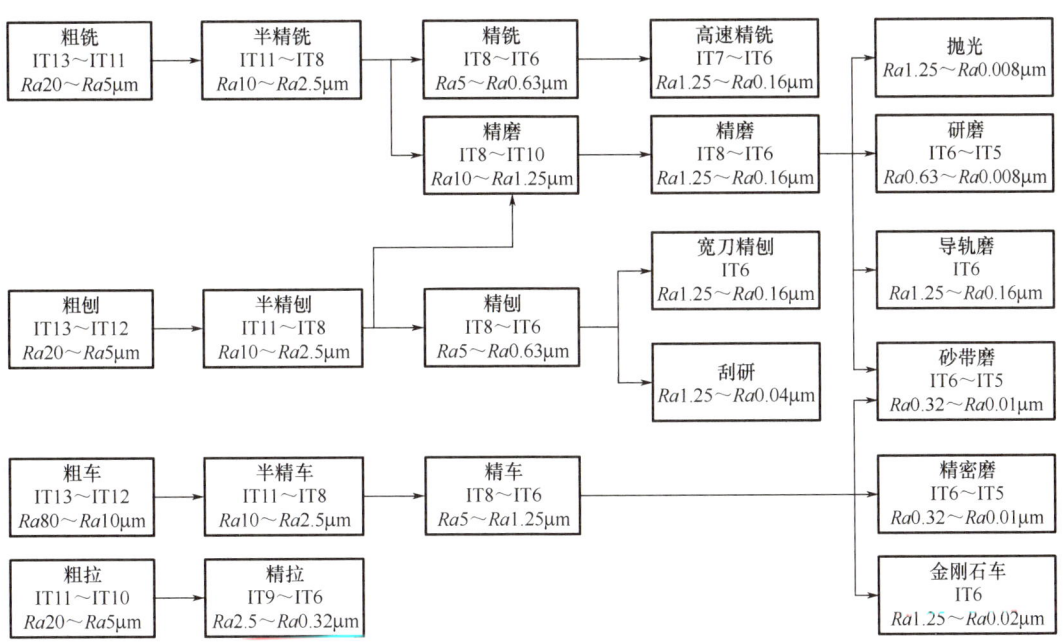

图 6.15 平面的加工方案及其加工经济精度和表面粗糙度

或铰削（小孔）。

（3）生产类型。大批量生产时，应采用生产效率高、质量稳定的加工方法。例如，用拉削加工孔和平面，用组合铣削或磨削同时加工多个表面，对于复杂的表面采用数控机床及加工中心等；单件、小批量生产时，则应选择设备和工艺装备易于调整、准备工作量小、便于操作的加工方法，如采用铣削加工平面和钻削、扩削、铰削加工孔。

（4）现有生产条件。应充分利用现有设备和工艺手段，充分挖掘企业潜力，发挥技术人员和工人的创造性，不断提高工艺水平。

6.4.3 加工阶段的划分

当零件的加工质量要求比较高时,整个工艺过程一般分为粗加工阶段、半精加工阶段和精加工阶段;当零件的加工精度要求特别高、表面粗糙度要求特别小时,还要经过光整加工阶段。上述各加工阶段的主要任务如下。

(1) 粗加工阶段。此阶段可高效去除加工表面的大部分余量,使毛坯在形状和尺寸上接近成品零件。

(2) 半精加工阶段。此阶段可减小粗加工阶段留下的误差,使加工表面达到一定的加工精度,为精加工做好准备,并完成一些次要表面的加工(如钻孔、攻螺纹、铣键槽等)。此阶段需兼顾生产效率和加工精度两个方面。

(3) 精加工阶段。此阶段可保证各主要加工表面达到零件图规定的加工质量要求。

(4) 光整加工阶段。此阶段可要求很高的加工表面减小的表面粗糙度,并可进一步提高形状精度与尺寸精度,一般没有提高表面间位置精度的作用。

划分加工阶段的主要目的如下。

(1) 有利于保证加工质量。工件粗加工时,加工余量大,切削力、切削热、工件夹紧力也大,会引起工件较大的变形和内应力。如果不分阶段、混杂连续地进行粗加工和精加工,上述变形则来不及回复,有可能使前期精加工工序所获得的加工精度被后续的粗加工工序破坏,也可能因加工完成后继续的变形而使已有的加工精度丧失。划分加工阶段后,能逐步回复和修正变形,逐步提高加工质量。

(2) 便于及时发现毛坯缺陷。工艺过程前期的粗加工阶段去除了工件表面的大部分加工余量后,可及时发现毛坯缺陷(如气孔、砂眼、裂纹和加工余量不足等),以便及早修补或报废,避免造成后续精加工阶段的工时和费用的浪费。

(3) 便于合理使用设备。粗加工要求采用功率大、刚性好、生产效率高而精度不高的机床设备,精加工则要求采用精度高的机床。划分加工阶段后,可以合理选用设备,充分发挥粗加工和精加工设备各自的特点。

(4) 便于安排热处理工序。粗加工阶段后,可以安排时效处理或其他去应力的热处理工序,以消除粗加工阶段产生的残余应力;精加工前可安排淬火等最终热处理,变形可以通过精加工予以消除。

(5) 避免损伤已加工表面。在工艺过程的后期安排精加工阶段和光整加工阶段,可以保护这些加工表面,避免其受到磕碰损坏、切屑划伤等。

划分加工阶段并不是绝对的,如果在高刚度、高精度机床设备上加工刚性好、加工精度要求不太高或加工余量不太大的工件,就可以不划分加工阶段。有些加工精度要求不太高的重型零件,由于运送和装夹工件困难、费时,一般也不划分加工阶段,而是在一个工序中完成全部粗加工和精加工,并在粗加工后先松开夹紧装置,然后用较小的夹紧力重新夹紧工件,继续进行精加工,以减少工件变形对加工精度的影响。另外,划分加工阶段是对零件加工的整个过程而言的,而不是针对零件某一表面的加工。例如,有些定位基准面,在半精加工阶段甚至在粗加工阶段就需要加工得很精确,而某些钻小孔、攻螺纹等粗加工工序常安排在精加工阶段。

6.4.4 工序集中与工序分散

在将各加工表面的加工内容按不同加工阶段组合成若干个工序时,有工序集中和工序分散两种原则。

1. 工序集中

工序集中是把工件的机械加工工艺过程安排在较少的工序中完成,每道工序的加工内容较多。工序集中的极端情况是在一个工序内完成工件所有表面的加工。工序集中的特点如下。

(1) 工序集中可以采用高效机床和工艺装备,生产效率高。

(2) 工序集中的工序数少,减少了设备、操作工人的数量和占地面积,简化了生产计划和组织工作。

(3) 工序集中减少了工件的装夹次数,有利于保证表面间的位置精度,也减少了工件在工序间的运输量,缩短了装夹辅助时间。

(4) 工序集中采用的设备和工艺装备结构复杂,调整、维修较困难,投资大,生产准备工作量大,对产品改型的适应性较差,转产比较困难。

2. 工序分散

工序分散是把工件的机械加工工艺过程安排在较多的工序中完成,而每道工序的加工内容较少。工序分散的极端情况是在每道工序中只有一个简单的工步。工序分散的特点如下。

(1) 工序分散的设备和工艺装备比较简单,易于调整和维修,产品转换方便。

(2) 工序分散对操作工人的技术水平要求不高。

(3) 工序分散可以采用最合理的切削用量,以减少基本时间。

(4) 工序分散所需设备和工艺装备的数量较多,操作工人多,占地面积大。

3. 工序集中与分散的确定

工序集中与工序分散各有优缺点,应根据生产类型、零件的结构特点和技术要求、现有生产条件等综合分析后确定。

(1) 大批量生产时,若使用多刀、多轴的自动或半自动高效机床、加工中心,应按工序集中原则组织生产;若使用由专用机床和专用工装组成的生产线,则应按工序分散原则组织生产,这有利于简化专用设备和专用工装的结构并按节拍组织流水生产。单件、小批量生产时,采用通用机床和工艺装备按工序集中原则组织生产。成批生产时,上述两种原则均可采用,具体则视其他条件(如零件的技术要求、工厂的生产条件等)而定,一般尽可能采用生产效率较高的机床,使工序适当集中。

(2) 对于重型零件,为了减少工件装卸和运输的劳动量,工序应适当集中;零件机械加工工艺内容相同或相近时,工序也应适当集中。

(3) 对于刚性差而尺寸精度、表面质量要求高的精密零件,工序应适当分散,在防止工件出现较大变形的基础上逐渐提高加工质量;对于表面相互位置精度要求高的零件,工序应适当集中,尽可能在一次装夹中加工这些表面。

(4) 对于采用数控加工的零件，应考虑减少装夹次数，尽量在一次装夹中加工出全部的加工表面，因而工序相对集中。

从发展趋势来看，由于工序集中的优点较多，以及数控机床、柔性制造单元、柔性制造系统等的发展，现代生产倾向于按工序集中原则来组织生产。

6.4.5 工序顺序的安排

复杂零件的机械加工工艺路线要经过一系列切削加工、必要的热处理和辅助工序，因此，在拟订工艺路线时要全面地把切削加工、热处理和辅助工序三者联系在一起加以考虑。

1．机械加工工序的安排

机械加工工序先后顺序的安排一般要遵循下列原则。

(1) **先基面后其他**。即先加工作为精基准的定位基准面，再以它们定位加工其他表面。例如，轴类零件先加工端面、钻中心孔，再以中心孔定位（用顶尖）加工其他表面；箱体零件先加工定位基准面，再用它们定位加工其他平面或孔系。

(2) **先主后次**。即先加工零件的主要表面，保证了一定的加工精度后，再以它们定位加工次要表面。这样既可尽量避免出现废品时造成工时浪费，又可保证次要表面（如键槽、螺纹孔）与主要表面的位置精度。

(3) **先粗后精**。当零件需要分阶段加工时，应先安排各表面的粗加工，中间安排半精加工，最后安排主要表面的精加工和光整加工。对于加工精度要求较高的工件，通常粗加工和精加工不应连续进行，而应分阶段、间隔适当的时间进行。

(4) **先面后孔**。对于箱体、支架、连杆等工件，应先加工平面再加工孔。因为平面的轮廓平整、面积大，先加工平面，再以平面定位加工孔，既能保证加工孔时有稳定可靠的定位基准，又有利于保证孔与平面间的位置精度要求。另外，先加工好平面，再在其上钻孔，能改善刀具的初始切削条件。

2．热处理工序的安排

热处理工序在工艺路线中的安排主要取决于零件的材料和热处理的目的。

(1) 预备热处理。预备热处理的目的是消除毛坯制造过程中产生的残余应力、改善金属材料的切削加工性能、为最终热处理做准备，这类热处理有调质、退火、正火等。预备热处理一般安排在粗加工前、后，安排在粗加工前可改善材料的切削加工性能，安排在粗加工后有利于消除残余应力。

(2) 最终热处理。最终热处理的目的是提高金属材料的力学性能，如硬度和耐磨性等，这类热处理有淬火、渗碳淬火、渗氮等。最终热处理一般安排在粗加工、半精加工之后，以及精加工的前、后。例如，淬火、渗碳淬火应安排在精加工（磨削加工）前进行，因为这类热处理后工件变形较大，需在后续精加工时予以修正；又如，渗氮处理的工件变形较小，可安排在精磨之后进行。

(3) 时效处理。时效处理的目的是消除残余应力、减少工件变形。时效处理一般安排在粗加工之后、精加工之前。对于加工精度要求较高的零件，可在半精加工之后再安排一次时效处理。

（4）表面处理。表面处理的目的是提高零件的表面性能（如耐磨性、耐腐蚀性等）和装饰，有时需要对表面进行涂镀或发蓝等处理。这类处理一般安排在工艺过程的最后。

3．辅助工序的安排

辅助工序包括工件的检验、去毛刺、去磁、清洗和涂防锈油等，这些工序也是必要的，若安排不当或遗漏，将会给后续工序和装配带来问题。

检验工序是主要的辅助工序，主要包括尺寸检验、探伤、密封检验、称重、平衡等，它们对保证产品质量有极重要的作用。除了各工序操作者自行检验外，在粗加工全部结束后、关键工序前后、车间转换前后、最终加工之后，一般要安排检验工序。

去毛刺安排在易出现毛刺的切削加工后，或全部切削加工完毕后。

去磁工序安排在采用磁力夹紧的工序之后。

清洗工序一般安排在零件加工完毕后、进入装配前，在研磨、珩磨等光整加工后需清洗微小磨粒。

涂防锈油工序安排在其他工序全部完成后。

6.5　加工余量的确定

工艺路线拟订后，就要对每道工序进行详细设计，其中包括正确地确定每道工序应保证的工序尺寸。而确定工序尺寸，首先应确定加工余量。

6.5.1　加工余量的概念

在机械加工过程中，从加工表面切除的金属层厚度称为加工余量。加工余量有工序（工步）余量和加工总余量之分。

工序（工步）余量是指某一表面在一个工序（工步）中所切除的金属层厚度，为相邻两工序（工步）的工序尺寸之差。加工总余量是指由毛坯变为成品的过程中，在某加工表面上所切除的金属层总厚度，为毛坯尺寸与零件设计尺寸之差，也等于该表面各工序（工步）余量之和。

加工余量还有单边余量和双边余量之分。图6.16（a）和图6.16（b）所示为非对称表面的加工余量，为单边余量，它等于实际切除的金属层厚度；图6.16（c）和图6.16（d）所示为对称表面的加工余量，为双边余量，以直径方向计算，实际切除的金属层厚度等于加工余量的一半，即

单边余量：

$$外表面\quad Z_b = a - b \tag{6-2}$$

$$内表面\quad Z_b = b - a \tag{6-3}$$

式中　Z_b——加工余量；
　　　a——加工前的尺寸；
　　　b——加工后的尺寸。

双边余量：

$$外表面（轴） \quad 2Z_b = d_a - d_b \qquad (6-4)$$
$$内表面（孔） \quad 2Z_b = D_b - D_a \qquad (6-5)$$

式中　Z_b——加工余量的一半；

　　　d_a、D_a——加工前的直径；

　　　d_b、D_b——加工后的直径。

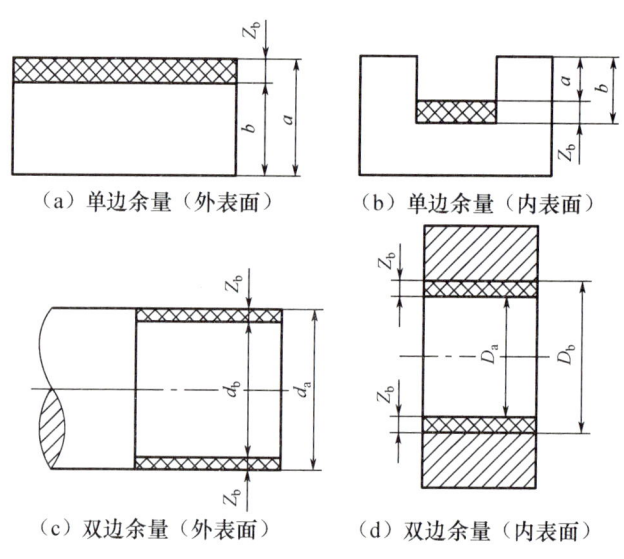

图 6.16　加工余量

由于毛坯制造和零件加工时都有尺寸误差，因此加工余量也是变动的，如图 6.17 所示。当工序尺寸用基本尺寸计算时，所得的加工余量称为基本加工余量或公称加工余量；而加工中切除的金属层厚度最大或最小时对应的加工余量分别称为最大加工余量和最小加工余量，可采用加工前后相应的极限尺寸计算得到；最大加工余量与最小加工余量的差值为加工余量公差，它是加工余量的变动范围，其值等于加工前后对应尺寸的公差之和。

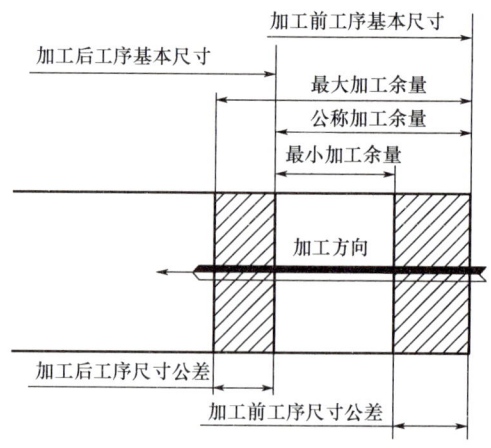

图 6.17　加工余量及其变动

【例 6-1】 将厚度为 $22_{-0.3}^{\ 0}$ mm 的工件铣削到 $20_{-0.1}^{\ 0}$ mm，计算该铣削加工的公称加工余量、最大加工余量、最小加工余量和加工余量公差。

解：公称加工余量　　$Z_b = 22 - 20 = 2$（mm）

最大加工余量　　$Z_{bmax} = 22 - (20 - 0.1) = 2.1$（mm）

最小加工余量　　$Z_{bmin} = (22 - 0.3) - 20 = 1.7$（mm）

加工余量公差　　$T_z = 2.1 - 1.7 = 0.4$（mm）

【例 6-2】 将外圆 $\phi 30.5_{-0.1}^{\ 0}$ mm 磨削到 $\phi 30_{+0.015}^{+0.036}$ mm，计算该磨削加工的公称加工余量、最大加工余量、最小加工余量和加工余量公差。

解：公称加工余量　　$2Z_b = 30.5 - 30 = 0.5$（mm）

最大加工余量　　$2Z_{bmax} = 30.5 - (30 + 0.015) = 0.485$（mm）

最小加工余量　　$2Z_{bmin} = (30.5 - 0.1) - (30 + 0.036) = 0.364$（mm）

加工余量公差　　$T_z = 0.485 - 0.364 = 0.121$（mm）

6.5.2　加工余量的确定方法

设计机械加工工艺规程时，实际上要先确定每个表面各次加工的加工余量，然后根据零件设计图样上的最终加工要求依次往前推出各次加工前的尺寸要求，得到各工序尺寸及毛坯尺寸。由于加工余量直接影响零件的加工质量和生产效率，因此合理确定加工余量是很重要的。加工余量过大，不仅增加机械加工的劳动量，降低生产效率，而且增加材料、工具和电力等的消耗，增加成本；但是加工余量过小，不能保证消除前道工序的各种误差和表面缺陷，甚至会产生废品。确定加工余量的基本原则是在保证加工质量的前提下越小越好，故在确定加工余量时需要考虑以下影响最小加工余量的因素。

（1）前道工序的表面粗糙度 Ra 和表面层缺陷层厚度 D_a。

（2）前道工序的尺寸公差 T_a。

（3）前道工序的形位误差 ρ_a，如工件轴线的弯曲、工件的空间位置误差等。

（4）本工序的安装误差 ε_b。

因此，本工序的加工余量必须满足

单边余量　　$Z \geqslant Ra + D_a + T_a + |\rho_a + \varepsilon_b|$　　　　（6-6）

双边余量　　$Z \geqslant 2(Ra + D_a) + T_a + 2|\rho_a + \varepsilon_b|$　　　　（6-7）

确定加工余量的具体方法有以下几种。

（1）查表法。根据有关手册提供的加工余量数据，再结合本厂生产实际情况加以修正后确定加工余量。这是各工厂广泛采用的方法。

（2）经验估计法。根据工艺人员本身积累的经验确定加工余量。一般为了防止加工余量过小而产生废品，估计的加工余量总是偏大。这种方法常用于单件、小批量生产。

（3）分析计算法。根据理论公式和一定的试验资料，对影响加工余量的各因素进行分析、计算来确定加工余量。这种方法较合理，但需要全面可靠的试验资料，计算也较复杂，一般只在材料十分贵重或少数大批量生产中采用。

6.6 工序尺寸及其偏差的确定

工件上的设计尺寸一般要经过多道工序的加工才能得到,每道工序所应保证的尺寸称为工序尺寸。在确定工序尺寸及其偏差时,存在工序基准与设计基准重合和不重合两种情况。

6.6.1 基准重合时工序尺寸及其偏差的计算

在基准重合的情况下多次加工表面时,工序尺寸及其公差的计算相对来说比较简单。例如,轴、孔和某些平面的加工,计算时只需考虑各工序的加工余量及所能达到的加工精度,计算步骤如下。

(1) 确定毛坯总加工余量和各工序加工余量。

(2) 确定各工序尺寸公差。最终工序尺寸公差就是设计尺寸公差,其余工序尺寸公差按加工经济精度确定。

(3) 确定工序基本尺寸。从零件图上的设计尺寸开始,一直往前推算到毛坯尺寸,某工序基本尺寸等于后道工序基本尺寸加上或减去后道工序加工余量。

(4) 确定工序尺寸及其偏差。最后一道工序的工序尺寸偏差按设计尺寸标注,其余工序尺寸偏差通常按入体原则标注。

【例 6-3】 某主轴箱体主轴孔的设计要求为直径 $\phi100H7$,表面粗糙度为 $Ra0.8\mu m$,毛坯为铸铁件,已拟订其加工工艺路线为毛坯—粗镗—半精镗—精镗—浮动镗。试确定毛坯孔和各工序尺寸及其偏差。

解:查看有关机械加工工艺手册,确定各工序的加工余量和达到的加工经济精度、表面粗糙度、工序基本尺寸,以及工序的尺寸及其偏差,见表6.11。

表 6.11 毛坯孔工序尺寸及其偏差的确定

工序名称	工序的加工余量/mm	工序的加工经济精度	表面粗糙度/$Ra\mu m$	工序基本尺寸/mm	工序尺寸及其偏差/mm
浮动镗	0.1	IT7	$Ra0.8$	100	$\phi100H7(^{+0.035}_{0})$
精镗	0.5	IT9	$Ra1.6$	100−0.1=99.9	$\phi99.9H9(^{+0.087}_{0})$
半精镗	2.4	IT11	$Ra6.3$	99.9−0.5=99.4	$\phi99.4H11(^{+0.22}_{0})$
粗镗	5	IT13	$Ra12.5$	99.4−2.4=97	$\phi97H13(^{+0.54}_{0})$
毛坯孔	8	(±1.2mm)	$Ra25$	97−5=92	$\phi92\pm1.2$

6.6.2 基准不重合时工序尺寸及其偏差的计算

在某些情况下,零件加工需要多次转换基准,因而引起工序基准、定位基准或测量基准与设计基准不重合。这时,需要用工艺尺寸链确定工序尺寸及其偏差。

如图6.18所示零件面2的设计基准为面3,设计要求尺寸为 A_0。加工中由于装夹,拟采用已加工完成的面1来定位,以调整法加工面3和面2,因此需在工序图上标注尺寸 A_1 和 A_2,并在加工中直接保证它们的尺寸精度,从而间接保证设计尺寸 A_0。工序尺寸

A_1 和 A_2 中,A_1 为设计要求,而 A_2 的基本尺寸和上下偏差应从 A_0、A_1 和 A_2 组成的工艺尺寸链中解算。

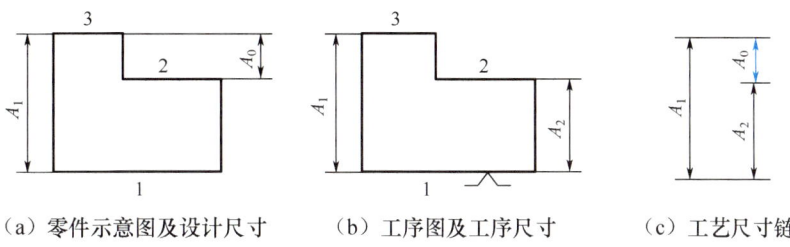

(a) 零件示意图及设计尺寸　　(b) 工序图及工序尺寸　　(c) 工艺尺寸链

图 6.18　用工艺尺寸链确定工序尺寸及其偏差

1. 工艺尺寸链的基本概念

工艺尺寸链

在零件加工过程中,由一系列相互联系的尺寸所形成的尺寸封闭图形称为工艺尺寸链。工艺尺寸链的主要特征是封闭性和关联性。封闭性是指尺寸链中各尺寸的排列呈封闭形式,不封闭就不成为尺寸链;关联性是指尺寸链中任何一个直接保证的尺寸及其精度的变化都将影响间接保证的那个尺寸及其精度,如图 6.18(c)所示的工艺尺寸链中,A_1、A_2 的变化都将引起 A_0 的变化。

组成工艺尺寸链的每一个尺寸称为尺寸链的环。这些环可分为封闭环和组成环。

(1) 封闭环。加工过程中间接获得、最后得到的尺寸为封闭环。一个尺寸链中,封闭环只有一个。如图 6.18(c)中的 A_0 是间接获得的,A_0 即为封闭环。

(2) 组成环。除封闭环外的其他环都称为组成环。组成环的尺寸是直接得到的,它会影响最后得到的封闭环的尺寸,按其对封闭环的影响又可分为增环和减环。当其余组成环不变时,该环增大(或减小)使封闭环随之增大(或减小)的组成环,称为增环。如图 6.18(c)中的 A_1 即为增环,可标记成 $\overrightarrow{A_1}$。当其余组成环不变时,该环增大(或减小)反而使封闭环减小(或增大)的组成环,称为减环。如图 6.18(c)中的 A_2 即为减环,可标记成 $\overleftarrow{A_2}$。

2. 工艺尺寸链的建立

利用工艺尺寸链进行工序尺寸及其偏差的计算,关键在于正确找出尺寸链,正确区分封闭环和增环、减环。其方法如下。

(1) 封闭环的确定。封闭环即加工后间接得到的尺寸,因此应根据工艺过程,把间接且最后获得的尺寸确定为工艺尺寸链的封闭环。在大多数情况下,封闭环可能是零件设计尺寸中的一个尺寸。

(2) 组成环的查找。从封闭环的一端起,按零件表面间的联系,依次找出有关直接获得的尺寸,直到尺寸的终端回到封闭环为止,所有找出的这些尺寸即为对封闭环有影响的组成环。需要注意的是,所建立的尺寸链必须使组成环数最少。

(3) 区分增环、减环。对于环数少的尺寸链,根据定义可以判别出增环、减环。对于环数多的尺寸链,采用画箭头法判别更迅速、准确,即沿尺寸链的所有环按首尾相接的顺序在每个环旁边画单向箭头,凡箭头与封闭环反向者为增环,同向者为减环。如图 6.19

所示，若 A_0 为封闭环，则根据图中每个尺寸下方所画的单向箭头可知，A_1、A_3 为增环，A_2 为减环。

3. 工艺尺寸链的计算公式

工艺尺寸链的计算方法有极值法和概率法两种，这里仅介绍生产中常用的极值法。

（1）封闭环基本尺寸的计算公式。

封闭环的基本尺寸等于所有增环的基本尺寸之和减去所有减环的基本尺寸之和，即

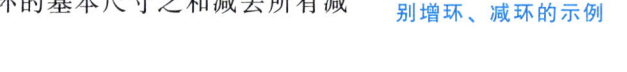

图 6.19 画单向箭头法判别增环、减环的示例

$$A_0 = \sum_{i=1}^{m} \vec{A}_i - \sum_{j=m+1}^{n-1} \overleftarrow{A}_j \tag{6-8}$$

式中 A_0——封闭环的基本尺寸；
$\vec{A}_i$——增环的基本尺寸；
$\overleftarrow{A}_j$——减环的基本尺寸；
m——增环的环数；
n——包括封闭环在内的尺寸链的总环数。

（2）封闭环极限尺寸的计算公式。

封闭环的最大极限尺寸等于所有增环的最大极限尺寸之和减去所有减环的最小极限尺寸之和；封闭环的最小极限尺寸等于所有增环的最小极限尺寸之和减去所有减环的最大极限尺寸之和，即

$$A_{0\max} = \sum_{i=1}^{m} \vec{A}_{i\max} - \sum_{j=m+1}^{n-1} \overleftarrow{A}_{j\min} \tag{6-9}$$

$$A_{0\min} = \sum_{i=1}^{m} \vec{A}_{i\min} - \sum_{j=m+1}^{n-1} \overleftarrow{A}_{j\max} \tag{6-10}$$

（3）封闭环上偏差、下偏差的计算公式。

封闭环的上偏差等于所有增环的上偏差之和减去所有减环的下偏差之和，封闭环的下偏差等于所有增环的下偏差之和减去所有减环的上偏差之和，即

$$ES(A_0) = \sum_{i=1}^{m} ES(\vec{A}_i) - \sum_{j=m+1}^{n-1} EI(\overleftarrow{A}_j) \tag{6-11}$$

$$EI(A_0) = \sum_{i=1}^{m} EI(\vec{A}_i) - \sum_{j=m+1}^{n-1} ES(\overleftarrow{A}_j) \tag{6-12}$$

（4）封闭环公差的计算公式。

封闭环的公差等于所有组成环的公差之和，即

$$T(A_0) = \sum_{i=1}^{n-1} T(A_i) \tag{6-13}$$

4. 应用工艺尺寸链计算工序尺寸及其偏差的实例

【例 6-4】 图 6.18 所示的零件设计要求为 $A_0 = 10^{+0.25}_{0}$ mm，$A_1 = 50^{0}_{-0.15}$ mm。加工时采用已加工完成的面 1 定位加工面 3 和面 2，面 3 和面 1 之间的尺寸达到设计要求，试

确定面 2 和面 1 之间的工序尺寸 A_2。

解：建立工艺尺寸链，参见图 6.18（c），其中 A_0 为封闭环，A_1 为增环，A_2 为减环。

则　　$A_0 = A_1 - A_2$　　　$A_2 = A_1 - A_0 = 40\text{mm}$

$ES_0 = ES_1 - EI_2$　　$+0.25 = 0 - EI_2$　　$EI_2 = -0.25\text{mm}$

$EI_0 = EI_1 - ES_2$　　$0 = -0.15 - ES_2$　　$ES_2 = -0.15\text{mm}$

所以工序尺寸 $A_2 = 40_{-0.25}^{-0.15}\text{mm}$。

【例 6-5】 图 6.20（a）所示的轴套零件的设计要求为 $A_1 = 30_{-0.16}^{0}\text{mm}$，$A_2 = 12_{-0.36}^{0}\text{mm}$。现已加工好两端面、外圆和小的内孔（整个轴向加工成通孔），保证了总长 A_1，镗大孔时为便于测量，需按易测量的尺寸 A_3 进行加工，间接保证 A_2。试求镗大孔的工序尺寸 A_3。

解：建立工艺尺寸链，如图 6.20（b）所示，A_2 为封闭环，A_1 为增环，A_3 为减环。

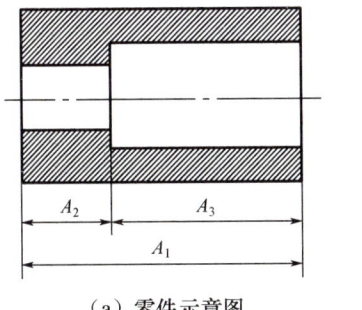

（a）零件示意图　　　（b）工艺尺寸链

图 6.20　轴套零件工序尺寸的计算

则　　$A_2 = A_1 - A_3$　　$A_3 = A_1 - A_2 = 30 - 12 = 18\ (\text{mm})$

$ES_2 = ES_1 - EI_3$　　$EI_3 = ES_1 - ES_2 = 0 - 0 = 0$

$EI_2 = EI_1 - ES_3$　　$ES_3 = EI_1 - EI_2 = (-0.16) - (-0.36) = +0.20\ (\text{mm})$

所以工序尺寸 $A_3 = 18_{0}^{+0.20}\text{mm}$。

【例 6-6】 如图 6.21（a）所示，齿轮内孔插键槽的设计要求为孔径 $\phi 85_{0}^{+0.035}\text{mm}$，键槽深度 $90.4_{0}^{+0.20}\text{mm}$。有关孔及键槽的加工工序为：镗孔至 $\phi 84.8_{0}^{+0.07}\text{mm}$—插键槽至对应的深度尺寸 A—淬火处理—磨孔至 $\phi 85_{0}^{+0.035}\text{mm}$，间接保证尺寸 $90.4_{0}^{+0.20}\text{mm}$。试求插键槽时的工序尺寸 A。

解：建立工艺尺寸链，如图 6.21（b）所示。本例中由于 A 为中间工序尺寸，它是在还需继续加工的表面标注的，为了避免在工艺尺寸链中引入半径磨削余量，从而简化计算，在这种有直径尺寸的情况下，可用半径尺寸直接建立工艺尺寸链来进行计算。

由于最后一道工序磨孔后间接保证了尺寸 $90.4_{0}^{+0.20}\text{mm}$，该尺寸为封闭环。根据画箭头法，判定 A、$42.5_{0}^{+0.0175}\text{mm}$ 为增环，$42.4_{0}^{+0.035}\text{mm}$ 为减环。

则　　$90.4 = A + 42.5 - 42.4$　　　$A = 90.3\text{mm}$

$0.2 = ES_A + 0.0175 - 0$　　$ES_A = +0.1825\text{mm}$

$0 = EI_A + 0 - 0.035$　　　$EI_A = +0.035\text{mm}$

所以工序尺寸 $A = 90.3_{+0.035}^{+0.1825}\text{mm}$。

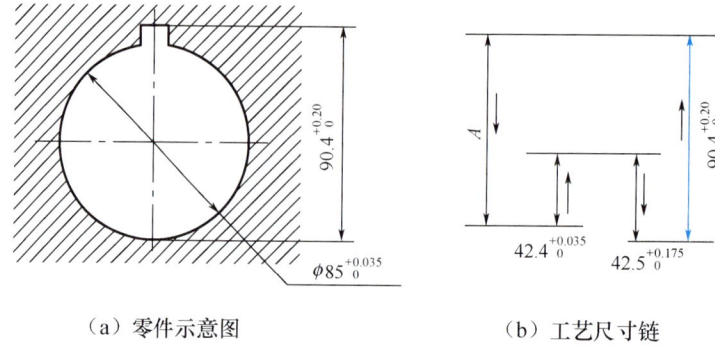

（a）零件示意图　　　　　（b）工艺尺寸链

图 6.21　齿轮内孔插键槽工序尺寸的计算

6.7　工艺方案的经济分析

拟订零件机械加工工艺规程时，在同样能满足被加工零件技术要求和产品交货期的条件下，一般可以拟订出几种不同的工艺方案。有的工艺方案生产准备周期短、生产效率高，但设备投资较大；有的方案设备投资少，但生产效率偏低。因此，不同的工艺方案有不同的经济效果。为了选择在给定生产条件下最为经济合理的工艺方案，必须对各种工艺方案进行经济分析。

经济分析是通过比较各种工艺方案的生产成本，选出其中最为经济的加工方案。生产成本是制造一个零件或产品一切必要费用的总和，包括两部分：一部分是与工艺过程有直接关系的费用，称为工艺成本，占生产成本的 70%～75%；另一部分是与工艺过程无直接关系的费用（如行政人员工资、厂房折旧费、照明费、采暖费等）。由于在同一生产条件下与工艺过程无直接关系的费用基本上是相同的，因此对工艺方案进行经济分析时，只要分析与工艺过程有直接关系的工艺成本即可。

6.7.1　工艺成本的组成及计算

1. 工艺成本的组成

工艺成本由可变费用 V 和不变费用 C 两部分组成。

（1）可变费用 V。可变费用与零件年产量有直接关系，并与之成正比变化。它包括毛坯材料及制造费、机床操作工人工资、通用机床折旧费和维护费、通用工艺装备的折旧费和维护费、机床电费等。

（2）不变费用 C。不变费用与零件年产量无直接关系，不随着年产量的变化而变化。它包括专用机床和专用工艺装备的折旧费、维护费、调整工人的工资等。专用机床和专用工艺装备是专为加工某零件所用，不能用来加工其他零件，而专用设备的折旧年限又是一定的，它们的费用与零件年产量无直接关系，即年产量在一定范围内这种费用基本上保持不变。

2. 工艺成本的计算

一种零件加工的全年工艺成本、单件工艺成本分别为

$$S = VN + C \tag{6-14}$$

$$S_d = V + \frac{C}{N} \tag{6-15}$$

式中　S——全年工艺成本，元/年；
　　　V——可变费用，元/件；
　　　N——年产量，件/年；
　　　C——不变费用，元/年；
　　　S_d——单件工艺成本，元/年。

工艺成本与年产量的关系如图 6.22 所示。由图 6.22（a）可知，全年工艺成本 S 与年产量 N 呈线性关系，说明全年工艺成本随年产量的变化而成正比变化。由图 6.22（b）可知，单件工艺成本 S_d 与年产量 N 呈双曲线关系，其中 A 区相当于单件、小批量生产情况，N 略有变化，S_d 值变化很大；而在 C 区，即使 N 变化很大，S_d 值变化却不多，不变费用对单件工艺成本的影响很小，这相当于大批量生产的情况；中间的 B 区则相当于成批生产的情况。

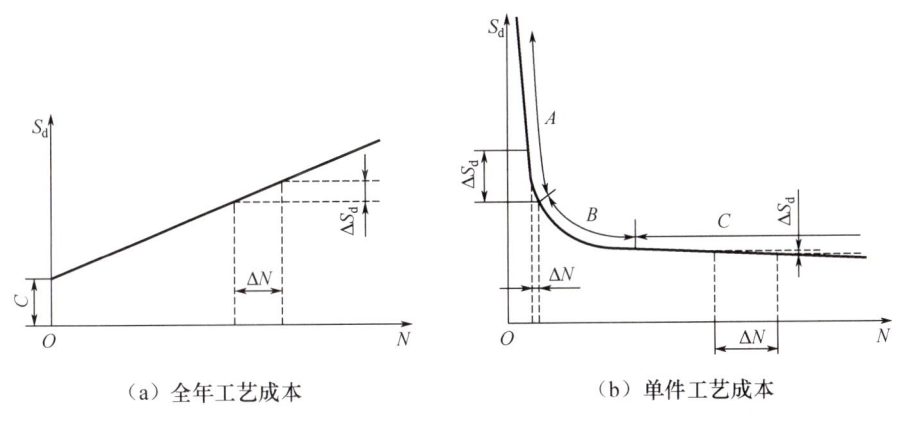

（a）全年工艺成本　　　　（b）单件工艺成本

图 6.22　工艺成本与年产量的关系

6.7.2　工艺方案的经济评比

对不同的工艺方案进行经济评比时，有以下两种情况。

1. 两种工艺方案基本投资相近，或都采用现有设备

这种情况下，可用工艺成本作为衡量工艺方案经济性的主要依据。具体可根据工艺方案的相似度按如下进行。

（1）当两方案中只有少数工序不同而多数工序相同时，可比较少数不同工序时的单件工艺成本 S_{d1}、S_{d2}。

方案 I　　$S_{d1} = V_1 + \dfrac{C_1}{N}$

方案Ⅱ　　$S_{d2}=V_2+\dfrac{C_2}{N}$

当年产量 N 一定时，由上式直接算出 S_{d1}、S_{d2}，选择单件工艺成本低的那个方案。

当年产量 N 变化时，则利用上式作出曲线图进行比较。图 6.23 所示为两种工艺方案有少数不同工序时的单件工艺成本与年产量的关系，图中两条曲线的交点对应于 N_j，此为临界年产量。**当 $N<N_j$ 时，取方案Ⅱ；当 $N>N_j$ 时，取方案Ⅰ。**

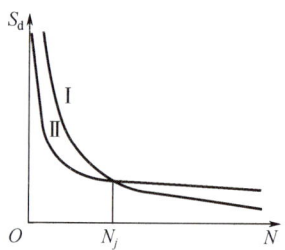

图 6.23　两种工艺方案有少数不同工序时的单件工艺成本与年产量的关系

（2）当两种工艺方案中有较多工序不同时，应比较其全年工艺成本 S_1、S_2。

方案Ⅰ　　$S_1=V_1N+C_1$

方案Ⅱ　　$S_2=V_2N+C_2$

当年产量 N 一定时，由上式直接算出 S_1、S_2，选择全年工艺成本低的那个方案。

当年产量 N 变化时，则利用上式作出曲线图进行比较。图 6.24 所示为两种工艺方案有较多工序不同时的全年工艺成本与年产量的关系。**当 $N<N_j$ 时，取方案Ⅱ；当 $N>N_j$ 时，取方案Ⅰ。**

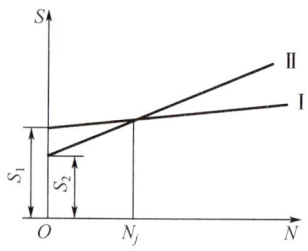

图 6.24　两种工艺方案有较多工序不同时的全年工艺成本与年产量的关系

当 $N=N_j$ 时，$S_1=S_2$，即有 $V_1N_j+C_1=V_2N_j+C_2$，所以

$$N_j=\dfrac{C_2-C_1}{V_1-V_2} \tag{6-16}$$

2. 两种工艺方案的基本投资差额较大

这种情况则在考虑工艺成本的同时，还要考虑基本投资差额的回收期限。

例如，方案Ⅰ采用生产效率高、价格贵的机床和工艺装备，基本投资 K_1 大，但工艺成本 S_1 低，生产准备周期短，产品投放市场快；方案Ⅱ采用了生产效率较低、价格便宜的机床和工艺装备，基本投资 K_2 小，但工艺成本 S_2 高，生产准备周期长，产品投放市场慢。由于方案Ⅰ的低成本是以增加投资为代价的,因此需考虑投资差额的回收期限 T,即方案Ⅰ比方案Ⅱ多投资的部分需要多长的时间因工艺成本的降低而回收回来。投资差额的回收期限 T 的计算公式为

$$T=\frac{\Delta K}{\Delta S+\Delta Q}=\frac{K_1-K_2}{(S_2-S_1)+\Delta Q} \qquad (6-17)$$

式中　ΔK——基本投资差额;

　　　ΔS——全年工艺成本节约额;

　　　ΔQ——工厂从产品销售中取得的全年增收总额。

显然,T 越小经济效益越好。T 应满足以下要求。

(1) 小于专用设备和工艺装备的使用年限。

(2) 小于该产品的市场寿命(年)。

(3) 小于国家规定的标准回收期限,如专用机床的回收期限为 4~6 年,专用工艺装备的回收期限为 2~3 年。

若 T 满足上述要求,则采用方案Ⅰ;若 T 不满足上述要求,则采用方案Ⅱ。

6.8　工艺规程设计其他内容的确定

6.8.1　机床的选择

在拟订工艺路线时,当工件加工表面的加工方法确定以后,各工序所用机床类型就已基本确定。但每一类型的机床都有不同的形式,其工艺范围、技术规格、生产效率及自动化程度等都各不相同。机床的选择不但直接影响工件的加工质量,而且影响工件的加工效率和制造成本。在合理选用机床时,除了应对机床的技术性能有充分了解,还要考虑以下几点。

(1) 所选机床的精度应与工件要求的加工精度相适应。机床的精度过低,满足不了加工质量要求;机床的精度过高,又会增加零件的制造成本。单件、小批量生产时,特别是没有高精度的设备来加工高精度的零件时,为充分利用现有机床,可以选用精度较低的机床,而在工艺上采取措施来满足加工精度的要求。

(2) 所选机床的技术规格(如尺寸、功率等)应与工件的尺寸、加工所需的功率相适应。小工件选用小型机床加工,大工件选用大型机床加工,做到设备的合理利用。

(3) 所选机床的生产效率和自动化程度应与零件的生产类型相适应。单件、小批量生产时,应选择工艺范围较广的通用机床,大批量生产时,应选择生产效率和自动化程度较高的专门化机床或专用机床。

(4) 机床的选择应与现场生产条件相适应。应充分利用现有设备,如果没有合适的机床可供选用,应合理地提出专用设备设计或旧机床改装任务书,或提供购置新设备的具体型号。

6.8.2　工艺装备的选择

工艺装备的选择也直接影响工件的加工精度、生产效率和经济性。因此,要结合生产

类型、具体的加工条件、工件的结构特点和加工要求等来合理选择工艺装备。

1. 机床夹具的选择

单件、小批量生产应选择通用机床夹具，如各种卡盘、虎钳、回转台等。若条件具备，则可选用组合机床夹具，以提高生产效率。大批量生产应选择生产效率和自动化程度高的专用机床夹具。多品种、中小批量生产可选用可调整机床夹具或成组机床夹具。机床夹具的精度应与工件的加工精度相适应。

2. 刀具的选择

刀具的类型、规格及精度应与工件的加工要求相适应。一般应选择标准刀具，必要时可选择各种高生产效率的复合刀具及其他一些专用刀具。

3. 量具的选择

单件、小批量生产应选择通用量具，如游标卡尺、千分尺、千分表等。大批量生产应选择生产效率较高的专用量具，如极限量规、专用检验夹具、测量仪器等。所选量具的量程和精度要与工件的尺寸和加工精度相适应。

6.8.3 切削用量的确定

正确地确定切削用量，对保证加工质量、提高生产效率、获得良好的经济效益都有着重要的意义。确定切削用量时，应综合考虑零件的材料、年生产纲领、加工精度和表面粗糙度，以及刀具的材料、耐用度等因素。

单件、小批量生产时，为了简化工艺文件，通常不具体规定切削用量，而由操作者根据具体情况自行确定。

大批量生产时，特别是组合机床、自动机床、数控机床及多刀加工工序的切削用量，应科学、严格地确定。

一般来说，粗加工时，由于要求的加工精度不高、表面粗糙度较高，切削用量的确定应尽可能保证较高的金属切除率和必要的刀具耐用度，以达到较高的生产效率。为此，在确定切削用量时，应优先考虑采用大的背吃刀量，其次考虑采用较大的进给量，最后根据刀具的耐用度要求确定合理的切削速度。

半精加工和精加工时，确定切削用量首先要考虑保证加工精度和加工表面质量，同时兼顾必要的刀具耐用度和生产效率。半精加工和精加工时一般多采用较小的背吃刀量和进给量。在背吃刀量和进给量确定之后，再确定合理的切削速度。

在采用组合机床、自动机床等多刀具同时加工时，其加工精度、生产率效和刀具寿命与切削用量的关系很大，为保证机床正常工作，通常不经常换刀，其切削用量要比采用一般普通机床加工时低一些。

在确定切削用量的具体数据时，可凭经验，也可查阅有关手册中的表格，或在查表的基础上，再根据经验和加工的具体情况，对数据作适当的修正。

6.8.4 工时定额的确定

工时定额是指在一定生产条件下，规定生产一件产品或完成一道工序所需消耗的时间。它是安排生产计划、进行成本核算、考核工人完成任务情况、确定所需设备和工人数量的主要依据。工艺规程设计时,制定合理的工时定额能调动工人的积极性,对保证产品加工质量、提高生产效率、降低生产成本具有重要意义。随着企业生产条件的不断改善和生产技术水平的不断提高,工时定额也应定期进行修订,以保持其平均先进水平。

1. 工时定额的组成与确定

(1) 基本时间 t_j。它是指直接改变生产对象的尺寸、形状、相对位置关系、加工表面质量或材料性能等工艺过程所消耗的时间。

基本时间一般可通过计算确定。例如对于外圆切削加工,基本时间的计算式为:

$$t_j = \frac{(l+l_1+l_2)i}{nf} \tag{6-18}$$

式中 l——加工长度,mm;

l_1——刀具的切入长度,mm;

l_2——刀具的切出长度,mm;

n——机床主轴转速,r/min;

f——进给量,mm/r;

i——走刀次数,$i=Z/a_p$,其中 Z 为加工余量(mm),a_p 为背吃刀量(mm)。

(2) **辅助时间 t_f**。它是为实现工艺过程而必须进行的各种辅助动作所消耗的时间。辅助动作包括装卸工件、开停机床、改变切削用量、测量工件尺寸及进退刀动作等。

确定辅助时间的方法主要有两种:①在大批量生产中,可先将各辅助动作分解,然后通过实测或查表确定各分解动作所需消耗的时间,并进行累加;②在中、小批量生产中,可按基本时间的百分比进行估算。

基本时间和辅助时间的总和称为操作时间。

(3) **布置工作地时间 t_b**。它是为使加工正常进行,工人布置工作地(如更换刀具、润滑机床、清理切屑、收拾工具等)所消耗的时间。布置工作地时间一般按操作时间的2%~7%进行估算。

(4) 休息和生理需要时间 t_x。它是工人在工作班内为恢复体力和满足生理需要(如喝水、上厕所等)所消耗的时间。该项时间一般按操作时间的2%进行估算。

(5) 准备与终结时间 t_z。它是在成批生产中为加工一批产品或零部件而进行准备和结束工作所消耗的时间。准备和结束工作包括加工前熟悉工艺文件、领取毛坯、领取和安装刀具与机床夹具、调整机床与工艺装备等,加工终了后拆下和归还工艺装备、递交成品等。

准备与终结时间对一批工件来说只消耗一次,可根据实际情况进行合理的测算,得出整批工件的准备与终结时间。

以上前四个部分时间的总和称为单件时间 t_d,即

$$t_d = t_j + t_f + t_b + t_x \tag{6-19}$$

设一批工件的数量为 n,如果将该批工件的准备与终结时间分摊到每个工件上,加到单件时间 t_d 中,即单件计算时间 t_{dj} 为

$$t_{dj} = t_d + t_z/n = t_j + t_f + t_b + t_x + t_z/n \tag{6-20}$$

在大批量生产中，由于 n 的数值很大，t_z/n 可忽略，则

$$t_{dj}=t_d=t_j+t_f+t_b+t_x \tag{6-21}$$

2. 提高生产效率的工艺途径

生产效率是以工人在单位时间内所生产的合格产品的数量来评定的。提高生产效率涉及产品设计、制造工艺和生产组织管理等多方面，这里仅根据工时定额的组成来介绍通过缩减工时定额来提高机械加工生产效率的工艺措施。

（1）缩减基本时间。在大批量生产中，基本时间在单件时间中占有较大比例，此时应着重通过缩减基本时间来提高生产效率。由基本时间的计算公式可知，提高切削用量、缩短工作行程都可以减少基本时间，因此具体的工艺措施有以下几种。

① 提高切削用量。增大切削速度、进给量和背吃刀量都可缩减基本时间。但切削用量的提高受刀具材料和机床条件（如零部件刚度和强度、动力等）的限制，需通过采用先进的刀具材料、改进机床、采用先进的加工工艺等措施来实现。例如，硬质合金刀具的切削速度一般为 100～300m/min，而聚晶金刚石和立方氮化硼新型刀具材料的切削速度可达 600～1200m/min；普通磨削的材料去除率一般是 0.1～10mm^3/(mm·s)，而采用高效深切磨削工艺材料去除率可达 50～2000mm^3/(mm·s)，通过一个磨削行程即可完成原来需由车削、铣削、磨削等多个工序组成的粗加工和精加工过程。

② 多刀加工。利用多刀（或复合刀具）对工件的同一表面或多个表面同时进行加工，可以缩短每把刀具的切削行程长度或使切削行程部分或全部重合，从而缩减基本时间。图 6.25 所示为多刀车削加工，既有多刀加工一个表面以缩短切削行程长度，又有多刀加工多个表面使切削行程重合。图 6.26 所示为利用宽刃刀具和成形刀具将纵向进给改为横向进给车削，以缩短刀具的切削行程长度，同时多刀加工使三个表面的切削行程重合。

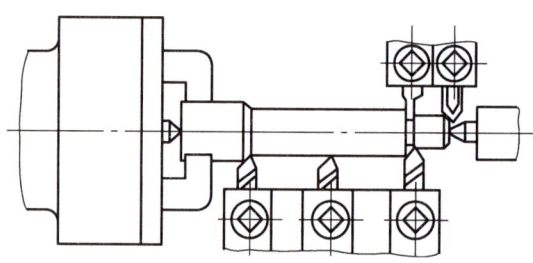

图 6.25　多刀车削加工

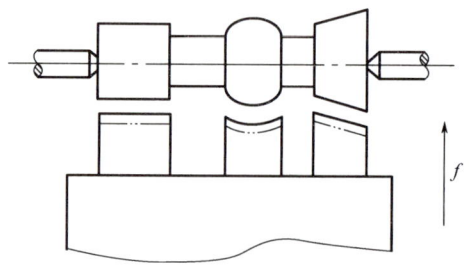

图 6.26　利用宽刃刀具和成形刀具将纵向进给改为横向进给车削

③ 多件加工。将多个工件串联或并联装夹进行加工，通过减少刀具的切入时间、切出时间或使基本时间重合，从而缩减基本时间。图 6.27（a）所示为多件平行加工，铣刀一次进给同时铣削三个工件的上表面，基本时间重合；图 6.27（b）所示为多件顺序加工，可以用车刀连续按顺序车削每个环形工件的外圆，减少每个工件的切入时间和切出时间；图 6.27（c）所示为多件平行顺序加工，在立轴平面磨床上一次进给磨削 43 个工件的上表面，是多件平行加工和多件顺序加工两种方法的综合。

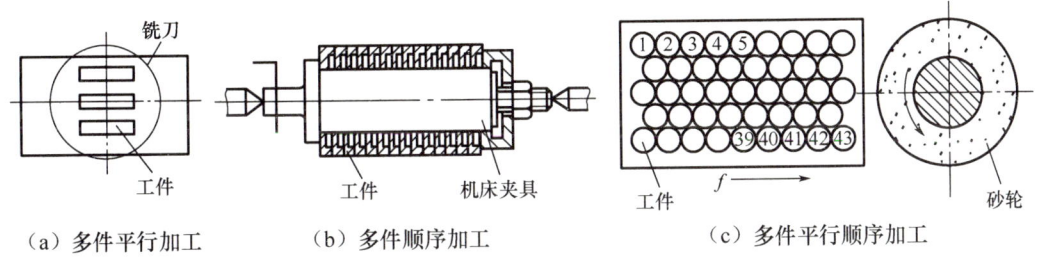

图 6.27　多件加工

（2）缩减辅助时间。在单件、小批量生产中，辅助时间和准备与终结时间所占比例较大，尤其是在大幅度提高切削用量而使基本时间显著减少以后，辅助时间所占比例就更高。此时，采取措施缩减辅助时间是提高生产效率的重要途径。缩减辅助时间的方法是使辅助动作实现机械化和自动化，或使辅助时间与基本时间重合。

① 采用先进机床夹具。采用高效的气动机床夹具或液压机床夹具，直接缩减装卸工件的时间；采用多工位机床夹具，在加工的同时完成其他工件的装卸，使装卸工件的时间与基本时间重合。图 6.28 所示为采用双工位转位机床夹具加工，Ⅰ工位为加工工位，Ⅱ工位为装卸工位，可实现Ⅰ工位加工的同时在Ⅱ工位卸下加工好的工件并装上待加工的工件，当Ⅰ工位退出加工后，将机床夹具回转 180°，即可加工新装夹的工件。

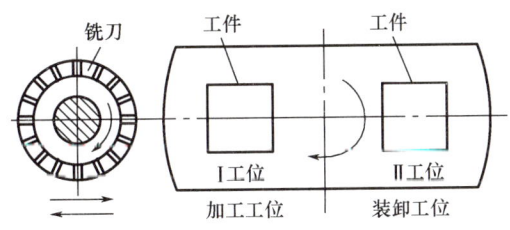

图 6.28　采用双工位转位机床夹具加工

② 采用机床回转工作台进行连续加工。这种连续加工方式中有加工区和装卸工件区，装卸工件的工作全部在连续加工过程中进行，使装卸工件的时间与基本时间重合。图 6.29 所示为在双轴立式连续回转工作台铣床上进行粗铣和精铣连续加工，在装卸区装卸工件时，加工区连续进行加工。

③ 采用主动测量装置或数字显示自动测量装置。这些测量装置能在加工过程中实时测量工件的实际尺寸，并把尺寸指示或显示出来，工人能直观地看出工件尺寸的变化情况，同时根据测量结果操作机床或实现自动控制。这种方法减少了停机测量的辅助时间。

图 6.30 所示为外圆磨床主动测量装置，在该装置的弓形架上有两个硬质合金定位点，它们与工件直接接触，测头在弹簧的作用下压向工件。磨削过程中工件尺寸的变化通过量杆可在千分表上反映出来。磨削时，工人可根据千分表的读数控制砂轮架的横向进给运动。

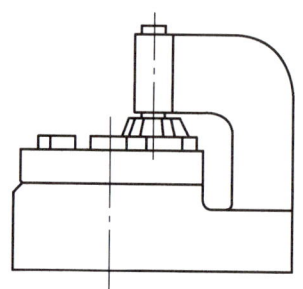

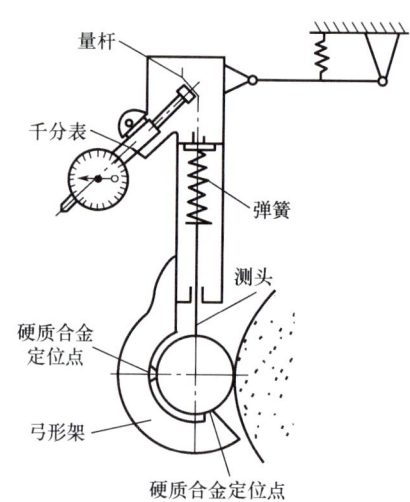

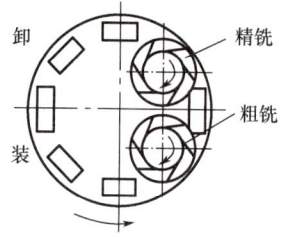

图 6.29 在双轴立式连续回转工作台铣床上进行粗铣和精铣连续加工

图 6.30 外圆磨床主动测量装置

（3）缩减布置工作地时间。布置工作地时间大部分消耗在刀具的更换和调整工作上，因此缩减布置工作地时间的主要途径是减少换刀次数和缩短每次换刀的时间。要减少换刀次数，应采取措施提高刀具或砂轮的寿命；要缩短换刀时间，则应通过改进刀具的安装方法和采用先进的对刀装置来实现，如采用各种快换刀夹、刀具微调装置、专用对刀样板和自动换刀装置等。

（4）缩减准备与终结时间。缩减准备与终结时间的主要途径如下。

① 扩大零件的生产批量。由于中、小批量生产的产品经常更换，准备与终结时间在单件时间中占有较大比例，因此应尽量使零件标准化、通用化，或采用成组技术扩大零件的生产批量，大大缩减分摊到每个零件上的准备与终结时间。

② 减少调整机床、机床夹具和刀具的时间。可以采用易于调整的机床，如液压仿形机床、数控机床等；充分利用机床夹具与机床连接用的定位元件，减少机床夹具在机床上的找正装夹时间；采用机外对刀的可换刀架或刀夹，以减少调整刀具的时间。

6.9　工艺规程文件的编写

机械加工工艺规程设计的最后一环是编写机械加工工艺规程文件，可根据产品和零件的基本信息、上述机械加工工艺规程设计过程中确定的各项内容进行。其中，工序卡片详细记录工序内容，并应包括工序简图。工序简图绘制的一般要求如下。

(1) 工件的视图位置应与该工序加工时工件的实际摆放位置一致,用粗实线表示本工序的加工表面,用细实线表示其他表面的轮廓线。

(2) 用定位、夹紧符号分别标出本工序的定位基准(实际限制的自由度数)、夹紧方式。

(3) 标注本工序加工要求达到的工序尺寸、公差、表面粗糙度等技术要求。

(4) 在表达清楚上述内容的基础上,视图数量应尽量少,工件图形为本工序加工完成后工件所具有的形状。

图 6.31(a)所示为万向节滑动叉零件钻、扩孔及孔口倒角加工工序的工序简图,图 6.31(b)所示为气门摇臂轴支座钻 $\phi 3$ 斜孔工序的工序简图。

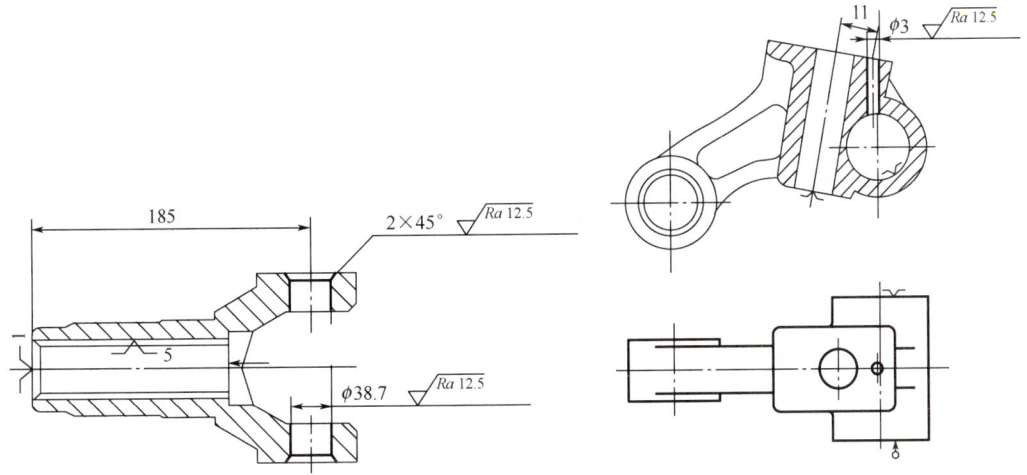

(a) 万向节滑动叉零件钻、扩孔及孔口倒角加工工序的工序简图

(b) 气门摇臂轴支座钻 $\phi 3$ 斜孔工序的工序简图

图 6.31 工序简图的绘制

习 题

6-1 什么是生产过程、工艺过程和机械加工工艺过程?

6-2 单项选择题

(1) _____ 是机械加工工艺过程的基本组成部分。

A. 工序　　　　B. 工步　　　　C. 安装　　　　D. 走刀

(2) 以下符合单件生产工艺特征的是 _____。

A. 对工人的技术水平要求低　　　　B. 机械加工工艺规程详细

C. 采用专用机床夹具　　　　　　　D. 采用通用机床

(3) 大批量生产中广泛采用 _____。

A. 专用机床　　B. 通用机床　　C. 数控机床　　D. 加工中心

6-3 某车床厂年产普通车床 5000 台,每台车床需丝杠 1 件。已知丝杠的备品率为

5%，加工中的废品率为0.5%，丝杠的质量约16kg，试确定丝杠加工的生产类型。

6-4 举例说明什么是设计基准、工序基准、定位基准、测量基准和装配基准。

6-5 生产中最常用的工艺文件有哪两种？它们的主要用途分别是什么？

6-6 简述机械加工工艺规程的设计原则、设计内容和步骤。

6-7 分析图6.32所示零件的结构工艺性，对不合理之处提出改进建议。

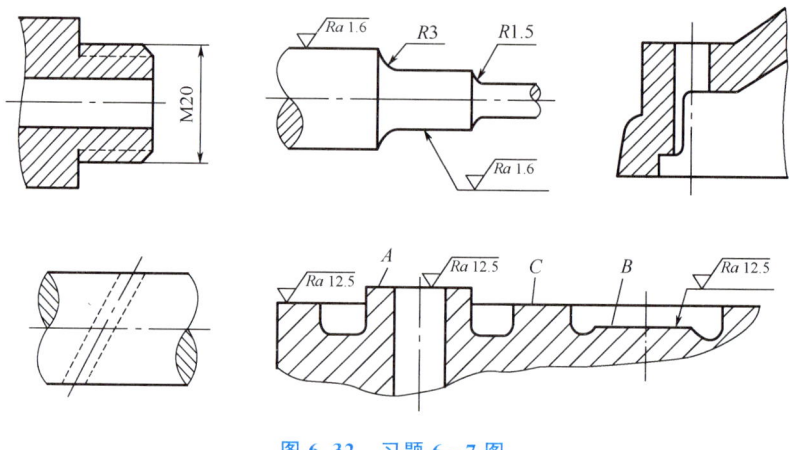

图6.32 习题6-7图

6-8 零件机械加工工艺路线需要完成哪些工作？

6-9 简述粗基准和精基准的选择原则。为什么在同一尺寸方向上粗基准一般只允许使用一次？

6-10 图6.33所示为一轴套零件，试按基准重合原则选择钻径向孔 ϕd 工序中工件轴线方向的定位基准。

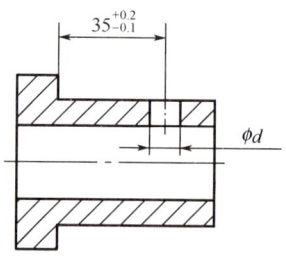

图6.33 习题6-10图

6-11 选择图6.34所示零件加工时的粗基准和精基准。图中标有 ∨ 符号的表面为加工面，其余为非加工面；图6.34（a）和图6.34（b）所示的零件要求内外圆同轴，端面与孔轴线垂直，非加工面与加工面间尽可能保持壁厚均匀；图6.34（c）所示的零件毛坯孔已铸出，要求孔的加工余量尽可能均匀。

6-12 如图6.35所示，在车床床身零件的加工中，先以床身底面为粗基准加工导轨面，再以导轨面为精基准加工床身底面，该定位基准的选择方案是否合理？为什么？

6-13 试确定下列表面的加工方案。

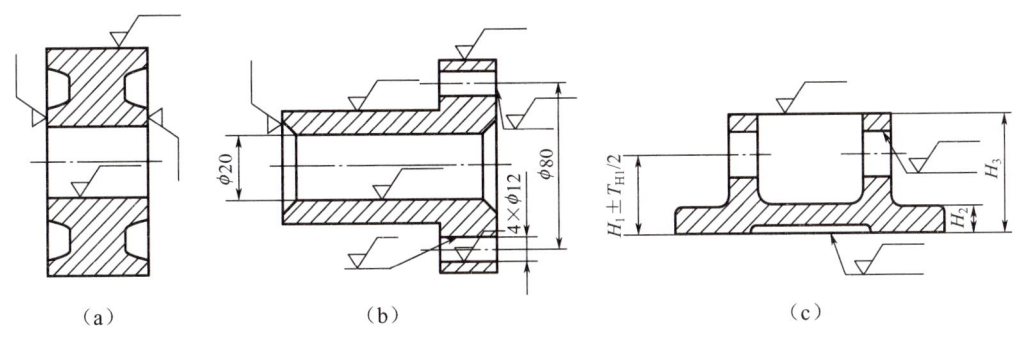

图 6.34 题 6-11 图

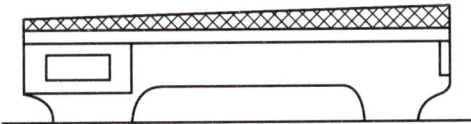

（a）先以床身底面为粗基准加工导轨面

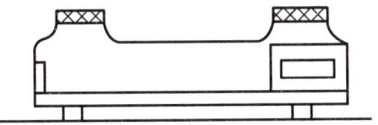

（b）再以导轨面为精基准加工床身底面

图 6.35 题 6-12 图

（1）直径为 $\phi25H8$、表面粗糙度为 $Ra0.63\mu m$ 的孔。

（2）铸铁材料箱体零件上直径为 $\phi100H8$、表面粗糙度为 $Ra0.63\mu m$ 的孔。

（3）材料为 HT200 的柴油机机体底面，尺寸精度为 IT7，平面度公差为 0.05mm，表面粗糙度为 $Ra1.6\mu m$。

6-14 为什么机械加工过程一般都要划分为若干阶段进行？

6-15 简述按工序集中和工序分散原则组织工艺过程的工艺特征及其各自适用的场合。

6-16 用热轧棒料毛坯加工一批小轴，其中直径要求为 $\phi25h6\left(_{-0.013}^{0}\right)$ 的外圆经粗车、半精车、淬火、粗磨、精磨加工完成。试根据表中已知的加工余量、工序公差（加工精度），确定毛坯尺寸、粗车余量、各工序尺寸及其偏差，将结果填入表 6.12 中。

表 6.12 外圆加工工序尺寸及其偏差计算表

工序名称	加工余量/mm	工序公差（加工精度）/mm	工序尺寸及其偏差
毛坯	4（总余量）	+0.75 -0.40	
粗车		0.21（IT10）	
半精车	1.1	0.084（IT9）	
粗磨	0.4	0.033（IT8）	
精磨	0.1	0.013（IT6）	

6-17 轴承座零件如图6.36所示，现除B面外其他尺寸均已加工完毕，要以A面定位加工B面。试计算该工序的工序尺寸及其偏差，要求画出相应的工艺尺寸链，并指出封闭环、增环和减环。

6-18 加工图6.37所示的零件时，设计要求保证尺寸（5±0.2）mm，但这一尺寸不便于测量，只有通过测量L来间接保证。试求工序尺寸L及其上、下偏差，要求画出相应的工艺尺寸链，并指出封闭环、增环和减环。

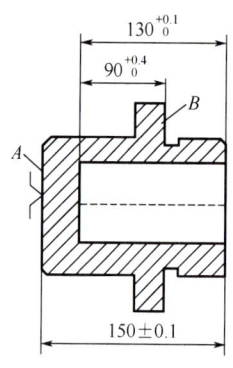

图6.36 题6-17图

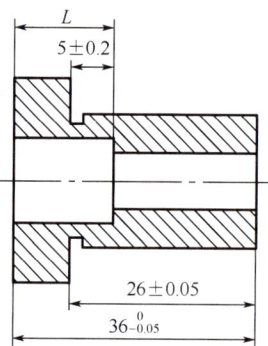

图6.37 题6-18图

6-19 图6.38（a）所示为一轴套零件图，图6.38（b）所示为其车削工序简图，图6.38（c）所示为钻孔工序三种定位方案的工序简图，要求保证图6.38（a）所规定的位置尺寸（10±0.1）mm。试分别计算工序尺寸A_1、A_2与A_3的工序尺寸及其偏差。为表达清晰起见，图中只标出了与计算工序尺寸A_1、A_2、A_3有关的轴向尺寸。

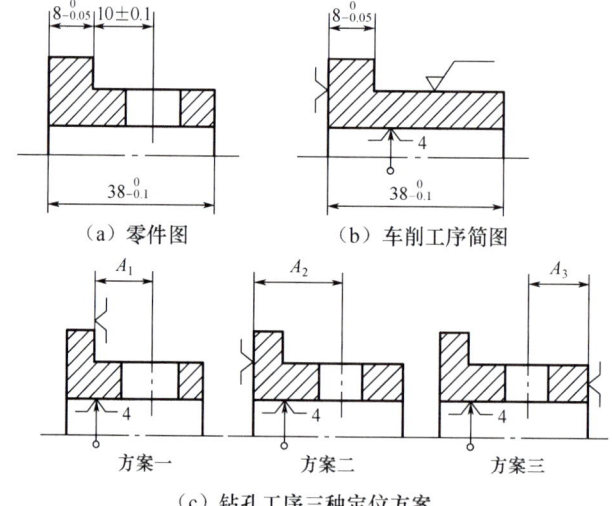

图6.38 题6-19图

6-20 图6.39所示为带有键槽的轴截面，要求轴径尺寸$\phi 28^{+0.024}_{+0.008}$mm和键槽深度$4^{+0.16}_{0}$mm。其机械加工工艺过程为：车外圆至$\phi 28.5^{0}_{-0.10}$mm—铣键槽保证尺寸H—热处理—磨外圆至尺寸$\phi 28^{+0.024}_{+0.008}$mm。试求铣键槽的工序尺寸H及其偏差。

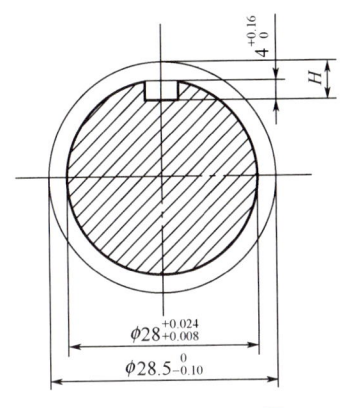

图 6.39　题 6-20 图

6-21　单项选择题

(1) 装卸工件所消耗的时间属于_____。

A. 基本时间　　　　　　　　B. 辅助时间

C. 布置工作地时间　　　　　D. 准备与终结时间

(2) 关于机械加工工序卡片上的工序图，以下说法不正确的是_____。

A. 视图应与工件加工时的实际位置一致

B. 用粗实线表示本工序的加工表面

C. 用定位、夹紧符号表示定位基面和夹紧情况

D. 标出零件的所有尺寸、形位公差和表面粗糙度

6-22　图 6.40 所示为阶梯轴零件简图，现有表 6.13 和表 6.14 所示的两种工艺方案，试回答下列问题。

(1) 哪个方案适用于单件、小批量生产？哪个适用于大批量生产？

(2) 零件图上两端没有中心孔，加工时为什么要钻出中心孔？

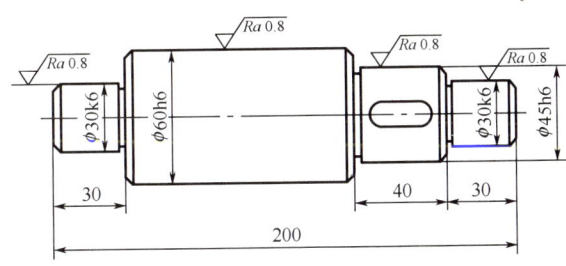

图 6.40　题 6-22 图

(3) 两种方案的端面加工采用了不同的加工方式，分析比较它们各自的优缺点。

表 6.13　工艺方案一

工序号	工序内容	设备
10	分别车两端面、钻中心孔，车全部外圆、切槽及倒角	普通车床
20	铣键槽、去毛刺	立式铣床
30	磨外圆	外圆磨床

表 6.14　工艺方案二

工序号	工序内容	设备
10	同时铣两端面、钻中心孔	铣端面钻中心孔机床
20	车全部外圆、切槽及倒角	普通车床
30	铣键槽	立式铣床
40	去毛刺	钳工台
50	磨外圆	外圆磨床

第 7 章 机械装配工艺基础

本章教学要求

1. 熟悉装配的概念和装配工艺系统图。
2. 掌握保证装配精度的方法。
3. 了解制订装配工艺规程的基本原则和步骤。

课程导入

党的二十大报告中指出，加快实现高水平科技自立自强。当前，国际环境错综复杂，关键核心技术是要不来、买不来、讨不来的，个别发达国家企图与我国科技脱钩，只有加快实现高水平科技自立自强，把发展的主动权牢牢掌握在自己手中，通过科技创新塑造新的竞争优势，我国的现代化进程才不会遭遇迟滞甚至阻断的风险，才能从根本上保障我国产业安全、经济安全、国家安全。蛟龙号载人潜水器是可以下潜 7000m 深海进行资源勘查、深海观察作业和深海生物基因研究等的高科技装备，7000m 深海的压力达到 700 个大气压，蛟龙号所有的设备都要承受如此之大的深海压力，只有保证好密封性能才能确保下潜人员的安全。为此，潜水器的结构件及设备的安装都有非常严格的要求，所有结构件、零部件必须安装到位，必须保证强度。例如，该潜水器艏部两侧的测深侧扫声呐，是可以进行深海海底地形精细观察的高精尖装备，对于安装的精度要求非常高，大国工匠顾秋亮根据设计安装图设计了专用工装，并绘制安装工艺图，成功完成该项设备的安装，满足了安装的精度要求。又如，该潜水器艉部 X 型布置的稳定翼采用内部充填高强度低密度的新型浮力材料、外部包裹高强度新型耐海水复合材料的复合夹芯结构。由于结构复杂，外部流线型要求高，在加工时难以满足精度要求。顾秋亮仔细研究、不断钻研，采取了行之有效的措施，既达到了装配的精度要求，又保证了根部具有足够的强度，圆满完成了稳

顾秋亮

定翼的安装。工作四十余年来，顾秋亮埋头苦干、踏实钻研、不断挑战极限。经他安装的"蛟龙号"观察窗的装配精度在 0.2 丝（1 丝＝0.01mm）以下。

任何机器都是由许多零件装配而成的。装配是机器制造中的最后一个阶段，它包括装配、调整、检验、试验等工作。零件的加工精度、装配方法和装配质量直接影响设备运行的使用性能和安全性能。

7.1 概　　述

7.1.1 装配的概念

任何机器都是由若干零件、组件和部件组成的。按规定的技术要求，将零件、组件和部件进行配合和连接，使之成为半成品或成品的工艺过程称为装配。把零件、组件装配成部件的过程称为部件装配（简称部装），而将零件、组件和部件装配成最终产品的过程称为总装配（简称总装）。装配不仅对保证机器的质量十分重要，还是机器生产的最终检验环节。通过装配可以发现产品设计上的不合理之处和零件制造工艺中存在的质量问题。因此，研究装配工艺，选择合适的装配方法，制订合理的装配工艺规程，不仅是保证机器装配质量的手段，也是提高生产效率与降低制造成本的有力措施。

为保证装配工作有效进行，通常将机器划分为若干能进行独立装配的装配单元。零件是组成机器的最小单元，由整块金属或其他材料制成。套件（合件）是在一个基准零件上，装上一个或若干零件构成的，是最小的装配单元。组件是在一个基准零件上，装上若干套件及零件构成的，如主轴组件。部件是在一个基准零件上，装上若干组件、套件和零件构成的，为此进行的装配工作就是部装，如车床的主轴箱装配。部件的特征是在机器中能完成一定的、完整的功能。一台机器是在基准件上，装上若干部件、组件、套件和零件构成的，为此进行的装配工作就是总装。

7.1.2 装配工艺系统图

在装配工艺规程中，常用装配工艺系统图表示零件、部件的装配流程和零件、部件间的相互装配关系。在装配工艺系统图中，每一个装配单元用一个长方形框来表示，表明名称、编号及数量。图 7.1～图 7.4 分别所示为套件、组件、部件和机器的装配工艺系统图。在装配工艺系统图中，装配工作由基准零件开始沿水平线自左向右进行，一般将零件画在上方，套件、组件、部件画在下方，其排列顺序就是装配工作的先后次序。

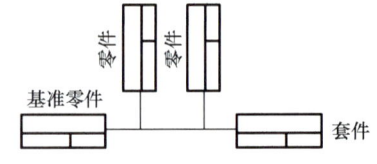

图 7.1　套件装配工艺系统图

图7.5所示为车床床身部件图及对应的装配工艺系统图。

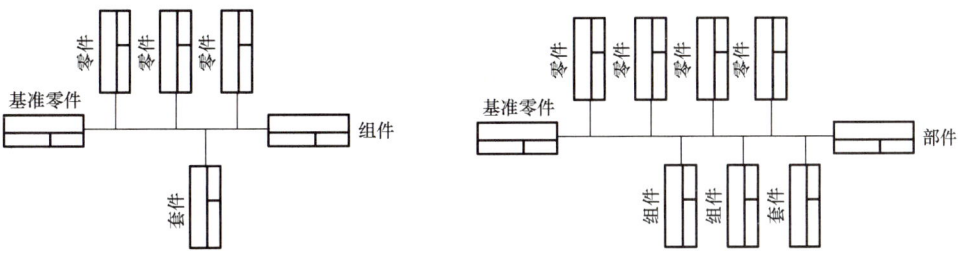

图7.2 组件装配工艺系统图　　　　图7.3 部件装配工艺系统图

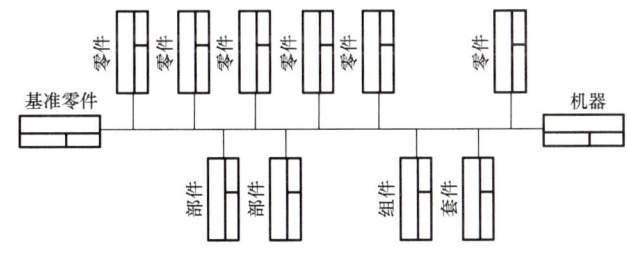

图7.4 机器装配工艺系统图

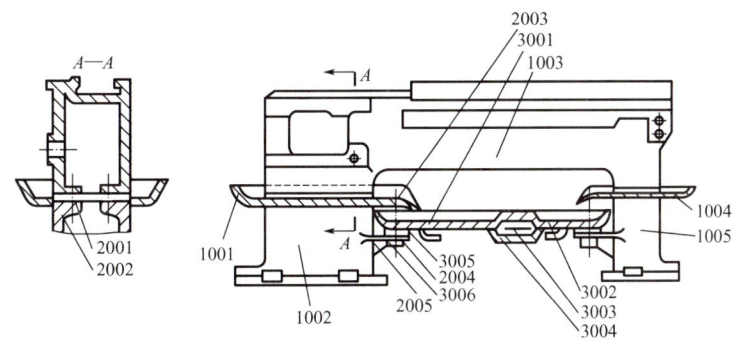

（a）车床床身部件图

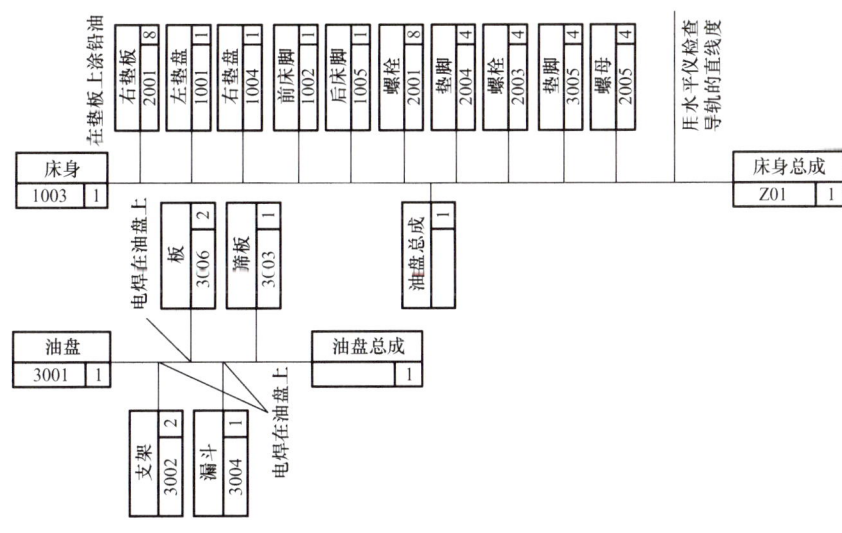

（b）装配工艺系统图

图7.5 车床床身部件图及对应的装配工艺系统图

7.1.3 装配基本作业

机器装配中有许多基本作业，如清洗、连接、校正、调整、配作、平衡、检验、试验等。

1. 清洗

清洗是装配准备工作的一个组成部分，也是保证装配质量的关键。清洗是用清洗剂清除零件上的油污、灰尘等。常用的清洗方法有擦洗、浸洗、喷洗和超声波清洗等。常用的清洗剂有煤油、汽油和其他各种化学清洗剂。使用煤油和汽油时应注意防火。清洗金属零件的清洗剂必须具有防锈能力。

2. 连接

装配过程中的连接方式有可拆卸连接和不可拆卸连接两种。常见的可拆卸连接有螺纹连接、键连接和销连接。不可拆卸连接有焊接、铆接和过盈连接等。过盈连接多用于孔、轴的配合，常采用压入法、热胀法或冷缩法等方法来实现。

3. 校正、调整与配作

（1）校正及调整工作。它是在装配过程中，为满足相关零件的相互位置和接触精度而进行的找正、找平和相应的调整工作，其中除调节零部件的位置精度外，为了保证运动零部件的运动精度，还需调整运动副之间的配合间隙。

（2）配作。它是指配钻、配铰、配刮和配磨等工作，是装配中附加的一些钳工和机械加工工作。配钻多用于螺纹连接，配铰多用于销连接，配刮多用于运动副表面的精加工，配磨则多用于配合精度要求较高的孔轴表面的精加工。

4. 平衡

对于机器中转速和运动平稳性要求较高的零部件，为了防止其内部质量因分布不均匀而引起有害振动，必须对其高速回转的零部件进行平衡。平衡一般有静平衡法和动平衡法两种。

5. 检验与试验

机械产品装配完成后，需要根据有关的技术标准和规定，对产品进行全面的检验与试验，合格后方能出厂。

7.1.4 装配精度和装配尺寸链

机器的质量主要取决于机器结构设计的正确性、各组成零件的加工质量，以及机器的装配精度。装配精度是机器质量指标中的重要项目之一，是设计机器时根据其使用性能要求提出的，如车床的主轴回转精度就是车床装配时需要保证的一项装配精度。

零件的加工精度是保证装配精度的基础，但在实际生产中，单靠提高零件的加工精度来获得规定的装配精度要求，往往是不切实际的和不经济的，而必须依靠适当的装配方法和装配工艺措施来实现机器产品规定的装配精度要求。因此，装配工艺在很大程度上决定机器的最终质量。产品的装配方法必须根据产品的性能要求、生产类型、装配的生产条件来确定。在不同的装配方法中，零件加工精度与装配精度具有不同的关系。为了查找对某装配精度有影响的零件，并选择合理的装配方法和确定这些零件的加工精度，需要建立装配尺寸链和解装配尺寸链。

在机器的装配关系中，由相关零件的尺寸或相互位置关系（如平行度、垂直度、同轴度等）所组成的尺寸链，称为装配尺寸链。装配尺寸链的封闭环就是装配所要保证的装配精度和技术要求，它是由零件、部件（组件）装配后自然形成的。在装配关系中，对装配精度有直接影响的零件、部件（组件）的尺寸和位置关系是装配尺寸链的组成环。组成环分为增环和减环。

正确建立装配尺寸链，是进行尺寸链分析、计算的前提。通常建立装配尺寸链的方法是从封闭环两端的零件为起点，沿着装配精度要求的位置方向，以相邻零件装配基准间的联系为线索，分别查出装配关系中影响装配精度的有关零件，直至找到同一个基准零件或基础零件的两个装配基准为止。

装配尺寸链和工艺尺寸链都要符合最短路线原则，为此在建立尺寸链时，应使每个有关零件仅以一个组成环列入，即"一件一环"。

图 7.6（a）所示为齿轮部件的装配示意图，轴固定不动，齿轮在轴上回转，要求齿轮与右侧挡圈的轴向间隙为 A_0，以 A_0 为封闭环的装配尺寸链如图 7.6（b）所示。

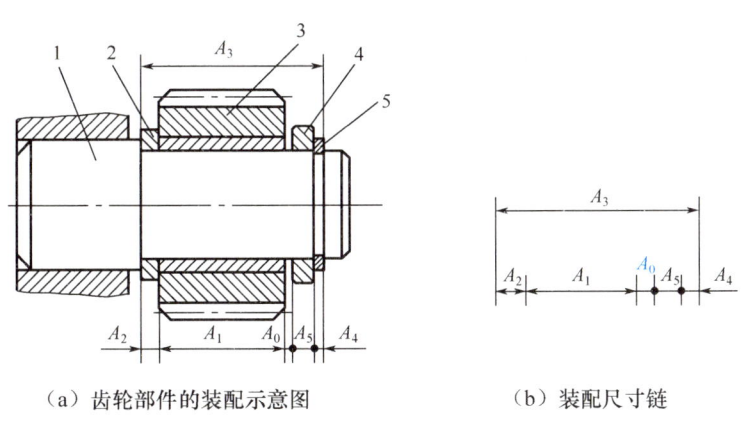

(a) 齿轮部件的装配示意图　　　　(b) 装配尺寸链

1—轴；2—轴套；3—齿轮；4—垫片；5—挡圈。
图 7.6　齿轮部件的装配

装配尺寸链的计算方法可分为正计算和反计算。已知与装配精度相关的各零件的基本尺寸和偏差，求解装配精度要求（封闭环）的基本尺寸及偏差的计算过程称为正计算，它用于对已设计的图样进行校核验算。已知装配精度要求（封闭环）的基本尺寸和偏差，求解与该项装配精度有关的各零部件基本尺寸及偏差的计算过程称为反计算，它用于产品设计过程中确定各零部件的尺寸和加工精度。

反计算需要根据装配精度（封闭环公差）对装配尺寸链进行分析，并合理分配各组成环的公差，这个过程称为解装配尺寸链。求解过程中需要用到以下原则。

（1）公差分配时的等公差原则或等精度原则。当已知封闭环公差求组成环公差时，可按等公差原则或等精度原则分配。等公差原则是每个组成环分得的公差相等，适用于各组成环尺寸相近、加工方法类同的情况；等精度原则是使各组成环的加工精度相等或相近，它适用于各组成环尺寸相差较大的情况。

实际分配各组成环的公差时，也可将两个原则相结合，先按等公差原则使每个组成环分得的公差相等，再结合各组成环尺寸的大小和加工的难易程度进行调整，最终使各组成环的加工精度尽可能相等，将封闭环公差值合理分配给各组成环，调整后的各组成环公差值之和仍等于封闭环公差。

(2) 尺寸上、下偏差确定时的入体原则。确定好各组成环公差后，一般按入体原则确定基本偏差。当组成环为包容尺寸（孔）时，取下偏差为零；当组成环为被包容尺寸（轴）时，取上偏差为零；若组成环为中心距，取对称偏差；入体方向不明的长度尺寸，取对称偏差。

7.2 保证装配精度的方法

机械产品的精度要求最终是靠装配实现的。根据产品的性能要求，结构特点和生产类型、生产条件，可采用不同的装配方法。保证产品装配精度的方法有：互换装配法、选择装配法、修配装配法和调整装配法等。

装配尺寸链的解算方法与装配方法密切相关。同一项装配精度，采用不同的装配方法时，其装配尺寸链的解算方法也不相同。

7.2.1 互换装配法

采用互换装配法时，对被装配的每一个零件无须进行任何挑选、修配和调整就能达到规定的装配精度要求，其装配精度主要取决于零件的制造精度。根据零件的互换程度，互换装配法可分为完全互换装配法和统计互换装配法（不完全互换装配法），现分述如下。

1. 完全互换装配法

在全部产品中，装配时对各组成环无须进行挑选或改变其大小或位置，装配后即能达到装配精度要求的装配方法，称为完全互换装配法。采用完全互换装配法时，装配尺寸链采用极值法，即满足封闭环的公差等于或大于各组成环公差之和，有

$$T_{A_0} \geqslant \sum_{i=1}^{m} T_{A_i} + \sum_{j=m+1}^{n-1} T_{A_j} \quad (7-1)$$

式中，T_{A_0}——封闭环公差；

T_{A_i}——增环公差；

T_{A_j}——减环公差；

m——增环数；

n——包括封闭环在内的装配尺寸链的总环数。

下面举例说明完全互换装配法的具体计算过程。

【例 7 - 1】 图 7.6 所示的齿轮部件的装配，轴是固定不动的，齿轮在轴上旋转，要求齿轮与右侧挡圈的轴向间隙为 0.1～0.35mm。已知 $A_1 = 30$mm，$A_2 = 5$mm，$A_3 = 43$mm，

$A_4 = 3_{-0.05}^{0}$ mm，$A_5 = 5$ mm，现采用完全互换装配法，试确定各组成环公差和极限偏差。

解：① 确定封闭环。图 7.6 中 A_0 是装配以后间接保证的工序尺寸，也是装配精度要求，所以 A_0 是封闭环。

② 绘制装配尺寸链。参见图 7.6（b），其中 A_3 是增环，A_1、A_2、A_4、A_5 是减环。计算封闭环的基本尺寸，由式（6-8）可知

$$A_0 = A_3 - (A_1 + A_2 + A_4 + A_5) = 43 - (30 + 5 + 3 + 5) = 0$$

所以封闭环的基本尺寸 $A_0 = 0_{+0.10}^{+0.35}$ mm。

③ 确定各组成环公差。在具体确定各组成环公差时，按等公差原则计算各组成环能分配到的平均公差的数值，即

$$T_{A_M} = \frac{T_{A_0}}{n-1} = \frac{0.25}{5} = 0.05 \text{(mm)}$$

以平均公差为例，根据各组成环尺寸、零件加工难易程度确定各组成环公差。同时选一个组成环作为协调环，以便与其他组成环相协调，满足装配精度的要求。

选择协调环的一般原则是：选择无须用定尺寸刀具加工或用极限量规检验的尺寸作协调环；将难于加工的组成环从宽取标准公差值，选一易于加工的组成环作协调环；或将易于加工的组成环从严取标准公差值，选一难于加工的组成环作协调环。

本例中，A_5 为垫片，易于加工和测量，故选 A_5 为协调环。A_4 为标准件，$A_4 = 3_{-0.05}^{0}$ mm，$T_{A_4} = 0.05$ mm，其余各组成环根据其尺寸和加工难易程度选择公差。A_1 和 A_2 是被包容尺寸，其公差值按 IT9 选取，有 $T_{A_1} = 0.052$ mm，$T_{A_2} = 0.03$ mm；A_3 是包容尺寸，其公差值按 IT10 选取，有 $T_{A_3} = 0.10$ mm。

由式（6-13）可知，协调环 A_5 的公差为

$$T_{A_5} = T_{A_0} - (T_{A_1} + T_{A_2} + T_{A_3} + T_{A_4}) = 0.25 - (0.052 + 0.03 + 0.10 + 0.05) = 0.018 \text{ (mm)}$$

A_5 的公差值为 IT8，故选择合适。

④ 确定各组成环极限偏差。按入体原则标注各组成环极限偏差，$A_1 = 30\text{h}9 = 30_{-0.052}^{0}$ mm，$A_2 = 5\text{h}9 = 5_{-0.03}^{0}$ mm，$A_3 = 43\text{H}10 = 43_{0}^{+0.10}$ mm

计算 A_5 的上、下偏差，由式（6-11）和式（6-12）可知

$$ES_{A_0} = ES_{A_3} - (EI_{A_1} + EI_{A_2} + EI_{A_4} + EI_{A_5})$$
$$EI_{A_0} = EI_{A_3} - (ES_{A_1} + ES_{A_2} + ES_{A_4} + ES_{A_5})$$

将有关数据代入上式得

$$+0.35 = +0.10 - [(-0.052) + (-0.03) + (-0.05) + EI_{A_5}]$$
$$+0.10 = 0 - (0 + 0 + 0 + ES_{A_5})$$

所以

$$EI_{A_5} = -0.118 \text{mm}$$
$$ES_{A_5} = -0.10 \text{mm}$$

故得协调环 A_5 的尺寸和极限偏差为 $A_5 = 5_{-0.118}^{-0.10}$ mm。

⑤ 核算封闭环的极限尺寸。由式（6-9）和式（6-10）可知

$$A_{0\max} = A_{3\max} - (A_{1\min} + A_{2\min} + A_{4\min} + A_{5\min})$$
$$= 43.10 - [(30 - 0.052) + (5 - 0.03) + (3 - 0.05) + (5 - $$

0.118)]=0.35(mm)

$$A_{0min} = A_{3min} - (A_{1max} + A_{2max} + A_{4max} + A_{5max}) = 43 - [30 + 5 + 3 + (5 - 0.10)] = 0.1 \text{(mm)}$$

验算结果表明，封闭环尺寸符合装配精度要求。本例中所求组成环尺寸及极限偏差分别为：$A_1 = 30_{-0.052}^{0}$ mm，$A_2 = 5_{-0.03}^{0}$ mm，$A_3 = 43_{0}^{+0.10}$ mm，$A_5 = 5_{-0.118}^{-0.10}$ mm。

完全互换装配法的优点是：装配质量稳定可靠（装配质量是靠零件的加工精度来保证的）；装配过程简单，装配效率高（对零件无须进行挑选和修配）；易于实现自动装配，便于组织流水作业；产品维修方便。但其不足之处是：当装配精度要求较高，尤其是在组成环数较多时，组成环的制造公差规定得严，零件制造困难，加工成本高。

完全互换装配法适用于在成批生产、大量生产中装配那些组成环数较少，或组成环数虽多但装配精度要求不高的机器结构。

采用完全互换装配法，装配过程虽然简单，但它是根据增环、减环同时出现极值的情况来建立封闭环与组成环之间的尺寸关系的，由于组成环分得的制造公差过小，常使零件加工困难。完全互换装配法以提高零件加工精度为代价来换取完全互换装配，有时是不经济的。

2. 统计互换装配法（不完全互换装配法）

统计互换装配法又称不完全互换装配法，其实质是将组成环的制造公差适当放大，使零件容易加工，但这会使极少数产品的装配精度超出规定要求，但这种事件是小概率事件，很少发生。尤其是当组成环数目较多、产品批量大时，从总的经济效果分析，这种方法仍然是经济可行的。

统计互换装配法的装配尺寸链采用概率法计算，除用极值法求解直线尺寸链的基本公式外，还有以下基本计算公式。

(1) 封闭环平均尺寸和中间偏差的计算公式。

封闭环的平均尺寸 A_{0M} 等于所有增环的平均尺寸 $\vec{A}_{iM}$ 之和减去所有减环的平均尺寸 $\overleftarrow{A}_{jM}$ 之和，即

$$A_{0M} = \sum_{i=1}^{m} \vec{A}_{iM} - \sum_{j=m+1}^{n-1} \overleftarrow{A}_{jM} \qquad (7-2)$$

封闭环的中间偏差 Δ_{A_0} 等于所有增环的中间偏差 Δ_{A_i} 之和减去所有减环的中间偏差 Δ_{A_j} 之和，即

$$\Delta_{A_0} = \sum_{i=1}^{m} \Delta_{A_i} - \sum_{j=m+1}^{n-1} \Delta_{A_j} \qquad (7-3)$$

式中 m——增环的环数；

n——包括封闭环在内的尺寸链的总环数。

(2) 封闭环公差的计算公式。

封闭环公差 T_{A_0} 与各组成环公差 T_{A_i} 的关系用下式表示

$$T_{A_0} = \sqrt{\sum_{i=1}^{n-1} T_{A_i}^2} \qquad (7-4)$$

(3) 环的极限偏差的计算公式。

$$ES = \Delta + T(A)/2 \qquad (7-5)$$

$$EI = \Delta - T(A)/2 \tag{7-6}$$

由式（7-4）可知，在组成环数较多且公差值不变时，由概率法计算得出的封闭环公差值要比用极值法计算的更小。因此，在保证封闭环精度不变的前提下，应用概率法使组成环公差放大，从而降低加工时对工艺尺寸的精度要求，降低加工难度和加工成本。

为了便于比较，仍以图 7.6 为例，说明统计互换装配法的解法。

【例 7-2】 按例 7-1 已知条件，现用统计互换装配法确定各组成环公差和极限偏差。

解：①装配尺寸链参见图 7.6（b），其中 A_3 是增环，A_1、A_2、A_4、A_5 是减环。

②确定各组成环公差和极限偏差。先按等公差原则，得到各组成环的平均平方公差为

$$T_{A_M} = \frac{T_{A_0}}{\sqrt{n-1}} = \frac{0.25}{\sqrt{5}} \approx 0.11 \text{(mm)}$$

A_3 为轴类零件的长度尺寸，与其他几个尺寸相比较难加工，故选择 A_3 为协调环。综合考虑各零件尺寸和加工难易程度，各组成环公差为 $T_{A_1} = 0.14\text{mm}$，$T_{A_2} = T_{A_5} = 0.08\text{mm}$，$T_{A_4} = 0.05\text{mm}$。根据入体原则，由于 A_1、A_2、A_5 均为被包容尺寸，其极限偏差按基轴制确定，则 $A_1 = 30_{-0.14}^{0}$ mm，$A_2 = 5_{-0.08}^{0}$ mm，$A_5 = 5_{-0.08}^{0}$ mm。

③计算协调环公差和上、下偏差。由式（7-2）可知

$$T_{A_3} = \sqrt{T_{A_0}^2 - (T_{A_1}^2 + T_{A_2}^2 + T_{A_4}^2 + T_{A_5}^2)}$$
$$= \sqrt{0.25^2 - (0.14^2 + 0.08^2 + 0.05^2 + 0.08^2)} \approx 0.166 \text{(mm)}$$

由于 A_3 比较难加工，按 IT11 取公差，$T_{A_3} = 0.16\text{mm}$。

为了确定 A_3 的公差带范围，将各环的公差均改为对称分布，基本尺寸同时进行相应的改变，有

$$A_0 = 0_{+0.10}^{+0.35} \text{mm} = (0.225 \pm 0.125)\text{mm}$$
$$A_1 = 30_{-0.14}^{0} \text{mm} = (29.93 \pm 0.07)\text{mm}$$
$$A_2 = 5_{-0.08}^{0} \text{mm} = (4.96 \pm 0.04)\text{mm}$$
$$A_4 = 3_{-0.05}^{0} \text{mm} = (2.975 \pm 0.025)\text{mm}$$
$$A_5 = 5_{-0.08}^{0} \text{mm} = (4.96 \pm 0.04)\text{mm}$$

由式（7-2）可知

$$A_3 = A_{0M} + A_{1M} + A_{2M} + A_{4M} + A_{5M} = 0.225 + 29.93 + 4.96 + 2.975 + 4.96 = 43.05 \text{(mm)}$$

即

$$A_3 = 43.05 \pm \frac{T_{A_3}}{2} = (43.05 \pm 0.08)\text{mm} = 43_{-0.03}^{+0.13}\text{mm}$$

通过比较例 7-1 与例 7-2 的计算结果可知，在装配精度相同的前提下，采用统计互换装配法确定的组成环公差比极值法确定的公差要宽，从而可以降低零件的制造难度。

总之，统计互换装配法的优点是：扩大了组成环的制造公差，零件制造成本低；装配过程简单，生产效率高。但其不足之处是：装配后有极少数产品达不到规定的装配精度要求，须采取相应的返修措施。这种方法适用于在大批量生产中装配那些装配精度要求较高且组成环数多的机器结构。

7.2.2 选择装配法

选择装配法是先将相关零件的相关尺寸公差放大到经济公差，然后选择合适的零件进行装配，以保证装配精度的方法。这种装配法常用于装配精度要求很高而组成环极少的成批或大量生产中，如滚动轴承的装配、内燃机活塞和缸套的装配、活塞销的装配等。选择装配法按其形式不同可分为直接选择装配法、分组选择装配法和复合选择装配法。

1. 直接选择装配法

直接选择装配法是在装配时工人从许多待装配的零件中直接选择合适的零件进行装配，以保证装配精度的要求。这种装配法的优点是：零件无须事先分组就能达到很高的装配精度。但其缺点是：装配工人凭经验挑选合适零件通过试凑进行装配，所以装配时间不易准确控制，装配精度很大程度上取决于工人的技术水平。这种装配方法不宜用于生产节拍要求较严的大批量流水作业中。

2. 分组选择装配法

分组选择装配法是先将相关零件的相关尺寸公差放大若干倍，使其尺寸能按经济精度来加工，然后按零件的实际加工尺寸分为若干组，各对应组进行装配，以达到装配精度。由于同组零件具有互换性，因此这种方法又称分组互换装配法。

分组选择装配法在大批量生产中可降低零件的加工精度，而不降低其装配精度。但是，分组选择装配法增加了零件测量、分组和配套工作，当组成环较多时，这种工作就会变得非常复杂。所以，分组选择装配法适用于成批、大量生产中组成环数少而装配精度要求高的部件装配。

例如，图 7.7 所示为发动机中活塞销与活塞销孔的配合情况，根据装配技术要求，销与销孔的配合，在冷态装配时有 0.0025～0.0075mm 的过盈量。其配合公差仅为

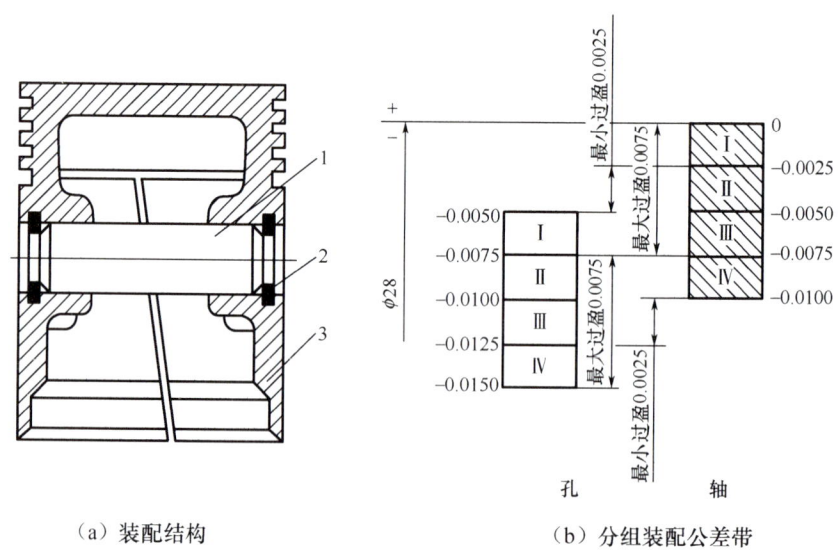

（a）装配结构　　　　　　（b）分组装配公差带

1—活塞销；2—挡圈；3—活塞。

图 7.7　发动机中活塞销与活塞销孔的配合情况

0.005mm。若活塞与活塞销采用完全互换装配法,则活塞销与活塞销孔的平均公差 $T_{d_M}=T_{D_M}=0.0025$mm。如果上述配合采用基轴制,则活塞销外径尺寸 $d=\phi28_{-0.0025}^{0}$mm,相应的销孔直径 $D=\phi28_{-0.0075}^{-0.0050}$mm。显然,这样精确的活塞销与活塞销孔的加工是很困难的,也是很不经济的。生产中采用的方法是将上述公差值同方向放大 4 倍($d=\phi28_{-0.01}^{0}$mm,$D=\phi28_{-0.015}^{-0.005}$mm),这样就可以按放大后的公差值,采用高效率的无心磨和金刚镗分别加工活塞销外圆和活塞销孔,加工后用精密量具逐一测量其实际尺寸,按尺寸大小分组,做上不同的记号(如涂上不同的颜色,装配时只要把同一种颜色的活塞销和活塞组合在一起,就能达到装配要求。活塞销与活塞销孔的具体分组情况见表7.1。

表 7.1 活塞销与活塞销孔的具体分组情况　　　　　(单位:mm)

组别	标志颜色	活塞孔直径 $d=\phi28_{-0.01}^{0}$	活塞销孔直径 $D=\phi28_{-0.015}^{-0.005}$	配合情况 最小过盈	配合情况 最大过盈
Ⅰ	红色	$\phi28_{-0.0025}^{0}$	$\phi28_{-0.0075}^{-0.0050}$	0.0025	0.0075
Ⅱ	白色	$\phi28_{-0.0050}^{-0.0025}$	$\phi28_{-0.0100}^{-0.0075}$		
Ⅲ	黄色	$\phi28_{-0.0075}^{-0.0050}$	$\phi28_{-0.0125}^{-0.0100}$		
Ⅳ	绿色	$\phi28_{-0.0100}^{-0.0075}$	$\phi28_{-0.0150}^{-0.0125}$		

采用分组选择装配法时,要求两个相配件的尺寸分布曲线呈完全相同的对称分布,如果尺寸分布曲线不相同或不对称,则将造成各组相配零件数不相等而不能完全配套,从而造成浪费;而且零件的分组数不宜太多,否则会因零件测量、分类、保管、运输的工作量增大而使生产组织工作变得相当复杂。

分组选择装配法的优点是:可以获得很高的装配精度;组内零件可以互换,装配效率高。但其不足之处是:零件的制造精度不高;增加了零件测量、分组、存贮、运输的工作量。分组选择装配法适用于在大批量生产中装配那些组成环数少而装配精度要求特别高的机器结构。

3. 复合选择装配法

复合选择装配法是分组选择装配法与直接选择装配法的复合形式。它是将相对互换法所求的组成环的公差值增大,零件加工后预先测量、分组,装配时工人在各对应组内进行选择装配。因而,这种方法吸取了前两种方法的优点,既能提高装配精度,又无须过多增加分组数;但是,装配精度仍然要依赖工人的技术水平,工时也不稳定。这种装配方法常用于配合件公差不相等时,作为分组选择装配法的一种补充形式。例如,发动机中的气缸与活塞的装配多采用此装配方法。

7.2.3 修配装配法

在单件、小批量生产中,对于产品中那些装配精度要求较高且组成环数较多的部件装配,若按互换装配法或选择装配法装配,会造成零件加工精度过高而加工困难,有时甚至无法加工。此时,常用修配装配法来保证装配精度要求。

修配装配法是在装配时修去指定零件上预留的修配量以达到装配精度的方法。采用修配装配法时，各组成环均按该生产条件下经济可行的加工精度等级加工，装配时封闭环所积累的误差势必会超出规定的装配精度要求，为了达到规定的装配精度，装配时需修配装配尺寸链中某一组成环的尺寸（此组成环称为修配环）。采用修配装配法的关键是正确选择修配环。为减少修配工作量，应选择那些便于进行修配的组成环作为修配环。修配环一般应满足以下要求。

（1）要便于装拆、易于修配。要选择形状比较简单、修配面较小的零件。

（2）尽量不选公共环。因为公共环难以同时满足几项装配精度要求，所以应选只与一项装配精度有关的组成环。

如果用完全互换装配法计算各组成环公差 T_{A_1}，T_{A_2}，…，$T_{A_{n-1}}$，则 $T_N = \sum_{i=1}^{n-1} T_{A_i}$。采用修配装配法进行装配时，分别将它们放宽到经济公差 T'_{A_1}，T'_{A_2}，…，$T'_{A_{n-1}}$，则 $T'_N = \sum_{i=1}^{n-1} T'_{A_i} > T_N$，此时最大补偿量 $\Delta = T'_N - T_N$。

修配装配法解算装配尺寸链的主要问题是如何确定修配环的具体尺寸（其公差带位置），要求修配环必须留有足够大但又不是太大的修配量。在修配过程中，修配环被修配后对封闭环的影响有两种情况：一种是使封闭环尺寸变大，另一种是使封闭环尺寸变小。因此，用修配环解算装配尺寸链时可分别根据这两种情况进行计算。

【例 7-3】 以图 7.8 所示的卧式车床的装配为例，说明加工修配环使封闭环尺寸变小时的计算方法。在装配时，要求尾座中心线比主轴中心线高 0～0.06mm。已知 $A_1 = 202$mm，$A_2 = 46$mm，$A_3 = 156$mm，现采用修配装配法，试确定各组成环公差及其偏差。

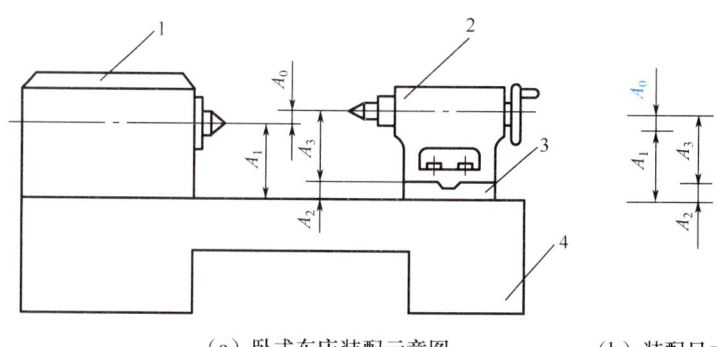

（a）卧式车床装配示意图　　（b）装配尺寸链

1—主轴箱；2—尾座；3—尾座底板；4—床身。

图 7.8　卧式车床的装配

解：①建立装配尺寸链。建立如图 7.8（b）所示的装配尺寸链，其中 A_0 是封闭环，A_2、A_3 是增环，A_1 是减环。

$$A_0 = A_2 + A_3 - A_1 = 46 + 156 - 202 = 0$$

所以封闭环 $A_0 = 0^{+0.06}_{\ 0}$mm，$T_0 = 0.06$mm。

若用完全互换装配法的极值解法，则分配给组成环的平均公差为

$$T_{A_M} = \frac{T_{A_0}}{n-1} = \frac{0.06}{4-1} = 0.02 \text{(mm)}$$

显然，各组成环公差太小，零件加工困难，应采用修配装配法。

②选择修配环。从装配示意图可以看出，组成环 A_2 为尾座底板，其表面积不大，工件形状简单，便于刮研和拆装，故选择 A_2 为修配环。

③确定各组成环公差及其偏差。根据各组成环加工方法，按加工经济精度确定各组成环公差，A_1、A_3 可采用镗模镗削加工，取 $T_{A1}=T_{A3}=0.10$mm；底板采用半精刨加工，取 A_2 的公差 $T_{A2}=0.15$mm。

A_1、A_3 都是表示孔位置的尺寸，公差选为对称分布，则

$$A_1=(202\pm0.05)\text{mm}, A_3=(156\pm0.05)\text{mm}$$

④ 计算修配环 A_2 的极限偏差。由于修配环 A_2 为增环，修配后封闭环尺寸变小，因此，修配环的最小尺寸 $A_{2\min}$ 就能保证装配后形成的封闭环实际尺寸最小值 $A'_{0\min}$ 不小于封闭环规定的最小值 $A_{0\min}$，即满足 $A'_{0\min} \geq A_{0\min}$

$$A_{0\min}=A_{2\min}+A_{3\min}-A_{1\max}$$
$$0=A_{2\min}+(156-0.05)-(202+0.05)$$
$$A_{2\min}=46.1\text{mm}$$
$$A_{2\max}=A_{2\min}+T_{A2}=46.1+0.15=46.25\text{ (mm)}$$

故修配环的尺寸为 $A_2=46^{+0.25}_{+0.1}$mm。

在实际生产中，为了提高两个装配表面的接触刚度，底板表面在总装时必须留有一定的修刮量，因在前面的分析中，当 $A'_{0\min}=A_{0\min}$ 时，最小修刮量为 0.1mm，故修正后 A_2 的实际尺寸为

$$A_2=(46+0.10)^{+0.25}_{+0.10}\text{mm}=46^{+0.35}_{+0.20}\text{mm}$$

修配装配法的主要优点是：组成环均按加工经济精度制造，但可以获得很高的装配精度。但其不足之处是：增加了修配工作量，生产效率低；对装配工人的技术水平要求高。修配装配法适用于单件、小批量生产中装配那些组成环数较多而装配精度又要求较高的机器结构。

7.2.4 调整装配法

对于精度要求较高且组成环数又较多的产品或部件，在不能采用完全互换装配法时，除了可用修配装配法保证技术要求外，还可以用调整装配法保证装配精度要求。

调整装配法与修配装配法的实质相同，也是将装配尺寸链中各组成环的公差值增大，使其能按加工经济精度制造，装配时选定装配尺寸链中某一环作为调整环，采用调整的方法改变其实际尺寸或位置，使封闭环达到规定公差要求。预先选定的环（一般是指螺栓、斜楔、挡块和垫片等零件）称为调整环，它是用来补偿其他各组成环由于公差放大后所产生的累积误差。

根据调整方法的不同，调整装配法分为：可动调整装配法、固定调整装配法和误差抵消调整装配法三种，下面分别叙述。

1. 可动调整装配法

采用调整的方法改变调整环的位置来保证装配精度的方法称为可动调整装配法。

在机械产品中，可动调整装配法很多，普通车床横刀架采用调节螺钉使楔块上下移动

来调整丝杠和螺母（前螺母和后螺母）的轴向间隙。如图 7.9 所示，在该装置中，前螺母的右端做成斜面，在前螺母和后螺母之间装入一个左端也做成斜面的楔块。调整轴向间隙时，先将螺母固定螺钉放松，然后拧紧楔块的调节螺钉，将楔块向上拉，由于前螺母右端斜面和楔块左端斜面的作用，前螺母向左移动，从而消除丝杠和螺母之间的轴向间隙。又如图 7.10 所示，在主轴箱中，可用螺钉调整端盖的轴向位置来达到调整轴承间隙的目的，调整后用螺母锁紧。

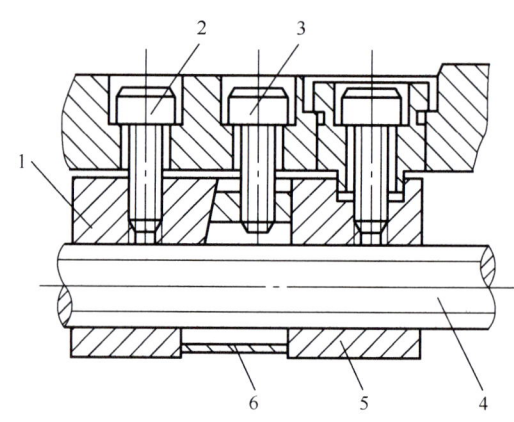

1—前螺母；2—螺母固定螺钉；3—调节螺钉；4—丝杠；5—后螺母；6—楔块。
图 7.9 调整丝杠和螺母轴向间隙的装置

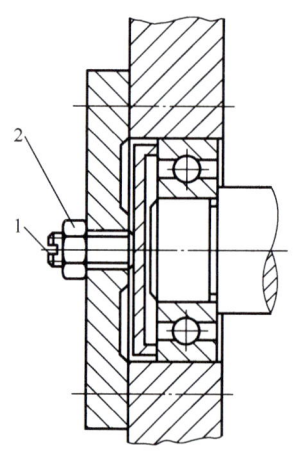

1—调节螺钉；2—螺母。
图 7.10 调整轴承间隙的装置

可动调整装配法不但调整方便，能获得比较高的装配精度，而且可以补偿由于磨损和热变形等引起的误差，使设备恢复原有的装配精度。所以，在一些转动机械或易磨损机构中，常用可动调整装配法。但是，可动调整装配法因调整件的出现削弱了结构的刚度，故在刚度要求较高或结构比较紧凑而无法安排可动调整件时应采用其他的调整装配法。

可动调整装配法的主要优点是：组成环的制造精度虽不高，但可获得比较高的装配精度；在机器使用中可随时通过调整调整件的相对位置来补偿由于磨损和热变形等引起的误差，使之恢复到原来的装配精度；它比修配装配法操作简单，易于实现。但其不足之处是：需要增加调整机构，增加了结构复杂程度。可动调整装配法在生产中应用广泛。

2. 固定调整装配法

在装配尺寸链中，选择某一零件为调整件，根据各组成环形成累积误差的大小来更换不同尺寸的调整件，以保证装配精度要求，这种方法称为固定调整装配法。常用的调整件有轴套、垫片、垫圈、套筒等。调整件应形状简单，便于拆装。

固定调整装配法多用于大批量生产中。在产量大、装配精度要求高的生产中，固定调整件可以采用多件组合的方式。例如，预先将调整垫做成不同的厚度（如 1mm、2mm、5mm 等），再制成一些更薄的金属片（如厚度为 0.01mm、0.02mm、0.05mm 等的金属片），装配时根据尺寸组成原理，把不同厚度的垫片组成各种不同尺寸，以满足装配精度的要求。这种装配方法比较灵活，在汽车、拖拉机生产中应用广泛。

3. 误差抵消调整装配法

在装配产品或部件时，通过调整有关零件的相互位置，使其加工误差（大小和方向）相互抵消一部分，以提高装配精度的方法称为误差抵消调整装配法。这种装配方法在机床装配中应用广泛，如在机床主轴部件的装配中，可通过调整前后轴承的径向跳动方向来控制主轴的径向跳动。在滚齿机工作台分度蜗轮的装配中，采用调整蜗轮和轴承的偏心方向来抵消误差，以提高工作台主轴的回转精度。

7.2.5　装配方法的选择

一般只要组成环的加工比较经济可行，就应优先采用完全互换装配法。成批生产且组成环较多时，可考虑采用统计互换装配法。

当封闭环公差要求较严，采用完全互换装配法将使组成环加工比较困难或不经济时，就应采用其他装配方法。大量生产时，环数少的装配尺寸链应采用分组选择装配法；环数多的装配尺寸链应采用调整装配法。单件、小批量生产时，则常用修配装配法；成批生产时可灵活应用调整装配法、修配装配法或分组选择装配法（后者在环数少时采用）。

一种产品究竟采用何种装配方法来保证装配精度，通常在设计阶段就应确定。因为只有在装配方法确定后，才能通过装配尺寸链的解算，合理地确定各个零件、部件在加工和装配中的技术要求。但是，同一种产品的同一装配精度要求在不同的生产类型和生产条件下，可能采用不同的装配方法。例如，在大量生产时采用完全互换装配法或调整装配法保证装配精度，在小批量生产时采用修配装配法。因此，工艺人员（特别是主管产品的工艺人员）必须掌握各种装配方法的特点及其装配尺寸链的解算方法，以便在制订产品的装配工艺规程、确定装配工序的具体内容及在现场解决装配质量问题时，根据具体工艺条件审查或确定装配方法。

7.3 装配工艺规程的制订

7.3.1 制订装配工艺规程的基本原则

制订装配工艺规程应遵循以下基本原则。
（1）保证产品的装配质量，以延长产品的使用寿命。
（2）合理安排装配顺序和工序，尽量减少钳工手工劳动量，缩短装配周期，提高装配效率。
（3）尽量减少装配占地面积。
（4）尽量减少装配工作的成本。

7.3.2 制订装配工艺规程的步骤

制订装配工艺规程应按如下步骤进行。
（1）研究产品的装配图及验收技术条件。
① 审核产品图样的完整性、正确性。
② 分析产品的结构工艺性。
③ 审核产品装配的技术要求和验收标准。
④ 分析和计算产品装配尺寸链。
（2）确定装配方法与组织形式。
① 装配方法的确定。它主要取决于产品结构的尺寸和质量，以及产品的年生产纲领。
② 装配组织形式。

a. 固定式装配：它是指全部装配工作在一固定的地点完成，适用于单件、小批量生产和体积、质量大的设备的装配。

b. 移动式装配：它是将零部件按装配顺序从一个装配地点移动到下一个装配地点，分别完成一部分装配工作，各装配点工作的总和就是整个产品的全部装配工作，适用于大批量生产。

（3）划分装配单元，确定装配顺序。
① 将产品划分为套件、组件和部件等装配单元，进行分级装配。
② 确定装配单元的基准零件。
③ 根据基准零件确定装配单元的装配顺序。
（4）划分装配工序。
① 划分装配工序，确定工序内容（如清洗、刮削、平衡、过盈连接、螺纹连接、校正、检验、试运转、油漆、包装等）。
② 确定各工序所需的设备和工具。
③ 制定各工序装配操作规范，如过盈配合的压入力等。
④ 制定各工序装配质量要求与检验方法。
⑤ 确定各工序的工时定额，平衡各工序的工作节拍。

（5）编制装配工艺文件。

在单件、小批量生产中，通常只绘制装配工艺系统图。在成批生产中，通常还要编制部装、总装装配工艺卡，按工序标明工序工作内容、设备名称、工具和机床夹具名称与编号、工人技术等级、工时定额等。在大批量生产中，不仅要编制装配工艺卡，还要编制装配工序卡。

习　　题

7-1　装配精度主要包括哪些内容？装配精度与零件加工精度有什么区别？它们之间存在什么关系？

7-2　装配尺寸链是如何构成的？装配尺寸链封闭环是如何确定的？它与工艺尺寸链的封闭环有什么区别？

7-3　装配工艺系统图是什么？试说明其主要作用。

7-4　保证装配精度的方法有哪几种？各有哪些特点？该如何选择？

7-5　有一轴孔配合，若轴径尺寸为 $\phi 80_{-0.10}^{0}$ mm，孔径尺寸为 $\phi 80_{0}^{+0.20}$ mm，设轴径与孔径的尺寸均按正态分布，尺寸分布中心与公差带中心重合，试用完全互换装配法计算轴孔配合间隙尺寸及其极限偏差。

7-6　图 7.11 所示的齿轮轴装配中，要求装配后齿轮端面和箱体凸台面之间具有 0.1～0.3mm 的间隙。已知 $B_1 = 80_{0}^{+0.01}$ mm，$B_2 = 64_{-0.06}^{0}$ mm。试求 B_3 应控制在什么范围才能满足装配要求？

7-7　图 7.12 所示为齿轮箱部件，装配后要求轴向窜动量为 0.2～0.7mm。已知其他零件的有关基本尺寸 $A_1 = 122$mm，$A_2 = 28$mm，$A_3 = 5$mm，$A_4 = 140$mm，$A_5 = 5$mm，现采用完全互换装配法，试用极值法确定各组成环公差和极限偏差。

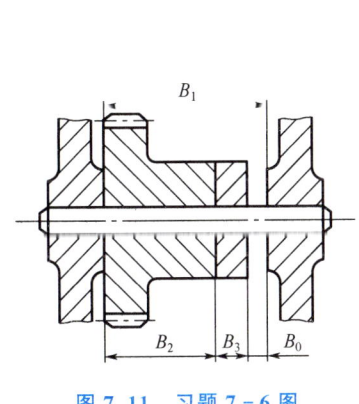

图 7.11　习题 7-6 图

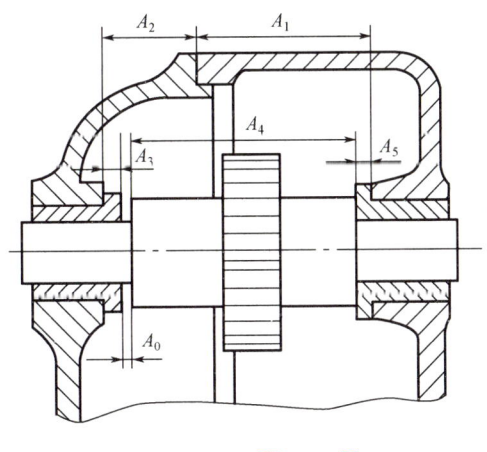

图 7.12　习题 7-7 图

7-8　图 7.13 所示的轴类部件，为保证顺利装入弹性挡圈，要求保证轴向间隙 $A_0 = 0_{+0.05}^{+0.41}$ mm。已知各组成环的基本尺寸 $A_1 = 32.5$mm，$A_2 = 35$mm，$A_3 = 2.5$mm。试用极

值法确定各组成零件的上、下偏差。

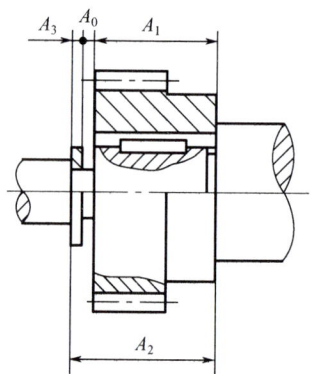

图 7.13　习题 7-8 图

参 考 文 献

蔡在亶，1994. 金属切削原理［M］. 上海：同济大学出版社.
陈根琴，宋志良，2007. 机械制造技术［M］. 北京：北京理工大学出版社.
陈朴，2012. 机械制造技术基础［M］. 重庆：重庆大学出版社.
杜运普，黄志东，2018. 机械制造技术基础［M］. 北京：北京理工大学出版社.
关慧贞，2020. 机械制造装备设计［M］. 5 版. 北京：机械工业出版社.
胡迟，2019. 中国制造业发展 70 年：历史成就、现实差距与路径选择［J］. 经济研究参考（17）：5－21.
李益民，2014. 机械制造工艺设计简明手册［M］. 2 版. 北京：机械工业出版社.
刘守勇，李增平，2013. 机械制造工艺与机床夹具［M］. 3 版. 北京：机械工业出版社.
刘旺玉，2012. 机械制造技术基础［M］. 武汉：华中科技大学出版社.
路甬祥，2007. 坚持科学发展，推进制造业的历史性跨越. 2007 年中国机械工程学会年会论文集［C］. 北京：机械工业出版社.
路甬祥，2010. 走向绿色和智能制造：中国制造发展之路［J］. 中国机械工程，21（4）：379－386，399.
任乃飞，任旭东，2018. 机械制造技术基础［M］. 镇江：江苏大学出版社.
沈向东，2013. 机械制造技术［M］. 北京：机械工业出版社.
师建国，冷岳峰，程瑞，2016. 机制造技术基础［M］. 北京：北京理工大学出版社.
汪通悦，许兆美，2017. 机械制造技术基础［M］. 北京：北京理工大学出版社.
王凡，2008. 实用机械制造工艺设计手册［M］. 北京：机械工业出版社.
王明耀，李海涛，2021. 机械制造技术［M］. 3 版. 北京：机械工业出版社.
王先逵，2019. 机械制造工艺学［M］. 2 版. 北京：机械工业出版社.
吴兆华，周德俭，1999. 金属切削原理与机床［M］. 南京：东南大学出版社.
熊良山，2012. 机械制造技术基础［M］. 2 版. 武汉：华中科技大学出版社.
杨化书，秦园园，2016. 机械制造技术［M］. 北京：北京理工大学出版社.
于骏一，邹青，2009. 机械制造技术基础［M］. 北京：机械工业出版社.
张福润，徐鸿本，刘延林，1999. 机械制造技术基础［M］. 武汉：华中理工大学出版社.
朱仁盛，董宏伟，2019. 机械制造技术基础［M］. 北京：北京理工大学出版社.